Stefan Hesse

Fertigungsautomatisierung

Stefan Hesse

Fertigungs-automatisierung

Automatisierungsmittel, Gestaltung und Funktion

Mit 282 Abbildungen

Die Deutsche Bibliothek – CIP-Einheitsaufnahme
Ein Titeldatensatz für diese Publikation ist bei
Der Deutschen Bibliothek erhältlich.

1. Auflage Dezember 2000

Der Verlag Vieweg ist ein Unternehmen der Fachverlagsgruppe BertelsmannSpringer.

www.vieweg.de

Konzeption und Layout des Umschlags: Ulrike Weigel, www.CorporateDesignGroup.de

ISBN-13: 978-3-528-03914-1   e-ISBN-13: 978-3-322-89062-7
DOI: 10.1007/978-3-322-89062-7

Vorwort

Dieses Buch ist eine Einführung in die Automatisierung der Fertigungsmittel. Das ist ein Fachgebiet, das beträchlichem Wandel unterliegt. Aus den Einzweckautomaten der tayloristischen Fabrik von einst sind inzwischen mehr oder weniger automatisierte Arbeitsmittel entstanden, die den ständig gestiegenen Leistungs- und Flexibilitätsanforderungen modernen Produzierens immer besser genügen. Flexible Arbeitsmittel von heute unterscheiden sich besonders in der Steuerung wesentlich von der Technik der Massenfertigung, die allerdings ebenfalls noch gebraucht wird.

Die Automatisierung ist jedoch keine Eintagsfliege, sondern ein Langzeitprogramm und die Umsetzung erfordert ein solides Fachwissen. Im Buch werden deshalb die technischen Grundlagen für die Automatisierung der Arbeitsmaschinen anwendungsorientiert bereitgestellt, wobei der Schwerpunkt beim Material- und Informationsfluss im Bereich der Werkstattebene liegt. Dazu gehören mechanische, fluidische sowie numerische Steuerungen und ihre Komponenten, wie Halbzeuge und Werkstücke zugeführt, gespannt und magaziniert werden, wie man Werkzeuge in das Management einbezieht und automatisch wechselt und welche Aufgaben bei alldem die Sensoren zu erledigen haben. Genauso wichtig sind Aufbau und Funktion der NC-Maschine, des Industrieroboters samt Greiftechnik und die Verkettung von Fertigungseinrichtungen mit Transfersystemen und fahrerlosen Flurförderzeugen.

Der Stoff wird aus praktischer Sicht verständlich dargestellt und durch Anwendungsbeispiele ergänzt. Auf das Wesentliche abgestimmte Strichzeichnungen begünstigen eine schnelle Wissensaneignung. Kontrollfragen zu jedem Kapitel und ein ausführliches Literaturverzeichnis weisen Wege zur Vertiefung des Wissens. Zur Ergänzung wird das Studium von aktuellen Zeitschriftenaufsätzen und Prospekten empfohlen, denn es kommt laufend Neues hinzu. Letztlich bilden sich durch den technischen Fortschritt nicht nur neue Arbeitsweisen heraus, sondern auch neue Denkweisen:

Automaten werden nicht nur flexibel, sondern auch intelligent!

Das Buch wendet sich in erster Linie an Studenten maschinenbaulicher Fachrichtungen an Fach- und Fachhochschulen, ebenso an Techniker, Praktiker und Teilnehmer von Fortbildungsmaßnahmen, die ihre Kenntnisse in Richtung Automatik weiter ausbauen wollen. Darüber hinaus gewährt das Buch all jenen einen konzentrierten Überblick, die sich in das Fachgebiet der Fertigungsautomatisierung einlesen wollen und weniger die Therorie, sondern vielmehr die praktischen Aspekte vorrangig sehen.

Plauen, im November 2000

Stefan Hesse

Inhaltsverzeichnis

1 Fertigungsprozess und Automatisierung

1.1 Wirkzone und automatisierte Funktionen

Eine moderne Industriegesellschaft kann auf umfassendes Automatisieren nicht verzichten. Automatisierung lässt sich jedoch nicht befehlen und auch nicht verhindern. Es handelt sich um einen historischen Prozess, der qualitativ neue Fragen an die Natur- und Technikwissenschaften stellt. Er gipfelt momentan in der Entwicklung automatisierter Fertigungsprozesse. Daraus erwächst als ständige Aufgabe, laufend eine Verbesserung von Maschine, Verfahren, Methode und Organisation anzustreben und zu erreichen. Als Voraussetzung für die Automatisierung muss ein hoher Stand in der Mechanisierung und Steuerungstechnik erreicht sein, also der Ersatz manueller Antriebsleistungen durch Motoren und Mechanismen sowie die Übergabe von Gedächtnis-, Koordinierungs- und Rechenarbeit an Daten verarbeitende Einrichtungen.

Soll ein fiktiver Fertigungsvorgang in allgemeiner Form betrachtet werden, kann man sich der "Wirkzone" als Erklärungsmodell bedienen.

> **Wirkzone:** Abstrakte Darstellung einer beliebigen technologischen Operation. Es ist der Ort, an dem Stoff-, Energie- und Informationsfluss zusammengebracht werden, um am Stoff (Material, Halbzeug, Werkstück) mit Hilfe von Energie und (Gestalt-)Informationen eine Veränderung zu bewirken.

Einem Stoff wird somit mit Hilfe von Energie eine Information aufgeprägt, so wie es in **Bild 1-1** in vereinfachter Form zu sehen ist. Für die Realisierung bedarf es dazu jedoch vieler Funktionen. Nach Wirkungsbereichen gegliedert sind das:

- **Zeit:** Zyklusablauf, Lagern, Zwischenspeichern, Bunkern
- **Ort:** Handhaben, Umschlagen, Übergeben, Transportieren, Weitergeben
- **Quantität und Qualität:** Palettieren, Prüfen, Messen, Sammeln, Diagnostizieren
- **Sorte:** Ordnen, Sortieren, Kommissionieren, Einrichten und Umrüsten, Identifizieren
- **Gebrauchseigenschaften:** Bearbeiten, Montieren, Reinigen, Verpacken, Signieren

Zur Bearbeitung eines Objekts werden wiederum weitere Funktionen erforderlich, wie z.B. das Spannen und Entspannen. Diese Funktionen fallen nun mehrfach an, denn es müssen Werkstücke, Werkzeuge und Vorrichtungen gespannt werden. Dabei können die jeweiligen Spannmittel sowohl manuell als auch automatisch betrieben werden.

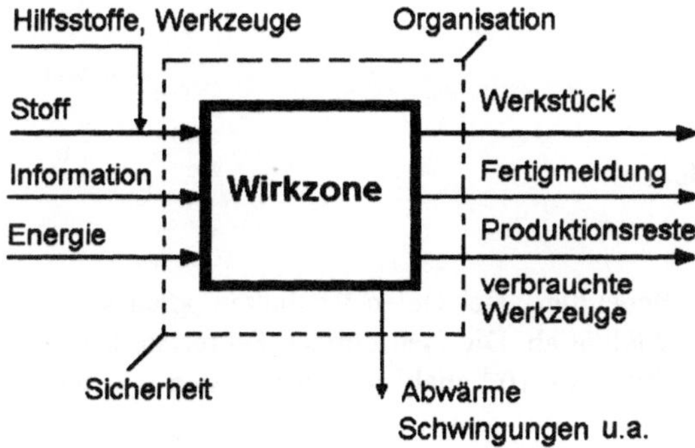

Bild 1-1 Schematische Darstellung eines technologischen Vorgangs als Wirkzone

Unabhängig von allen Automatisierungsbemühungen verbleiben auch noch etliche Funktionen beim Menschen, weil sie momentan nicht genügend sicher und zuverlässig automatisiert werden können oder weil das Aufwand-Nutzensverhältnis zur Zeit dagegen spricht. Das sind häufig Funktionen der Überwachung, der Qualitätseinschätzung und Entscheidungsvorgänge bei komplexen Sachverhalten. Oft bleiben aber auch unattraktive, anspruchsarme und monotone körperlich schwere Tätigkeiten übrig, wie z.B. das Heben oder das Anhängen von Teilen an einen Hängekreisförderer. Dafür bieten sich z.B. Ausgleichsheber (*Balancer*) als mechanisierte Hebehilfen an. Sie werden zwar manuell geführt, aber die anhängenden Gewichtskräfte kompensieren sich selbsttätig. Beim Übergang zur automatischen Produktion wird es somit viele Zwischenstufen von der Mechanisierung über Halb- zum Vollautomaten geben. Dieser Prozess verläuft außerdem in den einzelnen Industriebereichen unterschiedlich schnell.

1.2 Niveaustufen und Automatisierungsgrad

Die klassische Form der Automatisierung war die Einzweckautomatisierung (*dedicated automation*) der Massenproduktion in der Fließ- und Stückgutfertigung, deren charakteristisches Element die automatische Maschine ist. Und später sind es die automatische Transferlinie bis hin zur automatischen Fabrik, z.B. für die Herstellung von Kugellagern oder Motorkolben. Mit dem tayloristischen Prinzip der Arbeitsteilung konnten jedenfalls enorme Produktionssteigerungen erreicht werden. Bereits Ende der 60er-Jahre baute die amerikanische Firma Sylvania z.B. eine automatische Fließlinie für die Erzeugung von Glühlampen mit einer Jahresproduktion in der Größenordnung des USA-Bedarfs. Es war jedoch nicht möglich, solche automatischen Fließlinien ohne weiteres auf ein anderes Sortiment umzurüsten.

> **Automatisierung:** Gesellschaftlicher Prozess, in dessen Verlauf fortschreitend menschliche Tätigkeiten durch Funktionen künstlicher Systeme (Automaten) ersetzt werden.

Im Bereich der Klein- und Mittelserie blieb der Automatisierungsgrad jedoch klein, weil die dazu erforderliche Flexibilität an Transferstraßen und Sondermaschinen nicht gegeben war und eine Fertigung großer Lose zu unvertretbar hohen Lagerkosten geführt hätte. Heute kann man im Prinzip beliebig flexible Systeme mit hoher Produktivität aufbauen.

Mit zunehmender Komplexität der technischen Strukturen wächst auch der Aufwand viel stärker an, als die Systemwirksamkeit. Das verlangt, in Niveaustufen zu denken. Dabei wird nicht automatisiert, was technisch möglich ist, sondern was sich mit kurzen Amortisationszeiten wirtschaftlich vertreten lässt. Gestuft nach der Häufigkeit der Zielsetzung von Automatisierungsprojekten ergibt sich folgende Rangfolge:

- Erzielung von Kostensenkungen
- Qualitätsverbesserungen
- Produktivitätssteigerungen
- Ersatzinvestitionen
- Verbesserung der ergonomischen Zustände
- Erweiterungsinvestitionen

Der Qualitätsvorteil gewinnt dabei ständig an Bedeutung. Bei vielen Produkten spielt sich inzwischen der Wettbewerb auf dem Gebiet der Qualität ab. Die menschliche Fehlerrate hat man z.B. bei der manuellen Montage mit $1{,}8 \cdot 10^{-4}$ bis $1{,}8 \cdot 10^{-3}$ analysiert. Automaten machen es besser.

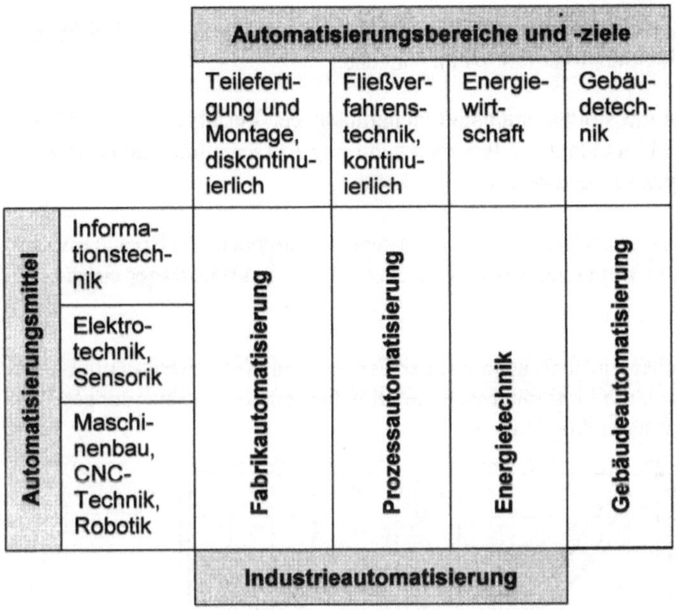

		Automatisierungsbereiche und -ziele			
		Teilefertigung und Montage, diskontinuierlich	Fließverfahrenstechnik, kontinuierlich	Energiewirtschaft	Gebäudetechnik
Automatisierungsmittel	Informationstechnik	Fabrikautomatisierung	Prozessautomatisierung	Energietechnik	Gebäudeautomatisierung
	Elektrotechnik, Sensorik				
	Maschinenbau, CNC-Technik, Robotik				
		Industrieautomatisierung			

Bild 1-2 Die Fabrikautomation umfasst die Stückgut- und auch Anteile der Fließgutfertigung.

Der öfters verwendete Begriff "Fabrikautomatisierung" (**Bild 1-2**) soll deutlich machen, dass derWeg zum komplexen Einsatz der verfügbaren Automatisierungsmittel beschritten wird. Der erreichte Stand kann näherungsweise mit dem Automatisierungsgrad (*degree of automation*) beurteilt werden. Was ist darunter zu verstehen?

> **Automatisierungsgrad:** Quotient aus der Menge der zum jeweiligen Prozess bereits automatisierten Funktionen zur Menge sämtlicher erforderlichen Funktionen

Er kann als Maßzahl z.B. für die vergleichende Beurteilung von Lösungsvarianten verwendet werden, wenn man in der Betrachtungsfeinheit gleiche Maßstäbe ansetzt.
Es gilt allgemein:

$$A^0 = \frac{\sum (F_{aut} \cdot P) \cdot 100}{\sum (F_{aut} \cdot P) + \sum \left(F_{nichtaut} \cdot P \right)} \quad \text{in Prozent}$$

F_{aut} automatisierte Funktionen
$F_{nichtaut}$ nichtautomatisierte Funktionen
P Wichtungsfaktor (weil nicht alle Funktionen gleichwichtig sind)

Je mehr Funktionen einer Maschine durch eine Steuerung ausgelöst werden können, desto geeigneter ist die Maschine, um Fertigungsabläufe zu automatisieren (und desto teurer wird die Maschine!). Das Ziel besteht nun darin, den jeweils optimalen Automatisierungsgrad zu finden. Das ist jener, der unter Berücksichtigung des einmaligen und laufenden Aufwandes für die jeweilige Produktionsaufgabe die geringsten Gesamtkosten je Erzeugnis verursacht. Die Addition solcher Aufwandskurven wird in **Bild 1-3** gezeigt. Der Bereich für einen empfehlenswerten Automatisierungsgrad resultiert letztlich aus dem nichtproportionalen Verhalten der Aufwandskurven.

Mit dem Automatisierungsgrad steigt in der Regel auch der Integrationsgrad. Es lassen sich für die Fertigungseinrichtungen folgende Integrationsfälle angeben:

- Integration mehrerer Bearbeitungsstellen und damit technologischer Verfahren in eine Maschine, mit dem Ziel, nach Möglichkeit die Werkstücke in einer Aufspannung und ohne zusätzliche Transportbewegungen fertigzustellen

- Integration von Bewegungskomponenten, wie Transportieren, Übergeben und Speichern, in eine Maschine, mit dem Ziel Bewegungen und die dazugehörigen Funktionsträger einzusparen

- Integration Daten verarbeitender Einrichtungen mit der Tendenz zur Anreicherung mit Künstlicher Intelligenz, mit dem Ziel, die Fertigungssysteme schneller, besser, entscheidungssicherer und letztlich klüger betreiben können

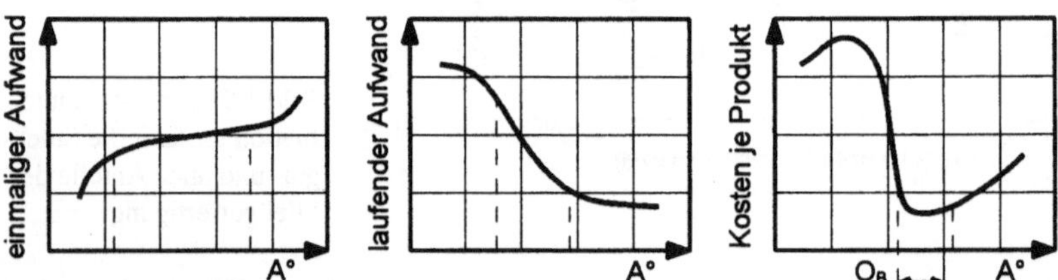

Bild 1-3 Bestimmung des Kostenminimums in Abhängigkeit vom Automatisierungsgrad $A°$
O_B Bereich des optimalen Automatisierungsgrades $A°$

1.3 Automatisierungsgerechte Produktgestaltung

Im Fertigungsprozess spiegelt sich die Konstruktion eines Produktes wider. Dieser wird dann besonders effektiv, wenn die Rationalisierung schon bei der konstruktiven Ausarbeitung des Erzeugnisses beginnt. Eine schlechte Konstruktion zieht meistens auch ungünstig gestaltete Einzelteile und Baugruppen nach sich. Messlatte sind heute die Bedingungen, die von einem automatisierten Prozess ausgehen.

Unter dem Begriff "automatisierungsgerecht" sind alle Maßnahmen zu verstehen, die darauf gerichtet sind, den Umfang der Herstellung, der Handhabung und die Verhaltenseigenschaften des Arbeitsgutes möglichst vorteilhaft den jeweiligen Bedingungen der Automation anzupassen, selbstverständlich bei Sicherung aller Produktfunktionen. Automatisierungsgerecht ist ein übergeordneter Begriff, den man handhabungsorientiert (Zuführung, Handhabung, Speicherung) und prozessorientiert (Teilefertigung, Montage, Prüfung, Verpackung) zu verstehen hat. Er schließt u.a. handhabungsgerechtes, prüfgerechtes, robotergerechtes, greifgerechtes und montagegerechtes Gestalten (*design for assembly*) mit ein.

Der Zusammenhang zwischen Automatisierung und Produktform ist natürlich keine neue Erkenntnis. Schon Anfang der 50er-Jahre haben Fachleute darauf aufmerksam gemacht. So schreibt J. Diebold 1952:

"Eine kleine Glasöse oder der Ansatz auf der einen Seite der Likörflasche verändert die Absatzmöglichkeiten nicht, erlaubt aber eine automatisch richtige Einstellung unter der Etikettiermaschine. Tatsächlich sind Neuentwürfe meistens - allerdings nicht immer - bei Gebrauchsartikeln leichter durchzuführen als mit Einzelteilen in der Industrie, die dann zu anderen Teilen

passen müssen und ganz bestimmte Aufgaben zu erfüllen haben. Ein Kunsteiswürfel, der mit einem Loch durch die Mitte entworfen wurde, erlaubt nun vollautomatische Produktion, und da er dazu eine größere Kühlfläche darbietet, ist er zugleich das bessere Produkt."

Für die Montageautomatisierung ist eine montagegerechte Produkt- und Teilegestaltung unerlässlich, wenn zuverlässig und kostensparend produziert werden soll. Es ist der erste Schritt zur automatischen Herstellung des Produktes. Man kann solche konstruktiven Veränderungen inzwischen an vielen Produkten feststellen, ohne dass es dem Konsumenten sofort ins Auge fällt. Es gibt aber auch noch viele Produkte, besonders solche älteren Datums, die nicht den Kriterien der automatisierten Montage entsprechen. Trotzdem kommt der Mensch in der Handmontage damit gut zurecht, weil er auf seine angeborenen Fähigkeiten vertrauen kann, wie auf seine 5 Sinne, den Freiheitsgrad 27 seiner Hände, den Vorrat an persönlichen Erfahrungen und seine Lernfähigkeit. Damit war er bisher mehr als jede Maschine in der Lage, die Schwächen einer nicht montagegerechten Erzeugniskonstruktion kostengünstig auszugleichen. Das hatte auch zur Folge, dass man sich daran gewöhnt hatte, in der Montage die Fehler vorgelagerter Bearbeitungsstufen zu bereinigen. Dieser Zustand ist bei einer Automatisierung der Fertigung nicht mehr tragbar.

Die Produktgestaltung hat folgende Einflüsse auf die Produktionstechnik:

Produktstruktur   ←→   Anlagenaufbau

Verbindungstechnik   ←→   Montageverfahren

Bauteilgestalt   ←→   Bereitstellung und Handhabung

Zu Beginn einer Entwicklung muss man deshalb auch Klarheit über die Produktbauweise schaffen. Als Bauweise bezeichnet man Struktur und konstruktives Gefüge, nach denen ein Produkt aufgebaut ist. Sie charakterisiert das Gestaltungsprinzip.

Bei der *Schachtelbauweise* werden die funktionsbedingt notwendigen Bauteile derart zusammengesteckt, dass ihr Zusammenhalt durch Formpaarung gewahrt bleibt. Solche Produkte haben in der Regel ein Bauteil, welches die "Deckelfunktion" übernimmt, wie es in **Bild 1-4a** deutlich erkennbar ist. Oft werden die Deckel auch mit Schnappelementen ausgestattet, sodass zeitaufwendiges Schrauben entfällt.

Ist eine Deckelfunktion nicht vorhanden, bezeichnet man die Bauweise auch als *Nestbauweise* (**Bild 1-4b**). Bei der *Schichtbauweise* (Synonyme: Stapelbauweise, Sandwichbauweise) ist typisch, dass die Bauteile wie bei einem Hamburger in Schichten übereinander gelegt werden. Dabei ist günstig, wenn Formelemente vorhanden sind, die ein gegenseitiges Zentrieren bewirken (**Bild 1-4c**). Es gibt nur eine Montagerichtung und zwar senkrecht von oben. Das ist automatisierungsfreundlich.

Die *Integralbauweise* (**Bild 1-4d**) ist gegenüber der *Differenzialbauweise* (**Bild 1-4e**) deutlich vorteilhafter, weil statt 10 Bauteilen nur 3 gehandhabt, gefügt und geprüft werden müssen. Das spart Montageeinheiten (und Zuführ- sowie Kontrolleinheiten) ein. Die Differenzialbauweise ist allerdings etwas reparaturfreundlicher, weil noch intakte Komponenten nicht mit ersetzt werden müssen.

Ein interessantes Beispiel für die Integration sind auch Materialgelenke (Filmscharnier). Das sind angespritzte Formelemente, die die Funktion eines Scharniers gewährleisten, z.B. bei einer Kunststoff-Falttür.

Mit der *Verbundbauweise* (**Bild 1-4f**) können Bauteile realisiert werden, die aus einer unlösbaren Verbindung mehrerer Komponenten aus unterschiedlichen Werkstoffen bestehen. Typisch ist die Insert- und die Outsert-Technik. Bei der Insert-Technik werden Metallteile mit Kunststoff umspritzt. Bekannt dafür sind in Kunststoff eingegossene Metallnaben, Gewinde- einsätze und Lagerbuchsen. Auch komplette Wälzlager oder Außenringe von Wälzlagern werden schon eingespritzt. Eine spezielle Variante der Verbundbauweise ist das *Packaging Assembly Concept* (Hewlett Packard) für elektronische Geräte. Es vermeidet die Vielzahl der traditionellen, diskreten lösbaren und nicht lösbaren Verbindungstechniken wie z.B. Klemmen, Schnappen, Kleben, Schrauben und Nieten, indem diese durch ein geschäumtes Gerätechassis substituiert werden, in welchem die Baugruppen und Bauelemente funktional angeordnet und eingebettet sind.

Das Prinzip der *Outsert-Technik* besteht darin, Funktionselemente aus Kunststoff auf einer Metallplatine anzuspritzen. Das können Lager, Achsen, Federelemente, Schnapper, Stützen, Führungen usw. sein. Alle erforderlichen Elemente lassen sich in einem Arbeitsgang erzeugen. Die Outsert-Technik hat wesentlich dazu beigetragen, dass man bei einer Vielzahl elektronischer Konsumgüter in den letzten Jahren die Hälfte aller Bauteile einsparen konnte.

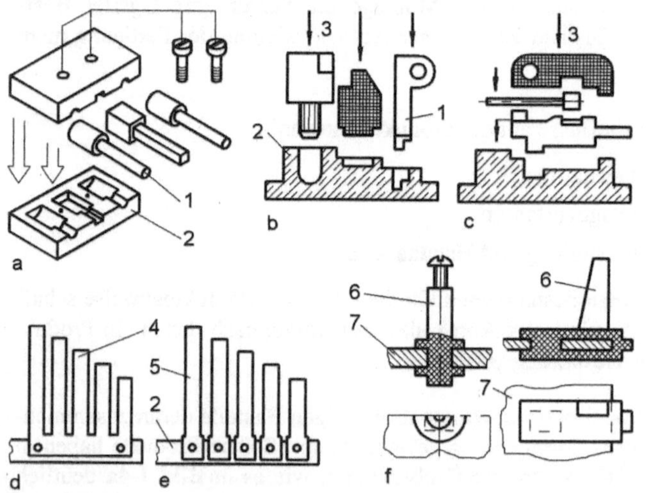

Bild 1-4 Produktbauweisen

Für die richtige Gestaltung der Teile, Baugruppen und Produkte gibt es viele Regeln und Richtlinien unterschiedlicher Feinheit. Sie können in [1-1 bis 1-3] nachgelesen werden. Stellvertretend sei dafür in **Bild 1-5** die Umgestaltung (Redisegn) einer Top-Lader-Waschmaschine angeführt.

> **Redesign:** Konstruktive Überarbeitung eines bereits existierenden Gegenstandes in innovativer Weise, insbesondere im Sinne von Einsparung, Qualitätsverbesserung und Gebrauchswerterhöhung.

Die zu erreichenden Ziele waren lineare Fügebewegungen, Bauteilintegration (Schwingsystem-Tragegestell, Deckrahmen mit Waschmitteleinführung), Verkleidungsgruppe vereinfachen, Verringerung des Teilespektrums um 31 % und Erhöhung des Gleichteileanteils um 50 %. Das sind beträchtliche Veränderungen und Vorteile. Es sind folgende Grundforderungen zu erfüllen:

- **Es funktioniert!**

- **Es kann hergestellt werden!**

- **Es ist wirtschaftlich!**

- **Es ist ästhetisch!**

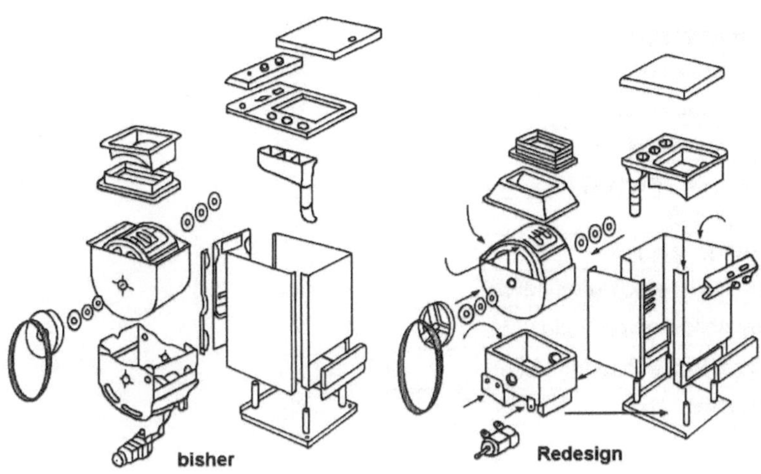

Bild 1-5 Redesign einer Waschmaschine im Sinne von Montagegerechtheit

Beim Design oder Redesign ist es günstig, wenn man in den Gestaltungsbereichen Produkt, Baugruppe und Einzelteil denkt. Einige Empfehlungen werden dazu abschließend aufgelistet [1-4].

Einzelteilgestaltung
1 Integriere Komponenten in andere Funktionsträger!
2 Vermeide oder erleichtere Orientierungsvorgänge!
3 Erleichtere das automatische Weitergeben (Transportieren)!
4 Unterstütze das Zusammenstecken von Komponenten!
5 Wähle automatisierbare Verbindungstechniken!
6 Verwende Fließgut (Band) vor Stückgut (Einzelteile)!
7 Verwende Standard-, Norm- und Gleichteile möglichst oft!
8 Vermeide Wirrteile im Haufwerk!
9 Präge Führungsflächen aus!
10 Verwende integrierende Herstellungsmethoden!

Baugruppengestaltung
1 Vermeide separate Verbindungsmittel!
2 Vermeide unnötig enge Toleranzen!
3 Strebe einfache Bewegungsmuster an!
4 Gestalte prüfgerechte Baugruppen!
5 Strebe nach rationellen Verbindungsverfahren!
6 Gestalte Wiederholbaugruppen!
7 Bevorzuge einstufigen Produktaufbau!
8 Reduziere die Anzahl der Fügestellen!
9 Reduziere die Teileanzahl!
10 Vermeide fügefremde Arbeitsvorgänge!

Produktgestaltung
1 Vermeide Montageoperationen!
2 Wähle das richtige Aufbauprinzip!
3 Gestalte ein montagegünstiges Basisteil!
4 Gliedere in eigenständige Baugruppen!
5 Vermeide Justiervorgänge!
6 Strebe das Baukastenprinzip an!
7 Gestalte demontage- und recyclingfreundlich!
8 Erleichtere die Herausbildung von Varianten!
9 Gestalte verpackungs- und transportgerecht!
10 Gestalte robotergerecht!

1.4 Flexible Fertigungssysteme

Zukunftsorientierte Produktionskonzepte gehen von einer umfassenden Automatisierung auch in den kleinen Losgrößen aus. Die Beherrschung der Variantenvielfalt der Produkte bei kleinen Produktionsmengen (*small-batch production*) erfordert flexible Fertigungssysteme [1-5]. So ist der rechnergestützte Zuschnitt in der Konfektion praktisch genauso flexibel, wie der manuelle Zuschnitt. Eine hochproduktive Nähmaschine mit Schablonenführung ist dagegen weniger flexibel, da eine Umstellung auf andere Konturen auch den Wechsel der Nahtschablonen erfordert. Automatisierung und Flexibilität orientieren sich an den gegenläufigen Zielen "Realisierung höchster Stückzahlen nur eines Teils (eines Produkts)" sowie automatische "Erzeugung kleinster Stückzahlen verschiedener Teile (Sortiment)" und stehen sich damit als Extreme gegenüber. Die Forderung muss deshalb lauten: <u>Automatisieren bei bezahlbarer Flexibilität!</u>

Grundsätzlich gilt folgendes:

* Je ausgereifter das Produkt (die Baugruppe, das Werkstück),

* je zuverlässiger die langfristige Lebensdauerprognose des Produkts und

* je größer die zu produzierenden Mengen,

* desto größer kann der Automatisierungsgrad sein.

Gleichzeitig trifft aber auch folgendes zu:

* Je variabler die Produktstruktur,

* je unübersehbarer das Kundenverhalten und

* je verschwommener das Produktionssortiment und die Lieferzyklen,

* desto stärker muss die Flexibilität ausgeprägt werden.

Flexibel produzieren heißt demnach unterschiedliche Werkstücke in beliebiger Reihenfolge und in wechselnden Mengen wirtschaftlich zu produzieren.

Flexibilität ist nicht leicht zu erreichen. Oft müssen erhebliche Investitionen aufgewendet werden, um letzten Endes auch die Losgröße 1 automatisch abarbeiten zu können. Das ist möglich. Es gibt solche Lösungen. Doch woraus erwachsen verstärkt Flexibilitätsanforderungen?

Wir leben in einer Zeit, in der viele Fertigungssysteme einen grundlegenden Wandel vor sich haben. Die Produkte werden komplexer, der Anteil mikrotechnischer Komponenten steigt an, die Variantenvielfalt der Erzeugnisse wächst baumartig, die Lieferung hat möglichst schnell zu erfolgen (Direktbestellung über Internet) und der Lebenszyklus eines Produktes verkürzt sich, weil im Wettbewerb stehende Produkte mit immer neuen Gebrauchswerten ausgestattet werden. Das ist in den Diagrammen in **Bild 1-6** als Tendenz dargestellt.

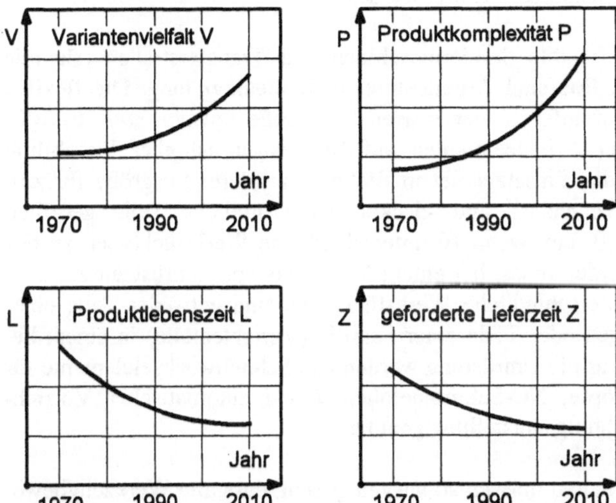

Bild 1-6 Diese Tendenzen beeinflussen die Produktionstechnik ganz erheblich.

Außerdem sollen die Herstellungskosten sinken, was eine Abnahme der direkten manuellen Arbeit am Produkt nach sich zieht und Automatisierungsvorhaben auslöst.

Der Übergang von konventionellen Fertigungsmethoden zu flexiblen Fertigungssystemen verläuft in der Regel nicht sprungartig, sondern kontinuierlich. Deshalb müssen auch für die Übergangsphase Lösungen gefunden werden, die sich durchsetzen lassen, gleichzeitig aber auch den Weg in die Zukunft weisen, zumindest aber nicht versperren.

Flexible Arbeitsmittel lassen sich in flexible Zellen, flexible Fertigungssysteme und flexible Fertigungslinien (Transferstraßen) einteilen. Flexible Fertigungszellen sind automatisierte *Ein-* oder *Mehrverfahrens-Grundmaschinen* mit integriertem Werkstück- und Werkzeugwechsel sowie einem Steuer- und Überwachungssystem. Sie stellen eine konstruktive, stofffluss- und steuerungstechnische Einheit dar. Man stellt an flexible Fertigungszellen folgende Grundforderungen:

- rüstfreier Auftragswechsel

- selbstüberwachter Automatikbetrieb

- maximal bedienarmer Betrieb und

- automatisierungsgerechte Technologie und Organisation

Der Begriff "Zelle" wurde übrigens der Biologie entlehnt. Jede biologische Zelle, z.B. ein einfaches Enzym, besitzt als lebende "Mikromaschine" Produktionsprogramme für Tausende von Stoffen, verfügt über "Programmbibliotheken" und über Steuer- und Regeltechniken, kurzum über alles, was zur bedienfreien Produktion nötig ist. Der Zellphysiologe S. Strugger bemerkte (1962) dazu einmal treffend:

"Die Zelle ist das vollendetste kybernetische System auf der Erde. Alle Automation der menschlichen Technik ist gegen die Zelle nur ein primitives Beginnen des Menschen, im Prinzip zu einer Biotechnik zu gelangen."

Demgegenüber ist ein flexibles Fertigungssystem ein *Mehrstationensystem* mit sich ergänzenden oder ersetzenden Arbeitsstationen in Netzkopplung. Alle Stationen (CNC-Arbeitsmaschinen) können einzeln in wechselnder Operationsfolge benutzt werden.

Interessanterweise sind heute auch flexible Sondermaschinen und Transferstraßen (flexible Fertigungslinien) möglich geworden. Das sind Arbeitsmittel in Reihenkopplung. Die flexible Transferstraße hat ihren ideellen Vorläufer in der starren Taktstraße (*synchronous transfer machine*). Durch die Umrüstung der Arbeitseinheiten auf NC-Achsen ist aber Flexibilität hineingekommen. Dadurch hat sich das Einsatzgebiet in Richtung mittlerer Losgröße für z.B. Motorblöcke, Achsschenkel, Getriebegehäuse und -deckel sowie ähnliche Teile geöffnet. Flexible Transferstraßen setzt man z.B. ein, wenn 10 unterschiedliche Werkstücktypen zu fertigen sind und täglich umgerüstet werden muss, bei einem Verhältnis von Umrüstzeit zur Fertigungszeit von 1:20 oder besser. Unterschiedliche Werkstücktypen sind entweder Teile einer Art in verschiedenen Größenordnungen oder Teile einer Familie (Variantenteile) in einem bestimmten Hauptabmessungsbereich. Für die Umrüstung werden u.a. Schnellwechselelemente für Einzelwerkzeuge und Mehrspindelköpfe, NC-Schlitteneinheiten und automatischer Vorrichtungswechsel oder selbsttätige Vorrichtungsumstellung genutzt.

Die eingesetzten flexiblen Arbeitseinheiten müssen so ausgelegt sein, dass alle Werkzeugbewegungen in X-, Y- und Z-Achse im Werkzeug liegen, weil die Längsbewegung im Transfersystem (X-Achse) nur dem Transport dient (Weitertakten). Diese Bewegung ist nicht individuell steuerbar, sondern an feste Wegschritte gebunden. Weil auch die Höhenlage der Werkstücke (Y-Achse) im Gegensatz zu einem Maschinentisch einer Einzelmaschine unveränderbar ist, gilt das auch für die Y-Achse. Die Identnummern der beliebig aufeinanderfolgenden Werkstücktypen werden nur einmal am Anfang der Transferstraße eingegeben. Die Folgestationen orientieren sich automatisch und rufen vom Leitrechner das entsprechende Bearbeitungsprogramm ab. Es können auch Stationen vorübergehend inaktiv sein.

Essentieller Bestandteil der Ausrüstung für die automatisierte Fabrik ist übrigens auch der Industrieroboter geworden. Er hat als flexible Bewegungsmaschine eine sehr gute Verbreitung bei der Werkzeug- und Werkstückhandhabung gefunden. Die Nutzung erfordert aber auch flexibel verwendbare Greifzeuge und ein passendes Umfeld. Der Peripherieaufwand ist allerdings oft größer als der finanzielle Aufwand für den Roboter selbst.

Steigende Produktionsflexibilität kann die Produktivität übrigens auch einschränken, weil mehr Flexibilität die Komplexität eines Produktionssystems vergrößert, was wiederum negative Auswirkungen auf die technische Verfügbarkeit haben kann. Bestimmte Klassen von Ausrüstungen sind daher als fehlererkennende bzw. fehlertolerante Systeme zu gestalten. Die Fehlererkennung bezieht sich vorrangig auf die Elektronik und andere sensible Elemente.

Es gibt übrigens *die* flexible Lösung an sich nicht. Sie ist immer an das Produkt, die konkrete Maschine, das Verfahren und sonstige Anspruchsbereiche geknüpft [1-6, 1-7]. Letztlich ist jedes flexible Fertigungssystem nur *begrenzt* flexibel. Deshalb müssen die Grenzen bereits bei der Planung klar abgegrenzt werden.

1.5 Bedienerarme Fertigung

Die industrielle Revolution begann in Großbritannien und brachte in der Textilindustrie die ersten modernen Textilfabriken hervor. Die Anzahl der Arbeitsstunden je Kilogramm Garn bzw. je 100 Quadratmeter Gewebe ist seither rapide gesunken. Die einst lohnintensiven Produktionsstätten haben sich zu kapitalintensiven Anlagen entwickelt, die im Mehrschichtbetrieb laufen. Um Waren und Dienstleistungen im Wert von 0,5 Millionen Euro hervorzubringen, waren 1955 39 Erwerbstätige nötig. Im Jahre 1985 waren es nur noch 14 Erwerbstätige. Analog verläuft auch die Entwicklung bei der Automatisierung in der metallverarbeitenden Industrie. Nur war hier der Start später.

Erste bedienarme flexible Fertigungssysteme wurden in den 60-er Jahren eingeführt, so bei Sundstrand (1967) für Aluminium-Pumpenteile. Aber erst in den 80-er Jahren springt die Automation weltweit auf eine neue Entwicklungsspirale. Die technische Grundlage dafür ist die Integration von Computertechnik, Kommunikations- und Automatisierungstechnik, die sogenannte 3-C-Technologie (*Computer, Communication, Control*). Damit tritt die Automation aus dem engen Rahmen der Vergangenheit heraus und lässt Ideen für die Zukunft wachsen.

Als "Fabrik der Zukunft" (*factory of the future*) macht ein Slogan die Runde, mit dem ein durchgehendes Konzept der Fabrikautomatisierung von der Idee bis zum Produkt gemeint ist. Diese Vorstellungen sind mit einer hohen Stufe integrierter Datenverarbeitung verbunden und sollen eines Tages zur unbemannten Fabrik (*unmanned factory*) führen. Eine solche pionierhafte Vorausschau auf die Zukunft formulierte J. Diebold bereits 1952 in seinem Buch "*Automation, The Advent of the Automatic Factory*". Eine wirklich unbemannte Fabrik (das gilt auch für die "papierlose Fabrik") wird es auf absehbare Zeit aber nicht geben. Man könnte jedoch eine kleinere Fabrik, die mit 5 Personen betrieben wird, noch als unbemannt gelten lassen.

Versuche, Fabriken mit einem sehr hohen Automatisierungsgrad zu errichten, haben bisher gezeigt, dass sie meistens noch keine wirtschaftliche Alternative zum bisherigen Entwicklungsstand darstellen. Bedienerarmes Fertigen wird folglich vor allem durch evolutionäre Prozesse vorankommen. Es besteht jedoch kein Zweifel, dass der Mensch in ferner Zukunft fast alles automatisch herstellen kann und wird. Die automatisierte Fabrik wird dann die Qualität eines sehr großen Automaten haben, der zuverlässig funktioniert. Die Steuerungsstrategien werden in der Lage sein, mehrere hierarchisch priorisierte Optimierungsziele gleichzeitig zu erfüllen. Dabei kommen auch Methoden und Mittel der Künstlichen Intelligenz (*artificial intelligence*), der Neuronalen Netze (*neural network*) und auch genetische Algorithmen (*genetic algorithm*) zur Anwendung [1-8, 1-9].

Aus dieser Entwicklung erwachsen natürlich auch einige soziale Probleme und Nöte. Wenn eines Tages alles bis ins Detail automatisch erfolgt, stellt sich die Frage, wo bleibt der Mensch? Werden an der "Basis" weniger Werker benötigt, müssen sie zu "höherwertigeren" Tätigkeiten qualifiziert werden. Reicht die Arbeit nicht mehr für alle, muss die Lebens- (Jahres-, Wochen-) Arbeitszeit reduziert werden. Hat er mehr Zeit, um Innovationen hervorzubringen? Muss er ein Leben lang lernen? Wieviel Arbeitsplätze gehen wirklich verloren? Erhält flexible Automation der Fabrik Arbeitsplätze? Für all das gibt es wohl keine einfachen Antworten. Fortschritt und Strukturwandel sind in ein gesellschaftliches System eingebettet. Dieses steht laufend in der Verantwortung, eine verträgliche Gesamtbalance zu organisieren.

Kontrollfragen

1 Was versteht man unter dem Terminus "Wirkzone"?

2 Was begrenzt den Automatisierungsumfang bzw. Automatisierungsgrad?

3 Worin besteht ein Widerspruch zwischen Automatisierunggrad und Flexibilitätsgrad?

4 Welche Ziele verfolgt eine automatisierungsgerechte Konstruktion? Welche allgemeinen Grundsätze könnte man formulieren?

5 Welche Komponenten machen Sondermaschinen und Taktstraßen begrenzt flexibel?

2 Steuerung und Programmierung

2.1 Grundbegriffe

In der Steuerungstechnik spielt der Begriff der Information bzw. der Informationsverarbeitung eine zentrale Rolle. Das Wort "Information" ist bereits in der Wissenschaftssprache des 19. Jahrhunderts präsent. Zum Inhalt zählte man folgende Gegebenheiten:

1. Einen Absender: Das können Lebewesen ebenso sein, wie Maschinen und Messgeräte.
2. Einen Empfänger: Dazu zählt man Menschen, aber auch entsprechend ausgelegte Vorrichtungen, Maschinen und elektronische Geräte.
3. Einen Text: Das sind Beschreibungen, Befehle, Verbote, Empfehlungen, Messwerte u.a.
4. Eine Form: Hier sind nicht nur beliebige Sprachen aktuell, sondern auch codierte Notationen, Signalcodes des Nervensystems oder ein chemischer Code, z.B. zur Fixierung von Erbmerkmalen.

In der DIN 44300 hat man dazu folgendes festgelegt:

Information: Sinngehalt der Nachricht (*was* mitgeteilt werden soll).
Nachricht: Sie besteht aus der Information und dem Signal und wird *unverändert* weitergegeben.
Signal: Die physikalische Realisierung (*wie* es mitgeteilt wird).
Daten: Sie werden im Gegensatz zu Nachrichten verändert und weiterverarbeitet.

In der Informationsverarbeitung werden im Zusammenhang mit Steuerungen viele logische Entscheidungen mit Hilfe pneumatischer, hydraulischer, elektrischer und elektronischer Funktionselemente vorgenommen. Insbesondere gewinnt das digitale Steuern zunehmend an Bedeutung. Deshalb sollen Ausführungen zu den logischen Funktionen und den Steuerungsarten folgen.

2.1.1 Grundelemente logischer Verknüpfungen

Ein wichtiges Hilfsmittel zur Entwicklung von Schaltungen ist die Darstellung logischer Funktionen mit Hilfe der Schaltalgebra (*circuit algebra*). Mit ihren Regeln und Gesetzen können Gleichungen aufgestellt, umgestellt, vereinfacht und damit optimiert werden. Grundlage moderner symbolischer Logik ist die Boole`sche Algebra, die vom englischen Mathematiker G. Boole (1815-1864) in *"Investigations of the Laws of Throught "* (Die Erforschung der Gesetze des Denkens, 1854) vorgestellt wurde. Die Schaltalgebra ist eine wichtige Grundlage für die Digitaltechnik, in der alle logischen Zusammenhänge zweiwertig in "wahr" und "nicht wahr" bzw. "1" und "0" formuliert werden. Die Aussagen entsprechen genau 2 definierten Schaltzuständen. Werden sie in tabellarischer Form dargestellt, spricht man in der Aussagenlogik auch von Wahrheitstafeln (*truth table*).

Steuerungstechnik: Wissenschaft von der gezielten planmäßigen Beeinflussung von sich zeitlich entwickelnden, also dynamischen Prozessen, um ein projektiertes Ziel zu erreichen.

Alle Schaltkombinationen lassen sich auf nur wenige logische Grundfunktionen (*elementary functions*) zurückführen. Die wesentlichen Logikfunktionen sind in **Bild 2-1** zusammengestellt.

Eingänge		Ausgangsvariable Q					
A	B	UND (AND)	ODER (OR)	EXKLUSIV- ODER (XOR)	ODER NICHT (NOR)	UND NICHT (NAND)	NICHT (NOT)
0	0	0	0	0	1	1	1
0	1	0	1	1	0	1	-
1	0	0	1	1	0	1	0
1	1	1	1	0	0	0	-
Symbol		A & Q / B	A ≥1 Q / B	A =1 Q / B	A ≥1 Q / B	A & Q / B	A 1 Q

Bild 2-1 Logische Grundfunktionen

"1" Signal vorhanden; "0" Signal nicht vorhanden

So stellt z.B. die ODER-Verknüpfung (Disjunktion) eine Schaltkombination zweier oder mehrerer Signalvariabler (S1, S2...) dar, deren Ausgangsgröße den Wahrheitswert mindestens einer ihrer Eingangsgrößen bedingt.

Mehr Anschaulichkeit bieten Darstellungen als elektrische Schaltung. In **Bild 2-2** wird das am Beispiel der ODER-Funktion gezeigt. Die Lampe E1 leuchtet dann auf, wenn entweder Schalter S1 oder Schalter S2 gedrückt wird. Nur wenn keiner der beiden Schalter betätigt wird, bleibt es dunkel. Die wichtigsten grundlegenden Schaltzeichen für die Darstellung von Schaltern und Schaltgeräten sind in der DIN 40900/IEC 617 festgelegt (Schaltgeräte auch in der VDE 0660).

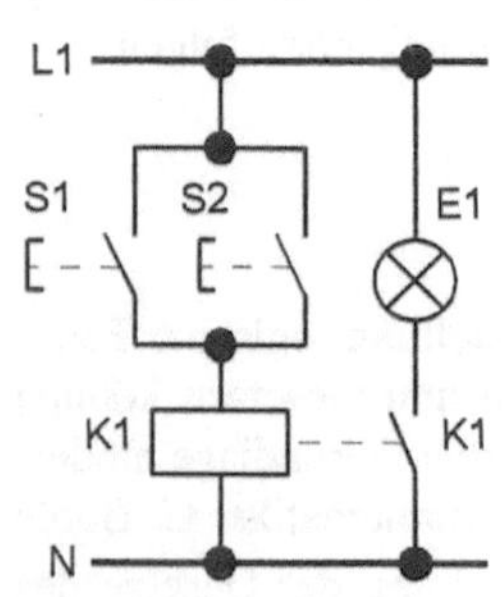

Bild 2-2 ODER-Funktion
K Relaisspule, Kontakt, S Schalter, E Verbraucher, L Leiter, N Neutralleiter

In der Schaltalgebra müssen einige Regeln und Gesetze beachtet werden. Sie sind in **Bild 2-3** in einer Übersicht zusammengestellt. So besagt z.B. eine dieser Regeln, dass die NICHT- Verknüpfungen vor den UND- und ODER-Verknüpfungen durchzuführen sind (Vorrangregel). Doppelnegationen heben sich auf und das DeMorgan'sche Gesetz hilft bei der Umsetzung der Grundfunktionen in NOR- und NAND-Technik. Nach dem Kommutativgesetz können die einzelnen Eingangsvariablen vertauscht werden (Vertauschungsgesetz). Das Distributiv- oder Verteilungsgesetz ist aus der Algebra gut bekannt. Damit kann man eine gemeinsame Variable ausklammern. Für die Verknüpfungszeichen von Variablen existieren unterschiedliche Darstellungen. Die beiden in der Digitaltechnik häufig angewendeten Formen sind in der Übersicht des Bildes 2-3 ebenfalls mit aufgeführt.

Beispiel: Lässt sich die in **Bild 2-4a** gezeigte Kontaktschaltung vereinfachen?

Die Schaltfunktion repräsentiert eine 3-fache ODER-Funktion, wobei jedes Funktionsteil eine UND-Funktion von 2 Variablen darstellt. Die Schaltfunktion lautet:

$$Q = C \wedge B \vee C \wedge \overline{A} \vee B \wedge A \qquad \text{oder etwas anders geschrieben}$$

$$Q = CB + C\overline{A} + BA$$

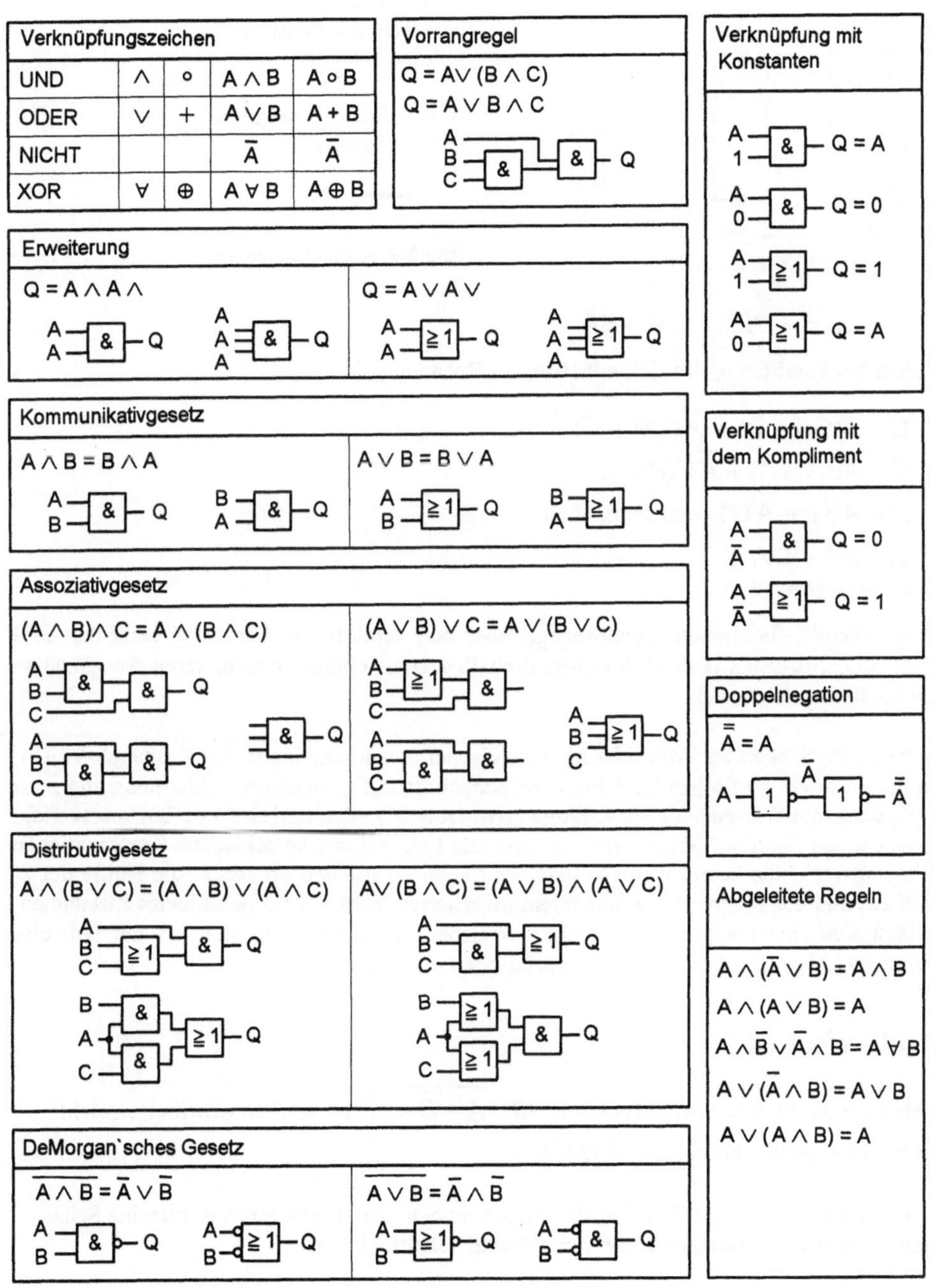

Bild 2-3 Regeln und Gesetze der Schaltalgebra [2-1]

Zuerst wird der Ausdruck CB mit $A + \overline{A}$ verknüpft zu $CB(\overline{A} + A)$. Dadurch ändert sich die Schaltfunktion nicht, denn nach den Rechenregeln gilt $A + \overline{A} = 1$ und $CB = CB1$. Ohne Klammern erhält man nun $CB\overline{A} + CBA$, sodass vereinfachend geschrieben werden kann:

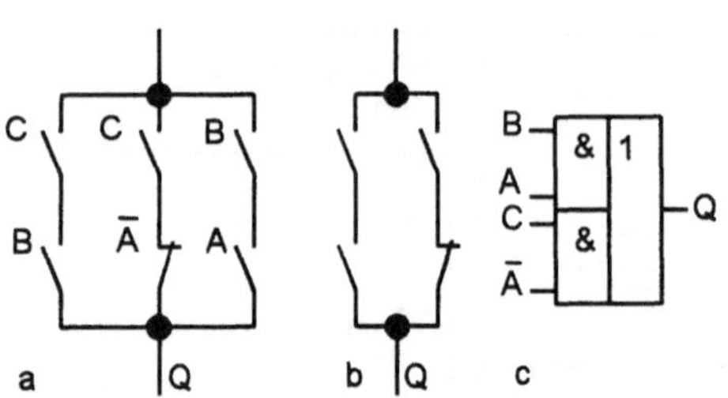

a) Schaltbild
b) vereinfachte Schaltung
c) Signalflussplan

A, B, C Eingangsvariable
Q Ausgangssignal

Bild 2-4 Kontaktschaltung

$$Q = CB\overline{A} + CBA + C\overline{A} + BA.$$

In den nächsten Schritten ergibt sich mit Hilfe der Rechenregeln:

$$Q = A(CB + B) + \overline{A}(CB + C)$$

$$Q = AB(C + 1) + \overline{A}\,C(B + 1)$$

$$Q = AB1 + \overline{A}\,C1 \quad \text{und schließlich}$$

$$Q = BA + C\overline{A}$$

Die entsprechende, funktionell gleichwertige, aber nun vereinfachte Schaltung zeigt das **Bild 2-4b**. Der Signalflussplan (**Bild 2-4c**) muss deshalb 2 UND-Glieder haben, deren Ausgänge an ein ODER-Glied geführt sind.

Eine andere Möglichkeit zur Minimierung Boole'scher Ausdrücke bietet das Karnaugh-Veitch-Diagramm. Es ist ein grafisches Verfahren, das schachbrettartig angelegte Felder nutzt und zwar 2^n Felder, wenn die Wertetabelle für n Eingangsvariable 2^n Zeilen umfasst. Die Eingangsvariablen werden so am Rand der Matrix verteilt, dass alle Felder durch verschiedene Kombinationen aller Eingangsvariablen belegt werden. Jede der Eingangsvariablen überdeckt die Hälfte der 2^n Felder direkt und die andere Hälfte mit ihrem invertierten Wert. Durch geschicktes Zusammenfassen lässt sich eine komprimierte Version erreichen, ohne dass man sich mit der teilweise aufwendigen Umformung der Theoreme beschäftigen muss [2-2].

Kontrollaufgaben

1 Gegeben sei die folgende Schaltfunktion: $Q = \overline{A + \overline{B} + \overline{\overline{C}}}$. In welchen Schritten erreicht man die vereinfachte Form $Q = \overline{A}\,B\,C$?

2 Für den Signalflussplan im **Bild 2-5** sind zu bestimmen: Schaltfunktion, vereinfachte Schaltfunktion und Signalflussplan für die vereinfachte Schaltfunktion!

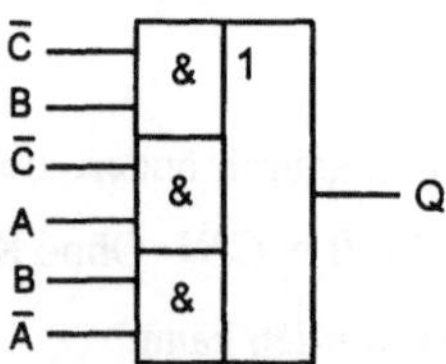

Bild 2-5 Signalflussplan einer Kombinationsschaltung

2.1.2 Zahlensysteme und Datencodes

Unser alltäglich benutztes Dezimalsystem mit der Basis 10 besitzt einen Ziffernvorrat von "0" bis "9", also 10 Zeichen oder Ziffern. Beim Dualsystem werden nur die Zeichen "0" und "1" verwendet. Hier liegt die Basis 2 zugrunde. Man kann aber auch die Basis 8 oder 16 wählen. Dann ergibt sich das Oktal- oder Hexadezimalsystem. Für die Datenverarbeitung sind das Dual- und das Hexadezimalsystem von Bedeutung. Dualzahlen nehmen dabei eine zentrale Stellung ein, weil sie mit digital arbeitenden Komponenten sehr gut verarbeitet (addiert) werden können. In einer Gegenüberstellung ergeben sich die in **Bild 2-6** notierten Zusammenhänge.

Dezimalsystem	Dualsystem	Oktalsystem	Hexadezimalsystem
10^1 10^0	2^3 2^2 2^1 2^0	8^1 8^0	16^0
0	0 0 0 0	0	0
1	0 0 0 1	1	1
2	0 0 1 0	2	2
3	0 0 1 1	3	3
4	0 1 0 0	4	4
5	0 1 0 1	5	5
6	0 1 1 0	6	6
7	0 1 1 1	7	7
8	1 0 0 0	10	8
9	1 0 0 1	11	9
10	1 0 1 0	12	A
11	1 0 1 1	13	B
12	1 1 0 0	14	C
13	1 1 0 1	15	D
14	1 1 1 0	16	E
15	1 1 1 1	17	F

Bild 2-6 Zahlensysteme

Sollen Daten in Steuerungen eingegeben und dort verarbeitet werden, dann müssen die Informationen ebenfalls in eine digital lesbare Form gebracht werden. Die Daten müssen codiert werden.

> **Codierung:** Eindeutige Zuordnung der Zeichen eines Zeichenvorrates zu den Zeichen eines anderen Zeichenvorrates.

Für den Maschinenbau und dort besonders für die Messsysteme ist eine Unterscheidung der Codiersysteme in ein- und mehrschrittige Codes wichtig. Wenn sich von Zeichen zu Zeichen immer nur jeweils 1 Bit ändert, handelt es sich um einen einschrittigen Code, wie z.B. der Gray-Code. Gibt es Stellen in der Aufeinanderfolge von Zeichen, an denen sich gleichzeitig mehrere Bits ändern, so ist der Code mehrschrittig, wie z.B. der BCD-Code. Wird ein solcher Code z.B. für Wegmesssysteme (*position feedback transducer*) eingesetzt, also zur Wandlung einer analogen Größe in eine digitale Information, dann kann es im Moment des Überganges von einem Messwert zum nächsten zu Fehlablesungen kommen, weil z.B. durch Justagefehler des codierten Messlineals bzw. der Leseelemente nicht alle Bits exakt gleichzeitig ansprechen. Um das zu umgehen, braucht man weitere technische Mittel, wie z.B. eine zusätzliche feinstgestufte Entscheidungsspur auf dem Messlineal oder besondere Ablesemethoden (V-Ablesung). Nachfolgend wird eine Übersicht gängiger 4-Bit-Codes, sogenannte tetradische Codes, gezeigt (**Bild 2-7**).

Dezimal- bzw. Hexadezimalziffern	8421-BCD-Code	Gray-BCD-Code	4-Bit-Gray-Code	4-Bit-Binär-Code	3-Excess-Code	10-Gray-Excess-Code	2421-Aiken-Code	Tetraden
	0	0	0	0			0	0 0 0 0
	1		F	1			1	0 0 0 1
	2	9	9	2		0	2	0 0 1 0
	3		E	3	0		3	0 0 1 1
	4	1	1	4	1	4	4	0 1 0 0
	5	2	2	5	2	3		0 1 0 1
	6	8	8	6	3	1		0 1 1 0
	7	3	3	7	4	2		0 1 1 1
	8		B	8	5			1 0 0 0
	9		C	9	6			1 0 0 1
			A	A	7	9		1 0 1 0
			D	B	8		5	1 0 1 1
		6	6	C	9	5	6	1 1 0 0
		5	5	D		6	7	1 1 0 1
		7	7	E		8	8	1 1 1 0
		4	4	F		7	9	1 1 1 1

Bild 2-7 Einige tetradische Codes

Weil 4-Bit-Codes die Verschlüsselung von 16 Zeichen ($2^4 = 16$) ermöglichen, ergeben sich einige Bitkombinationen, die unnötig sind. Sie werden als Pseudotetraden bezeichnet und sie sind im **Bild 2-7** grau markiert. Um Fehler bei der Übertragung digitaler Informationen zu erkennen, muss man zusätzlich zu den Daten noch weitere Zeichen übertragen [2-19]. Das kann ein Prüfbit sein, mit dem eine einfache Prüfung auf Parität ermöglicht wird. So kann man z.B. vereinbaren, dass die Quersumme sämtlicher "1-Zeichen" eine gerade Zahl ergeben muss. Jede ungerade Quersumme würde dann einen Einfach-Übertragungsfehler (jedoch keine Doppelfehler!) signalisieren. Welches Zeichen falsch ist, bleibt dabei unbekannt. Um das zu erkennen, braucht man weitere Prüfzeichen. Ein solcher Fehlerkorrektur-Code ist z.B. der Hamming-Code, der 1948 von R. Hamming entwickelt wurde.

Beispiel für die Prüfbit-Anwendung:

Gerade Parität, z.B. ISO-Code

Paritätsbit	Datenwort						
0	1	0	0	0	1	1	1

Ungerade Parität

Paritätsbit	Datenwort						
1	1	1	0	0	0	0	1

Das Paritätsbit wird je Datenwort so gesetzt, dass die Quersumme stets eine gerade (oder je nach Vereinbarung ungerade) Zahl ergibt.

Bit	0	1	2	3	4	5	6	7	
Byte 0	0	1	0	0	0	0	0	0	
1	1	1	0	1	0	0	1	1	
2	0	0	1	0	1	1	0	0	
3	0	1	0	1	1	1	1	0	Querparitätsbit
4	1	0	0	...	...			...	
5	1	1	1	...	...			...	
6	0	0	0	...	...			...	
7	0	1	1	...					

Längsparitätsbit

Die Bildung der Quersumme zu Prüfzwecken wird auch als Quer-Parity bezeichnet. Das geht natürlich auch längs für einen Datenblock, also über mehrere Bytes hinweg. Werden ein Längs- und ein Querparitätsbit gesetzt, dann hat man ein Datensicherungsverfahren nach dem Prinzip der Kreuzsicherung. Dadurch ist eine Lokalisierung und Korrektur des Fehlers möglich. Im nebenstehenden Beispiel wird jeweils auf eine ungerade Parität ergänzt.

Die Ergänzung auf eine ungerade Zahl hat den Vorzug, dass die Null immer eindeutig markiert wird (Prüfbit bei Null = 1).

Eine andere Art der Behandlung (Wandlung) von Signalen ist die Umsetzung von analogen in digitale Signale. Das wird notwendig, wenn z.B. die Messwerte eines analogen Gebers in einem Prozessrechner verarbeitet werden sollen. Dafür nutzt man Schaltungen (integrierte Schaltkreise), die als Analog/Digital-Wandler (A/D-Umsetzer) bezeichnet werden. Es gibt unterschiedliche Wandlungsverfahren. Meistens sind die Eingangsgrößen elektrische Spannungen, die man nach einem Schwellenwert (*threshold*) U_S quantisiert (**Bild 2-8**).

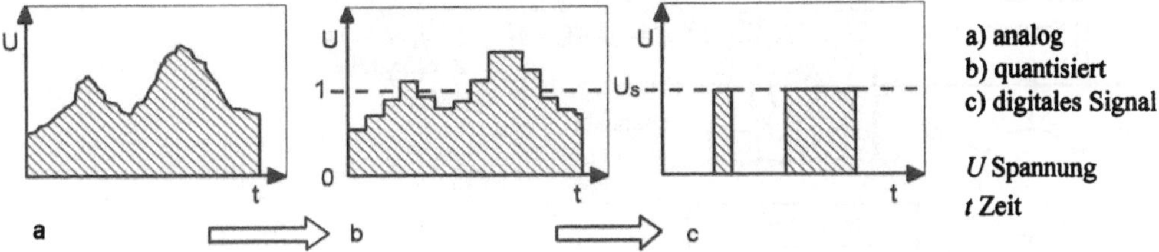

Bild 2-8 Prinzipablauf beim Umsetzen eines analogen Signals in ein digitales Signal

Die bekanntesten Verfahren zum Umsetzen von analogen in digitale Signale sind Spannungs-Frequenz-Umsetzung, Rampen-, Wägeverfahren, Parallel- und Halbparallelumsetzung [2-27]. Auch der umgekehrte Fall wird gebraucht, d.h. die Wandlung digitaler Signale in analoge Signale, insbesondere zur Erzeugung analoger Stellgrößen (meistens elektrische Spannungen) für Antriebe. Dafür benutzbare Verfahren sind u.a. Parallel-, Wäge-, Zählverfahren und das R-2R-Netzwerk.

Wichtig bei der Umsetzung sind die erreichbare Genauigkeit (*accuracy*) sowie Auflösung (*resolution*) und die dazu erforderliche Umsetzzeit. Die Auflösung ergibt sich aus der Breite des erzeugten Ergebniswortes. So löst z.B. ein 14-Bit-Wandler den Messbereich in 2^{14} = 16384 Schritte auf. Da ein digitales Wort endlich viele Binärstellen hat, kann die vollständige und fehlerfreie Rekonstruktion eines wertkontinuierlichen analogen Signals mit irreversiblem Informationsverlust verbunden sein (Digitalisierungs- oder Quantisierungsfehler).

Kontrollfragen

1 Welcher Dezimalzahl entspricht die Dualzahl x = 1001101 B?
   Das B kann zur Vermeidung von Verwechslungen angehängt werden (Q für Oktalzahlen, H für Hexadezimalzahlen).

   Lösung: $1 \cdot 2^6 + 0 \cdot 2^5 + 0 \cdot 2^4 + 1 \cdot 2^3 + 1 \cdot 2^2 + 0 \cdot 2^1 + 1 \cdot 2^0 = 64 + 0 + 0 + 8 + 4 + 0 + 1 = \underline{77}$

2 Welcher Dezimalzahl entsprechen die Oktalzahl x = 175 Q und die Hexadezimalzahl
   x = 7D H?

3 Was verbirgt sich hinter dem Begriff Paritätsbit?

2.1.3 Steuerungsarten

Unter Steuerung versteht man einen Vorgang in einem System, bei dem eine oder mehrere Eingangsgrößen andere Größen als Ausgangsgrößen nach bestimmten Gesetzmäßigkeiten im offenen Wirkungsablauf beeinflussen (siehe dazu auch DIN 19226). Oft versteht man darunter im Sprachgebrauch aber auch die Gesamteinrichtung (Hardware), in der der Vorgang des Steuerns stattfindet. Dann sind oft auch Regler enthalten, die im geschlossenen Wirkungsablauf arbeiten. Im Englischen steht *control* allgemein für Regelung (*control loop*) als auch für Steuerung (*open-loop control*). Ein einfaches Steuerungsbeispiel ist der in **Bild 2-9** gezeigte Motor, wobei über ein Getriebe oder eine andere Möglichkeit zur Drehzahlbeeinflussung 6 Drehzahlen (n_1 bis n_6) einstellbar sind.

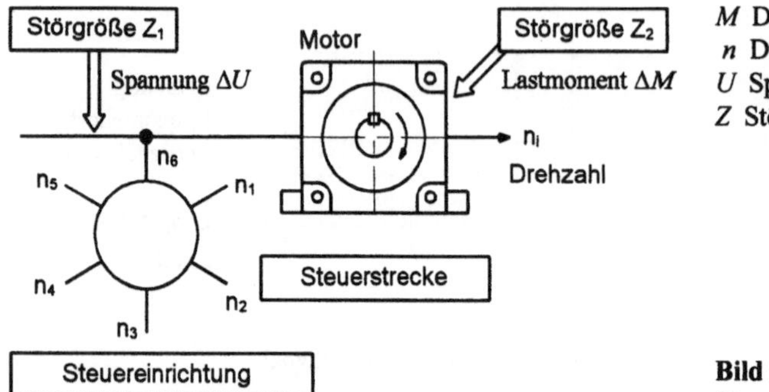

Bild 2-9 Blockbilddarstellung einer Steuerung

Die an der Motorwelle vorhandene Drehzahl n_i wird von den Störgrößen Z_1 und Z_2 beeinflusst. Im offenen Wirkungskreis unterliegt die Drehzahl deshalb unerwünschten Veränderungen. Wird die Drehzahl n_i gemessen und der Wert zurückgeführt, sodass nach einem Vergleich mit einem Sollwert Maßnahmen für Korrekturen getroffen werden können (Steller), dann liegt ein geschlossener Wirkungsweg vor, d.h. eine Regelung.

> **Steuerstrecke:** Teil des Wirkungsweges, der aufgabengemäß zu beeinflussen ist.
> **Steuereinrichtung:** Derjenige Teil des Wirkungsweges, der über ein Stellglied auf die Steuerstrecke wirkt.
> **Stellgröße:** Ausgangsgröße der Steuereinrichtung, die Eingangsgröße der Steuerstrecke wird.

Der allgemeine Ablauf besteht beim Regeln grundsätzlich in der Aufeinanderfolge von Informationserfassung, Informationsverarbeitung und Generierung von Stellsignalen.

Steuerungen kann man nach verschiedenen Gesichtspunkten gliedern:

* nach der Art der Hilfsenergie in elektrische, hydraulische, pneumatische und mechanische Steuerungstechnik nebst deren Kombinationen

* nach der Art der gesteuerten Größe in Drehzahl-, Druck-, Vorschubsteuerungen u.a.

* nach der Wirkungsweise in stetige, digitale, binäre und analoge Steuerungen

* nach den Besonderheiten der Eingangsgrößen in Hand- oder Befehlssteuerung, Zeitplan- oder Programmsteuerung sowie Folge- und Führungssteuerung

Bei Programmsteuerungen (Zeitplan-, Wegplan-, Ablaufsteuerung) werden die zur Steuerung erforderlichen Informationen aus einem Programmspeicher entnommen. Das Programm kann unveränderbar festliegen oder gestaltbar sein. In diesem Fall der freiprogrammierbaren Steuerung (*freely programmable*) müssen Programmiermethoden und -einrichtungen zur Verfügung stehen, um das Programm manuell oder automatisiert erzeugen zu können. Das wird in den Kapiteln 2.6.2 und 2.7.4 besprochen.

In der Steuerungstechnik hat die speicherprogrammierbare Steuerung, kurz SPS, einen festen Platz gefunden. Die Steuerprogramme sind in Form von Software vorgegeben. Nach der Art der

Signalverarbeitung wird zwischen kombinatorischen Steuerungen (Verknüpfungssteuerungen) und sequentiellen Steuerungen (Ablaufsteuerungen) unterschieden.

Verknüpfungssteuerung

So wird eine binäre Steuerung bezeichnet, die den Signalzuständen der Eingangssignale bestimmte Signalzustände der Ausgangssignale im Sinne Boole'scher Verknüpfungen, also mit schaltalgebraischen Mitteln (Gleichungen, Kontaktpläne, Funktionstabellen, Funktionspläne), zuordnet (DIN 19237). Typisch sind UND-, ODER-, NICHT- sowie NOR- und NAND-Funktionen.

Beispiel: Kransteuerung, bei der allein die Bedienperson die Aktionsfolge bestimmt.

Ablaufsteuerung

Bei dieser Steuerung werden die Aktionen in ihrer Aufeinanderfolge durch Schaltsysteme nach einem festeingebauten oder wechselbaren Programm gesteuert und zwar schrittweise in Abhängigkeit von erreichten Zuständen in der gesteuerten Anordnung (DIN 40719). Ablaufsteuerungen (*sequence control*) können zeit- oder prozessabhängig sein. Bei zeitabhängigen Ablaufsteuerungen muss ein Taktgeber, z.B. ein Zeitrelais, vorhanden sein. Bei den prozessabhängigen Ablaufsteuerungen löst der Prozess die Weiterschaltung zum nächsten Schritt aus. Dazu werden in der Regel Sensoren gebraucht, die den Prozess beobachten und das entsprechende Signal liefern. Der nächste Arbeitsschritt wird somit nur dann aufgerufen, wenn die Erledigung des vorangegangenen Schrittes bestätigt wurde.

In der DIN 19226 werden die Steuerungsarten in Führungs-, Halteglied- und Programmsteuerungen (Zeitplan-, Wegplan-, Ablaufsteuerung) eingeteilt. Programmsteuerungen für Werkzeugmaschinen könnte man auch in numerische (NC) und nichtnumerische (NNC) einteilen. Bei letzteren werden die Programmgrößen analog vorgegeben. Dazu gehören alle Kurven-, Nocken-, Anschlag-, Nachform- und Werkstückmesssteuerungen.

Führungssteuerung

Zwischen einer Führungsgröße, z.B. ein Stellwiderstand, und einer Ausgangsgröße der Steuerung, z.B. ein Heizgerät, besteht ein eindeutiger Zusammenhang, soweit Störgrößen keine Abweichungen bewirken.

Haltegliedsteuerung

Steuerung, bei der nach Wegnahme der Führungsgröße, z.B. Loslassen eines Tasters, der erreichte Wert der Ausgangsgröße der Steuerung erhalten bleibt. Erst eine entgegengesetzte Führungsgröße hebt diesen Zustand wieder auf und stellt den Anfangswert wieder her. Ein Beispiel ist die Selbsthalteschaltung nach **Bild 2-10**.

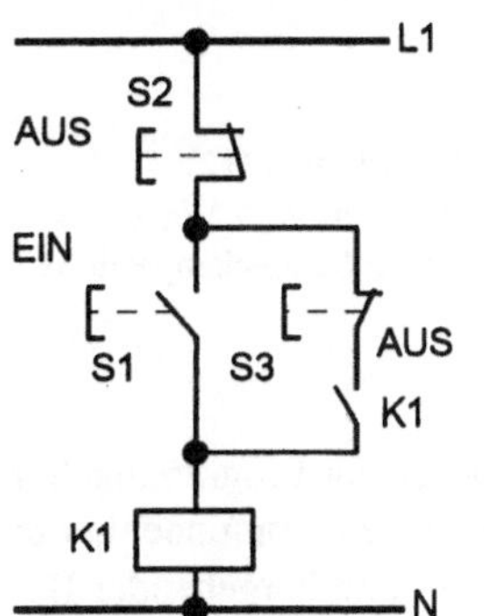

Bild 2-10 Stromlaufplan einer Schützschaltung mit Selbsthaltung

Wird der Taster S1 kurz gedrückt, dann wird das Relais K1 erregt und der Schließer K1 schließt den zu S1 parallelen Stromweg. Ist der Taster S1 nicht mehr gedrückt, bleibt der Stromweg im Selbsthaltezweig trotzdem geschlossen. Dieser Zustand kann durch Betätigen des AUS-Tasters S2 oder S3 (beide sind Öffner) aufgehoben werden. Die Schaltung speichert somit das Einschaltsignal bis zur nächsten Bedienhandlung.

> **Öffner und Schließer:** Schaltglieder (Kontakte), deren Bezeichnung sich auf die Betriebsstellung während der Betätigung bezieht, also entgegengesetzt zu den gezeichneten Grundstellungen.

Zeitplansteuerung

Das ist eine Programmsteuerung bei der die Führungsgröße von einem zeitabhängigen Programmgeber bereitgestellt wird. Programmspeicher können z.B. Nockenwellen oder Kurvenscheiben sein. Die Nachlauf- oder Kopiersteuerungen nutzen z.B. ein Masterwerkstück als Formenspeicher. Die Form (Kontur) wird abgetastet und auf einen Werkzeugsupport umgesetzt (**Bild 2-11**). So entsteht eine Kopie des Musters bzw. einer Konturschablone. Mechanische, hydraulische und elektrische Kopiermaschinen waren vor der Einführung der NC-Technik überhaupt die einzige Möglichkeit, eine Bahnsteuerung zu realisieren. Sie spielen heute nur noch eine untergeordnete Rolle (Drehautomaten). Gleichwohl ist ihre Geschichte recht interessant. Bereits 1712 hatte A.K. Nartow (1694-1756) eine mechanisch gesteuerte Drehmaschine zum Nachformen von Teilen aus Knochen und Hartholz (**Bild 2-11b**) hergestellt. Nartow war Mechaniker am Hofe des Zaren Peter I. von Russland (1672-1725). Er zeigte seine Maschinen in mehreren Ländern Europas.

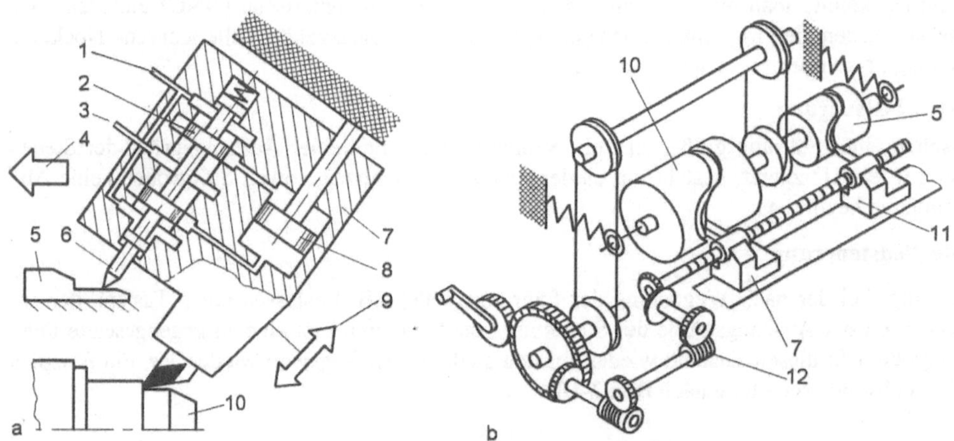

Bild 2-11 Nachlaufsteuerung
a) hydraulischer Nachlaufsupport, b) Prinzip der Nachlaufdrehmaschine von A.K. Nartow (1712), 1 Ölrücklauf, 2 Steuerschieber, 3 Druckölanschluss, 4 Leitvorschubewegung, 5 Modell, 6 Taster, 7 Werkzeugsupport, 8 Hydraulikzylinder, 9 Zustellbewegung, 10 Werkstück, 11 Abtastsupport, 12 Schneckengetriebe

Wegplansteuerung

Als eine Form der Programmsteuerung werden die Führungsgrößen von einem Programmgeber geliefert, dessen Ausgangsgrößen vom zurückgelegten Weg einer beweglichen Komponente der gesteuerten Anordnung abhängen. Ein typischer Fall ist die Steuerung hin- und hergehender Bewegungen (*reciprocating motion*). Das **Bild 2-12** zeigt ein Beispiel unter Verwendung pneumatischer Bauteile. Es werden die Endlagen des Kolbenweges abgetastet und die Signale zur Umsteuerung verwendet.

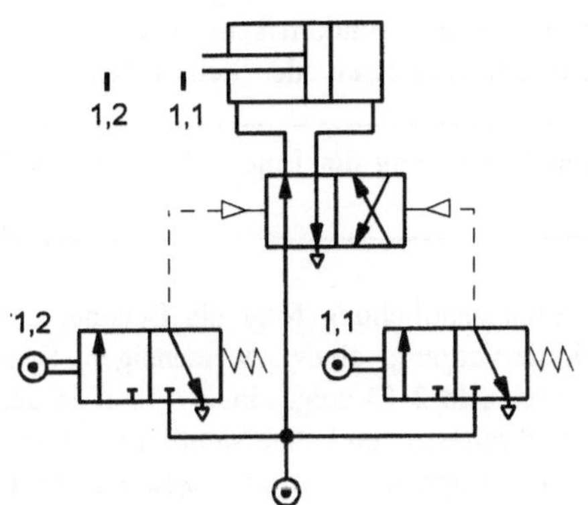

Ein wichtiges Hilfsmittel zur Darstellung von Steuerungsabläufen sind übrigens Diagramme. Man unterscheidet in Bewegungs-, Steuer- und Funktionsdiagramme. Sie geben entsprechend ihrer Bezeichnung Abläufe von Arbeitsschritten, den Schaltzuständen der Steuerglieder und Funktionen als Vereinigung von Steuer- und Weg-Schritt-Diagrammen an. Ein Beispiel ist dazu in Bild 2-51 zu sehen.

Bild 2-12 Pneumatische Wegplansteuerung über ein 4/2-Wegeventil und mit Endschalter gesteuerten Ventilen

Kontrollfragen

1 Bei dem in Bild 2-11a gezeigten hydraulischen Nachformsupport bewegt sich nach dem Einschalten der Werkzeugsupport mit gleichmäßigem Leitvorschub v_{Leit} in Richtung Schablone. Der Taster wird durch die Ventilfeder nach vorn gedrückt und erreicht die Schablone (oder alternativ ein Masterwerkstück). Wie setzt sich der Vorgang fort?

2 Warum ist der hydraulische Nachformsupport schräg angebaut?
Hilfestellung: Skizzieren Sie im Diagramm, welche Geschwindigkeiten vorliegen und wie sich diese überlagern.

3 Welche Arten von Programmsteuerungen unterscheidet die DIN 19226?

4 Erklären Sie die Begriffe Steuerstrecke, Steuereinrichtung, Stellgröße und Störgröße!

5 Was versteht man unter einer offenen Steuerkette?

2.1.4 Programmstrukturelemente

Zur Ausarbeitung von Steuerungen und Arbeitsprogrammen sind Unterlagen erforderlich, aus denen der Steuerfluss als Gesamtheit der aufeinanderfolgend miteinander verknüpften funktionellen und oder logischen Grundstrukturen hervorgeht. Damit wird die Verarbeitung der Daten auf dem Weg zur Aufgabenlösung gezeigt. Ihre Bedeutung ist in der Automatisierungstechnik in dem Maße gewachsen, wie die technischen Mittel zur Realisierung von Automatisierungsaufgaben komplizierter wurden, sodass beschreibende Texte die Zusammenhänge nicht mehr umfassend darlegen konnten.

Der Steuerungsentwurf läuft allgemein in folgenden Phasen ab:

- Beschreibung der Steuerungsaufgabe
- Strukturierung der Steuerung
- Detaillierung der Steuerungsabläufe
- Erstellung des Steuerungsprogramms

Grafisch orientierte Darstellungen sind Pläne in Form von Zusammenschaltungen von Symbolen mit richtungsbehafteten Wirkungslinien. Das sind z.B. Struktogramme (Nassi-Shneiderman-Diagramme. Die Symbolik findet man dazu in der DIN 66261), Programmablaufpläne, Logik- und Signalflusspläne. Letztere werden in den Anfangsstufen einer Projektbearbeitung aufgestellt. Sie haben noch keine Beziehung zu realen Geräten oder Bausteinen, sondern kennzeichnen statisches und dynamisches Verhalten von Wirkungsgliedern in Regelkreisen oder Steuerketten.

Programmablaufplan: Hilfsmittel zur anschaulichen Darstellung der Logik, die hinter einem Programm steht, mit Hilfe von Sinnbildern.

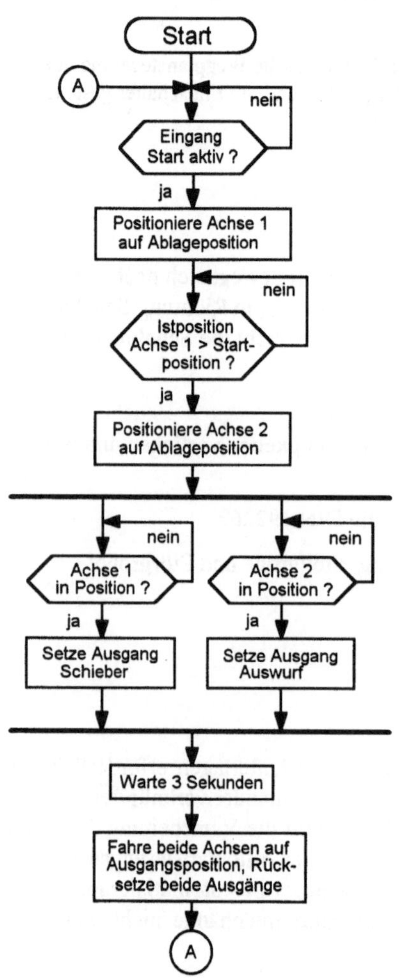

Bild 2-13 Flussdiagramm für einen Positioniervorgang in prozessnaher Darstellung (Sinnbilder nach DIN 66001)

Zur Veranschaulichung folgt als Beispiel der Positioniervorgang eines zweiachsigen Systems. Das **Bild 2-13** zeigt einen Ablauf in der sehr verbreiteten und übersichtlichen Form eines Flussdiagramms. Es gibt sogar Beschreibungssysteme, bei denen dieses Diagramm nicht nur der Programmvorbereitung dient, sondern gleich als Programm verwendet werden kann. Ein Programmeditor muss dann die Kombination von grafischen und textuellen Eingaben zulassen. Die Flussdiagramme können dabei in beliebig vielen Detaillierungsstufen münden. Das Flussdiagramm muss zur Abarbeitung in einen Zwischencode übersetzt werden. Daraus werden dann die für die Steuerung der Hardware erforderlichen Anweisungen generiert.

Eine Verallgemeinerung typischer Programmstrukturelemente wird in **Bild 2-14** vorgenommen. Sie tauchen bei der Ausarbeitung von Steuerprogrammen, z.B. speicherprogrammierbaren Steuerungen, immer wieder auf. Es wurde eine Grundeinteilung in Bewegungs-, Ablauf- und Kommunikationsanweisungen vorgenommen. Es sind aber auch Aufgaben der Kontrolle, der Überwachung und Diagnose zu realisieren, in dem Sinn, dass diese speziell bezeichneten Test-, Setz- und Rücksetz-, Warte-, Stopp- und Anzeigeanweisungen, wobei letzte z.B. Alarme, sind. Die Sensorverarbeitungsfunktionen sollten vom Arbeitsprogramm lediglich aktiviert und deaktiviert werden. Sie sind dann entweder fester Bestandteil des Betriebssystems oder mit Hilfe eines Sensordatenverarbeitungssystems separat zu programmieren.

Die Programmstrukturelemente sind auch geeignet, um in Verbindung mit weiteren Symbolen (nach DIN 66001) Programmablaufpläne auszuarbeiten, z.B. für den Gesamtablauf an einer Bearbeitungsstation mit eingebundener Werkstück- und Werkzeugversorgung, mit Palettierroutinen und anderen nebenläufigen Aktionen. So können sich z.B. Unterprogramme (Subroutinen) ergeben oder alternative Programmfortsetzungen (Ablaufanweisung VERZWEIGEN). Der Programmablaufplan ist dann auch Grundlage für die Notation in einer Programmiersprache. Bei all dem darf nicht vergessen werden, auch die möglichen Fehlerfälle mit einzubeziehen, für die dann Ersatz-Steuerstrategien vorgesehen oder Stillsetzoperationen eingeplant werden müssen. Gleiches gilt natürlich auch für die Wiederinbetriebnahme nach einer Störung. Dabei spielen dann auch die Eigenheiten (technologische Bedingungen) eine große Rolle.

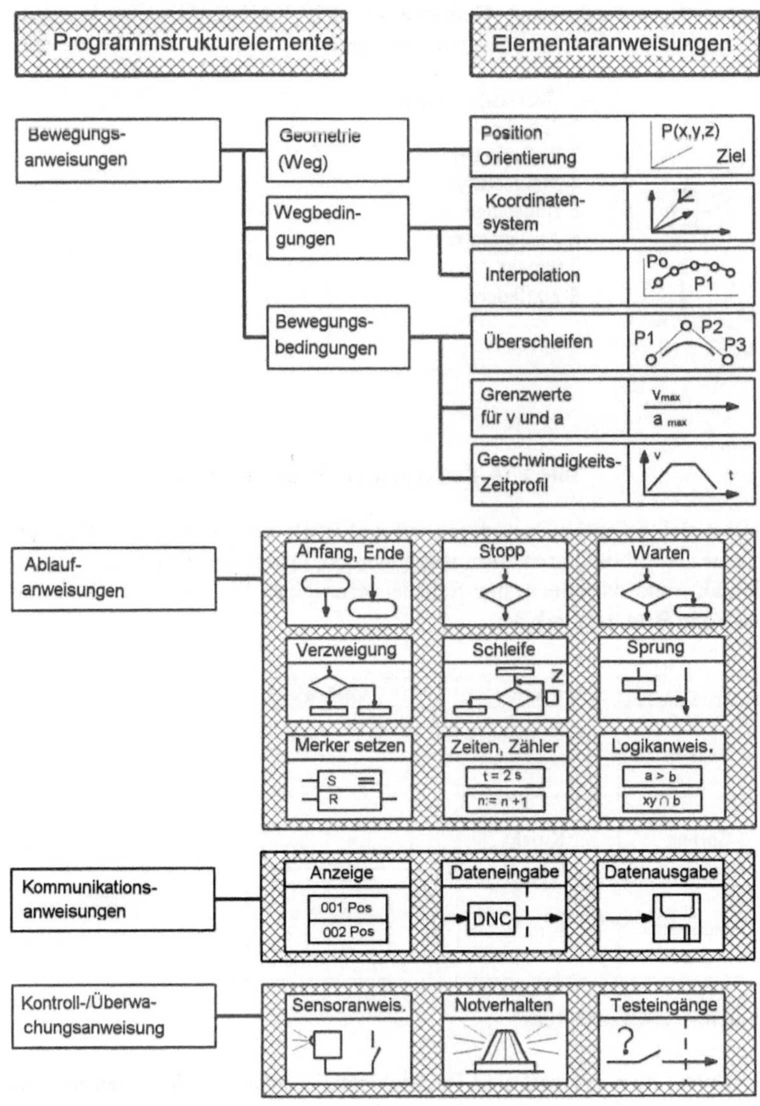

Bild 2-14 Typische Strukturelemente für Arbeitsprogramme [2-3]

2.2 Mechanische Steuerungen

In mechanischen Steuerungen werden Getriebe, Kurvenscheiben, Hebel, Federn, Kupplungen und andere mechanische Bauteile verwendet. Sie erreichen große Stellgeschwindigkeiten, sind genau und wirken verzögerungsfrei. Die Lebensdauer ist hoch, der technische Aufwand und der Platzbedarf sind es ebenfalls. Oft sind sperrige Gestänge zur Bewegungsübertragung erforderlich, die den Maschinenkonstrukteur beträchtlich einengen. In **Bild 2-15** wird eine Entnahmeeinrichtung gezeigt, bei der ein Pick-and-Place Zyklus mit 2 Steuerkurven realisiert wird. Für jede Bewegungsrichtung ist eine eigene Kurve vorhanden. Die Teile werden in der Position A aufgenommen, aus der Wirkzone herausgeschwenkt und im Punkt B wieder abgegeben, z.B. in eine dort befindliche Gleitrinne. Zur Vermeidung von Crashschäden werden in der Regel Überlastkupplungen in den Energiefluss eingeordnet. Bemerkenswert ist hierbei, dass eine Kurvenscheibe sowohl Informationsspeicher als auch Energieübertrager ist.

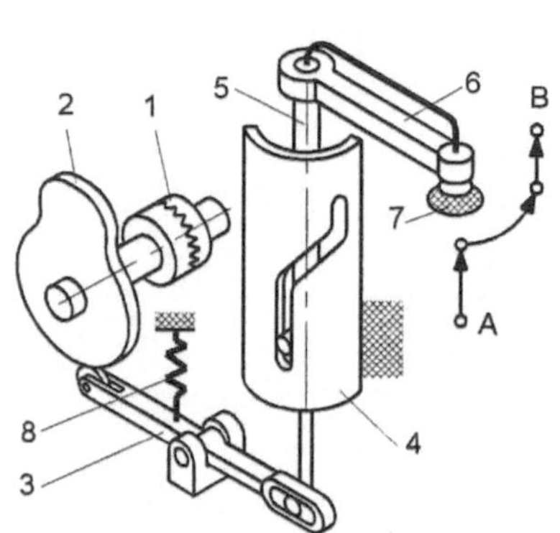

1 Überlastkupplung
2 Scheibenkurve
3 Rollenhebel
4 Mantelkurve
5 Hubstange
6 Auslegerarm
7 Sauger
8 Zugfeder

Bild 2-15 Kurvengesteuerte Entnahmeeinrichtung

Der Verlauf der Kurve lässt sich so optimieren, dass Stoß und Ruck, die zu unnötigen Schwingungen und Belastungen eines Antriebs führen, vermieden werden. Dadurch sind schnelle Bewegungszyklen im Sekundentakt (und darunter) ohne Schaden erzeugbar. Was ist unter Stoß und Ruck zu verstehen? Das wird in **Bild 2-16** erklärt.

Bewegung	Stoß	Ruck	Verlauf
Weg x	Knick	tangentialer Übergang	
Geschwindigkeit v	Sprung	Knick	
Beschleunigung a	Diracimpuls	Sprung	

Bild 2-16 Bewegungsdefinition von Stoß und Ruck

Kurvensteuerungen (*mechanical cam-control*) sind Programmsteuerungen. Änderungen im Ablauf sind fast nicht möglich, es sei denn die Steuerkurve wird gegen eine andere ausgetauscht. Bei den Drehautomaten werden z.B. Vorschub, Spannen und Werkzeugwechsel kurvengesteuert ausgeführt. Auch Schaltfunktionen können durch Steuernocken ausgelöst werden. Schalt- und Weginformationen sind Arbeitsinformationen und werden wie folgt definiert:

Weginformationen: Informationen, die zur Erzeugung einer Relativbewegung zwischen dem Werkstück und dem Werkzeug bzw. zwischen Start- und Zielposition bei einer Handhabungseinrichtung erforderlich sind und alle geometrischen Angaben enthalten.

Schaltinformationen: Informationen, die Maschinenfunktionen ein-, aus- oder umschalten und die damit unmittelbar in den Energiefluss einer automatisierten Maschine eingreifen, wie z.B. Schalten von Drehzahlen oder Kühlmittelzufuhr EIN bzw. AUS. Auf Rückmeldungen über die Durchführung der Schaltinformationen wird in der Regel verzichtet.

Das wohl wichtigste Element ist bei den mechanischen Steuerungen die Steuerkurve. Deshalb werden in **Bild 2-17** einige Getriebebeispiele gezeigt. Mitunter werden auch mehrere Kurvenverläufe in einem Kurvenkörper untergebracht (Doppelkurven).

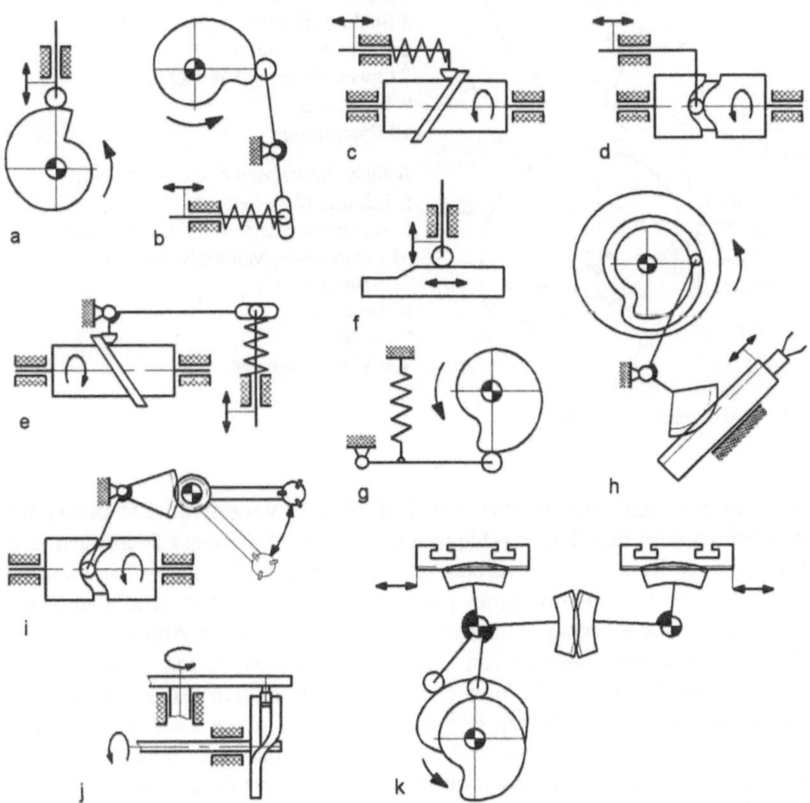

Bild 2-17 Ausführungen von Steuerkurven

a) Scheibenkurve, b) Kurve mit Hebelabtrieb, c) Wulstkurve, d) Nutkurve, e) Wulstkurve mit Winkelhebelabtrieb, f) Schieberkurve, g) Scheibenkurve mit Schwinghebel, h) Scheibennutkurve, i) Trommelkurve mit Zahnsegmentabtrieb, j) Schrittkurve, k) Doppelkurve für Werkzeugschlittenantrieb über Zahnsegmente und Zahnstange-Rad-Kombination

Kurvensteuerungen werden bei Spezialmaschinen, wie z.B. Automaten zur Glühlampenherstellung, bei Montageautomaten, bei Pick-and-Place Geräten und, wie schon erwähnt, auch bei Drehautomaten verwendet. Etwa 80 % der verkauften Mehrspindeldrehautomaten besitzen übrigens heute noch eine Kurvensteuerung.

In **Bild 2-18** wird gezeigt, wie bei einem Drehautomaten der Werkzeugweg mit Hilfe von Steuerkurven erzeugt wird. Es werden im Beispiel Teile von der Stange gedreht. Für den Längs- und Querschlitten wird jeweils eine gesonderte Kurve gebraucht. Die Differenz zwischen Kurvenmaximum und Grundkreis sowie das Übertragungsverhalten des Getriebezuges zwischen Kurvenkörper und Werkzeugschlitten bestimmen den Arbeitsweg (im Beispiel die Wege a und b) des Werkzeugs. Der Arbeitsweg untergliedert sich in den Anstell-, Sicherheits- und Vorschubweg. Nicht mit dargestellt sind weitere Kurven für die Werkstückspannung und den Vorschub des Stangenmaterials. Nach einer Umdrehung der Hauptsteuerwelle ist das Werkstück fertiggestellt.

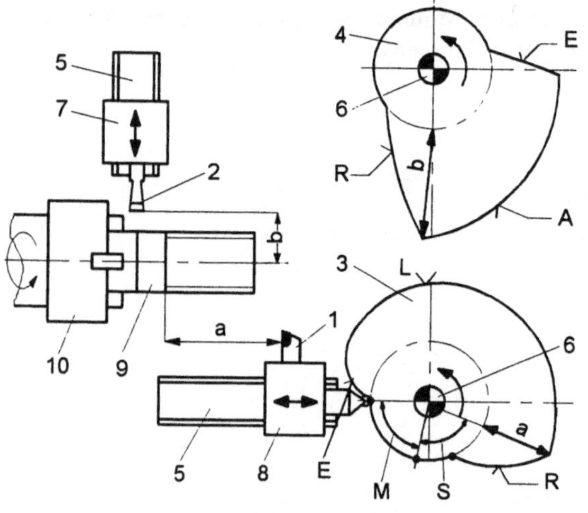

Bild 2-18 Arbeitsweise eines kurvengesteuerten Drehautomaten

Eine ganz andere Version einer Kurvensteuerung wird in **Bild 2-19** vorgestellt. Die Bewegung von der Kurve zum Schlitten wird hier über ein biegsames Zug-Druck-Element übertragen. Die Seele ist direkt mit den aktiven Komponenten verbunden, während die Hülle gestellfest montiert ist. Der Pneumatikzylinder hat die Funktion einer pneumatischen Feder. Der Krafteintrag geschieht folglich pneumatisch, das Steuerspiel aber mechanisch. Bei solchen Antrieben werden Taktzeiten bis herab auf 0,5 Sekunden erreicht. Ein unschätzbarer Vorteil besteht natürlich auch darin, dass von der Kurve zum Schlitten, z.B. in einer Montagestation, kein festes Gestänge besteht. Man kann die Schlitteneinheit verrücken, ja sogar an einen anderen Platz auf dem Maschinentisch setzen. Auch die Kurvensteuerung wird dadurch zur kompakten Einheit. Die Pneumatik erlaubt auch die Abschaltung der Station auf einfache Weise. Fährt der Kolben vollständig ein, wird die Kurvenrolle von der Steuerkurve abgehoben. Auch mehrachsige Schlitten lassen sich durch Kombination von Einzelschlitten zusammensetzen.

Insgesamt gesehen genügen aber mechanische Steuerungen den Anforderungen an eine flexible Fertigung nicht. Deshalb weisen flexible Fertigungssysteme keine Zentralsteuerung mehr auf, sondern sind mit z.B. 50 bis 150 steuerbaren Einzelantrieben ausgerüstet, wovon viele programmierbar sind.

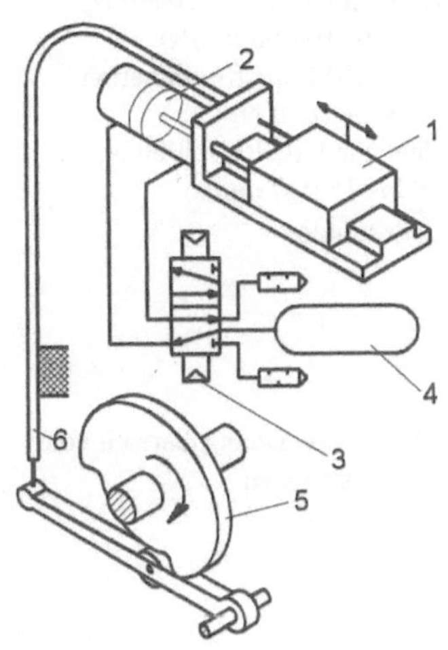

1 Schlitten
2 Pneumatikzylinder
3 Magnetventil
4 Druckspeicher
5 Steuerkurve
6 Zug-Druck-Element

Bild 2-19 Kurvengesteuerter Antrieb (AKB Heiligenstadt)

Kontrollfragen

1 Wo liegen die Gründe für die exzellente Laufkultur der Kurvensteuerungen?

2 Was verbirgt sich hinter dem Begriff "Arbeitsinformation "?

2.3 Pneumatische Steuerungen

Die Grundlagen der Pneumatik sind mehrere tausend Jahre alt. Erst um das Jahr 1960 entsteht in Deutschland die Industriepneumatik. Allgemein ist es jener Teil der Fluidik, der sich mit den gasförmigen Druckübertragungsmedien befasst. Zwar ist die Druckluft wegen ihrer Erzeugung und der notwendigen Vorbehandlung zunächst ein teurer Energieträger, aber solche Vorteile wie:

- Einfachheit und Transparenz der Steuerung
- hohe Kraft- und Leistungsdichte bei geringem Leistungsgewicht
- hohe Kolbengeschwindigkeiten bis 3 m/s
- stufenlose Stellbarkeit der Geschwindigkeiten und Kräfte
- Überlastungssicherheit (Druckluftwerkzeuge sind bis zum Stillstand ohne Schaden belastbar)
- günstiges Preis-Leistungsverhältnis

haben dann rasch zur Ausbreitung pneumatischer Antriebe und Steuerungen in vielen Branchen geführt.

> **Pneumatik:** Teilgebiet der Mechanik, das sich mit dem Verhalten der Gase, insbesondere der Druckluft, als Informations- und Energieträger beschäftigt.

Das liegt auch daran, dass die Pneumatik im Vergleich mit anderen Antrieben einen sehr großen Anwendungsbereich überdecken kann. Bei hohen Stellkräften bietet die Hydraulik Vorteile, bei den langsamen Bewegungen sind elektrische Antriebe günstiger einzusetzen. Das ist aus dem Diagramm in **Bild 2-20** im Überblick erkennbar.

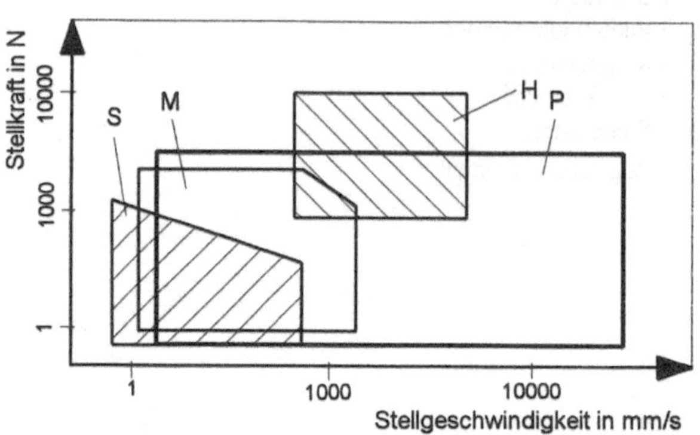

H Hydraulik (100 bis 10000 N,
   100 bis 10 000 mm/s)
M Spindel-Motor-Kombination
   (0,5 bis 2000 N)
P Pneumatik (0,1 bis 5000 N,
   10 bis 15 000 mm/s)
S Schrittmotor

Bild 2-20 Anwendungsbereich von
Pneumatikantrieben

2.3.1 Bewegung mit Pneumatik

Druckluft (früher war der Begriff Pressluft gebräuchlich) ist ein idealer Energieträger, mit dem auf kleinen Raum im Bereich einer Vorrichtung oder Maschine viel geleistet werden kann. Typisch sind in der Industriepneumatik "einfache" Zylinder-Ventil-Konfigurationen. Bei den im **Bild 2-21** gezeigten Aufbau ist der Druckunterschied zwischen den beiden Zylinderkammern für die Vortriebskraft und damit letztlich auch für die Dynamik des doppeltwirkenden Antriebs (*actor*) maßgeblich. Der Durchfluss der Strömungskette Schlauch-Ventil-Zylinder ist in allen Phasen von dominierenden Einfluss, weshalb stets auf die richtige Dimensionierung aller Elemente geachtet werden muss. Maßnahmen zur Beeinflussung sind möglichst kurze Schlauchlängen, schnell schaltende Ventile, kleine bewegte Massen und Vermeidung hoher Restenergie am Ende eines Bewegungsablaufs. Weil die Luft stark kompressibel ist, kann der rein pneumatische Schubkolbenmotor bei wechselndem Arbeitswiderstand in unangenehme Schubschwingungen geraten. Die Lastabhängigkeit ist also groß. Die Luft besitzt nur geringe schwingungsdämpfende Eigenschaften. Die Steuerbarkeit ist aber gut und die Steuerungsimpulse reagieren schnell.

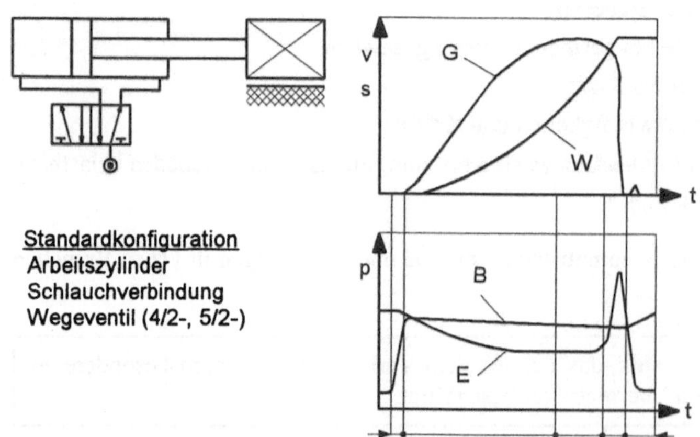

B Druck der Belüftungsseite
E Druck der Entlüftungsseite
G Geschwindigkeit v
W Weg s

t Zeit
t_1 Schalten des Wegeventils
t_2 Beschleunigungsphase
t_3 Phase konstanter Geschwindigkeit
t_4 Bremsphase bis zum Stillstand
t_5 Ausgleichsphase, Be-, Entlüften der Zylinderkammern

Bild 2-21 Phasendarstellung eines pneumatischen Arbeitszykluses

2.3.2 Steuerungselemente

Für die Steuerung pneumatischer Aktoren werden Ventile gebraucht. Die Bezeichnung "Ventil" gilt übergeordnet für alle Bauarten wie Steuerschieber, Kugelventile, Tellerventile, Hähne u.a. Für den Aufbau einer Steuerung ist die damit auslösbare Funktion wichtig, weniger die Bauart. Das **Bild 2-22** zeigt einige wichtige Steuerungselemente.

Bezeichnung	Funktionsbild	Bildzeichen
4/2-Wege-ventil	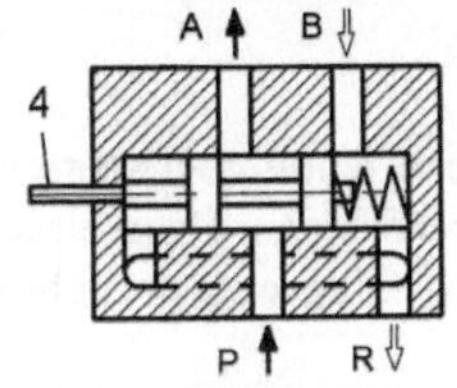	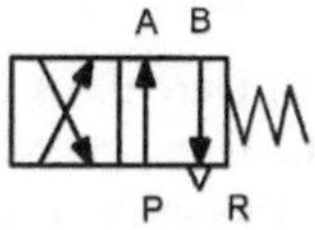 und andere
Drossel-ventil	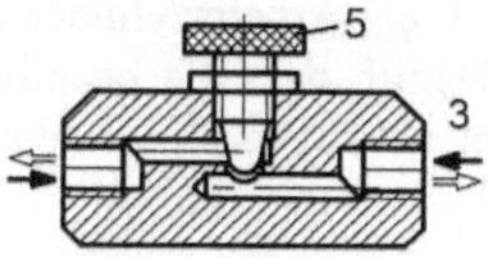	
Rückschlag-ventil	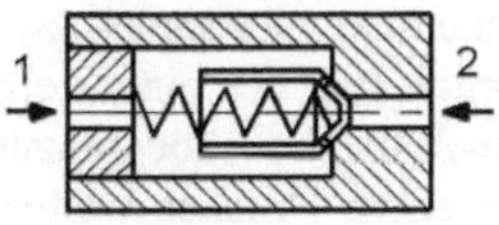	
Druckbe-grenzungs-ventil	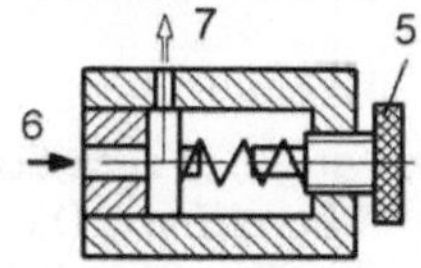	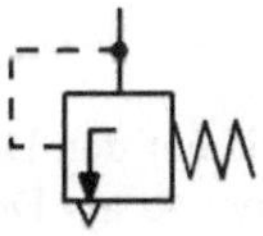
Wechselventil (ODER-Glied)	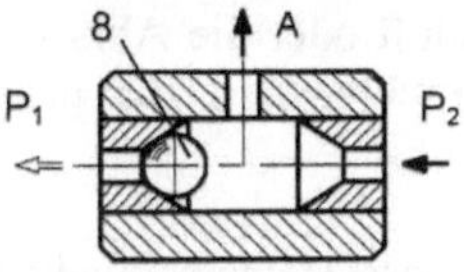	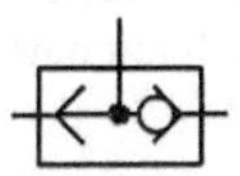

1 Sperrrichtung
2 freier Luftdurchgang
3 Durchfluss in beiden Richtungen möglich
4 Steuerschieber
5 Stellschraube
6 anstehender Druck im System
7 Öffnung in die Atmosphäre
8 Kugel

Bild 2-22 Wichtige pneumatische Steuerungselemente

Wegeventile gibt es als Zweiwege- bis Fünfwegeventil (und mehr). Sie bestimmen vorwiegend Öffnen und Schließen sowie Änderung der Durchflussrichtung. Als (Luft-)Weg zählen Anschlüsse zum Druckluftnetz, zu den Aktoren und zur Umluft (Entlüftung). Für die Betätigung vorzugsweise zur Umsteuerung eines Ventils gibt es neben der Rückstellfeder viele Elemente für manuelle, pneumatische, elektrische oder mechanische Beeinflussung. Sie bringen die notwendige Betätigungskraft auf. Das **Bild 2-23** zeigt eine kleine Auswahl im Sinnbild.

Zu erwähnen sind noch die Proportionalventile (*proportional directional control valve*). Bei diesen Ventilen lässt sich der Steuerschieber nach einer elektrischen Führungsgröße variabel einstellen, also auch auf Zwischenwerte zwischen 0 und 1. Der Aufbau ist den hydraulischen Proportionalventilen (siehe Bild 2-37) ähnlich.

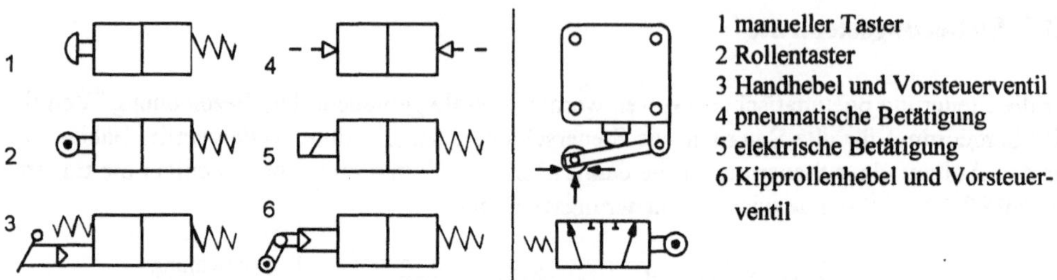

Bild 2-23 Einige Betätigungsmöglichkeiten von Wegeventilen

1 manueller Taster
2 Rollentaster
3 Handhebel und Vorsteuerventil
4 pneumatische Betätigung
5 elektrische Betätigung
6 Kipprollenhebel und Vorsteuerventil

Sperrventile haben die Aufgabe, den Durchfluss in einer Richtung zu sperren und in der entgegengesetzten Richtung freizugeben. Dazu gehören Rückschlag-, Drosselrückschlag-, Schnellentlüftungs-, Wechsel- und Zweidruckventile. Das Rückschlagventil ist sehr einfach aufgebaut. Der Ventilsitz wird durch Federkraft gesperrt.

Wechselventile realisieren das logische ODER. Soll z.B. ein Arbeitszylinder von 2 Kommandostellen aus gesteuert werden, verhindert das Wechselventil, dass die beaufschlagte Arbeitsleitung über das parallel geschaltete Signalglied entlüftet wird. Die Verwendung solcher Ventile wird im Beispiel Bild 2-30 gezeigt.

Druckventile beeinflussen den Druck der durchströmenden oder anstehenden Druckluft. Beim Druckbegrenzungsventil begrenzt die Federkraft den maximal zulässigen bzw. gewünschten Mediumdruck. Die Federkraft ist einstellbar. Steigt der Druck über den eingestellten Wert, bläst das Ventil ins Freie ab. Zu den Druckventilen gehören auch die Druckbegrenzungsventile und die Folgeventile. Diese schalten bei Erreichen des eingestellten Druckes weitere Verbraucher der Steuerung zu. Mit Hilfe von Druckbegrenzungsventilen wird auch der Druck in einem pneumatischen System konstant gehalten.

Stromventile sind Mengenventile, die auf den Durchfluss wirken. Wegen der einstellbaren Verengung des Durchflusskanals werden sie als Drosselventil bezeichnet. Die Drosselwirkung ist einstellbar. Die Ventile werden häufig für die Einstellung der Geschwindigkeit an Linear- und Drehantrieben eingesetzt, indem man entweder die Zuluft oder die Abluft drosselt (siehe dazu Bild 2-25). Drosselventile sind oft auch mit einem Rückschlagventil zum einbaufertigen Drosselrückschlagventil kombiniert.

Aus der Praxis heraus haben sich verschiedene Steuerungssysteme entwickelt, die in ihrem Aufbau verschiedene logische Operationen verwirklichen. Das sind folgende:

Taktstufensteuerung

Das ist ein Schaltwerk, bei dem die Signalverarbeitung in einzelnen vorgegebenen Taktschritten innerhalb des Informationsteils der Steuerung erfolgt. Der Ablauf der Takte in der gewünschten Abfolge wird durch ein Vorbereitungssignal des vorhergehenden Taktes und durch ein Löschsignal des nachfolgenden Taktes abgesichert. Eine solche Taktkette kann *n*-Glieder (Taktstufenbauweise), entsprechend der benötigten Anzahl der Einzelschritte, umfassen. Das **Bild 2-24** zeigt einen Block aus 4 Taktstufen (Schaltzeichen nach DIN 40 700). Damit lassen sich somit 4 Bewegungsschritte ausführen. Die Taktstufensteuerung ist eine Folgesteuerung, die Sicherheit gegen Fehlschaltungen enthält.

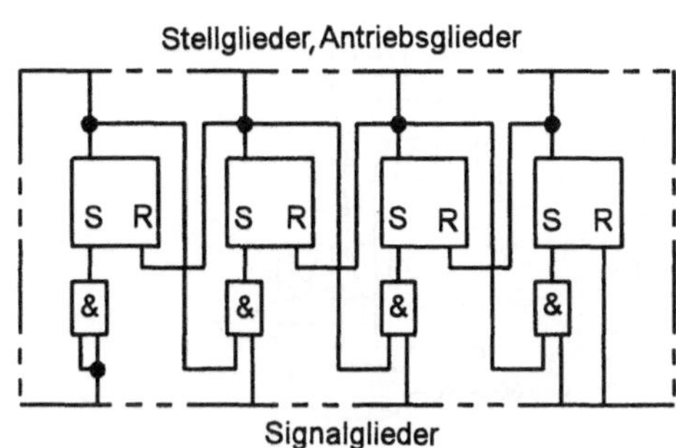

R Rücksetzen des Taktes
S Setzen des Taktes

Bild 2-24 Logikplan einer Taktkette mit 4 Taktstufenbausteinen

Programmsteuerung

Bei dieser Art der Steuerung laufen die Aktionen nach einem Programm ab. Das kann z.B. in einem Nockenschaltwerk enthalten sein. Jede genau eingestellte Nockenscheibe steuert ein Ventil. Eine Umdrehung der gleichmäßig laufenden Nockenwelle entspricht einem vollständig abgelaufenem Arbeitszyklus der gesteuerten Einrichtung. Als Ventile können z.B. 4/2-Wegeventile mit Rollenhebel und Federrückstellung eingesetzt werden.

Kaskadensteuerung

So wird eine Steuerung bezeichnet, bei der die Steuerstränge zur Versorgung der Signalglieder mit Druckluft über Signalspeicher nacheinander (seriell) zu- und abgeschaltet werden (Serienschaltung). Die Setz- und Löschsignale für den Speicher werden während des Ablaufs der Steuerung aus den entsprechenden Arbeitsleitungen der Arbeitszylinder (oder den Steuerleitungen) entnommen.

2.3.3 Pneumatische Grundsteuerungen

Für die automatische Steuerung des Druckluftstromes sind mechanisch, elektromagnetisch oder pneumatisch gesteuerte Wegeventile notwendig, die sich in Verbindung mit weiteren Komponenten verwenden lassen. Typische Grundschaltungen werden in **Bild 2-25** vorgestellt [2-4, 2-5].

Die Kolbengeschwindigkeit lässt sich durch Druckänderung beeinflussen (**Bild 2-25a**), durch Drosselventile in der Zu- bzw. Abluft je nach zu beeinflussender Richtung (**Bild 2-25e**) oder durch Schnellentlüftung beim einfach wirkenden Zylinder (**Bild 2-25d**). Luftvolumenspeicher dienen dazu, ein Umschaltsignal zu verzögern (**Bild 2-25h**). Erst wenn sich ein bestimmter Druck im Speicher aufgebaut hat, kommt es zum Umschalten des Wegeventils. Luftvolumina können aber auch zu bestimmten Zeitpunkten wieder abgegeben werden und damit Kolbenbewegungen beeinflussen.

Bei der Schaltung nach **Bild 2-25f** wird der Zylinderraum auf der Kolbenstangenseite mit reduziertem Druck, z.B. 0,5 bar beaufschlagt. Dafür ist ein Druckregelventil mit Entlastungsöffnung vorgesehen. Dadurch ergibt sich eine gleichbleibende Rückstellkraft. Der Betriebsdruck ist z.B. 6 bar.

Sicherheitsschaltungen (**Bild 2-25i**) werden z.B. an Pressen eingesetzt, bei denen aus Arbeitsschutzgründen beide Hände an Einschalttaster gebunden sein müssen, wenn der gefahrbringende Pressenhub abläuft. Nur wenn am UND-Glied 2 Signale anliegen, wird das 4/2-Wegeventil für den Presszylinder umgeschaltet.

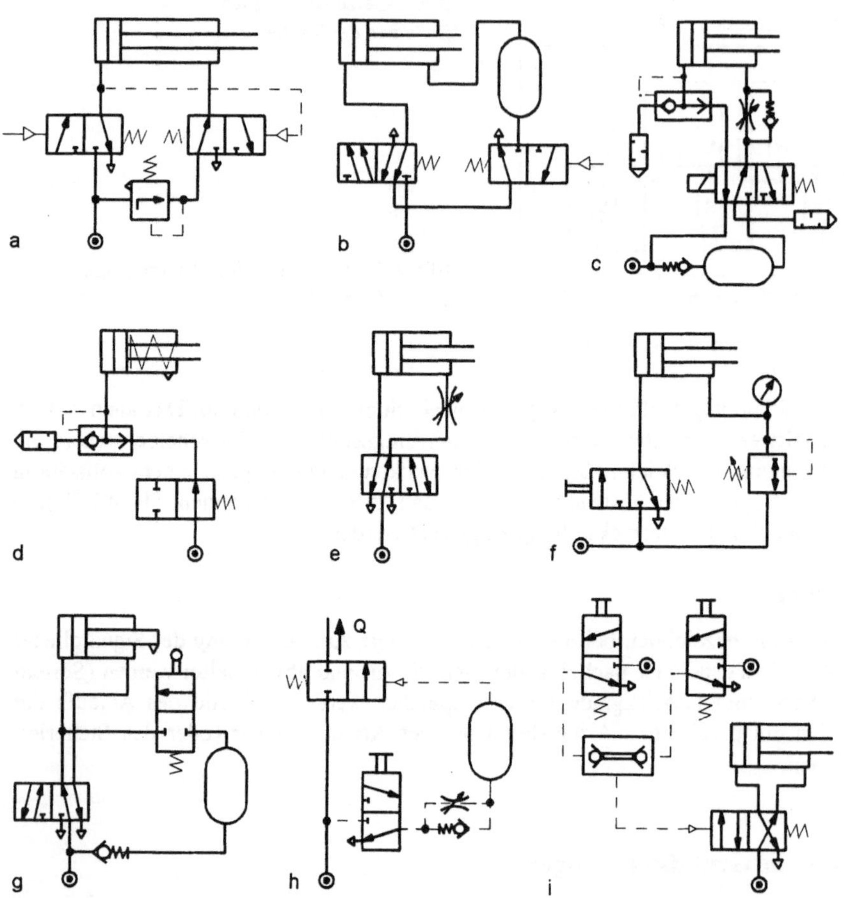

Bild 2-25 Einige pneumatische Grundschaltungen

a) veränderte Rücklaufbewegung durch verminderten Druck, b) Rückzugsbewegung wird durch Expansion eines Speichervolumens beeinflusst, c) veränderte Rückzugsbewegung durch Einbeziehung eines Speichers, d) Rücklaufbewegung wird durch Schnellentlüftungsventil beeinflusst, e) Geschwindigkeitsverstellung durch Drosselventil, f) gleichbleibende Rückstellkraft durch reduzierten Gegendruck mit Hilfe eines Druckregelventils, g) Eilgangschaltung, h) Zeitverzögerungsschaltung, i) Sicherheitsschaltung mit UND-Ventil

2.3.4 Positionieren mit Pneumatikantrieben

Bei den meisten pneumatischen Antrieben wird von einer Endlage in die andere gefahren. In der Endlage muss die überschüssige kinetische Energie aufgefangen werden. Das Einfahren geschieht meistens gedämpft durch integrierte Dämpfungsmittel (Dämpfungskolben oder elastische Dämpfungsringe bei Kleinzylindern). Die Wirkung der Dämpfungskolben ist einstellbar. Werden externe Anschläge angebaut, lassen sich Hub und Hublage (Endpositionen) anforderungsgerecht einrichten. Dann sind auch externe Stoßdämpfer zu empfehlen. Verschiedene pneumatische Lineareinheiten lassen sich mit einrückbaren Zwischenanschlägen ausstatten. Diese Anschläge können linear oder kreisförmig auf einer schaltbaren Trommel angeordnet sein.

Werden doppeltwirkende Zylinder aneinander geflanscht, dann kann man z.B. mit einer linear geführten Greifeinheit 4 Positionen anfahren, weil sich die Kolbenwege zu verschiedenen Längen addieren (**Bild 2-26**). Im Beispiel wird jede Position durch manuelles Betätigen eines Tasters erreicht. Die Steuerluft wird über Wechselventile geführt. Das Wechselventil erfüllt die Funktion eines ODER-Gliedes.

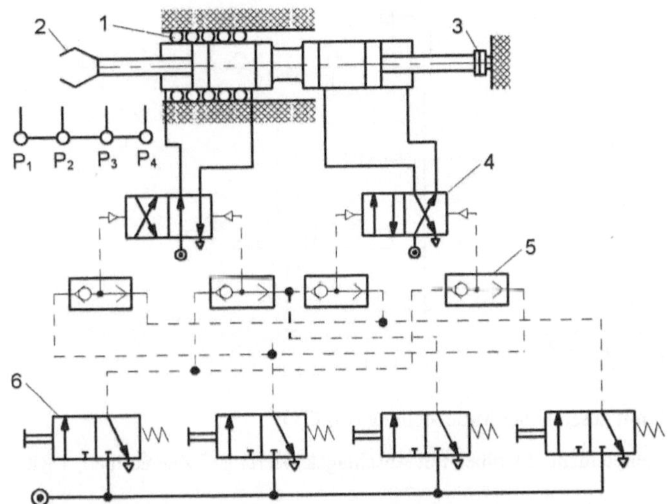

1 Linearführung
2 Greifer
3 Kupplung
4 Stellglied
5 Steuerglied (Wechsel-
  ventil)
6 Signalglieder für die
  manuelle Betätigung

P_i Position

Bild 2-26 Steuerung einer Zylinderkombination für 4 Positionen

Die Kolbenstellungen lassen sich übrigens mit Zylinderschaltern erfassen. Sie arbeiten meistens induktiv, werden außen am Zylinder angebracht, z.B. in vorbereiteten Nuten, und sie werden von einen im Kolben eingebauten Dauermagneten angesprochen. Damit lassen sich die Arbeitszylinder in eine elektrische Schaltung einbinden.

Dreh- bzw. Schwenkeinheiten werden häufig auch über verzahnte Kolben in Drehung gebracht. Gewöhnlich fährt man von einer einstellbaren Endlage in die andere. Es sind aber auch hier Mittelstellungen möglich, wenn der Drehantrieb entsprechend ausgelegt ist. Dazu zeigt das **Bild 2-27** eine Lösung. Die für die Mittelstellung erforderlichen Anschläge stecken in einem Hilfskolbensystem. Wird dieser Hilfskolben mit seinen 2 einstellbaren Anschlägen aktiviert, ist die Mittenposition anfahrbar. Für die Ansteuerung wird ein 3/2- und für die Bewegung der Zahnkolben ein 5/3-Wegeventil eingesetzt. Die Mittelstellung lässt sich genau einrichten. Ohne diese Ergänzungsbaugruppe bleibt es bei einer 2-Positionen-Dreheinheit.

Lineare servopneumatische Achsen sind seit etwa 1985 als Positionierachse auf dem Markt. Sie sind trotz des komprimierten Gases "Luft" (verdichtete Luft bringt kein genau definiertes Volumen mit, im Gegensatz zur Hydraulik) freiprogrammierbar. Eine solche Achse besteht aus folgenden Komponenten:

* Pneumatikzylinder, z.B. kolbenstangenlos
* Wegmesssystem, z.B. Leitplastikpotenziometer
* Proportionalventil
* Stillstandbremse (wahlweise)
* Achscontroller (Steuerung)

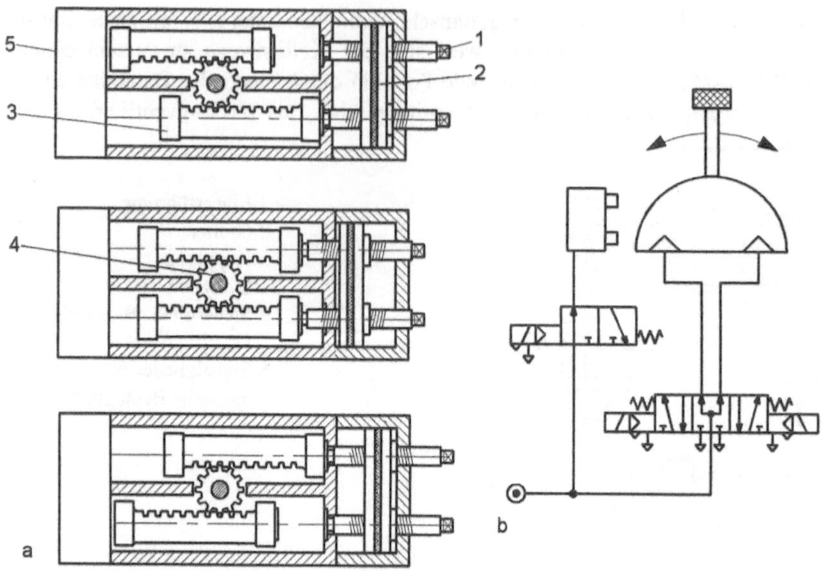

Bild 2-27 Pneumatischer Drehantrieb mit zusätzlicher Mittelstellung (FESTO)

a) Arbeitsprinzip, b) Ansteuerung, 1 Stellelement, 2 Kolben mit Anschlagaktivierung, 3 Zahnkolben, 4 Ritzel, 5 Abschlussdeckel

Das **Bild 2-28** zeigt die Anordnung der Komponenten. Durch die konsequente Abstimmung aller Einzelbestandteile zueinander, der Anwendung der Mikrorechentechnik und entsprechender Regelstrategien konnten brauchbare Ergebnisse erreicht werden. Es werden Genauigkeiten beim Positionieren bis etwa ± 0,01 Millimeter erreicht, bei Geschwindigkeiten von mehr als 2 m/s. Solche NC-Achsen können z.B. mit einem PC frei programmiert werden. Mehrere Achsen lassen sich z.B. zu einem Montageroboter für elektronische Bauelemente zusammensetzen, der es auf Taktzeiten von 1 bis 2 Sekunden bringt.

Eine softwaregestützte Positionierung ist der in **Bild 2-29** gezeigte Aufbau. Es wird jedoch nur zwischen den zwei Endlagen verfahren. Ein angebautes Wegmesssystem (Potenziometer) lie-

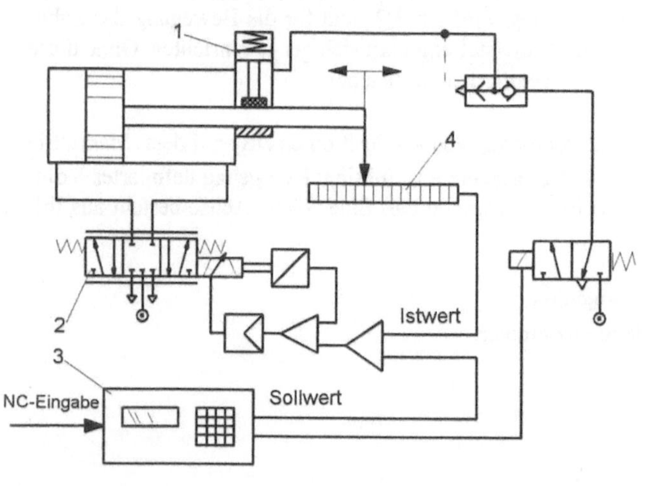

1 Bremse
2 Proportionalventil
3 Steuerung und Programmierung
4 Wegmesssystem

Bild 2-28 Prinzip der servopneumatischen Lageregelung

fert Weg-Istsignale, die in einem Endlagenregler verarbeitet werden. Diese Lösung bringt neben einer Verbesserung der Laufkultur (geringere Vibrationen und Stöße) vor allem auch Zeiteinsparungen. Auf die ohnehin hochbelasteten Endlagendämpfer kann verzichtet werden. Bei einer bewegten Masse von z.B. 30 kg wird für einen Weg von 1200 Millimeter eine Verfahrzeit von reichlich 1 Sekunde benötigt. Die Spitzengeschwindigkeit von 3 m/s wird nur für kurze Zeit erreicht. Dem Regler sind einige Anlagenparameter einzugeben, wie bewegte Masse und geometrische Angaben zum Pneumatikzylinder. Im weiteren lernt der Regler selbstständig den Verfahrweg und garantiert auch bei Masseveränderung und Lastwechsel eine genaue Endstellung. Die Wiederholgenauigkeit liegt bei ± 0,01 mm [2-6]. Der gleiche Hersteller bietet eine Soft-Stopp-Lösung auch für Schwenkmodule mit integriertem Potenziometer an.

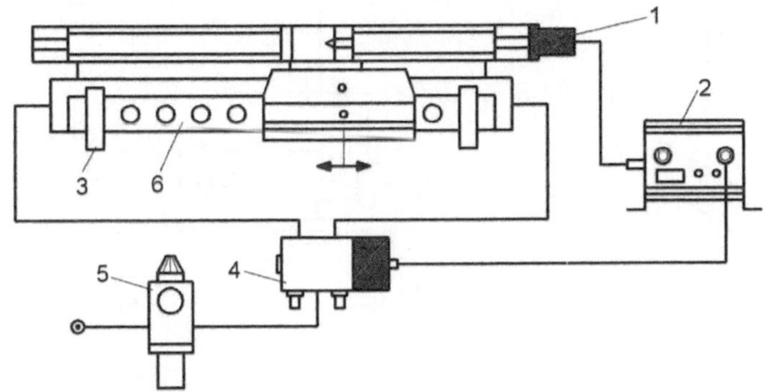

1 Linearpotenziometer
2 elektronischer Endlagenregler
3 verschiebbarer Festanschlag
4 Proportional-5/3-Wegeventil
5 Wartungseinheit

Bild 2-29 Soft-Stopp-System (FESTO)

2.3.5 Anwendungsbeispiele

Der Aufbau einfacher pneumatischer Steuerungen soll nachfolgend an 2 Beispielen gezeigt werden.

Beispiel 1:

In der Montage kommt das Verfahren "Längspressen" relativ häufig vor und dafür braucht man manuell oder maschinell beschickbare Montagepressen. In sehr vielen Fällen genügt der pneumatische Antrieb, besonders wenn Mehrfachzylinder eingesetzt werden und der Betriebsdruck > 6 bar ist. Eine solche Presse wird in **Bild 2-30** gezeigt. Das Joch der Presse ist mit Hilfe von Steckbolzen in der Höhe verstellbar. Der Betriebsdruck wird von einem Druckbooster (Druckverstärker) bereitgestellt. Bei Handbeschickung der Presse sollte eine Zweihand-Einrückung aus Sicherheitsgründen vorgesehen werden. Wenn eine Zweihandsteuerung mit Sicherheitskategorie 1 nach EN 954 nicht mehr ausreicht, stehen auch zweikanalige Varianten zur Verfügung, die der Sicherheitskategorie 3 entsprechen. Bei etwas abgewandelter Konstruktion kann als Pressenantrieb auch ein Balgzylinder eingesetzt werden.

Beispiel 2:

In der Umformtechnik und an Sondermaschinen ist die taktweise Zuführung von Band- und Streifenmaterial eine häufig vorkommende Aufgabe. In **Bild 2-31** ist ein Vorschubapparat (*feeder*) zu sehen, der aus einem kolbenstangenlosen Pneumatikzylinder und zwei Parallelgreifern zusammengesetzt wurde. Der Vorschubweg wird durch genau einstellbare externe Stoßdämpfer-Anschläge (*stop damper*) begrenzt. Beim Rücklauf sind die Greiferbacken geöffnet. Eine Haltezange, die in dieser Phase das Band festhält, ist hier nicht vorgesehen.

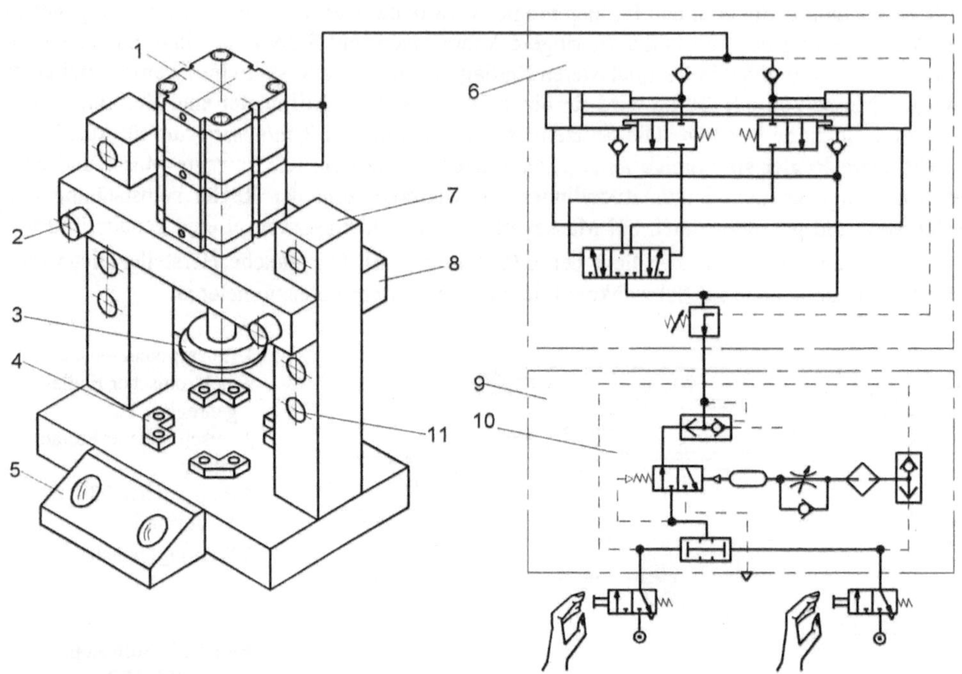

Bild 2-30 Pneumatische Kleinpresse
1 Pneumatikzylinder, 2 Steckbolzen, 3 Druckplatte, 4 Positionierhilfe für das Auflegen der Montage-basisteile, 5 Bedienpult mit Beidhandeinrückung, 6 Druckbooster, 7 Säule, 8 verstellbare Jochplatte, 9 Bedieneinheit mit Zweihand-Steuerblock, 10 Wechselventilschaltung, 11 Steckbolzenbohrung

Es wird vorausgesetzt, dass das Band beim Rücklauf im Umform- bzw. Schneidwerkzeug noch geklemmt ist. Die Steuerung erfolgt über einen Nocken auf der Zentralwelle (Königswelle) der Presse. Durch Verstellung des Steuernockens kann der günstigste Zeitpunkt für das Vor-schieben eingestellt werden. Es gibt natürlich auch fertige kompakte Bandvorschubgeräte (*belt pusher unit*), sogar solche, die NC-gesteuert sind.

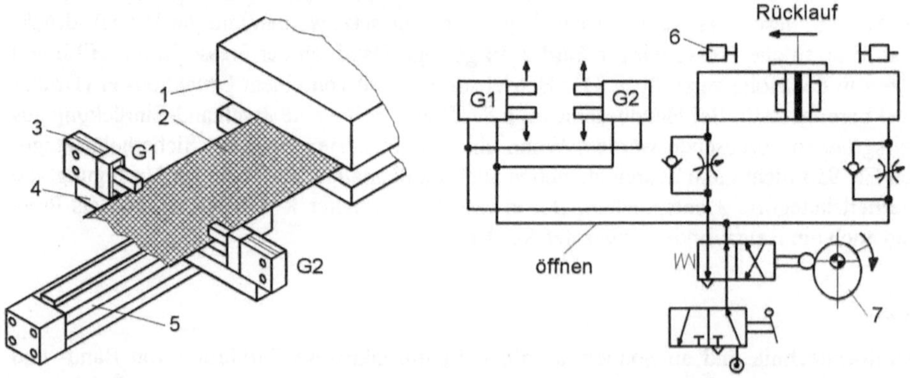

Bild 2-31 Band- und Streifenzuführung unter Verwendung von Parallelbackengreifern

1 Werkzeug, Presse, 2 Bandmaterial, 3 Parallelbackengreifer, 4 Aufbauplatte, 5 pneumatische Lineareinheit, 6 externer Anschlag, 7 Steuernocken im Pressenantrieb

Zu erwähnen sind noch die hydropneumatischen Antriebe. Sie verbinden die Vorteile der Drucklufttechnik (hohe Arbeitsgeschwindigkeit durch rasche Verfügbarkeit der Energie) mit denen der Hydraulik (gute Steuerbarkeit des Ölstromes). Dadurch wird das quantitative Bewegungsverhalten des Antriebs durch Steuervorgänge im Druckluftteil bestimmt, während das qualitative Verhalten durch Steuervorgänge im Hydraulikkreis mit Einflussnahme auf den Ölstrom (schwingungsarmer Gleichstrom) und auf den Druck erreicht wird. Diese Eigenschaften sind für langsame Arbeitsabläufe und hohe Gleichförmigkeit des Bewegungsverhaltens erwünscht. Ein Schlittenantrieb mit hydropneumatisch stoßender Wirkung wird in **Bild 2-32** gezeigt. Das Wegeventil schaltet die Druckluft. Der Hydroteil ist frei von eingeprägten periodischen und nichtperiodischen Störschwingungen.

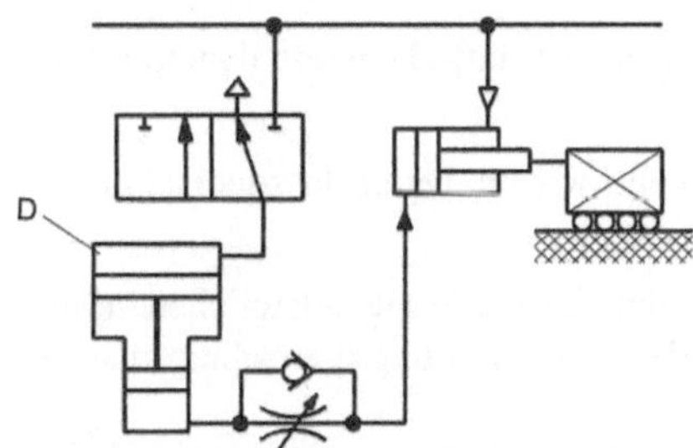

Bild 2-32 Hydropneumatischer Antrieb mit Druckübersetzer D

Kontrollfragen

1 Unter welchen Bedingungen und bei welchen Anwendungen wird man die pneumatischen Antrieben den hydrostatischen Antrieben vorziehen?

2 Erläutern Sie den Grundgedanken pneumohydraulischer Antriebe! Wo liegen die Vorteile dieser Antriebe?

3 Welche technischen Mittel werden eingesetzt, um mit Druckluftantrieben genaue Positionen anfahren zu können?

4 Wofür braucht man im Pneumatikkreislauf Druckluftspeicher?

2.4 Elektrohydraulische Steuerung

Im Werkzeugmaschinenbau spielt die Elektrohydraulik eine unverändert große Rolle. Die klassische Hydrodynamik beschränkt sich auf die Verwendung "idealer" Flüssigkeiten, d.h. solcher, die reibungsfrei und inkompressibel sind. Hydraulik wird vor allem dort angesetzt, wo große Kräfte gebraucht werden, wie z.B. bei Pressen, Vorschubantrieben, Spannmitteln und Fahrzeugen. Neben der Ölhydraulik ist auch die Wasserhydraulik noch bzw. wieder aktuell.

> **Hydraulik:** Theorie und Wissenschaft von den Strömungen und Gleichgewichtszuständen der Flüssigkeiten, insbesondere von Wasser und Öl als Energieträger. Sie umfasst Antriebs-, Regel- und Steuervorrichtungen.

Das Beiwort "elektrohydraulisch" bezeichnet die Technologie, in der die Steuerung ausgeführt ist. Es findet bei der Stellsignalausgabe ein Übergang von der elektronischen Informationsverarbeitung innerhalb der Steuerung auf die mit hydraulischer Hilfsenergie versorgten Stellantriebe [2-7] statt.

2.4.1 Physikalische Grundlagen

Die Kraft- und Energieübertragung geschieht in der Hydraulik durch ruhende und strömende Flüssigkeiten [2-8, 2-9]. Wichtige hydrostatische Gesetze sind:

- In einem geschlossenen Raum (Gefäß, Behälter) pflanzt sich der auf die Flüssigkeit ausgeübte Druck nach allen Seiten gleichmäßig fort.

- Die Fortpflanzung des Druckes erfolgt nicht nur in der ruhenden, sondern auch in der bewegten Flüssigkeit.

- Die Größe des Druckes in einer Flüssigkeit (Wasser, Öl) ist gleich der Belastungskraft F durch die Druckfläche A (**Bild 2-33**).

- Der Gesamtdruck in einer strömenden Flüssigkeit setzt sich aus statischem und dynamischem Druck zusammen.

- Die Durchflussgeschwindigkeiten verhalten sich umgekehrt wie die Durchflussquerschnitte bei gleichbleibender Durchflussmenge.

- Bei den stationären (Strömungsrichtung und -geschwindigkeit der Flüssigkeitsteilchen verändern sich nicht) Strömungen ist die Durchflussmenge gleich dem Leitungsquerschnitt mal der Durchflussgeschwindigkeit.

- Bei zunehmender Strömungsgeschwindigkeit des Fluids schlägt die laminare Strömung bei einer kritischen Geschwindigkeit plötzlich in die turbulente Strömung um.

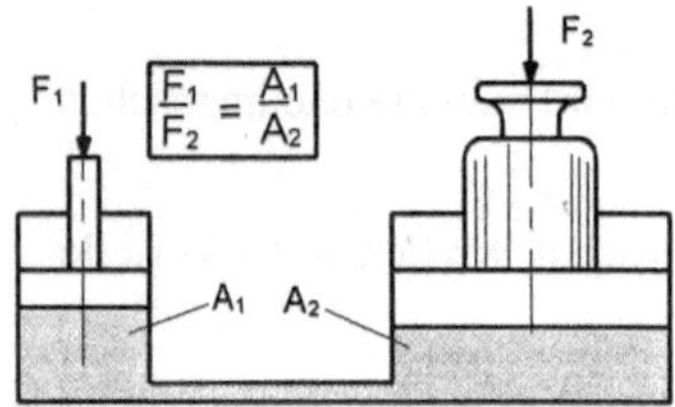

Bild 2-33 Druckausbreitung in ruhender Flüssigkeit

A Querschnittsfläche, *F* Kraft

Bestandteile eines hydraulischen Kreislaufes sind Druckölerzeuger (Hydraulikpumpe) mit Antrieb, Arbeitszylinder oder Hydromotor (Druckölverbraucher), Steuerelemente, Verbindungsleitungen, Filter, Ölbehälter und Überlastungsschutzmittel. Die Pumpe ist die Kraftquelle, die Ventile sind der lenkende Arm einer hydraulischen Steuerungsanlage, der Arbeitszylinder bzw. Hydromotor ist das Arbeitselement - der sogenannte Aktor.

Als Gestaltungsbeispiel zeigt das **Bild 2-34** einen Vorschubantrieb für eine Bohreinheit. Wie funktioniert dieser Antrieb?

Es gibt 3 Drucktaster für die Bedienung. Mit der Taste V (Vorlauf) wird der automatische Zyklus ausgelöst. Das Relais K1 schaltet den Magneten M1 ein. Dadurch wird der Steuerschieber verschoben (im Bild nach rechts). In der Folge wird der Druckölstrom für den Hydraulikmotor freigegeben. Der Motor bewegt die Spindel in der Drehrichtung für den Vorlauf. Hat die Bohreinheit das Ende des Vorlaufs erreicht, wird der Nockenschalter gedrückt. Dieser gibt einen Stromstoß auf das Relais K2. Dadurch wird der Magnet M2 unter Spannung gesetzt. Gleichzeitig springt das Relais K1 in die Ausgangsstellung zurück und der Magnet M1 wird stromlos. Der Magnet M2 steuert jetzt den Steuerschieber um und die Bohreinheit fährt wieder zurück. Die Rücklaufbewegung wird nun analog absolviert. Der dafür zuständige Nocken mit Nockenschalter wurde nicht mit gezeichnet. Dieser Schalter würde das Relais K3 betätigen. Damit werden beide Magneten stromlos. Die Relais K1 und K2 springen in ihre Ausgangsstellung zurück. Die in das Wegeventil eingebauten Federn bringen nun den Steuerschieber in die Mittelstellung. Die Bohreinheit steht.

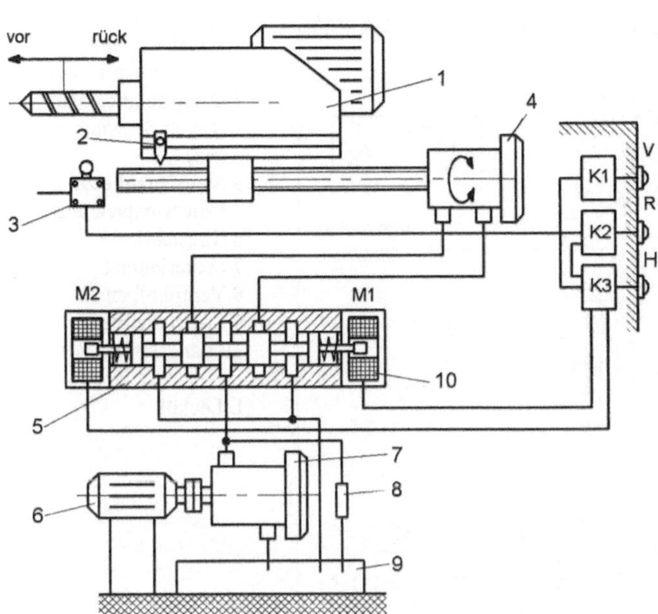

1 Bohreinheit
2 Schaltnocken
3 Nockenschalter
4 Hydromotor
5 Wegeventil
6 Elektromotor
7 Hydraulikpumpe
8 Sicherheitsventil
9 Ölbehälter
10 Magnetspule

H Taster für Halt
M Steuermagnet
K Relais mit Selbsthaltung
R Taster für Rücklauf
V Taster für Vorlauf

Bild 2-34 Aufbau eines Bohrvorschubantriebs

2.4.2 Aufbau elektrohydraulischer Steuerungen

Für den Aufbau von hydraulischen Steuerungen gibt es vielerlei technische Mittel, von denen zunächst eine Auswahl vorgestellt werden soll. Sie werden oft zusammenfassend als Hydraulikventile bezeichnet. Dazu gehören:

- Richtungsbeeinflussende Steuerungselemente
  Dazu zählen Wege- und Sperrventile, z.B. Rückschlagventile, die Start und Stopp sowie Richtung des Förderstromes steuern.

- Druckbeeinflussende Steuerungselemente
  Das sind alle Druckventile und -schalter, z.B. das Druckregelventil, die Druckverhältnisse verändern.

- Volumenstrombeeinflussende Elemente
  Das sind Stromventile (Mengenventile). Sie dienen vorwiegend der Beeinflussung der Durchflussmenge (des Volumenstromes).

Einige wichtige Steuerungselemente werden in **Bild 2-35** vorgestellt.

Hydraulische Kreisläufe kann man in offene, geschlossene und kombinierte Kreisläufe einteilen. Bei den offenen Kreisläufen, auch als einfache Kreisläufe bezeichnet, schließt sich der Ölkreislauf über den Behälter. Bei einem geschlossenen Kreislauf kreist das Drucköl dagegen ständig zwischen Hydropumpe und Hydromotor. Bei dieser Lösung wird weniger Bauraum benötigt, jedoch wird dieselbe Ölmenge ständig umgewälzt, wodurch die Erwärmung stärker ansteigt. Aus dem Ölbehälter werden nur Leckölverluste gedeckt. Für die Lösung komplizierter und umfangreicher Steuerungsprobleme ist die Kenntnis wichtiger Hydraulik-Grundschaltung wichtig. Aus ihnen lassen sich Schaltpläne meist leichter entwickeln.

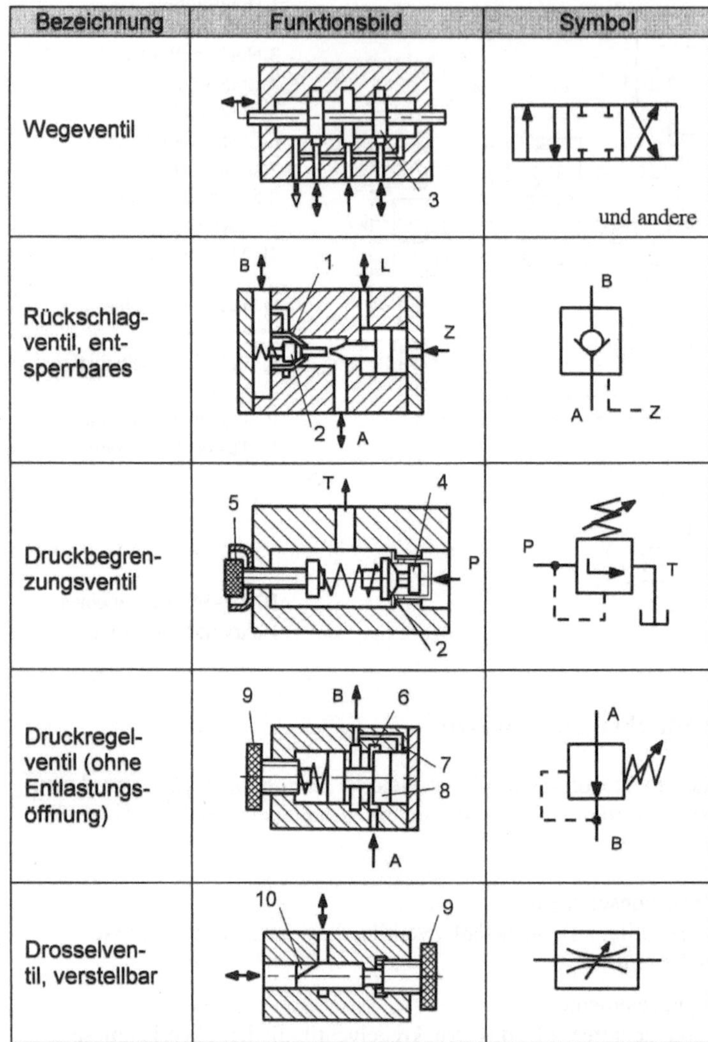

Bezeichnung	Funktionsbild	Symbol
Wegeventil		und andere
Rückschlag- ventil, ent- sperrbares		
Druckbegren- zungsventil		
Druckregel- ventil (ohne Entlastungs- öffnung)		
Drosselven- til, verstellbar		

1 Sperrkörper
2 Kegelsitzventil
3 Steuerungsschieber
4 Dämpfungskolben
 (gegen Schwingun-
 gen)
5 Stellschraube zur
 Federvorspannung
6 Ringspalt
7 Steuerleitung
8 Ventilkolben
9 Stellschraube
10 Längskerbe

L Lecköl

Bild 2-35 Wichtige Steuerungselemente in der Hydraulik

Bei den Wegeventilen gibt es eine Vielzahl von Schaltfunktionen, die realisiert werden können. In **Bild 2-36** werden verschiedene Varianten vorgestellt. Dabei wird der Vorlauf (Stellweg 1) und der Rücklauf (Stellweg 2) eines doppeltwirkenden Arbeitszylinders mit einseitiger Kolben- stange zugrunde gelegt.

Schaltventile werden auch als zur "Digitalhydraulik" gehörend bezeichnet, weil es beim Um- schalten zu *plötzlichen* Geschwindigkeitsübergängen kommt. Das ist oft nachteilig, besonders beim Anfahren und Bremsen großer Massen. Schroffe Druckerhöhungen beim Druckstoß kön- nen verhindert werden durch die zurücklaufenden Stoßwellen des reduzierten Druckes, die sich zu den Hauptstoßwellen addieren; durch den Einfluss der Strömungsverluste, die die Dämpfung der Druckschwankungen beschleunigen und durch Sicherheitsventile und Überläufe. Zur Errei- chung einer bestimmten Laufkultur sind dann meistens mehrere voreingestellte Drosseln in Kombination mit mehreren weiteren Wegeventilen erforderlich.

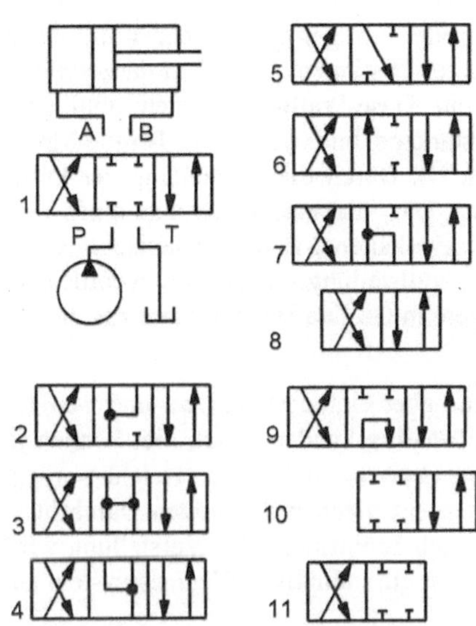

Für die Funktion in der Nullstellung gilt:

1, 10, 11 Haltstellung,
2 Eilgangstellung, nur im Vorlauf wirkend
3 Schwimmstellung
4 Rücklauf durch äußere Kraft
5 Entlastung der Vorlaufseite
6 Belastung der Vorlaufseite
7 Umschaltung einer Drossel von Reihen- und Bypass-Schaltung
8 Nullstellung nicht vorgesehen
9 Haltstellung, Pumpe auf drucklosen Umlauf geschaltet

A, B Anschluss Verbraucher
P Pumpe
T Behälter

Bild 2-36 Schaltfunktionen von Wegeventilen

Dieser Aufwand lässt sich reduzieren, wenn man Stetigventile verwendet. Mit solchen Ventilen kann man sowohl Durchflussrichtungen als auch die Geschwindigkeit der Antriebskomponenten stufenlos steuern. Stetigventile sind

- Proportionalwegeventile und

- Servoventile.

Proportionalventile werden vor allem in Steuerketten verwendet und erreichen nicht die Genauigkeit der Servoventile. Diese werden in Regelkreisen als Stellglieder, als Leistungsverstärker und in elektrohydraulischen Servoantrieben eingesetzt. Beide Ventile werden in **Bild 2-37** im Schnitt vereinfacht dargestellt.

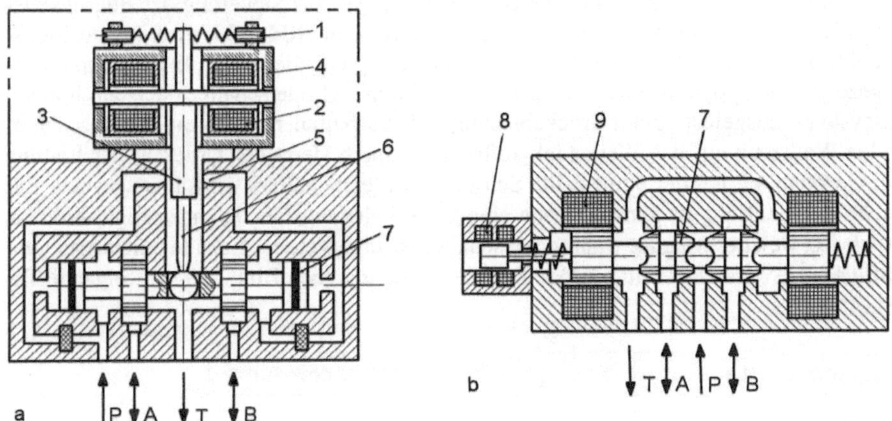

Bild 2-37 Aufbau von Stetigventilen

a) Servoventil, b) Proportionalventil, 1 Nulleinstellung, 2 Steuerspule, 3 Prallplatte, 4 Gehäuse, 5 Düse, 6 Rückholfeder, 7 Steuerkolben, 8 induktives Wegmesssystem, 9 Proportionalmagnet, A, B Verbraucher, P Pumpe, T Behälter

Servoventile nehmen eine Zwischenstellung zwischen Wege- und Stromventil ein. Der Stellhub des Steuerschiebers ist stetig verstellbar, wobei sich mehr oder weniger große Blendenöffnungen (Steuerkanten) ergeben, die die Größe des Volumenstromes bestimmen. Bei dem dargestellten Servoventil erfolgt die Ansteuerung elektrisch über ein Düse-Prallplatte-System und dem Torque-Motor (Drehmagnet). Die Prallplatte wirkt verstärkend und wird vom Torque-Motor elektrisch verstellt. Gegen die Prallplatte strömt ständig Öl. Durch die Verstellung der Prallplatte entsteht in den Düsenleitungen eine Druckdifferenz. Das führt nachfolgend zu einer Verstellung des Steuerschiebers und letztlich des Durchflussverhaltens. Eine mechanische Rückführung (Rückholfeder) stellt die Prallplatte jeweils in die Nullstellung zurück. Servoventile sind teuer und reagieren sehr empfindlich auf Verunreinigungen im Öl. Die Stellzeit kann z.B. bei 15 Millisekunden liegen.

Proportionalventile wirken ähnlich wie Servoventile, sind aber einfacher, billiger und weniger störempfindlich. Sie kommen auf Stellzeiten von z.B. 30 Millisekunden. Auch hier können je nach Ansteuerung über die Proportionalmagnete beliebige Zwischenstellungen erreicht werden. Die dabei entstehenden Drosselspalte an den Steuerkanten entsprechen definierten Durchflussmengen, was die Geschwindigkeiten im gesteuerten Antrieb beeinflusst. Die Verstellung wird im Beispiel auf elektronischem Weg rückgekoppelt. Dazu ist ein induktives Wegmesssystem am Steuerschieber angeschlossen.

Die Einbindung eines Servoventils (*servovalve*) in einem Regelkreis wird in **Bild 2-38** im Blockschaltbild gezeigt.

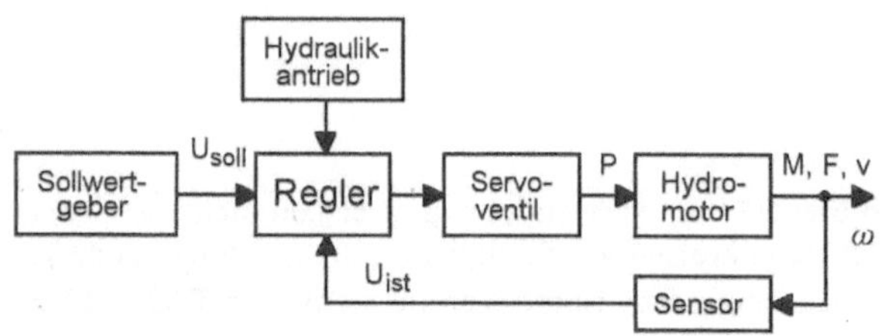

F Kraft
M Drehmoment
U Spannung
ω Winkelgeschwindigkeit

Bild 2-38 Blockschaltbild eines Regelkreises mit Servoventil

Im folgenden geht es um einige hydraulische Grundschaltungen zur Steuerung des Flüssigkeitsstromes mit Hilfe von elektromagnetisch betätigten Ventilen. In **Bild 2-39** wird das positions- bzw. druckabhängige Umschalten einer Bewegung im Bewegungsdiagramm und im Funktionsschaltplan gezeigt. Die Programmschritte werden z.B. durch Zylinderschalter oder durch angesetzte Messsysteme ausgelöst. Beim druckabhängigen Umschalten reagiert ein Druckschalter, wenn z.B. das Werkzeug auf das Werkstück auftrifft. Dadurch steigt der Druck in der Leitung und im Zylinderraum an und der eingestellte Schwellwert des Schalters wird überschritten. Für die elektrische Verschaltung ist günstig, wenn eine Schaltbelegungstabelle angefertigt wird, aus der ersichtlich ist, welcher Magnet wann eingeschaltet ist und welches Schaltelement das Umschalten auf diesen Programmschritt auslöst. Für die Steuerung nach Bild 2-39 gilt folgende Tabelle (S4 Starttaster):

Nr.	Programmschritt	Y1	Y2	Y3	Umschalten durch
1	Eilvorlauf v_E	1	1	0	S4
2	Arbeitsvorlauf v_A	0	1	0	S1 bzw. DS1
3	Eilrücklauf v_R	1	0	1	S2
4	Halt in Ausgangsstellung	1	0	0	S3

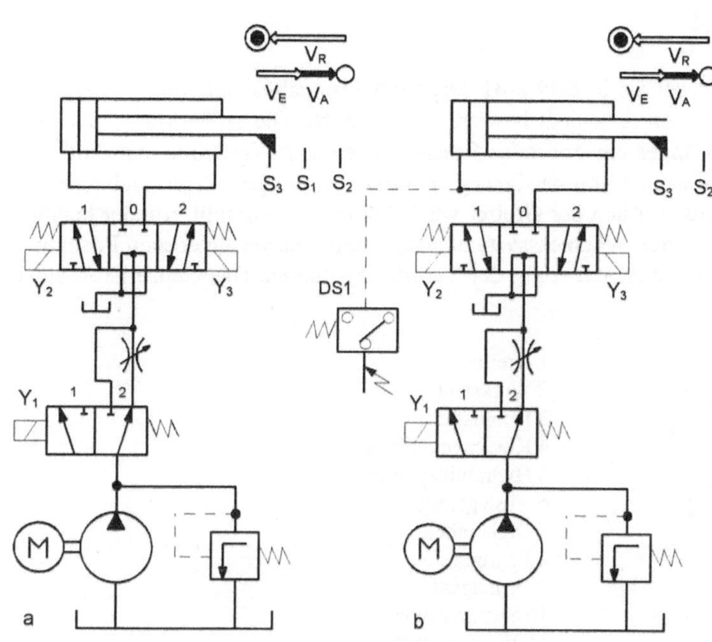

a) positionsabhängiges
   Umschalten
b) druckabhängiges Um-
   schalten

DS Druckschalter
S   Schalter
Y   Steuermagnet

v_A Arbeitsvorlauf
v_E Eilvorlauf
v_R Eilrücklauf

Bild 2-39 Automatisches
Umschalten durch
5/3-Wegeventile

Das **Bild 2-40** enthält einige Steuerungen, bei denen die Geschwindigkeit gestuft oder kontinuierlich verstellt wird. Bei der Lösung nach **Bild 2-40a** wird dazu ein einstellbares Drosselventil zugeschaltet. Die Steuerung in **Bild 2-40b** nutzt das Flächenverhältnis von Kolbenfläche zur Kolbenringfläche auf der Stangenseite aus. Das 3/2-Wegeventil kann die beiden Verbraucherleitungen im Kurzschluss zusammenschalten. Dadurch entsteht beim Kolbenvorlauf ein größerer Gegendruck, gegen den das Öl im Kolbenstangenraum ausgeschoben werden muss. Das verringert die Kolbengeschwindigkeit.

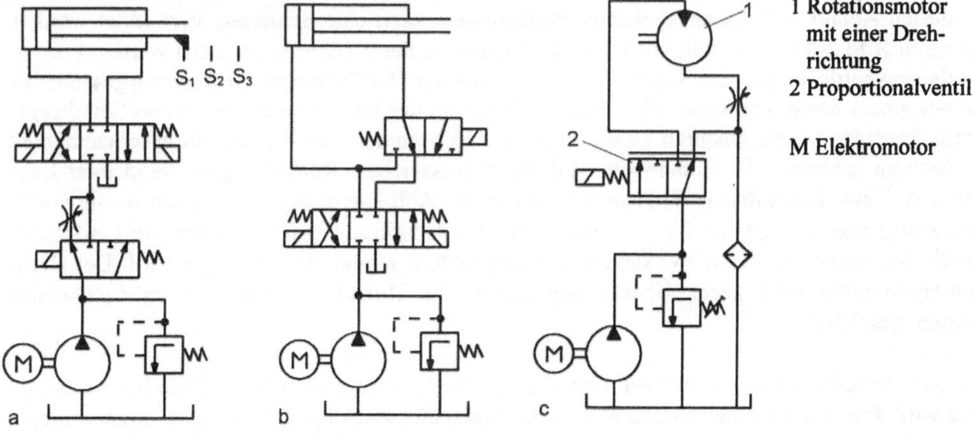

1 Rotationsmotor
  mit einer Dreh-
  richtung
2 Proportionalventil

M Elektromotor

Bild 2-40 Steuerung zur Geschwindigkeitsverstellung

a) gestufte Verstellung mit Wege- und Drosselventil sowie wegabhängiger Umschaltung, b) gestufte Verstellung unter Nutzung der einseitigen Kolbenstange, c) kontinuierliche Verstellung mit Drosselventil in der Ablaufleitung

2.4.3 Anwendungsbeispiel

Aus den vielen Möglichkeiten sei die in **Bild 2-41** dargestellte Entnahmeeinrichtung (*unloader*) ausgewählt. Die Teile werden von A nach B bewegt und abgesetzt. Die große Masse des Teils und der auskragende Arm verlangen ein stoßfreies Beschleunigen beim Verfahren und Einfahren in die Position und zwar unabhängig von der bewegten Masse. In der jeweiligen Hubhöhe soll die Hubeinheit geklemmt werden. Auch der Greifer wird über einen Hydraulikzylinder betätigt. Hub- und Drehwinkel werden durch Wegmesssysteme festgestellt. Die verschiedenen Positionen A bis D werden durch elektrische Ansteuerung der Ventile angefahren. Das Ganze ist in einen Regelkreis eingebunden.

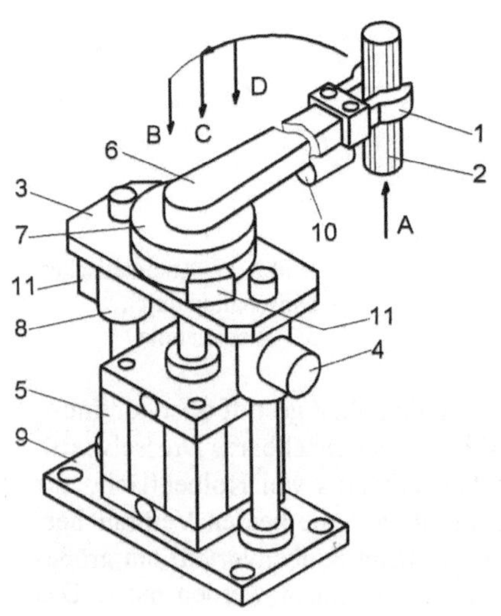

Bild 2-41 Entnahmeeinrichtung für schwere Werkstücke

Für diesen Ablauf und die angegebenen Bedingungen kann eine Steuerung verwendet werden, wie sie in **Bild 2-42** dargestellt wird. Für die Steuerung der 2 Positionierachsen werden Proportionalwegeventile eingesetzt. Ihnen sind Druckwaagen (Differenzdruckregler) vorgesetzt, die wie bei einem Stromregelventil die Druckdifferenz an der Drosselstelle des Proportionalwegeventils konstant halten. Dadurch bleibt auch bei wechselnder Last die Verfahrgeschwindigkeit der Aktoren konstant. Die Hubeinheit wird durch entsperrbare Rückschlagventile in ihrer Lage gesichert. Eine hydraulische Bremse unterstützt das Abbremsen beim Einfahren in die Greif- bzw. Ablageposition. Bei großer Last senkt das die Anhaltezeit und verbessert die Laufkultur. Für die Steuerung des einfachwirkenden Bremszylinders genügt ein 3/2-Wegeventil. Der Drehtisch-Hydromotor wird gegen Überlastung durch eine Druckbegrenzung mit entsprechenden Ventilen geschützt.

Von ganz anderer Art ist der in **Bild 2-43** vorgestellte hydraulische Antrieb. Eine lineare Bewegung wird über ein zwischen Membrankolben eingeschlossenes Fluid übertragen. Eine vorgegebene elektrische Spannung wird über einen Gleichstrommotor in einen definierten Weg am anderen Ende des Antriebssystems umgesetzt. Denkbar sind auch digitale Ansteuerungen, wenn man einen Schrittmotor einsetzt. Durch die Übersetzung der Drehbewegung über Räder- und Spindeltrieb sind sehr feinfühlige Bewegungen erzeugbar. Solche Systeme werden z.B. für relativ kleine Kräfte in der Medizintechnik (Antrieb laparoskopischer Geräte) eingesetzt.

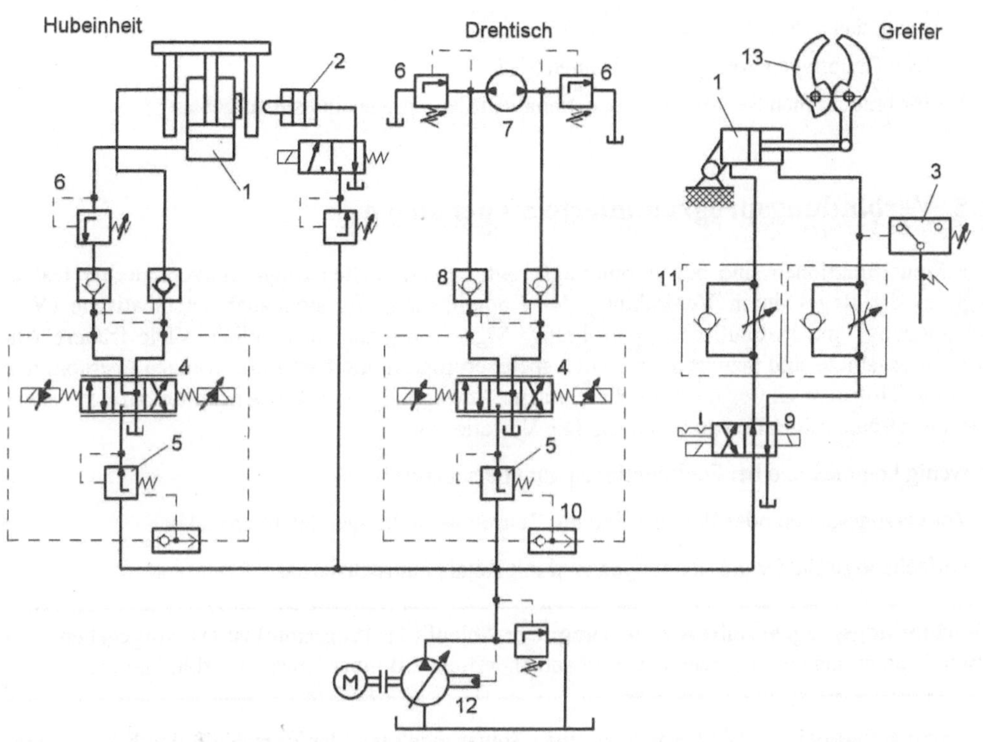

Bild 2-42 Elektrohydraulische Steuerung
1 Hydraulikzylinder, 2 Klemmzylinder, 3 Druckschalter, 4 Proportionalventil, 5 Druckwaage, 6 Druckbegrenzungsventil, 7 Hydraulikmotor, 8 Rückschlagventil, 9 4/2-Wegeventil, 10 Wechselventil (ODER), 11 Drossel-Rückschlagventil, 12 Hydropumpe mit verstellbarer Fördermenge, 13 Greiferbacken mit Zahnsegmentverkopplung

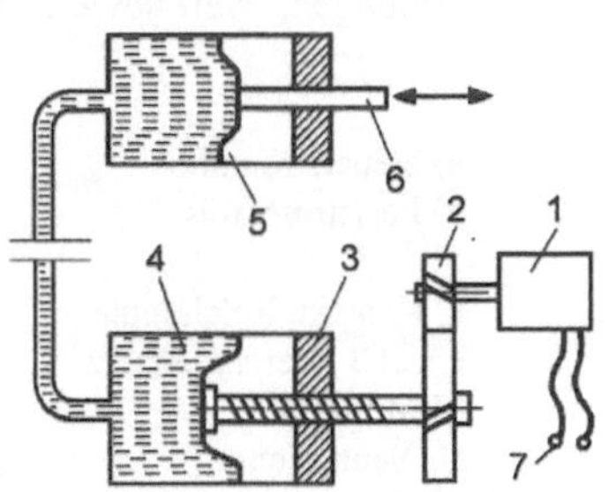

1 Stößel
2 Reduziergetriebe
3 Gleichstrommotor
4 Silikonöl
5 Membran
6 Spindel und Mutter
7 Steuerspannung

Bild 2-43 Elektrohydraulisches Aktorsystem

Die weitere Entwicklung der Miniatur- und Mikrosystemtechnik wird den Bedarf an sehr klein bauenden Übertragungsgetrieben und Antrieben weiter erhöhen. Für die Entfaltung der erforderlichen Kräfte an einem Endeffektor kann auch die Hydraulik in Kombination mit der Mechanismentechnik mit neuartigen und nichttraditionellen Lösungen beitragen.

Kontrollfragen

1 Wie erreicht man eine Änderung der Abtriebsgeschwindigkeit am Druckstromverbraucher?

2 Was sagt das hydrostatische Prinzip aus?

3 Welche Haupttypen von Ventilen kennen Sie?

4 Wofür braucht man Servo- und Proportionalventile und wie sind sie aufgebaut?

2.5 Verbindungsprogrammierte Steuerungen

Die Steuerfunktionen sind bei verbindungsprogrammierten Steuerungen unveränderbar festgelegt, in der Regel durch Verdrahtung der Komponenten. Es sind auch pneumatische (Ver-
schlauchung) und hydraulische (Verrohrung) Signalverbindungen möglich. Viele frühere An-
wendungsgebiete sind inzwischen von den speicherprogrammierbaren Steuerungen übernommen
worden. Trotzdem gibt es noch etliche einfache Anwendungen, z.B. das Schalten größerer elektrischer Ströme mit Hilfe von Schützen. Die Vorteile sind:

• wenig komplex und bei Fehlfunktionen gut überschaubar

• Zeitverzögerungen oder Impulse sind mit Zeitrelaisschaltungen leicht erreichbar

• einfache logische Grundschaltungen sind mit Relais gut realisierbar

> **Verbindungsprogrammierte Steuerung:** Der Ablauf (das Programm) ist fest vorgegeben.
> Eine Programmänderung bedeutet Hardwareänderung, z.B. über Umsteckverbindungen.

Nachteilig sind bei den elektromechanischen Steuerungen u.a. der Verschleiß durch Kontaktab-
brand, die begrenzte Schaltgeschwindigkeit, der Montageaufwand und das Bauvolumen.

Ein einfaches Beispiel ist die Schaltung zur Drehrichtungsumkehr eines Drehstrommotors (**Bild
2-44**). Der Schalter S1 dient zum Ausschalten, S2 oder S3 sind Taster für die Wahl der Drehrichtung. Die Kontakte K1 und K2 werden für die Aufrechterhaltung des Zustandes gebraucht,
wenn der Taster wieder losgelassen wird. Es ist eine Selbsthalteschaltung, wie sie schon in Bild
2-10 dargestellt wurde. Demnach sind die Kontakte K1 und K2 Selbsthaltekontakte. Sie befinden sich im jeweiligen Relais K1 bzw K2. Die Kontakte K1` und K2` sind Verriegelungskon-
takte. Sie verhindern das gleichzeitige Einschalten beider Drehrichtungen, weil jeweils ein
Öffnerkontakt im anderen Steuerstrang eingeordnet ist.

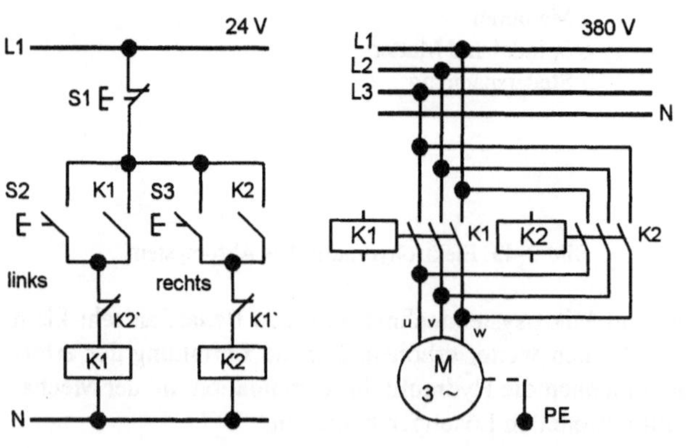

a) Steuerstromkreis
b) Laststromkreis

K Kontakt, Relaisspule
L1...L3 Dreiphasennetz
M Motor
N Neutralleiter
PE Schutzleiter (*protect earth*)
S Schalter

Bild 2-44 Schaltung zur
Drehrichtungsumkehr bei
einem Drehstrommotor

Die Vorgehensweise bei der Entwicklung einer verbindungsprogrammierten Steuerung gliedert sich in 2 Schritte:

* Anfertigung eines Stromlaufplanes und
* Aufbau der Verdrahtung.

Die Kennbuchstaben für elektrische Betriebsmittel sind übrigens in DIN 70719 festgelegt.

2.6 Speicherprogrammierbare Steuerungen

Die speicherprogrammierbare Steuerung (SPS) ist im Kern ein Automatisierungsgerät mit einem elektronisch lesbaren Programmspeicher, CPU und dem Input- und Outputteil. Sie kann zunächst nichts. Erst das einzugebende Programm spezifiziert die Arbeitsweise. An das Steuergerät werden alle erforderlichen Signalgeber und Stellglieder angeschlossen. Soll die Funktion der Steuerung geändert werden, muss nur der Programmablauf über ein Programmiergerät geändert oder der Programmspeicher komplett ausgetauscht werden. Die erste SPS (*PLC programmable logic controller*) wurde 1968 von R.E. Morley entwickelt und bei Genral Motors in Detroit eingesetzt.

2.6.1 Aufbau und Funktion

Die Bestandteile einer SPS werden in **Bild 2-45** dargestellt. Damit sind sowohl einfache wie auch komplexe Steuerungsaufgaben zu bewältigen. Der Aufbau entspricht im wesentlichen einer Datenverarbeitungsanlage. Die Ein- und Ausgabesignale sind meistens Binärsignale (*binary signal*). Alle Funktionseinheiten sind an einen Bus (Steuer-, Daten-, Adressleitungen) angeschlossen [2-20].

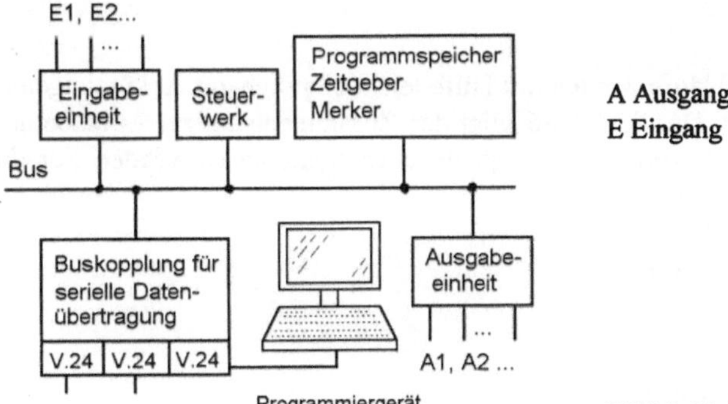

Bild 2-45 Funktionseinheiten einer SPS

Das Steuerungsprogramm besteht aus Anweisungen, die aus einem Operations- und einem Operandenteil bestehen. Der Operationsteil enthält die Vorgabe, welche logische Operation auszuführen ist, z.B. eine ODER-Verknüpfung. Der Operandenteil gibt an, worauf sich die Aktion bezieht. Zur vorübergehenden Speicherung binärer Ergebnisse, die an anderen Stellen im Programm benötigt werden, sind sogenannte Merker vorhanden. Das sind 1-Bit-Speicher (RAM). Die Speicherkapazität kann z.B. 1024 Merker (1 Kbit) betragen. Zeitgeber gestatten die Realisierung von Abläufen, in die Zeitdauern, z.B. Wartezeiten, eingebunden sind. Damit lassen sich z.B. Einschalt- und Ausschaltverzögerungen beliebiger Dauer, sowie Impulsglieder oder Taktgeber verwirklichen. Die innere Organisation für die reihenfolgerichtige Handhabung von Adressen und Anweisungen obliegt dem Steuerwerk.

Die Baugröße der SPS reicht von kompakten Einzelgeräten mit 8 Ein- und Ausgangsgrößen bis hin zum modularen, über Bussysteme verbundenen Prozessleitsystem mit mehreren tausend Ein- und Ausgängen.

Eine besondere Art von Steuerungen sind die *Positioniersteuerungen*. Man kann sie nach ihrem strukturellen Aufbau mit einer SPS vergleichen, jedoch sind sie auf die Erfordernisse der Bewegungsautomatisierung abgestimmt. Sie sind modular aufgebaut, autark, für eine flexible Achsanzahl geeignet, vernetzungsfähig und enthalten eine lokale SPS. Sie werden Offline programmiert, allerdings nicht mit der CNC-Programmiersprache nach DIN 66025, weil diese z.B. keine Arithmetik, keine logischen Verknüpfungen und bedingte Anweisungen enthält. Autarke Positioniersteuerungen tragen zur Dezentralisierung maschineller Intelligenz in der Fertigungsautomatisierung bei.

2.6.2 Programmierung

Die gesamte Steuerungsaufgabe muss in einzelne Steuerungsanweisungen aufgelöst werden. Diese sind die kleinsten selbstständigen Einheiten des Programms und stellen eine Arbeitsvorschrift für das Steuerwerk der CPU *(control processing unit)* dar. Häufig eingesetzte Programmiervorlagen sind die Anweisungsliste, der Funktionsplan und der Kontaktplan.

Die SPS ersetzen nicht nur Relaissteuerungen, sondern übernehmen überdies zusätzliche Steuerungs-, Überwachungs- und Anzeigeaufgaben. Funktionen sind:

- Grundfunktionen: UND, ODER, NICHT, Speichern, Verzögern

- Zusatzfunktionen: Zählen, Rechnen, Vergleichen, Sprunganweisungen, Unterprogramme

- Höhere Funktionen: Bus-Kopplung, A/D- und D/A-Umsetzungen, Regeln, Achsmodule steuern unter Ausführung von 8-, 16- und 32-Bit-Wortoperationen

Anweisungsliste (AWL)

Die logischen Verknüpfungen und Abläufe werden mit Hilfe leicht einprägbarer Abkürzungen in Listenform nach IEC 1131 festgelegt. Das **Bild 2-46** zeigt den Zusammenhang zur Aufgabe und zur mathematischen Schreibweise. Es werden keine graphischen Symbole verwendet. Für die Eingabe werden Programmiergeräte verwendet.

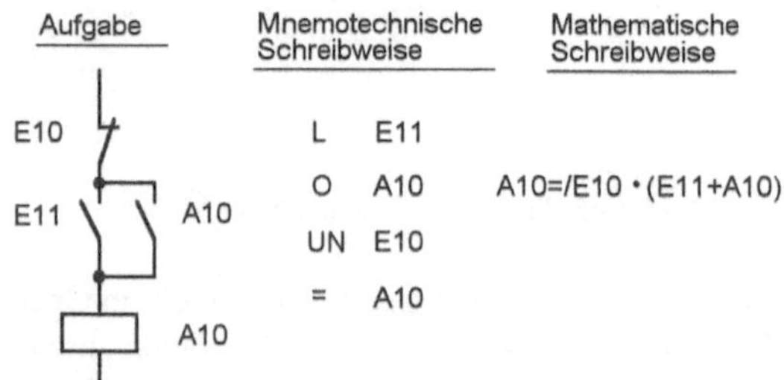

Bild 2-46 Darstellung als Anweisungsliste

Der folgende Listeneintrag

Adresse	Anweisung		Kommentar
	Operation	Operand	
0 0 1	U	E	....
0 0 2	....	....	....

bedeutet: Angewiesen wird, im ersten Schritt 001 ist eine UND-Verknüpfung mit dem Eingang E1 herzustellen.

Funktionsplan (FUP)

Der Funktionsplan ist die bildliche Darstellung der Automatisierungsaufgabe mit Hilfe genormter Symbole (DIN 40700 und DIN 19239). Jedes Symbol hat ein Funktionskennzeichen. Auf der linken Seite des Symbols werden die Eingänge, auf der rechten Seite die Ausgänge angeordnet. Ein Beispiel wird in **Bild 2-47** vorgestellt.

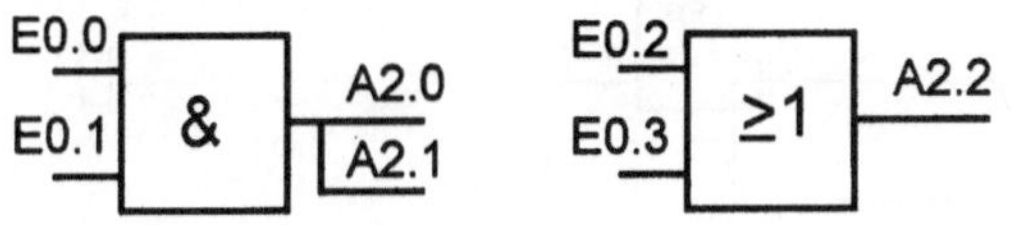

Bild 2-47 Darstellung einer UND- sowie einer ODER-Verknüpfung als FUP

Kontaktplan (KOP)

Der Kontaktplan ist einem Stromlaufplan ähnlich, wobei allerdings die Strompfade bildschirmfreundlich waagerecht angeordnet sind. Dadurch lassen sich automatisch erstellte Pläne gut ausdrucken. Die in Bild 2-47 dargestellten Verknüpfungen zeigen sich in **Bild 2-48** mit der entsprechenden Symbolik. Die Steuerungsfunktion ist leicht nachvollziehbar.

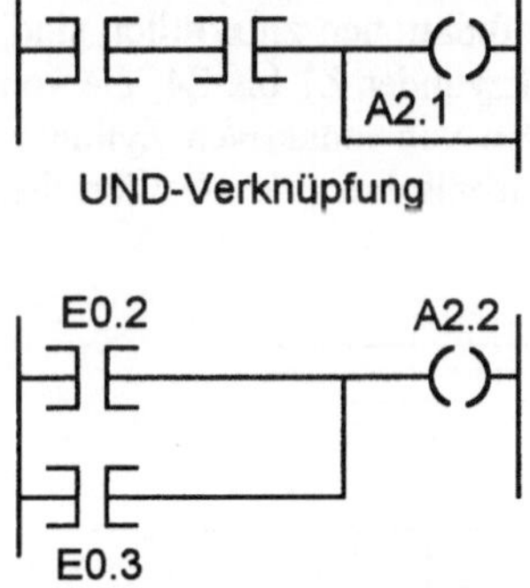

UND-Verknüpfung

ODER-Verknüpfung

KOP	AWL	FUP	Anmerkung
⊣⊢	U	&	UND, Arbeitskontakt
⊣/⊢	N	⌐	NICHT, Ruhekontakt
⊔⊏⊐	O	≥1	ODER
⊣()⊢	=	=	Ausgang, Zuweisung

Bild 2-49 Beschreibung der SPS-Grundfunktionen

Bild 2-48 UND- sowie ODER-Verknüpfung als KOP

Die 3 möglichen Beschreibungsarten für die Programmierung werden zusammenfassend nochmals in **Bild 2-49** in den wichtigsten Verknüpfungen gegenübergestellt (nach DIN 19239).

2.6.3 Anwendungsbeispiel

In **Bild 2-50** wird ein Montageautomat ausschnittweise gezeigt, dessen Bewegungen zu steuern sind. Ein Magazin stellt die Basisteile bereit. Sie werden dann taktweise durch die Anlage gefördert. Um eine exakte Position zu sichern, sind zurückziehbare Anschläge vorhanden. Außerdem werden die Basisteile bei dieser Konstruktion in der Montageposition noch gespannt. Die Schraubteile werden aus einem Vibrationsförderer zugeführt. Die Schrauberspindel wird pneumatisch vorgeschoben. Beim Rückhub des Klinkenschiebers tauchen die Klinken ab, wenn sie an den Basismontageteilen anschlagen. Die Klinken werden durch Schwerkraft wieder aufgerichtet.

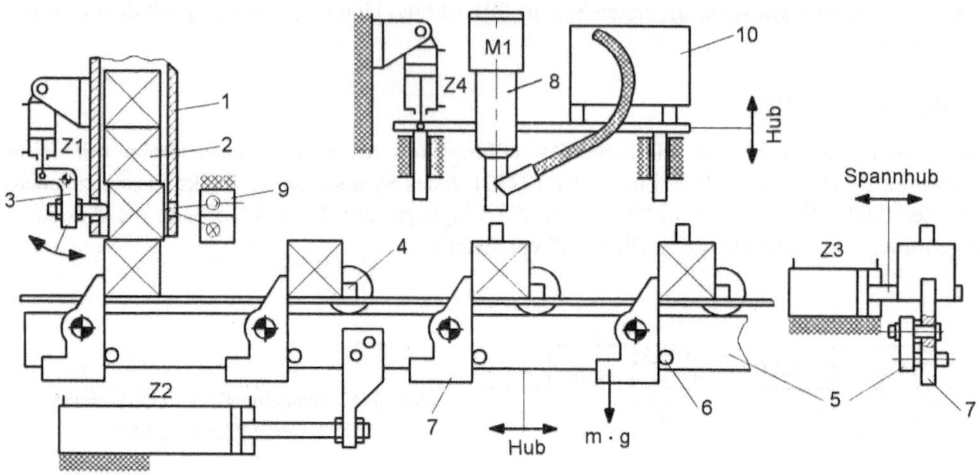

Bild 2-50 Montagemaschine [2-10]

1 Magazin, 2 Montagebasisteil, 3 Zuteiler, 4 Werkstückanschlag, 5 Klinkenschieber, 6 Anschlagbolzen, 7 Mitnehmerklinke, 8 Schraubstation, 9 Reflextaster zur Anwesenheitskontrolle, 10 Vibrationswendelförderer für Schraubteile, M Motor, Z Arbeitszylinder

Zunächst muss man sich den Funktionsablauf klarmachen. Zur Vereinfachung werden nur 4 Funktionen betrachtet und zwar Zuteilen, Weitergeben, Positionieren und Schrauben. Die zeitliche Abfolge ist aus dem **Bild 2-51** ersichtlich. Weil 4 Bewegungsfunktionen zu erfüllen sind, müssen auch 4 Aktoren eingesetzt werden. Das sind die Pneumatikzylinder Z1 bis Z4, die von 5/2-Wegeventilen gesteuert werden. Die Kolbenbewegungen werden von induktiven Zylinderschaltern B2 bis B10 signalisiert. Der Schalter B1 arbeitet optoelektronisch und kontrolliert den Magazinfüllstand.

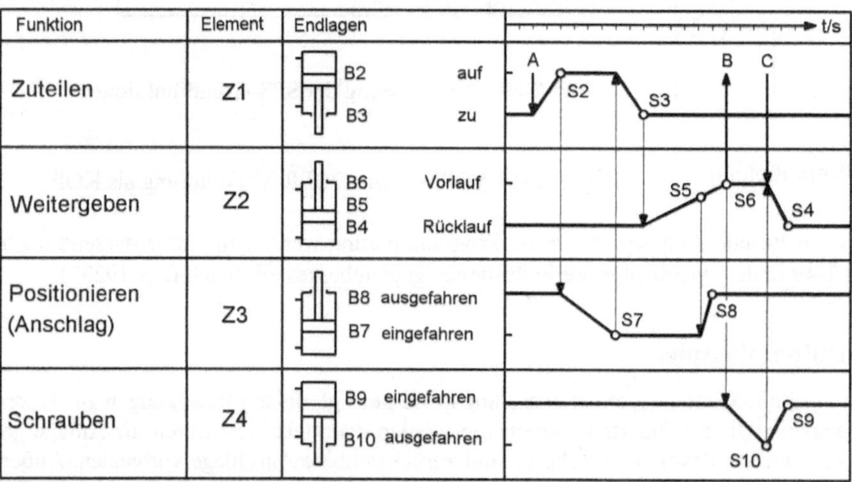

Bild 2-51 Funktionsablauf für die Montagemaschine nach Bild 2-50

A Werkstückspannungen gelöst, B Werkstück spannen, C Werkstücke gespannt, S Schalter, Z Zylinder

Damit ergibt sich der Anschluss an eine SPS wie in **Bild 2-52** gezeigt.

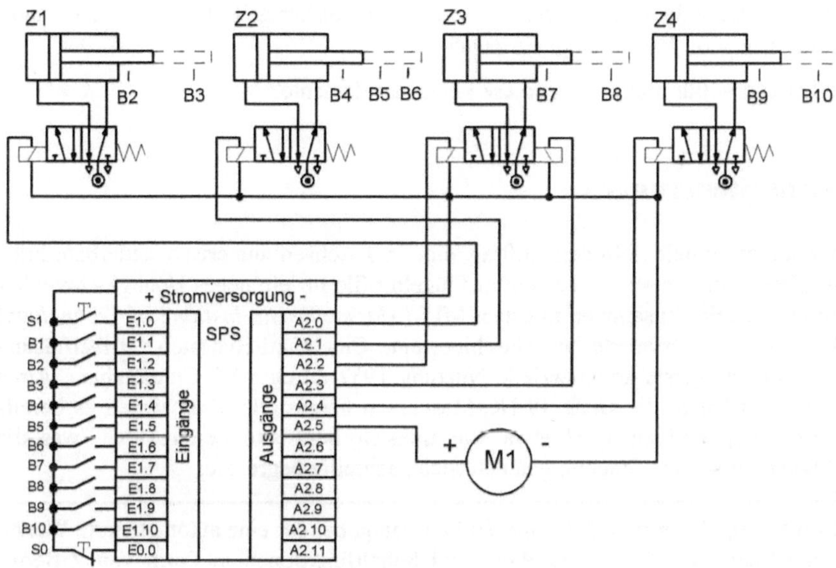

Bild 2-52 Anschluss der Wegeventile an eine SPS

Man erhält nunmehr abschließend folgende Zuordnungsliste für die Belegung der Ein- und Ausgänge an der konzipierten Montagemaschine:

Symbol	absolut	Kommentar
S1	E 1.0	Taster Start
B1	E 1.1	Teil im Magazin anwesend (Lichttaster)
B2	E 1.2	Zuteilzylinder Z1 eingefahren
B3	E 1.3	Zuteilzylinder Z2 ausgefahren
B4	E 1.4	Weitergabezylinder Z2 eingefahren
B5	E 1.5	Weitergabezylinder Z2 um 2/3 ausgefahren
B6	E 1.6	Weitergabezylinder Z2 voll ausgefahren
B7	E 1.7	Anschlag Z3 eingefahren
B8	E 1.8	Anschlag Z3 ausgefahren
B9	E 1.9	Vorschubzylinder Z4 eingefahren
B10	E 1.10	Vorschubzylinder Z4 ausgefahren
S0	E 0.0	zentrale Rückstellung auf AUS
Y1	A 2.0	Zuteilzylinder Z1 ausfahren = Klemmen
Y2	A 2.1	Weitergabezylinder ausfahren = Taktschritt
Y3	A 2.2	Anschlag Z3 ausfahren = Haltepunkt
Y4	A 2.3	Anschlag Z3 einfahren = Wegfreigabe
Y5	A 2.4	Vorschubzylinder Z4 ausfahren = Schrauben
M1	A 2.5	Motor für Schraubspindel

Kontrollfragen

1 Speicherprogrammierbare Steuerungen ersetzen zunehmend bisherige Relaissteuerungen und auch digitale Steuerungen. Was befähigt sie dazu?

2 Was sind Merker und wofür braucht man diese Funktionselemente?

2.7 Numerische Steuerungen

Die Parsons Corporation erhielt 1948 den Auftrag, eine in 3 Achsen numerisch steuerbare Fräsmaschine für die Herstellung integriert versteifter Flügelprofile für ein neues Hochgeschwindigkeitsflugzeug zu entwickeln. Zusammen mit dem MIT (*Massachusetts Institute of Technology*) konnte 1951 die erste bahngesteuerte NC-Maschine, eine Cincinnati-Hydrotel-Vertikalfräsmaschine, vorgestellt werden (erste kommerzielle Nutzung 1952 durch F.W. Cunningham, Arma Corporation). 1963 wurden in der BRD 38 NC-Maschinen hergestellt, 1965 waren es bereits 162. Eine NC-Steuerung enthielt 1968 etwa 400 transistorbestückte Leiterplatten, was die technische Verfügbarkeit solcher Steuerungen natürlich nachteilig begrenzte.

> **Numerische Steuerung** (*NC numerical control*): Steuerung, bei der eine automatisierte Werkzeugmaschine die Steuerbefehle für die Weg- und Schaltfunktionen in Form von Ziffern, Buchstaben und Sonderzeichen erhält. NC-Steuerungen sind prinzipiell als digitale Rechner realisiert.

Heutige numerische Steuerungen enthalten einen Mikrorechner als Kern. Deshalb werden die so gesteuerten Maschinen als CNC-Maschinen (*CNC computerized numerical control*) bezeichnet. Die dafür erstellten Programme sind weiterhin NC-Programme. Die Bearbeitungstechnologie und die Art und Weise der Steuerung werden durch die Anwendung der Mikrorechentechnik nicht verändert [2-11, 2-12, 2-13, 2-26].

In den letzten Jahren ist bezüglich der technischen Ausführung von Steuerungen eine Tendenz zu offenen Steuerungen festzustellen (*open CNC*). Multifunktionale Steuerungen verbinden Sequenzsteuerungen mit numerischen Steuerfunktionen, häufig auf der Basis von PC-Plattformen. Steuerungen werden dadurch flexibler, weil problemangepasste Software leichter integriert werden kann.

> **Open-CNC:** Offene numerische Standard-Softwaresteuerung, die auf herstellerspezifische Hardware verzichtet und eine PC-Basis besitzt. Als Plattform dient das Betriebssystem Windows NT. Die für den Positioniervorgang erforderliche Lageregelung ist neben anderen Funktionen vollständig in Software eingebettet.

2.7.1 Aufbau und Prinzip

Um ein Werkstück bearbeiten zu können, müssen der Steuerung Informationen übergeben werden und zwar die geometrische Beschreibung des Fertigungsvorganges, also die Bahnkurve des Werkzeugs bzw. alternativ die Werkstückgeometrie sowie die technologische Beschreibung des Fertigungsvorganges, wie z.B. Spindeldrehzahlen, Werkzeugart und -größe sowie Vorschubgeschwindigkeiten.

Die Vielfalt der Werkstückformen erfordert universelle Bearbeitungsmöglichkeiten. Die Bahnen für einige typische Fräsbewegungen werden in **Bild 2-53** an einigen Beispielen gezeigt. Daraus ist erkennbar, dass die Formgebung bei einem Werkstück durch die Formgebungseigenschaften des Werkzeugs (Grad der Formspeicherung im Werkzeug) und die Relativbewegungen zwischen Werkzeug und Werkstück (kinematisches System) während der Bearbeitung bestimmt wird.

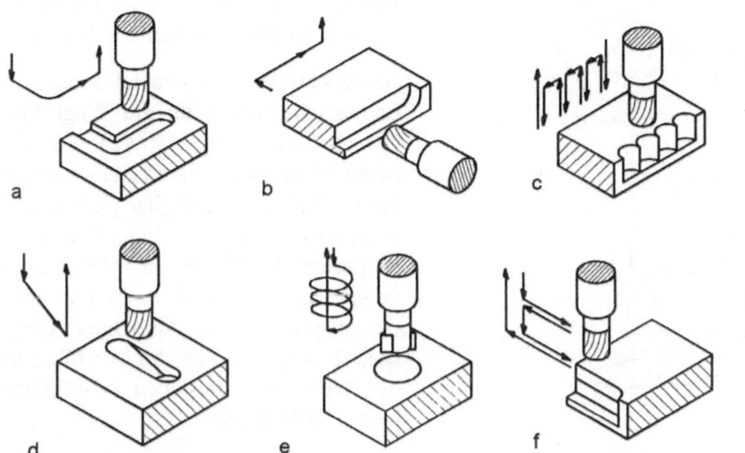

a) Nutenfräsen
b) Planfräsen
c) Tauchfräsen
d) Schrägeintauchen
e) Lochfräsen mit Helixinterpolation
f) Eckfräsen

Bild 2-53 Typische Bewegungsmuster bei Fräsbearbeitungen

Für die verschiedenen Typen von CNC-Maschinen gibt es in der Regel eine Mindestanzahl von Vorschubachsen, damit die Werkstückbearbeitung überhaupt möglich wird. 2 Beispiele aus der DIN 66217 zeigt das **Bild 2-54**.

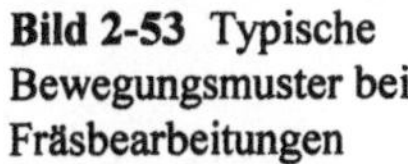
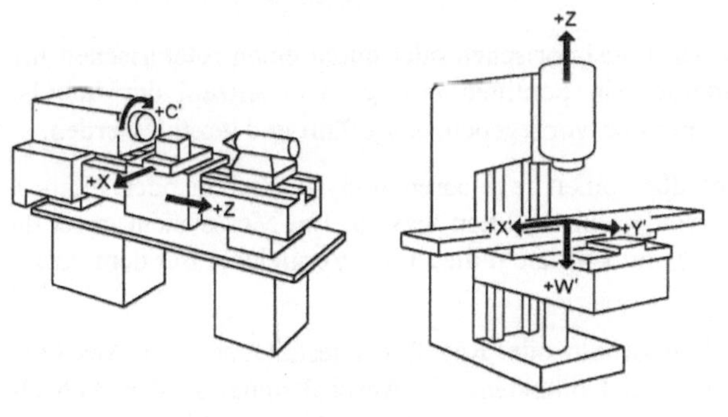

a) Zweiachsen-Drehmaschine
b) Senkrecht-Konsolfräsmaschine

Bild 2-54 Vorschubachsen an Werkzeugmaschinen

Will man jedoch auf der Fräsmaschine doppelt gekrümmte Flächen, sogenannte Freiformflächen, (Propeller, Turbinenschaufeln, Formen für Umformwerkzeuge und Kunststoffspritzwerkzeuge) herstellen, dann sind 5 programmierbare Achsen erforderlich, weil nur dann das Werkzeug in Richtung der Flächennormalen eingestellt werden kann. Man braucht dazu also eine Maschine zur 5D-Bearbeitung (**Bild 2-55**).

Mit der 5-Achs-Bearbeitung von Werkstücken ist allerdings ein schwieriges Problem verbunden, nämlich die absolute Gewährleistung der Prozesssicherheit. Es muss über das gesamte Werkstück bei der NC-Programmierung eine Kollisionskontrolle unter Beachtung der Oberfläche des Werkstücks durchgeführt werden und zwar bezogen auf das Werkzeug und auch den Werkzeughalter.

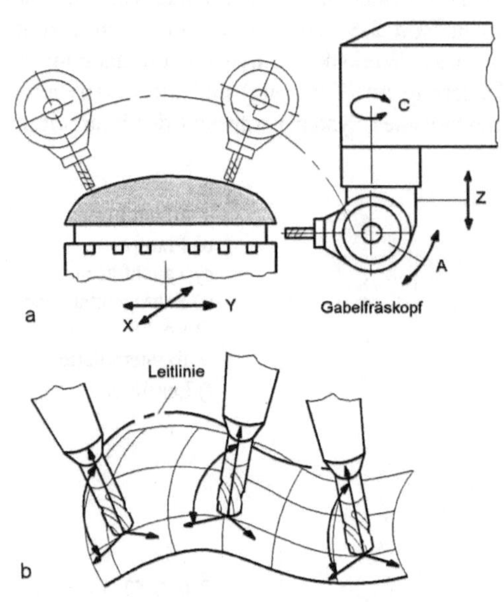

Bild 2-55 Prinzip des 5-Achsen-(Simultan-)Fräsens von Freiformflächen

a) Verteilung der Bewegungsachsen, b) Werkzeugeingriff

Man denke hier an das Fräsen von Kavitäten (das sind Hohlräume im Formenbau), wo durch ungünstige Anstellung des Werkzeugs Crash-Situationen entstehen können.

Für die Bewältigung dieses Problems hat man spezielle Software entwickelt.

Als wichtigste Aufgabe ist durch die numerische Steuerung die Weginformation umzusetzen. Hierzu ist die Maßzahl zu quantisieren (ganzzahlige kleine Einheit) und digital (in Stellenschreibweise) darzustellen. Die Verkörperung der Maßzahl ist durch eine entsprechende Anzahl von Wegschritten entsprechend der Auflösung (Wegquant) möglich. Für die Ausführung der Wegschritte bestehen 2 Möglichkeiten (**Bild 2-56**):

- *offener* Wirkungsweg (Steuerkreis)

- *geschlossener* Wirkungsweg (Regelkreis).

Im offenen Wirkungsweg wird durch einen translatorischen oder durch einen rotatorischen Impulsantrieb mit angebauter Gewindespindel ein Schlitten bewegt. Die Anzahl der Impulse entspricht einem Weg. Die Impulse müssen exakt vorgegeben, ausgeführt und gezählt werden.

Bei geschlossenem Wirkungskreis wird über einen regelbaren translatorischen oder rotatorischen Antrieb mit angebauter Gewindespindel ein Schlitten bewegt. Ein Messsystem misst direkt oder indirekt den zurückgelegten Weg und vergleicht diesen im Vergleicher mit dem vorgegebenen Wert.

Der geschlossene Wirkungskreis kann als Abschalt- oder Regelkreis gestaltet sein. Im Abschaltkreis (*on/off control*) gibt der Vergleicher bei Koinzidenz ein Abschaltsignal an den Antrieb. Das Prinzip ist mit einer Nockensteuerung vergleichbar. Durch Vorkoinzidenz kann die Geschwindigkeit in der Nähe des Positionspunktes vermindert und die geforderte Position mit Rücksicht auf den Auslauf genau eingehalten werden. Die Herabsetzung der Geschwindigkeit verbessert die Genauigkeit.

Koinzidenz: Bei NC-Maschinen das Erreichen des programmierten Sollwertes durch das Werkzeug, d.h. Sollwert und Istwert stimmen überein. In diesem Moment wird ein Signal zur Stillsetzung des Achsantriebes ausgegeben und die mechanische Klemmung des Schlittens ausgelöst.

Im Regelkreis erfolgt ständig eine Signalausgabe nach Größe und Richtung, abhängig von der Soll-Istwert-Differenz. In der Zielposition ist die Regelabweichung Null. Der Antrieb wird gegen äußere Einflüsse ständig auf Null gehalten.

Bei den vorgestellten Prinzipen der Wegsteuerung hängt die Maßhaltigkeit der Werkstücke in starkem Maße von der Qualität der Schlittenbewegung ab. Schlittenlage sowie Kraft- und Wärmeeinflüsse zwischen Werkzeug, Werkstück und Aufspannung wirken als Fehlereinflüsse und verfälschen das Arbeitsergebnis.

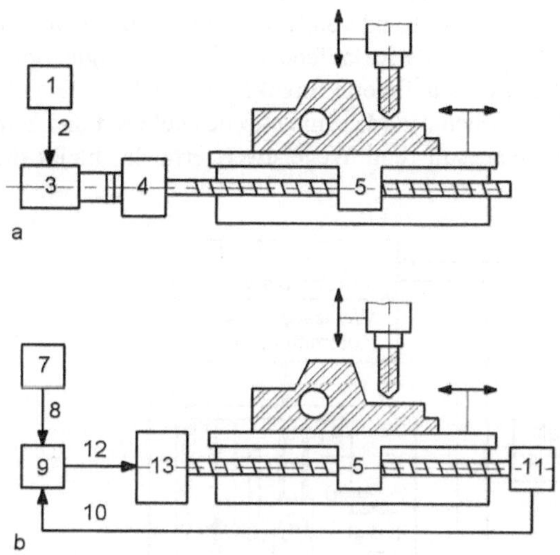

a) Steuerung einer Achsbewegung im offenen Wirkungsweg

b) Achssteuerung im geschlossenen Wirkungsweg

1 Impulsgeber
2 Impulsübertragung
3 Schrittmotor
4 Drehmomentverstärker, Antriebssystem
5 Maschinenschlitten
6 zu bearbeitendes Werkstück
7 Sollwertgeber
8 Sollwertübertragung
9 Vergleicher
10 Istwertübertragung
11 Istwertgeber (Wegmesssystem)
12 Stellgröße für Antrieb
13 Antriebssystem

Bild 2-56 Konzepte der numerischen Steuerung

Welche entscheidenden Vor- und Nachteile bestehen zwischen Steuerung und Regelung?

Ein *geregeltes System* ist technisch aufwendiger, weil Geber und Vergleichselektronik gebraucht werden, bietet dafür aber eine ständige Information über Position und Geschwindigkeit. Eine Abweichung wird sofort ausgeregelt und ein fataler Fehler wird erkannt. Regelkreise müssen sehr sorgfältig abgestimmt werden.

Ein *gesteuertes System* geht im Gegensatz zur Regelung davon aus, dass der am Ende der Steuerkette befindliche Motor die Befehle auch ausführt. Das hat korrekt zu geschehen und wird nicht kontrolliert. Man muss also Sorge dafür tragen, dass unter allen vorkommenden Umständen die Ausführung von Befehlen erfolgen kann. Um diesen Preis erkauft man den Vorteil, dass der technische und finanzielle Aufwand etwas kleiner ist. Im Falle eines Schrittmotors hat man es mit einem reinen digitalen System zu tun.

In grober Darstellung wird in **Bild 2-57** der Informationsfluss in einer NC-Steuerung mit geschlossenem Wirkungsweg gezeigt. Die Steuerung teilt sich in den echtzeitfähigen Teil, die Benutzeroberfläche, die Schnittstellen und die SPS auf. Zum echtzeitfähigen Teil gehört die eigentliche Steuerung mit dem übergeordneten Bahnrechner und den Achsrechnern, die jeder Vorschubachse zugeordnet sind. Im Bahnrechner erfolgt die Satzaufbereitung, die Koordinatenzerlegung, die Radiuskorrektur sowie die Vorausberechnung und Zwischenspeicherung der Lage-Sollwerte und auch die Berechnung der Geschwindigkeits-Sollwerte. Die Daten können über Diskette, Lochstreifen oder externe Rechner (DNC-Betrieb) in die Maschine eingelesen werden. Während des Einlesevorgangs überprüft die Steuerung die einlaufenden Daten auf Fehler, wie z.B. Wortlänge und "unerlaubte Zeichen". Wird ein Fehler festgestellt, so wird dieser gemäß Fehlercode angezeigt und die Dateneingabe gestoppt. Es ist aber auch möglich, Programme an der Maschine zu erzeugen oder zu editieren, wenn entsprechende Programmiersysteme bzw. Editierprogramme vorhanden sind. Die Dateneingaben werden decodiert und nach geometrischen und technologischen Informationen getrennt. Auch die Schaltfunktionen werden erkannt und an die Anpasssteuerung weitergeleitet. Diese besteht zum großen Teil aus einer speicherprogrammierbaren Steuerung (SPS). Hier werden auch die logischen Funktionen realisiert die zur Verriegelung von Aktionen bzw. zur Gewährleistung der Sicherheit erforderlich sind. Die Weginformationen erreichen den Interpolator, der an Hand von Kurvenstützpunkten weitere Bahndaten (Position, Geschwindigkeit) berechnet und diese laufend an den Lageregler gibt. Vom Lageregler wird der Achsantrieb beauftragt, eine definierte Strecke zu verfahren. Gleichzeitig werden ständig vom Messsystem die Istpositionen des Maschinentisches geliefert und zum Lageregler zurückgeführt. Ist Koinzidenz von Wegesoll- und Wegeistwert erreicht, bleibt die Achse stehen.

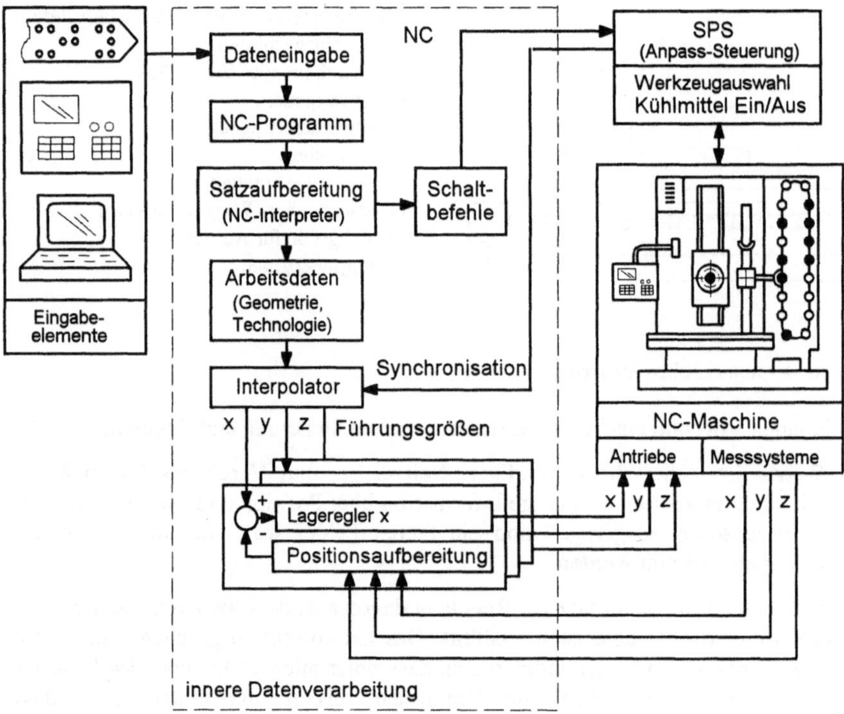

Bild 2-57 Informationsfluss in einer NC-Steuerung

Anfang der 80-er Jahre ermöglichten die Mikroprozessoren der internen CNC-Steuerung eine Wortbreite von 32 bit, wie sie vordem nur bei großen externen Rechnern anzutreffen war. Das führte zu neuen Programmiersystemen, die eine Programmierung im interaktiven Dialog zwischen Steuerung und Bediener im Werkstattbetrieb erlaubte.

Die Vernetzung von NC-Maschinen mit einem übergeordneten Rechner führte zur Nutzervariante DNC-Betrieb (*DNC direct numerical control*). Erste Werkzeugmaschinen mit Rechnerdirektsteuerung wurden bereits seit Ende der 60-er Jahre in England und in den USA (1969 Sundstrand, Omnicontrol) entwickelt. Beim DNC-Verfahren werden die Rechner nicht nur zur Programmerstellung eingesetzt, sondern auch zur direkten Eingabe von Bearbeitungsprogrammen an die NC-Steuerung. Der DNC-Rechner kann dann als zentrales Element aus der Fertigungshalle herausgenommen und besser geschützt werden. Man kann mehr als 100 Maschinen an den DNC- Rechner ankoppeln. In der Praxis wurde die Zahl 20 allerdings nur selten überschritten.

NC-Maschinen, die mit DNC-Systemen betrieben werden, verfügen trotzdem über eine voll ausgebaute CNC-Steuerung, besitzen aber zusätzlich eine DNC-Anschluss-Schnittstelle. In DNC-Systemen der 1.Generation hatte der Rechner im wesentlichen eine Briefträgerfunktion. Da die Speicher in der NC-Maschine noch nicht ausreichten, um ganze Programme aufzunehmen, mussten die Daten satz- bzw. blockweise in Echtzeit übergeben werden. Erst später wurde die zeitkritische Übertragung kleiner Informationsblöcke durch die Übergabe ganzer Teileprogramme abgelöst.

> **Block:** Menge von Daten, die in einem Vorgang auf einen Datenträger eingeschrieben oder von ihm gelesen werden.

Prinzipiell gilt, dass für die kontinuierliche Bewegung einer Achse die Zeit für das Abfahren der Bahnstützpunkte eines in interpolierter Form vorliegenden Satzes durch die Maschine größer ist als die für die Berechnung notwendige Blockzykluszeit (bei 5-Achsen-Steuerungen z.B. 20 ms). Anderenfalls müsste die Maschine anhalten. Das beeinflusst die Qualität der bearbeiteten Oberfläche negativ. Je größer die Bahngeschwindigkeit, desto kleiner müssen die Blockzykluszeiten werden.

> **Blockzykluszeit:** Zeit, die eine CNC-Steuerung benötigt, um den nächsten NC-Satz in eine interpolationsfähige Form umzurechnen (Satzverarbeitungszeit).

Moderne Steuerungen sind Mehrprozessorsysteme und verfügen über ein Multi-Tasking-Betriebssystem *(Mehrprogrammbetrieb)*. Das bedeutet, dass das System gleichzeitig mehrere, voneinander unabhängige Aufgaben erledigen kann. Man kann am Bedienfeld Daten eingeben und Variable überprüfen, während gleichzeitig das System arbeitet. Das bedeutet auch, dass das Programm nicht an die Positionierung der Achsen gebunden ist. Es kann weiterarbeiten, während die Achsen im Hintergrund positionieren oder interpolieren. Multi-Tasking erlaubt somit mehrere Programme simultan ablaufen zu lassen:

- Die Systemressourcen wie Speicher, Ein- und Ausgänge, Lageregler und Datenverbund können gemeinsam von mehreren Programmen benutzt werden.
- Das System kann vollkommen asynchrone Prozesse bearbeiten. Eine Kopplung dieser Prozesse erfolgt vollständig innerhalb des Systems.
- Parallel arbeitende SPS-Funktionen können innerhalb des Systems realisiert werden.

Für die manuelle Prozessführung und Dateneingabe braucht man schließlich noch bediengerechte Benutzerschnittstellen. Sie haben eine schnelle, ergonomisch günstige und irrtumssichere Daten- und Befehlseingabe zu gewährleisten. Zur Verfügung stehen:

- **Bedientafeln, auch bewegliche Handbedientafeln**

  Sie verfügen über Tastatur, Monitor (Anzeigedisplay) und Softkeys (programmierbare Tasten). Außerdem werden Tastatur bzw. Steller für Sonderfunktionen, NOT-AUS und technologische Funktionen (Drehzahl, Vorschub, Override, Betriebsart u.a.) benötigt. Die Bedienfelder werden mit Funktionssymbolen z.B. für *Handeingabe, Vorschub abschalten oder Programm-Stopp* nach den Normen DIN 24900, 30600 und 55003 versehen.

- **Handrad**

  Ein elektronisches Handrad kann als Einzelgerät oder Bestandteil einer tragbaren Handbedientafel vorhanden sein **(Bild 2-58)**. Es dient zum Feinpositionieren von NC-Achsen, wobei der Bediener beim Einrichtebetrieb das Arbeitsfeld aus nächster Nähe betrachten kann. Diese Verfahrensweise ist komfortabler als eine Positionierung über Tipptasten.

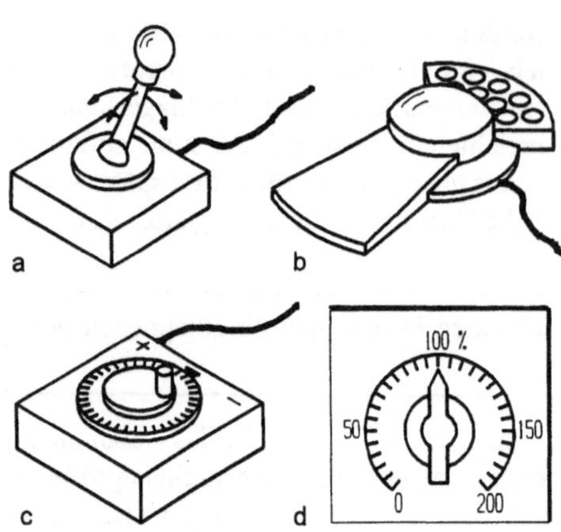

a) Joystick (Kreuzschalthebel)
b) 6D-Maus
c) elektronisches Handrad
d) Override-Schalter (im Bedienfeld)

Bild 2-58 Eingabe- und Bedienelemente

- **Joystick**

Das ist eine von den Computerspielen gut bekannte Eingabeeinheit, mit der NC-Achsen per Steuergriff in mehreren Raumachsen dirigiert werden können. Je stärker der Griff in der jeweiligen Achsrichtung ausgelenkt wird, desto schneller verfährt die jeweilige Achse. Es gibt auch Joysticks mit Kraftrückkopplung (*force feedback*). Das bedeutet, dass der Bediener im Steuergriff Widerstände spürt, wenn die jeweilige Achse einer bestimmten Belastung unterliegt. Diese Technik wurde zuerst bei der manuellen Steuerung von Master-Slave-Manipulatoren für das Handhaben in den heißen Zellen der Kerntechnik eingesetzt, also zur ferngesteuerten manuellen Prozessführung.

- **6D-Maus**

Die 6D-Maus (*Space-Mouse*) ist eine erweiterte Computermaus, mit der über eine reduzierte Tastatur Reaktionen im Freiheitsgrad 6 ausgelöst werden können, wie z.B. Schieben und Drehen in und um alle Raumachsen. Sie kommt aus der Raumfahrt und eröffnet in der Mensch-Maschine-Kommunikation neue Möglichkeiten (**Bild 2-58b**) zur sechsachsigen Bewegungssteuerung von Körpern. Die Übertragung der Daten zur Steuerung kann auch drahtlos über Datenfunk erfolgen.

- **Spracheingabe**

Es gibt bereits einfache Systeme, bei denen der Bediener einer Maschine seine Befehle über den akustischen Kanal eingibt. Das hat den großen Vorteil, dass beide Hände für andere Aktionen frei bleiben. Für die Spracheingabe (*voice input*) wird ein leistungsfähiges Spracherkennungssystem benötigt, dass im Gegensatz zur Erkennung natürlicher fortlaufender Sprache auf die Erkennung von Kommandowörtern und Zahlen beschränkt sein kann. Sicherheitstechnische Aktionen wird man ausschließen, weil eine 100-prozentige Erkennung noch nicht sichergestellt werden kann. Die Befehle lassen sich aus der bei manueller Bedienung ergebenden Situation ableiten, wie *links, rechts, Greifer auf, Stopp, Schrittweite fein* usw. Für die Schrittweite *fein* kann z.B. ein Verfahrinkrement von 0,1 Millimeter vereinbart werden. Steuerung per Spracheingabe hat sich bereits in der Medizintechnik (Operationstechnik) bewährt.

Für den Nutzer ist die *Genauigkeit*, mit der eine NC-Maschine arbeitet, ein wichtiges Merkmal. Entscheidend ist, ob die erwartete Maßhaltigkeit des herzustellenden Teiles gesichert ist. Abweichungen und Fehler können verschiedene Ursachen haben. Arbeitet z.B. das Programmiersystem mit einer besseren Auflösung als das CAD-System, von dem die Werkstückdaten übernommen werden, dann können kleinste Konturlücken entstehen und zu Fehlern führen.

Die Genauigkeit (*accuracy*) einer Werkzeugmaschine und der dazugehörigen Steuerung ist die Differenz zwischen Soll- und Istwert. Sie wird als Einfahrtoleranz in eine Position bezeichnet und setzt sich aus der systemfehlerbedingten Positionsabweichung und der auf zufälligen Fehlereinflüssen beruhenden Positionsstreubreite zusammen. Die Genauigkeit der NC-Steuerungen liegt bei konstanter Temperatur z.B. bei 0,002 mm bzw. 0,002 Grad. Hierin sind die Ungenauigkeiten der Messmittel selbst, vor allem bei indirekter Wegmessung, und der Maschine nicht enthalten. Die Abweichung des gesamten elektronischen Systems liegt bei konstanter Umgebungstemperatur meistens im Bereich von ± 2 Inkrementen. Die Werkstückgenauigkeit ist stets schlechter als die Genauigkeit der Wegmesssysteme. Ein Temperaturspiel von 20° C erweitert diesen Toleranzbereich um etwa ± 1 Inkrement. Die Werkstückgenauigkeit wird auch durch die Steifigkeit von Maschine und Werkstückspannmittel und selbstverständlich auch durch die Werkzeugabnutzung beeinflusst.

2.7.2 Steuerungsarten

Numerische Steuerungen können in Punkt-, Vielpunkt-, Strecken- und Bahnsteuerung unterschieden werden. Sie tragen den unterschiedlichen Relativbewegungen zwischen Werkzeug und Werkstück Rechnung, die sich aus den verschiedenen Anwendungen ergeben.

Punktsteuerung (*PTP point-to-point control*)

Bei der Punktsteuerung soll eine Position möglichst genau angefahren werden, z.B. um dort zu bohren. Während der Verfahrbewegung ist das Werkzeug nicht im Einsatz. Das Anfahren der Position kann im Eilgang erfolgen. Es gibt 3 Möglichkeiten, um von der Position P_1 (**Bild 2-59**) in die Position P_2 zu fahren:

* nacheinander in den Achsen X und Y, also keine Überlagerung der Achsenbewegungen
* koordiniert, auch als Synchron-PTP (*synchronous point-to-point control*) benannt
* einfach überlagert, auch als Einfach-PTP (*simple point-to-point control*) bezeichnet

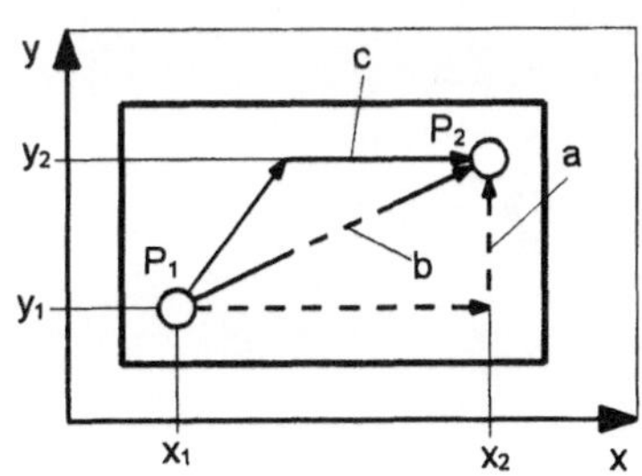

Bild 2-59 Punktsteuerungsaufgabe

a) nicht überlagert, b) synchron, c) einfach überlagert, P Position

Bei der Einfach-PTP-Fahrt laufen alle beteiligten Achsen gleichzeitig mit Maximalgeschwindigkeit los und erreichen die Zielposition aber zu verschiedenen Zeiten. Die Bewegung ist eckig und verläuft in der Regel nicht auf dem kürzesten Weg.

Beim Synchron-PTP-Fahren berechnet die Steuerung zuerst die Zeiten, die die einzelnen Achsen benötigen, um den Zielpunkt zu erreichen. Dann regelt die Steuerung die Achsgeschwindigkeiten derart, dass der Zielpunkt von allen beteiligten Achsen gleichzeitig erreicht wird. Typische Verwendungen für die Punktsteuerung sind z.B. Bohr-, Punktschweiß- und Stanzmaschinen sowie Ablängmaschinen mit NC-Zustellbewegungen.

Multipunktsteuerung (*MP, multi point control*)

Diese Steuerung wird bei Industrierobotern verwendet, die z.B. beim Farbspritzen räumliche Bahnen abfahren. Solche Bahnen lassen sich kaum exakt beschreiben und können im Teach-in Verfahren eingelernt werden. Dabei werden sehr viele Raumpunkte gespeichert (**Bild 2-60a**). Bei der Wiedergabe der Bahn werden die Positionen jedoch nicht zeitaufwendig genau angefahren, sondern in der Nähe des Punktes wird bereits das Anfahren des nächsten Punktes angewiesen (**Bild 2-60b**). Das bezeichnet man als Überschleifen (*approximate positioning*) einer Position. Dadurch ergibt sich ein bahnähnliches Verhalten. Der Toleranzbereich, die sogenannte "Überschleifkugel", ist programmierbar. Die Überschleiffunktion kann auch bei anderen Steuerungsarten angewendet werden. Sie bringt Zeitvorteile. Das Überschleifen genügt z.B. vollkomen, wenn Hindernisse (z.B. Spannvorrichtungsteile) zu umfahren sind.

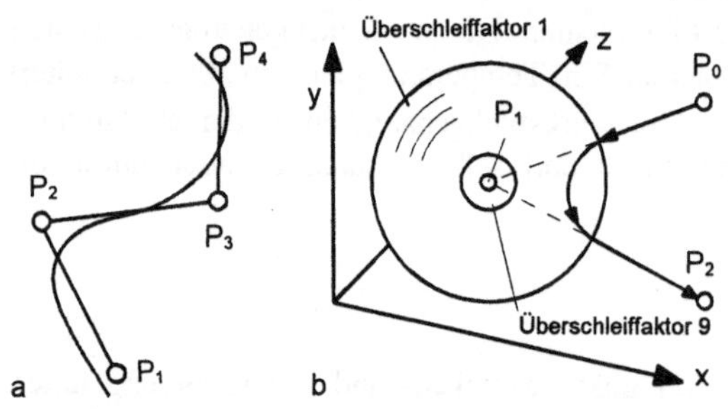

Bild 2-60 Multipunktsteuerung

Streckensteuerung (*straight-line control*)

Bei der Streckensteuerung steht das Werkzeug während der Verfahrbewegung ständig im Eingriff (außer bei den nicht zu umgehenden Hilfsbewegungen, wie z.B. Eilrücklauf). Es lassen sich nur Wege längs vorhandener Schlittenführungen bzw. parallel dazu fahren. Schräge Kanten sind im 45°-Winkel möglich, wenn es sich um eine erweiterte Streckensteuerung handelt. Dann werden 2 Achsen gleichzeitig mit gleicher Geschwindigkeit bewegt. Die Streckensteuerung wird für einfache Dreh- und Fräsarbeiten genutzt (**Bild 2-61**). Sie ist aber wegen der geringen preislichen Unterschiede zu den einfachen Bahnsteuerungen nur noch in Ausnahmefällen interessant.

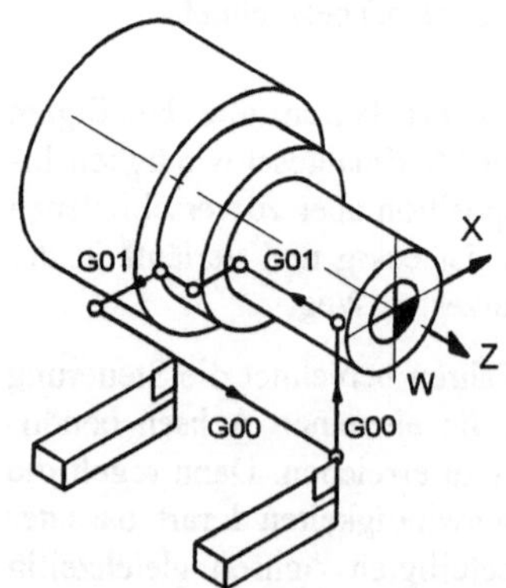

Bild 2-61 Streckensteuerung beim Drehen

Bahnsteuerung (*CP continuous path, controlled path*)

Es ist eine Steuerung, bei der die Bahn als dichte Punktfolge gespeichert ist. Sie erlaubt die Herstellung beliebiger Werkstückformen. Zwischen den gesteuerten Achsen besteht ein streng einzuhaltender Zusammenhang, z.B. bei 2 gesteuerten Achsen wie in **Bild 2-62** ist $y = f(x)$. Die Schlitten müssen über gleichzeitig stufenlos einstellbare Antriebe bewegt werden können. Zur Beschreibung der Werkzeugbahn müssen viele Koordinatenpunkte (P_1, P_2...P_n) programmiert werden. Noch erforderliche Zwischenpositionen werden durch Interpolation bereitgestellt. Jede Achse hat einen eigenen Antriebsmotor und eine eigene Lageregelung. Das Werkzeug ist während der Verfahrbewegung im Einsatz. Mit einer 5-Achsen-Bahnsteuerung kann jede beliebige räumliche Bahn hergestellt werden. Dabei sind dann Werkzeughalter und Werkstückträger schwenkbar (siehe dazu auch Bild 2-55). Typische Anwendungen sind Fräs-, Dreh- und Erodiermaschinen sowie Bearbeitungszentren.

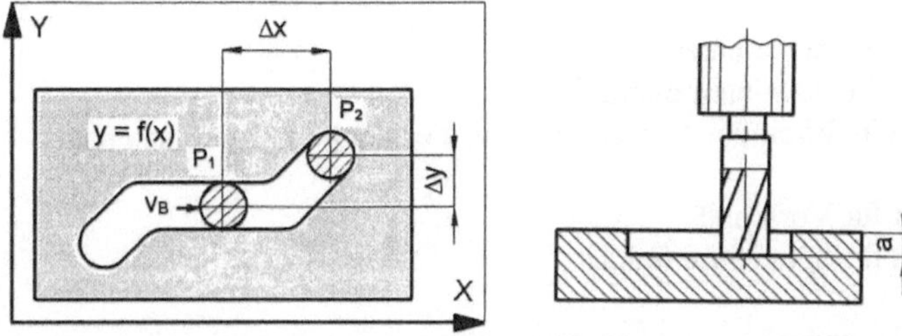

Bild 2-62 Bearbeitungsablauf mit Bahnsteuerung
v_B Bahngeschwindigkeit

2.7.3 Aufbau von NC-Programmen

Für die Herstellung eines Teils wird ein NC-Teileprogramm benötigt, nach dem die CNC-Maschine arbeitet. Der Aufbau des Programms ist in DIN 66025 genormt. Das Programm besteht aus den Zeichen "Programmanfang" und einer Folge von Sätzen.

> **Programmsatz:** Summe der Informationen für die Steuerung, damit ein Bearbeitungsschritt ausgeführt werden kann. Ein Satz besteht aus Worten und ein Wort besteht aus Adresse und Zahl.

Ein Programmsatz wird von der Maschine als Einheit betrachtet. Er kann unterschiedliche Anweisungen enthalten. Man unterscheidet dabei nach:

* geometrischen Anweisungen, mit denen die Relativbewegungen zwischen Werkzeug und Werkstück gesteuert werden

* technologische Anweisungen, mit denen Vorschubgeschwindigkeiten, Spindeldrehzahl und Werkzeuge festgelegt werden

* Fahranweisungen, die die Art der Bewegung bestimmen, wie z.B. Eilgang, Linearinterpolation, Zirkularinterpolation, Ebenenauswahl

* Schaltanweisungen zur Auswahl der Werkzeuge, Schalttischstellungen und Kühlmittelzufuhr

* Korrekturaufrufe, z.B. für die Werkzeuglängenkorrektur, Fräserdurchmesserkorrektur, Schneidenradiuskorrektur und Nullpunktverschiebungen sowie

* Zyklen- oder Unterprogrammaufrufe für häufig wiederkehrende Programmabschnitte

Die Wörter eines Satzes werden in fester Reihenfolge angeordnet, jedoch können diejenigen Wörter weggelassen werden, die momentan nicht gebraucht werden oder die bereits wirksam sind.

Reihenfolge der Wörter

Satznummer ⇒ Weg- bzw. Vorbereitungsbedingung ⇒ Koordinatenachsen X, Y, U, V, W, P, Q, R, A, B, C, D, E ⇒ Interpolationsparameter I, J, K ⇒ Vorschub ⇒ Spindeldrehzahl oder Schnittgeschwindigkeit ⇒ Werkzeugauswahl und Werkzeugkorrektur ⇒ Zusatzfunktion.

Beispiel

> N20 G 01 X40 Y56 Z10 F300 S1200

Es bedeuten:

N   Adressbuchstabe, Satznummer
G 01   Wegbedingung Geradeninterpolation
X,Y,Z   Wegbedingung in jeweiliger Achsenrichtung, Verfahrweg, Koordinatenan-
          gaben
F   Programmwort für Vorschub
S   Programmwort für Spindeldrehzahl.

Die G-Anweisungen (Wegbedingungen) bestimmen zusammen mit den Koordinatenwerten die Kontur eines Werkstücks. Dem Adressbuchstaben G ist eine zweistellige Schlüsselzahl zugeordnet, deren Bedeutungen nachstehend angegeben sind (**Bild 2-63**). "Gespeichert wirksam" bedeutet, dass die Funktion solange gespeichert ist, bis sie von einer anderen Funktion aufgehoben wird.

Wegbe-dingung	Bedeutung	gespeichert wirksam	satzweise wirksam
G 00	Positionieren im Eilgang, Punktsteuerungsverfahren	x	
G 01	Vorschub, Geradeninterpolation	x	
G 02	Kreisinterpolation im Uhrzeigersinn	x	
G 03	Kreisinterpolation im Gegenuhrzeigersinn	x	
G 04	Verweilzeit, zeitlich vorbestimmt		x
G 33	Gewindeschneiden	x	
G 40	Löschen Werkzeugkorrektur	x	
G 41	Werkzeugbahnkorrektur, links	x	
G 42	Werkzeugbahnkorrektur, rechts	x	
G 43	Werkzeugbahnkorrektur, positiv	x	
G 44	Werkzeugbahnkorrektur, negativ	x	
G 90	Absolute Maßangaben	x	
G 91	Relative Maßangaben	x	
G 92	Speicher setzen		x

Bild 2-63 Liste ausgewählter Wegbedingungen

Für häufig wiederkehrende Bewegungs- bzw. Bearbeitungsabläufe hat man Arbeitszyklen festgelegt und genormt. Sie können innerhalb eines Programms mehrmals wiederholt werden und sind als Unterprogramme aufrufbar. Das sind zum Beispiel:

- **Bohrzyklen:** Aufruf mit den Wegbedingungen G 81 bis G 89; Abwahl mit G 80. So bezeichnet G 84 die Vorwärtsdrehung mit Arbeitsvorschub, Spindelumkehr, Rückzugsbewegung mit Arbeitsvorschub, wie es in der Anwendung Gewindebohren gebraucht wird. Es sind auch genormte Bohr- und Fräszyklen festlegbar.

- **Drehzyklen:** Genormt ist hier der Gewindeschneidzyklus. Vom Steuerungshersteller werden aber auch Drehzyklen für die Schnittaufteilung (Längsschruppzyklus, Planschruppzyklus), zum Erzeugen von genormten Konturen und für den Werkzeugwechsel angeboten. Sie werden ebenfalls als G-Anweisung geführt.

Weitere Zyklen sind der Nutenfräszyklus, der Rechteck- bzw. Kreistaschen(fräs)zyklus, der Tiefbohrzyklus und z.B. der Gewindebohrzyklus. Das Programmwort für die Zusatzfunktionen (Maschinenfunktionen) besteht ebenfalls aus einem Adressbuchstaben (M) und einer zweistelligen Schlüsselzahl. Die Bedeutung wird auszugsweise in **Bild 2-64** erläutert.

Zusatz- funktion	Bedeutung	sofort wirksam	am Satzende wirksam	gespeichert wirksam	satzweise wirksam
M 00	Programmierter Halt		X		X
M 02	Programmende		X		X
M 03	Spindel im Uhrzeigersinn	X		X	
M 04	Spindel im Gegenuhrzeigersinn	X		X	
M 05	Spindel Halt		X	X	
M 06	Werkzeugwechsel				X
M 07	Kühlschmiermittel Ein	X		X	
M 09	Kühlschmiermittel Aus		X	X	
M 30	Programmende mit Rücksetzen		X		X

Bild 2-64 Zusatzfunktionen

2.7.3.1 Koordinatensysteme und Bezugspunkte

Für die Programmierung müssen verschiedene Vereinbarungen getroffen werden, die stets gleich bleiben. Das sind in erster Linie Koordinatensysteme und Bezugspunkte, auf die sich die Programmangaben beziehen.

Für die eindeutige Beschreibung von Punkten im Raum benutzt man Koordinatensysteme. Es gibt verschiedene Koordinatensysteme. An Werkzeugmaschinen werden hauptsächlich rechtsdrehende kartesische Koordinatensysteme nach DIN 66217 verwendet. Die Achsenbezeichungen sind aus **Bild 2-65** zu entnehmen. Als Merkhilfe kann die Rechte-Hand dienen.

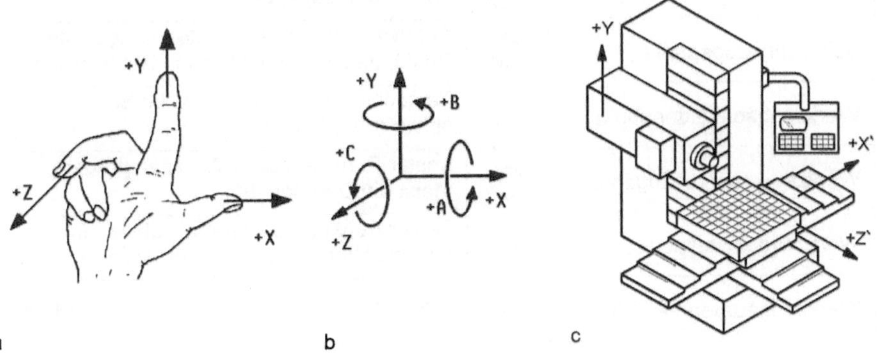

Bild 2-65 Definition des kartesischen Koordinatensystems
a) Rechte-Hand-Regel, b) Achsenbezeichnungen, c) Beispiel für die Achsenfestlegung

Bei der Programmierung wird immer davon ausgegangen, dass das Werkstück stillsteht und sich das Werkzeug bewegt. Die positiven Achsrichtungen werden in diesem Falle wie die positiven Bewegungsrichtungen bezeichnet (+X, +Y...). Wird jedoch, wie z.B. bei Koordinatentischen üblich, das Werkstück bewegt, so sind Bewegungs- und Achsrichtung einander entgegengerichtet. Bewegt sich der Tisch z.B. nach rechts, dann entspricht das einer Werkzeugbewegung nach links (relative Werkzeugbewegung). Dann wird die wirkliche Achsrichtung angegeben, die Adresse aber mit einem Beistrich markiert (+X', +Y' .....). Die Z-Achse verläuft immer parallel zur Hauptspindel der NC-Maschine. Die positive Z-Achse ist stets von der Werkstückeinspannung weg gerichtet.

Andere Koordinatensysteme, die keinen quaderförmigen Arbeitsraum aufspannen, sind:

- Zylinderkoordinatensystem (*cylindrical co-ordinate system*)

- Kugelkoordinatensystem (*spherical co-ordinate system*)

- Gelenkkoordinatensystem (*joint co-ordinate system*), bildet torusartigen Arbeitsraum aus

In Kapitel 4.3 werden diese Koordinatensysteme, die für Industrieroboter typisch sind, erklärt.

Die Steuerung einer NC-Maschine arbeitet intern mit Bezugsmaßen im Maschinenkoordinatensystem, d.h. sie führt automatisch eine Umrechnung auf den Maschinennullpunkt mit Hilfe der ihr eingegebenen Festwerte (*constants*) durch. Festwerte sind die Abstände eines Werkstücknullpunktes vom Maschinennullpunkt. Sie dienen der Nullpunktverschiebung. Für die Planung des Bearbeitungsablaufs, die Organisation der Steuerung sowie zur Vereinheitlichung und Vereinfachung hat man bestimmte Punkte definiert. Das sind die Bezugspunkte, von denen **Bild 2-66** die wichtigsten zeigt. Sie stellen einen Bezug zwischen Werkstückkoordinatensystem (im Arbeitsraum der Maschine) und der Stellung des Werkzeugs her. Der Bearbeitungsablauf beginnt ja nicht am Werkstück mit dem Eingriff einer Schneide, sondern am Startpunkt. Es muss also auch der Anlaufweg (teilweise in Eilgeschwindigkeit) mit in das Programm einbezogen werden.

M	Maschinennullpunkt		Ursprung des Maschinenkoordinatensystems, unveränderlich
R	Maschinenreferenzpunkt		Wird bei der Inbetriebnahme auf M abgestimmt und bleibt unverändert
W	Werkstücknullpunkt		Beim Programmieren frei wählbar, günstig an Kanten festlegen
F	Schlittenbezugspunkt		Auf Werkzeugträgerschlitten festgelegter Punkt; deckt sich mit R nach Referenzfahrt
P	Werkzeugschneidenpunkt	o	Tatsächliche oder theoretische Schneidenspitze des Werkzeugs
T	Werkzeugträgerbezugspunkt		Fester Punkt auf dem Werkzeugträger, meist die Drehachse
E	Werkzeugeinstellpunkt		Fester Punkt an bestimmter Stelle, auf den sich die Werkzeugmaße beziehen
N	Werkzeugaufnahmepunkt		Gegenstück zu E auf dem Werkzeugträger
A	Anschlagpunkt		Anlagepunkt am Spannmittel
Ww	Werkzeugwechselpunkt		Position, die den kollisionsfreien automatischen Werkzeugwechsel ermöglicht
P0	Programmnullpunkt		Punkt, an dem sich zu Beginn der Bearbeitung das Werkzeug befindet

Bild 2-66 Wichtige Punkte für die Ablauforganisation an NC-Maschinen

Der *Programmnullpunkt* **P0** ist mit dem Werkstücknullpunkt identisch. Es kann auch mehrere Werkstücknullpunkte geben. Sie sind von der Steuerung aufrufbar und werden zeitgerecht aktiviert. Beim Industrieroboter wird ein Werkzeugarbeitspunkt definiert, z.B. der Endpunkt einer Schweißelektrode, und als TCP (*tool center point*) bezeichnet. Außerdem sind dort weitere Koordinatensysteme definiert, wie z.B. Weltkoordinaten-, Handkoordinaten-, Sensorkoordinaten- und Gelenk(Achs-)koordinatensystem.

Der *Referenzpunkt* **R** hat bei NC-Achsen mit zyklisch-absoluter oder inkrementaler Wegmessung eine besondere Bedeutung. Die Inkremente werden beim Einschalten zunächst ohne Bezug auf den Maschinennullpunkt gezählt. Daraus ist aber nicht ablesbar, wo sich z.B. ein Werkzeugschlitten gerade befindet. Um eine Position auf den Maschinennullpunkt festlegen zu können, muss als erster Schritt nach dem Einschalten der Steuerspannung ein Referenzpunkt (*reference point*) angefahren werden (nur wenn kein absolutes Wegmesssystem vorliegt!). Das kann ein Schalter sein oder eine optisch lesbare Marke auf einer Referenzspur des Maßstabes. Es gibt auch Maßstäbe mit mehreren Referenzpunkten, sodass z.B. schon nach 20 Millimeter Verfahrweg einer von mehreren (sich unterscheidenden) Referenzpunkten erreicht ist. Am Refernzpunkt werden die Inkrementezähler auf Null gesetzt. Für jede Achse mit Inkrementalgeber muss ein Referenzschalter vorhanden sein. Die Referenzpunkte aller Achsen bilden den maschinenfesten Referenzpunkt. Er ist somit für den Anwender (Programmierer, Bediener) ein unveränderlicher Festpunkt. Das Anfahren des Referenzpunktes kann durch das NC-Programm oder über das Bedientableau aktiviert werden.

Im weiteren soll auf den technischen Zeichnungen die Bemaßung NC-gerecht sein. Was versteht man darunter?

2.7.3.2 Zeichnerische Grundlagen für die Programmierung

Zur Unterstützung der Programmierung hat man in DIN 406 unterschiedliche Maßsysteme vorgesehen. Die Steuerung rechnet alle Maßangaben in die Bezugsmaße des Maschinenkoordinatensystems um. Es gibt 4 Arten von Maßeingaben:

- **Kettenmaßeingaben (G91)**
  Es wird der jeweils vorangegangene Zielpunkt einer Verfahrbewegung als "neuer Nullpunkt" der nächsten Verfahrbewegung herangezogen. Das Vorzeichen ist gleichzeitig Richtungsangabe (**Bild 2-67b**). Diese Bemaßungsart wird auch als Inkrememtal- oder Relativbemaßung (*floating-zero system*) bezeichnet.

- **Bezugsmaßeingabe (G90)**
  Der Endpunkt der Verfahrbewegung wird beim Bezugsmaßsystem (*fixed-zero system*) durch die Koordinaten des Werkstückkoordinatensystems bestimmt. Ob der jeweilige Punkt ein positives oder negatives Vorzeichen erhält, hängt von der Lage des gewählten Werkstückkoordinatensystems ab (**Bild 2-67a**). Diese Art wird auch als Absolutbemaßung bezeichnet.

- **Bemaßung durch Polarkoordinaten**
  Diese Beschreibungsart wird bei symmetrischen Elementen oder bei der Programmierung umfangreicher Bohrbilder verwendet. Leitstrahl R und Polarwinkel φ lassen sich in Tabellen fassen. Ein Beispiel ist in **Bild 2-67d** zu sehen.

- **Bemaßung mit Hilfe von Tabellen**
  Bei umfangreichen Werkstückgeometrien kann man die Maße aus der Fertigungszeichnung herausziehen und als Tabelle formulieren. Sie enthält auch alle erforderlichen Koordinaten. Es können auch unterschiedliche Bemaßungssysteme gleichzeitig benutzt werden, was ein organisatorischer Vorteil ist.

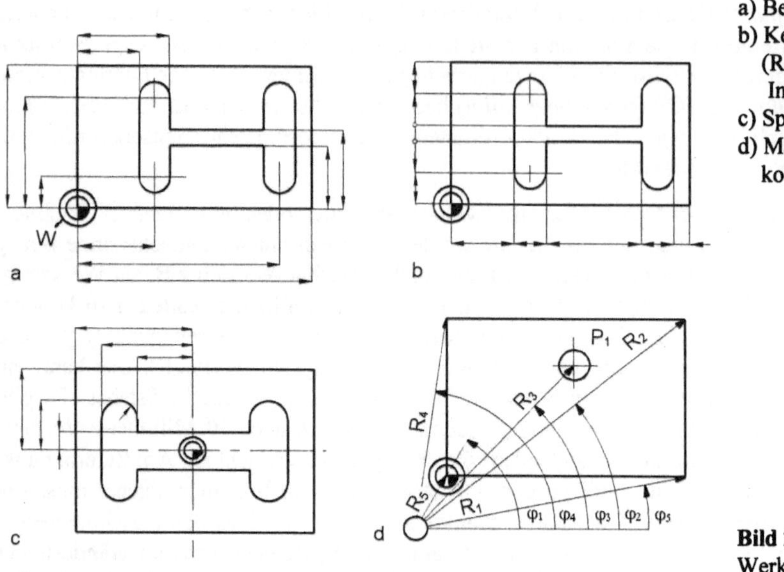

Bild 2-67
Werkstückbemaßung

Es ist auch möglich, über die Maschinenfunktion "Spiegeln" bei symmetrischen Teilen die Maßeintragung zu vereinfachen. Die Maße werden dann an einer oder an zwei Koordinatenachsen gespiegelt (**Bild 2-67c**). Der Zyklusaufruf bewirkt, dass die Vorzeichen der dann folgenden Koordinatenangaben entsprechend vertauscht werden. Die Funktion ermöglicht die Herstellung achssymmetrischer Teile, wie z.B. linke und rechte Teile oder Bohrbilder für Gehäuse und Deckel mit denm gleichen Programm.

> **Absolutprogrammierung:** Die Lage des Zielpunktes wird programmiert.
> **Relativprogrammierung:** Die zurückzulegende Wegstrecke wird programmiert.

Eine Programmierung mit G 90-Wegbedingungen wird auch als Absolutprogrammierung bezeichnet. Bei der Verwendung von Kettenmaßen spricht man auch von einer Relativprogrammierung.

2.7.4 Programmierverfahren

Der wirtschaftliche Einsatz von NC-Maschinen wird im wesentlichen von der Art der Programmierung bestimmt. Programmierung ist als organisatorische Maßnahme die Erstellung von Eingabeinformationen für numerisch gesteuerte Maschinen. Die Steuerinformationen, sie werden auch als NC-Programm oder Teileprogramm bezeichnet, stellen eine Folge von Bearbeitungsschritten für ein bestimmtes Werkstück dar und gliedern sich in NC-Sätze. Sie enthalten alle für die Bearbeitung erforderlichen Wegbedingungen, Bewegungen und Maschinenfunktionen und sind mit einer aufsteigenden NC-Satznummer nummeriert. Man kann folgende Programmierverfahren unterscheiden:

- manuelle (maschinenferne) Programmierung (*manual programming*)

- maschinelle (maschinenferne) Programmierung (*computer aided programming*) und

- werkstattorientierte (maschinennahe) Programmierung (*workshop oriented programming*)

2.7.4.1 Manuelle Programmierung

Bei diesen Verfahren schreibt der Programmierer von Hand seine Steuerungsbefehle auf ein Programmierblatt. Das geschieht in der Arbeitsvorbereitung *ohne* Unterstützung durch ein Programmiersystem. Zusätzlich ist ein Einrichteblatt für den Maschinenbenutzer zu erstellen. Es enthält Angaben über die Spannlagen des Werkstücks, die einzusetzenden Werkzeuge (Codenummer, Einstelllängen) und oft auch Startpunktabstände. Als Hilfsmittel stehen ihm Tabellen, Erfahrungswerte, Tischrechner, die maschinenspezifische Programmieranleitung und eine Codiereinrichtung zur Erstellung des automatisch lesbaren Datenträgers zur Verfügung.

Beim Programmieren sind zu beachten:

- **Werkstückgeometrie**
  Roh- und Fertigteilabmessungen, Toleranzen, Bearbeitungsgüte (Schruppen, Schlichten), Art und Abfolge der Bearbeitungsstellen

- **Bearbeitungstechnologie**
  Werkstoff, Schneidstoff, Oberflächengüte, Werkstücksteifigkeit, Zerspanwerte

- **NC-Maschine**
  Arbeitsraum und Kollisionspunkte, Spannmittel, Werkzeugaufnahmen, Antriebsleistung, Drehzahl- und Vorschubbereich, Genauigkeit, Zusatzeinrichtungen, Sonderfunktionen

Man programmiert immer die Fertigkontur des Werkstücks. Werkzeugradien werden zunächst nicht beachtet. Erst vor dem Programmstart an der Maschine wird der Radius R, z.B. des in **Bild 2-68** dargestellten Fräsers, eingegeben. Daraus errechnet die Steuerung dann selbstständig die Fräsermittelpunktsbahn. Sie ist eine Äquidistante (Kurve gleichen Abstandes) zur Werkstückkontur.

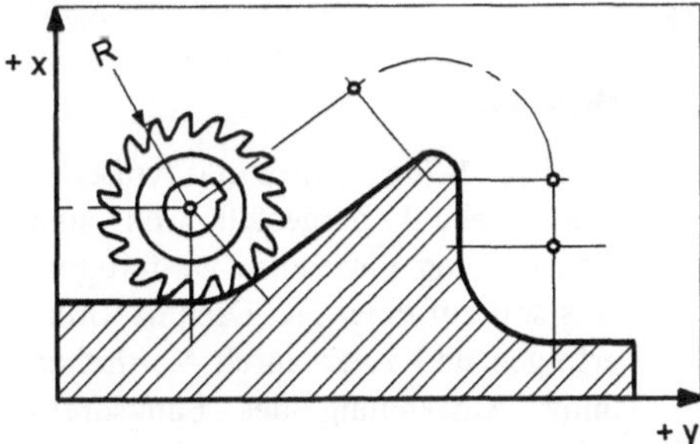

Bild 2-68 Erst die äquidistante Werkzeugmittelpunktsbahn erzeugt die richtige Werkstückkontur.

Auch bei Drehbearbeitungen können Formfehler auftreten, wenn keine Schneidenradiuskorrektur erfolgt. Die automatische Werkzeugkorrektur bei NC-Maschinen wurde übrigens um 1975 eingeführt.

Bei modernen Steuerungen existiert ein Werkzeugkorrekturspeicher, der die aktuellen Werkzeugdaten (Radien, Längen, Abstände längs und quer zum Werkzeugeinstellpunkt E) für mehrere Werkzeuge aufnimmt. Er wird nach einem Werkzeugwechsel angewählt, damit die Steuerung die abgelegten Korrekturwerte vorzeichenrichtig berücksichtigen kann.

Beim Programmieren sind die Adressbuchstaben nach DIN 66025 zu verwenden. Sie werden in **Bild 2-69** aufgelistet.

A	Drehbewegung um die X-Achse
B	Drehbewegung um die Y-Achse
C	Drehbewegung um die Z-Achse
D	Werkzeugkorrekturspeicher
E	zweiter Vorschub
F	Vorschub
G	Wegbedingung
H	frei belegbar
I	Interpolationsparameter oder Gewindesteigung parallel zur X-Achse
J	Interpolationsparameter oder Gewindesteigung parallel zur Y-Achse
K	Interpolationsparameter oder Gewindesteigung parallel zur Z-Achse
L	frei belegbar
M	Zusatzfunktion
N	Satznummer
O	frei belegbar
P	dritte Bewegung parallel zur X-Achse
Q	dritte Bewegung parallel zur Y-Achse
R	dritte Bewegung parallel zur Z-Achse oder Bewegung im Eilgang in Richtung Z-Achse
S	Spindeldrehzahl
T	Werkzeugspeicher
U	zweite Bewegung parallel zur X-Achse
V	zweite Bewegung parallel zur Y-Achse
W	zweite Bewegung parallel zur Z-Achse
X	Bewegung in Richtung der X-Achse
Y	Bewegung in Richtung der Y-Achse
Z	Bewegung in Richtung der Z-Achse

Bild 2-69 Bedeutung der Adressbuchstaben nach DIN 66025

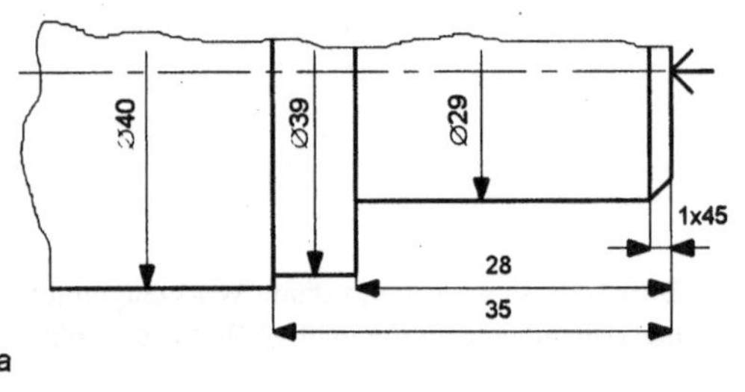

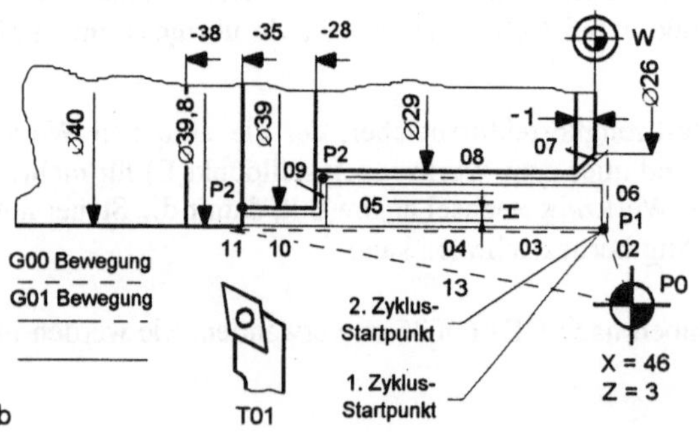

Beispiel:

In **Bild 2-70a** wird ein typisches Kurz-Drehteil dargestellt. Es sind Absätze und eine Fase zu fertigen. Das soll auf einer NC-Drehmaschine erfolgen und zwar durch Vordrehen unter Anwendung des Längsdrehzykluses mit Schnittaufteilung und Maßhaltigdrehen mit einem Schlichtspan [2-14].

a) Werkstück
b) Schnittaufteilung

Bild 2-70 Beispielwerkstück mit Verfahrwegen des Werkzeugs

Zunächst wird die Schnittaufteilung (**Bild 2-70b**) festgelegt. Dann werden die Programmsätze formuliert. Mitunter sind noch Hilfsrechnungen auszuführen, um die in der Zeichnung nicht enthaltenen Koordinatenpunkte zu bestimmen. Das Ergebnis der Programmierung wird in ein Programmblatt (**Bild 2-71**) eingetragen

<table>
<tr><td rowspan="4">Programmblatt</td><td colspan="3">Zeichnungsnummer:
47301/233</td><td colspan="4">Programm-Nr.: 17</td><td></td></tr>
<tr><td colspan="3">Benennung: Rastbolzen</td><td colspan="4"></td><td></td></tr>
<tr><td colspan="3">Maschine:EMCO-5-CNC/SW 004</td><td colspan="4">Blatt: 1 von 3</td><td></td></tr>
<tr><td colspan="3">Werkstoff: Drm. 40 x 55 AlMgSi 0,5</td><td colspan="4">Datum: Name:</td><td></td></tr>
<tr><td rowspan="3">Satz Nr.</td><td colspan="5">Weginformation</td><td colspan="2">Schaltinformation</td><td rowspan="3">Bemerkungen</td></tr>
<tr><td rowspan="2">Wegbe-dingung</td><td colspan="2">Koordinaten-achsen</td><td colspan="2">Interpolations-parameter</td><td rowspan="2"></td><td rowspan="2"></td></tr>
<tr><td>X</td><td>Z</td><td>I</td><td>K</td></tr>
<tr><td>N</td><td>G</td><td>X</td><td>Z</td><td>I</td><td>K</td><td>F</td><td>H, S, T, M</td><td></td></tr>
<tr><td>0 1</td><td>90/92</td><td>46</td><td>3</td><td></td><td></td><td></td><td>M 03 T 01, 1400 1/min</td><td>P0-Programmstartpunkt</td></tr>
<tr><td>0 2</td><td>0 0</td><td>40,4</td><td>0,5</td><td></td><td></td><td>-</td><td></td><td>Zyklus-Startpunkt</td></tr>
<tr><td>0 3</td><td>8 4</td><td>39,4</td><td>-34,9</td><td></td><td></td><td>0,8</td><td>H 0,3</td><td>1. Zyklus</td></tr>
<tr><td>0 4</td><td>0 0</td><td>39,4</td><td>0,5</td><td></td><td></td><td>-</td><td></td><td></td></tr>
<tr><td>0 5</td><td>8 4</td><td>29,4</td><td>-27,9</td><td></td><td></td><td>0,8</td><td></td><td>2. Zyklus</td></tr>
<tr><td>0 6</td><td>0 0</td><td>26</td><td>0,5</td><td></td><td></td><td>-</td><td></td><td>Fase anfahren</td></tr>
<tr><td>0 7</td><td>0 1</td><td>29</td><td>-1</td><td></td><td></td><td>0,2</td><td>1600 1/min</td><td>Fase drehen</td></tr>
<tr><td>0 8</td><td>0 1</td><td>29</td><td>-28</td><td></td><td></td><td></td><td></td><td>Schlichtspan</td></tr>
<tr><td>0 9</td><td>0 1</td><td>39</td><td>-28</td><td></td><td></td><td></td><td></td><td>Planfläche</td></tr>
<tr><td>1 0</td><td>0 1</td><td>39</td><td>-35</td><td></td><td></td><td></td><td>M 05</td><td></td></tr>
<tr><td>1 1</td><td>0 1</td><td>39,8</td><td>-35</td><td></td><td></td><td></td><td>M 30</td><td>P0-Programmstartpunkt</td></tr>
<tr><td>1 2</td><td>0 1</td><td>39,8</td><td>-38</td><td></td><td></td><td></td><td></td><td></td></tr>
<tr><td>1 3</td><td>0 0</td><td>46</td><td>3</td><td></td><td></td><td></td><td></td><td></td></tr>
</table>

Bild 2-71 Programmblatt für ein Teileprogramm für das in Bild 2-70 dargestellte Teil

Die manuelle Programmierung ist bei detailreichen Teilen mit viel Routine und erheblicher Rechenarbeit verbunden, die mit großer Konzentration ausgeführt werden muss. Fehler, die sich unbemerkt einschleichen, werden durch keine automatische Kontrolle erkannt und eliminiert, sodass schwere Havarien entstehen können. Erleichtert wird das Programmieren, wenn mit erprobten Unterprogrammen und Programmschleifen gearbeitet wird. Unterprogramme werden vom Anwender selbst erstellt und im Programmspeicher abgelegt. Sie bestehen aus dem Unterprogrammanfang, den Sätzen des Unterprogramms und dem Unterprogrammende. Die Sätze sind wie die Sätze des Hauptprogramms aufgebaut. Das Unterprogrammende bewirkt den Rücksprung in das aufgerufene Hauptprogramm.

Unterprogramm: Programmteil, der nur einmal programmiert wird und dann im Hauptprogramm mehrfach aufgerufen werden kann.

Programmschleife: Programmteil, der bereits abgearbeitet wurde und von nachfolgenden Programmsätzen aus nochmals aufgerufen und dann abgearbeitet wird.

Programmschleifen sind also Programmteilwiederholungen. Sie verkürzen die Programmlänge und sind im Prinzip in das Hauptprogramm eingebettete Unterprogramme.

2.7.4.2 Maschinelle Programmierung

Es gibt Werkstücke, z.B. solche mit Freiformflächen, bei deren Programmierung man sehr viele Daten berechnen und eingeben müsste. Zur Vereinfachung hat man deshalb Programmiersprachen geschaffen, mit denen man ein Quellenprogramm automatisch erzeugen kann. Der Programmierer beschreibt die Werkstückgeometrie (Rohteil, Fertigteil) und dann die Bearbeitungstechnologie, die Werkzeugbahnen und die Funktionen der NC-Maschinen in einer symbolischen problemorientierten Sprache. Die Programmierung unterscheidet sich also grundsätzlich von der manuellen Programmierung, bei der die Werkzeugwege beschrieben werden. Sozusagen die "Ursprache" dafür ist APT (*Automatically Programmed Tools*). Sie wurde vom MIT (USA) seit 1957 entwickelt und 1959 zur freien Nutzung veröffentlicht. In einem Gemeinschaftsprojekt mehrerer Hochschulen wurde in der Bundesrepublik Deutschland die Sprachvariante EXAPT (*extended of APT*) entwickelt (1966). Diese Sprache bezieht nicht nur die geometrische Form der Teile wie bei APT ein, sondern auch technologische Angaben für die Bearbeitung.

Bei der maschinellen Programmierung (**Bild 2-72**) ist typisch, dass der Datenfluss über 2 spezielle Rechnerprogramme läuft, den Prozessor und den Postprozessor.

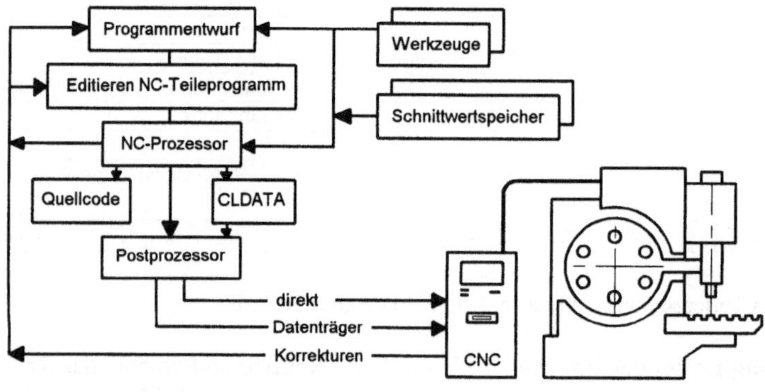

Bild 2-72 Prinzip der maschinellen Programmierung mit Hilfe problemorientierter Sprachen

---

NC-Prozessor: Verarbeitungsprogramm zur Erstellung von Teileprogrammen in einem neutralen Datenformat, das geometrische und technologische Belange unter Beachtung von Werkzeug- und Werkstoffdateien enthält.

NC-Postprozessor: Nachverarbeitungsprogramm, welches in einem neutralen Datenformat gefasste Teileprogramme an eine spezielle NC-Maschine (Maschinenfabrikat) unter Beachtung von Maschinen- und Steuerungsdaten anpasst.

Die Sprache für NC-Prozessor-Eingabetexte ist in DIN 66246 genormt. So sind z.B. geometrische Elemente vorgegeben, mit denen man die Form eines zu fertigenden Werkstücks beschreiben kann. Fast alle Konturen lassen sich mit den Grundelementen Punkt (P), Linie (L) und Kreis (C) darstellen. Das **Bild 2-73** zeigt einen kleinen Ausschnitt.

Das im neutralen Format erstellte Teileprogramm ist eine CLDATA-Datei (*cutter location data*, Schnittverlaufs-, Werkzeugbahndaten). Aufbau und Syntaxregeln dieser Zwischensprache sind in DIN 66215 festgelegt. Das CLDATA-File kann von vielen NC-Maschinenfabrikaten verwendet werden, was ein großer Vorteil ist.

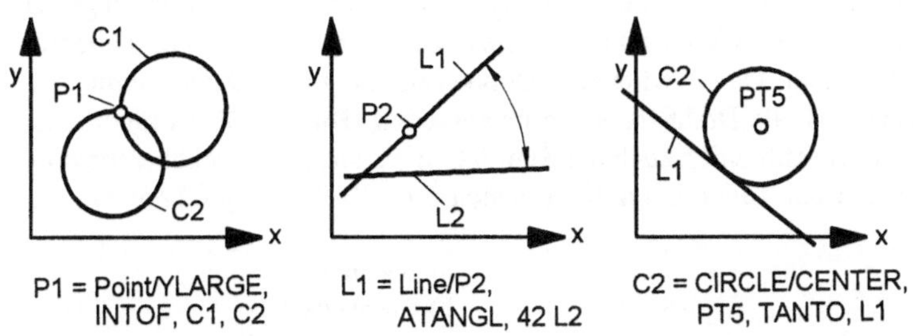

Bild 2-73 Beispiele für Geometriedefinitionen

Programmierbeispiel

Das in **Bild 2-74** gezeigte Teil soll auf einer NC-Brennschneidemaschine gefertigt werden [2-15]. Ein am X-Y-Portal laufender Schneidbrenner hat die dargestellte Kontur abzufahren. Es steht die Programmiersprache MINIAPT zur Verfügung. Das ist eine Untermenge der Programmiersprache APT mit einem Wortschatz von etwa 200 Wörtern für Punkt-, Strecken- und Bahnsteuerungen.

Zunächst werden die Variablen definiert. Es ergibt sich:

P1 = Point/500, -30
L1 = LINE/XAXIS, 0
L2 = LINE/YAXIS, 500
C1 = CIRCLE/500, 170, 70
L3 = LINE/XAXIS, 170
L4 = LINE/40, 170, 0, 130
L5 = LINE/YAXIS, 0
L6 = LINE/0, 40, 60, 0

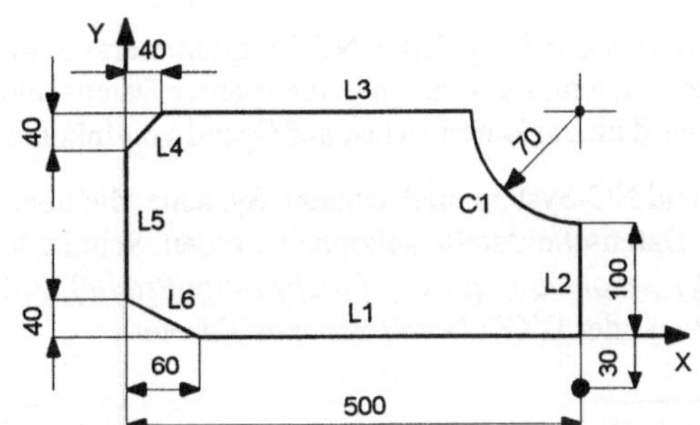

Bild 2-74 Blechzuschnitt als Beispielwerkstück

Das Teileprogramm hat dann folgendes Aussehen:

```
RAPID               $$ Eilgang
GOTO/P1             $$ Positionierung auf P1
GO/TO, L1           $$ Anstellbewegung vor L1
FEEDRAT             $$ Feedrate, Vorschubgeschwindigkeit
CUTCOM/RIGHT        $$ Schnittfuge rechts, Werkzeugkorrektur
AIR/ON              $$ Sauerstoff ein
GOFWD/L2, ON, C1    $$ Kontur abfahren
GOLFT/C1, ON, L3
GOLFT/L3, ON, L4
GOLFT/L4, ON, L5
GOLFT/L5, ON, L6
GOLFT/L6, ON, L1
GOLFT/L1, ON, L2
Air/OFF             $$ Sauerstoff aus
CUTCOM/OFF          $$ Schnittfuge aus
FINI                $$ Programmende
```

Die Sprachwörter bedeuten hier z.B. GOFWD... Gehe vorwärts und GOLFT... Gehe nach links.

Da heute weitgehend Werkstückzeichnungen mit CAD-Systemen hergestellt werden, liegt der Gedanke nahe, die dort entstehenden Werkstückdaten direkt zu verwenden, um NC-Teileprogramme automatisch zu generieren. Damit wird eine Doppelerfassung von Daten vermieden. Die Werkstückmodelle liegen z.B. als Draht- oder Volumenmodell (**Bild 2-75**) als räumlicher Körper vor. Mit diesen Daten ist schließlich auch die Simulation als virtuelle Vorabbearbeitung im Computer möglich, z.B. um ein Teileprogramm zu testen oder Kollisionsgefahren zu finden.

a) Drahtmodell
b) Flächenmodell
c) Volumenmodell

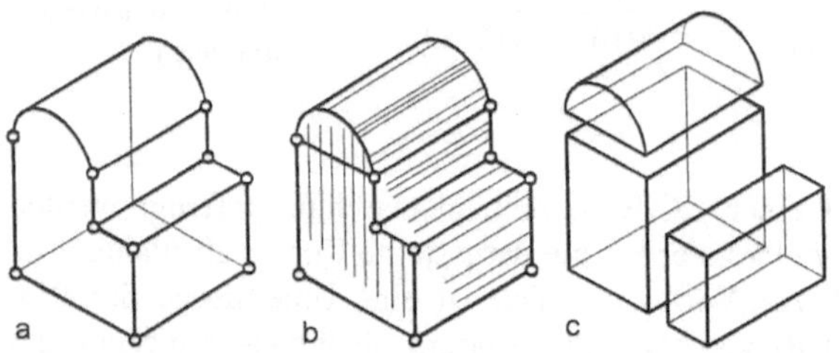

Bild 2-75 Beispiele für ein Werkstückmodell

Der Datenfluss bei einer CAD-CAM-Kopplung wird in **Bild 2-76** gezeigt. Für die Kopplung kann man 2 Varianten unterscheiden:

- CAD-System und integriertes NC-Programmiersystem sind ein einziges, aufeinander abgestimmtes System. Es wird ein gemeinsamer Datenspeicher genutzt, was sehr vorteilhaft ist. Damit wird einem Datenverlust auf Grund von Inkompatibilitätsproblemen vorgebeugt.

- CAD- und NC-System sind separate Systeme, die über eine geeignete (genormte oder individuelle) Datenschnittstelle gekoppelt werden. Schnittstellenformate sind z.B. VDAFS *(Verband der Automobilindustrie Flächenschnittstelle)*, IGES *(Initial Graphics Exchange Specification)* oder DXF *(Data Exchange Format)*.

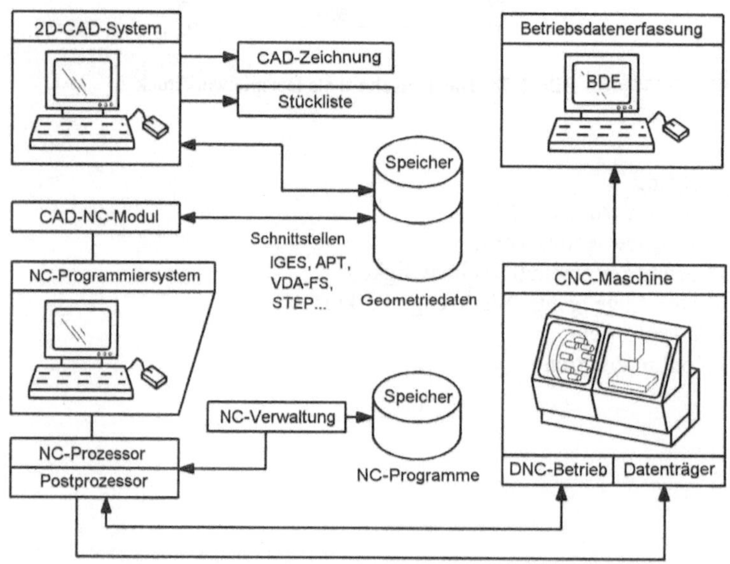

Bild 2-76 Vernetzung des Datenflusses bei einer Kopplung von CAD und NC-Maschine

Die Technik des rechnergestützten Konstruierens und Fertigens ist schon seit 30 Jahren bekannt. Die ersten Anfänge wurden in den 60-er Jahren in den USA gemacht. CAM-Bereiche *(computer aided manufacturing)* umfassen nicht nur die Bearbeitungsmaschinen, sondern auch periphere Komponenten, wie z.B. Industrieroboter. Insgesamt ist die CAD-CAM-Kopplung aber nicht ohne Probleme. Sie können in [2-12] nachgelesen werden.

2.7.4.3 Werkstattorientierte Programmierung

Man versteht unter einer werkstattorientierten Programmierung (WOP) von NC-Maschinen ein Konzept, bei dem der Bediener mit Hilfe von Tastatur und Bildschirm im Dialog vor Ort, also in der Werkstatt, das Programm erzeugt. Die Eingabe der Werkstückgeometrie (nicht der Werkzeugwege!) und der technologische Ablauf sind völlig unabhängig voneinander. Erst wenn der Rohling definiert ist, werden Schnittbedingungen, Werkzeuge u.a. bestimmt. Der Bearbeitungsablauf kann schließlich videoähnlich simuliert werden. Die Programmierung kann meistens bei laufender Maschine (Multi-Tasking-Betriebssystem) erfolgen.

Die Integration solcher Programmierhilfen in die CNC-Steuerung begann um 1980. Graphisch interaktives Programmieren ohne Programmiersprache gibt es seit etwa 1986. Diese Systeme haben natürlich auch die Kompetenz des Bedieners (Facharbeiters) gestärkt.

Das **Bild 2-77** zeigt vereinfacht eine Simulationsgraphik, an der man in Echtzeit die Zustandsgeschichte verfolgen kann. Die Simulation hilft, Programmierfehler und falsche Ausgangsdaten zu erkennen. Ein graphisch-interaktives, technologieorientiertes NC-Programmiersystem ist z.B. das EXAPT-System. Es ist sowohl als einzelner Programmierplatz, als auch unter Verwendung zusätzlicher Programm-Module, innerhalb einer CAD-CAP-CAM-Prozesskette einsetzbar.

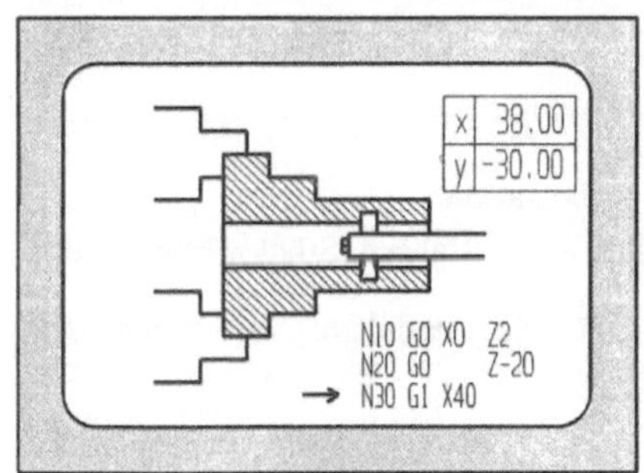

Bild 2-77 Simulationsgraphik einer CNC- Steuerung für einen 2-Support-Drehautomaten

Und so läuft die Programmierung ab:

1. Lesen der werkstattvermaßten Zeichnung
2. Programmierung der Geometrie von Roh- und Fertigteil, bei Bedarf mit eingeschalteter Lupenfunktion. Die Eingabe läuft CAD-ähnlich ab, auch unter Verwendung vorgefertigter abrufbarer Geometriesymbole.
3. Eingabe des Arbeitsplanes mit Simulation des Bearbeitungsablaufs und Darstellung der Werkzeuge. Graphische Hilfen werden in Eingabe-, Hilfs- und Simulationsgraphik unterschieden. Die Hilfsgraphik enthält z.B. eine Geometrietabelle der vorhandenen Werkzeuge.
4. Fertigung des Werkstücks

Die Programmerstellung soll am Beispiel eines PC-gestützten Systems für einen Positionierantrieb gezeigt werden.

Positioniersteuerungen (*positioning control*), die mit einem PC auskommen und sonst keine Zusatzhardware erfordern, reichen für manche Anwendung aus. In **Bild 2-78** wird im Beispiel ein System gezeigt, dass z.B. zur Steuerung von bis zu 4 Schrittmotorenachsen tauglich ist. Alle Pa-

rameter für die Fahrprogramme werden per Bildschirmabfrage eingetragen. Damit man auch in
einiger Entfernung die Positionen noch am Bildschirm lesen kann, wurde für die Ziffern eine
Großdarstellung der alphanumerischen Zeichen gewählt.

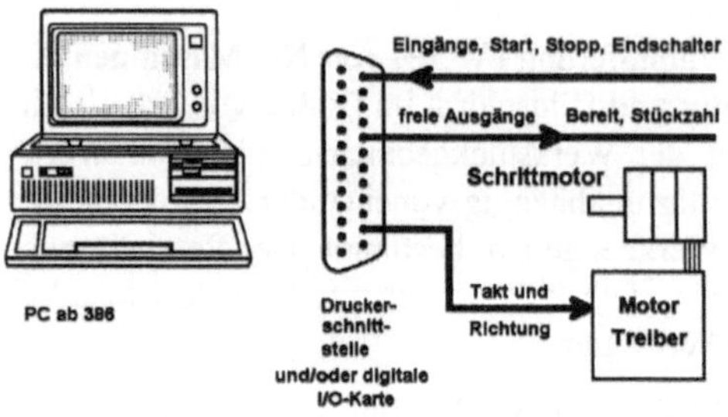

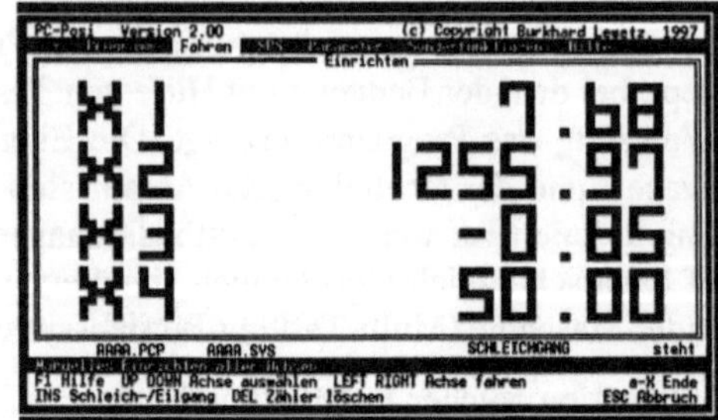

Bild 2-78 Positioniersteuerung mit dem Personalcomputer (Lewetz)

Ein Programmsatz kann enthalten:

- Absolute oder relative Wege für jede Achse
- Geschwindigkeit in Prozent zur Maximalfrequenz
- Wiederholungszählung für Sätze und Blöcke
- Sprungbefehl und Unterprogrammaufruf
- Verweilzeit am Satzende
- freiprogrammierbare Ausgänge als Maschinenfunktionen
- SPS-Merker für bedingte Ausführung oder zur Startsynchronisation
- Zusatzfunktionen wie Programmhalt, Zähler nullen, Maschine nullfahren, Stückzähler setzen

Die Steuerung enthält außerdem eine integrierte Software-SPS, die parallel zur Ansteuerung der
Antriebe abläuft.

Programmierbeispiel

Das in **Bild 2-79** gezeigte Werkstück soll auf einer Presse 9 Profillochungen erhalten. Dazu ist
die Presse mit einem zweiachsigen Vorschubsystem ausgestattet. Für die Auslösung des
Schneidvorgangs muss der programmierte Ausgang 1 mit 700 Millisekunden (ms) angesteuert
werden. Die Rückholzeit für das Pneumatikventil beträgt 200 ms. Nach allen Lochungen und
dem restlichen Vorschub wird das Blechteil abgeschnitten. Das dauert 500 ms und wird durch
den Ausgang 3 ausgelöst.

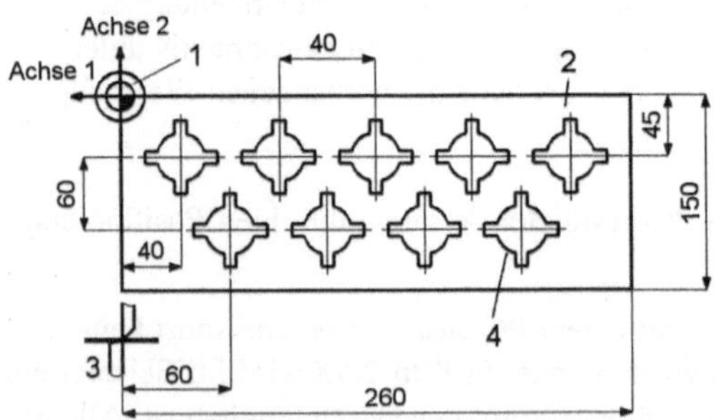

1 Nullpunkt
2 Blechzuschnitt
3 Abschneidmesser
4 Schneidkontur

Bild 2-79 Beispielwerkstück

Was muss man nun unter Verwendung eines Unterprogramms programmieren? Das wird in **Bild 2-80** dargestellt.

Satz	Achse 1 (mm)	Achse 2 (mm)	Wieder- holung	Sprung	Ausgang	HNO Z	Vzeit (ms)	UP
Hauptprogramm								
1	40	45						1
2	20	60						1
3	20	-60	3	2				1
4	60	-45						
5					3	Z	500	
Unterprogramm UP1								
1	60				1		700	
2							200	

Bild 2-80 Programmtabelle bei einer Positioniersteuerung

H Programmhalt, N Nullsetzen der Achsposition, O ohne Rampe fahren, Z Stückzähler aktivieren, UP Unterprogramm , VZeit Verzögerungszeit

Im Satz 1 wird das Blech zur ersten Lochposition bewegt. Das Lochen geschieht in zwei Sätzen. Der Schneidstempel wird zurückgeholt. Die Sätze 2 und 3 sorgen für weitere Lochungen mit Blockwiederholung. Satz 4 und 5 stellen die Abscherposition bereit und lösen den Schneidvorgang aus. Am Programmende wird die Stückzahl weitergezählt.

Ergänzend sei noch auf eine andere Art der Werkstattprogrammierung hingewiesen. Es ist die Konturzugprogrammierung. Dabei wird der Werkstückrand, also seine Fertigteilkontur, mit Hilfe von Koordinatenwerten, Winkeln bzw. geometrische Formen beschrieben. Die Steuerung berechnet dann selbstständig aus den gegebenen Größen die Anfangs- und Endpunkte der Verfahrbewegungen und nimmt so dem Programmierer geometrische Berechnungen ab. Standardfasen und Radiusübergänge werden nicht gesondert programmiert, sondern über festgelegte NC-Adressen als Randbedingungen der Konturzüge definiert. Die Konturzugprogrammierung ist z.B. bei Drehteilen günstig anwendbar.

2.7.5 Verarbeitung von Geometriedaten

Die Verarbeitung von Geometriedaten belegt innerhalb der NC-Steuerung einen dominanten Platz. Ihre Aufgaben bestehen in folgenden Aktivitäten:

- Erzeugung einer Bahn, die die geforderte Werkstückkontur hervorbringt
- Berücksichtigung von Korrekturwerten, die sich aus Werkzeugabmessungen ergeben
- geometrische Transformationen, z.B. die Errechnung des Werkzeugbezugspunktes aus dem Werkzeugberührpunkt oder z.B. Nullpunktverschiebungen
- Kompensation geometrischer Fehler, wie z.B. die Verrechnung von vorher ausgemessenen Spindelsteigungsfehlern eines Vorschubantriebes nach Korrekturtabellen
- Beeinflussung von Verfahrgeschwindigkeiten mit Hilfe des sogenannten Override-Schalters und schließlich auch die
- Realisierung von Überwachungsfunktionen.

Einige dieser Aufgaben sollen etwas näher betrachtet werden.

2.7.5.1 Interpolation

Bei der Bahnsteuerung werden beim Programmieren einer Bahn Stützwerte der Bahn festgelegt und gespeichert. Da die Servoregelkreise Abtastfrequenzen von z.B. 50 bis 80 Hz für die Vorgabe der Sollwerte erfordern, müssen Zwischenwerte (*intermediate point*) zwischen den Stützwerten bei der Wiedergabe ermittelt und eingefügt werden. Das leistet der Interpolator. Er wird vorwiegend programmtechnisch realisiert.

Der Interpolator liest mehrere aufeinanderfolgende Stützwerte ein, berechnet daraus eine wählbare Menge von Zwischenwerten und gibt diese an die Servoregler aus. Die Zwischenwerte liegen auf einer Verbindungslinie zwischen 2 Stützwerten. Die Wege zwischen 2 Punkten können sehr kurz sein, wenn man eine große Konturtreue z.B. bei komplexen Freiformflächen erreichen will (oft unter 1 mm). Die Verbindungslinie kann eine Gerade, ein Kreisbogen oder eine Parabel sein. Dementsprechend heißt die Interpolation Linear-, Zirkular- oder Parabelinterpolation. Weitere Interpolationsarten sind die Evolventeninterpolation und verschiedene Arten von Helix-Interpolationen zur Erzeugung von Schraubenlinienkonturen. Das **Bild 2-81** zeigt einige Interpolationsarten in Verbindung mit einem Gelenkmechanismus, wie er in der Handhabungstechnik häufig vorkommt. Hier wird der Endeffektor auf einer entsprechenden Bahnkurve geführt.

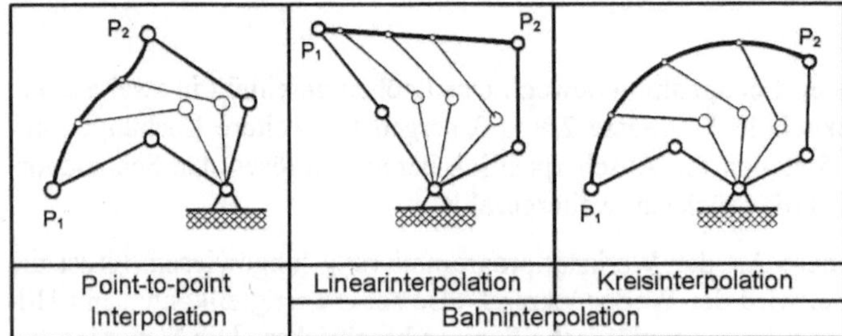

Bild 2-81 Interpolationsarten

Die Wahl einer Kreisinterpolation ist z.B. günstig, wenn eine in Rechteckkoordinaten arbeitende Maschine z.B. Ronden per Wasserstrahl aus einem Blech auszuschneiden hat. Die Annäherung an die ideale Kreisform ist dann am besten.

Werden vom Interpolator einzelne Weginkremente vorgegeben, liegt eine *Wegraster-Interpolation* vor. Die Zeitabstände, in denen eine Achse jeweils ein Weginkrement zurücklegt, sind unterschiedlich und hängen von der Bahngeometrie sowie der programmierten Geschwindigkeit ab.

Als *Zeitraster-Interpolation* bezeichnet man dagegen eine Verfahrensweise, bei der die Interpolation die jeweiligen Achsenwerte in gleichen Zeitabständen berechnet und vorgibt. Der Interpolationstakt kann z.B. 8 Millisekunden sein.

Bei Linear- und Kreisinterpolation können z.B. folgende Möglichkeiten genutzt werden:

* Linearinterpolation in 2 aus *n* Achsen

* Linearinterpolation in *n* aus *n* Achsen

* Kreisinterpolation in 2 aus *n* Achsen

* Kreisinterpolation in 2 aus *n* Achsen mit gleichzeitiger Linearinterpolation in einer auf der Kreisinterpolationsebene senkrechten Achse (Schraubenlinieninterpolation)

Wie eine Linear- bzw. Geradeninterpolation ablaufen kann, wird aus **Bild 2-82** ersichtlich, einschließlich Algorithmus für die Berechnung. Der Aufbau ist für viele Interpolationsalgorithmen typisch. In der inneren Schleife werden aufeinanderfolgend die Zwischenwerte eines Intervalls berechnet, während beim Übergang zum nächsten Intervall eine Vorbereitungsrechnung für die nächsten N Zwischenwerte ausgeführt werden muss. Dargestellt ist hier nur die Berechnung in einer Achse, also von Δx. Verläuft die Gerade in der Ebene oder im Raum, dann müssen auch die anderen Achsen mit einbezogen werden. Für Werkzeugmaschinen sind bis zu 5 simultane Achsen sinnvoll und zwar für die Achsen X, Y und Z (räumliche Zielposition) und A sowie B für die orientierenden Schwenkachsen. Der Interpolator arbeitet sich so von Intervall zu Intervall in Richtung zunehmender Zeit durch den Arbeitsspeicher hindurch, wobei zweckmäßig die einzelnen Achsen zyklisch durch das gleiche Interpolationsprogramm bedient werden. Es gibt auch noch andere Berechnungsverfahren.

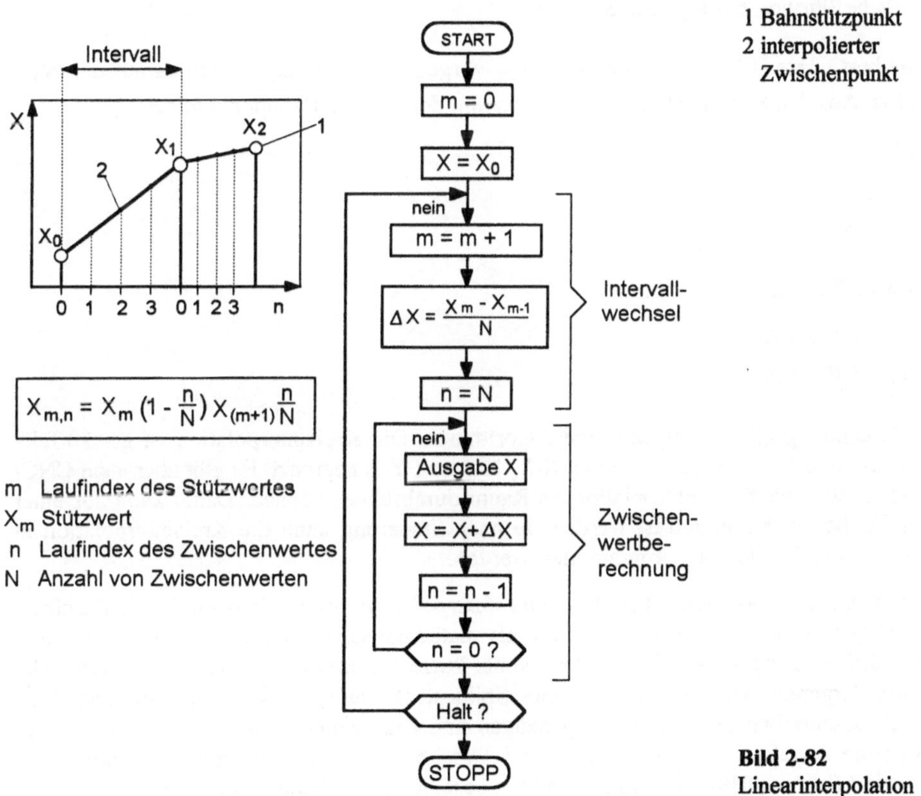

Bild 2-82
Linearinterpolation

Interpolatoren können ein Pipeline-Verhalten zeigen. Darunter versteht man, dass eine Interpolation gestartet werden kann, während die letzten Punkte einer vorherigen Interpolation noch in einer Warteschlange zum Lageregler liegen. Diese Fähigkeit erlaubt es, eine Folge von Bahnstützpunkten abzufahren, ohne dass deshalb die Bahngeschwindigkeit an den Stützpunkten reduziert werden muss.

Die Zirkular- oder Kreisinterpolation verbindet die programmierten Bahnstützpunkte mit Kreisbögen. Das erhöht beim Fahren von Kreisen die Genauigkeit und reduziert die Menge der Eingabedaten, was die Programmierung erleichtert. Der geometrische Zusammenhang geht aus **Bild 2-83a** hervor. Für die Berechnung werden für die Grob- als auch Feininterpolation rekursive Rechenverfahren angewendet.

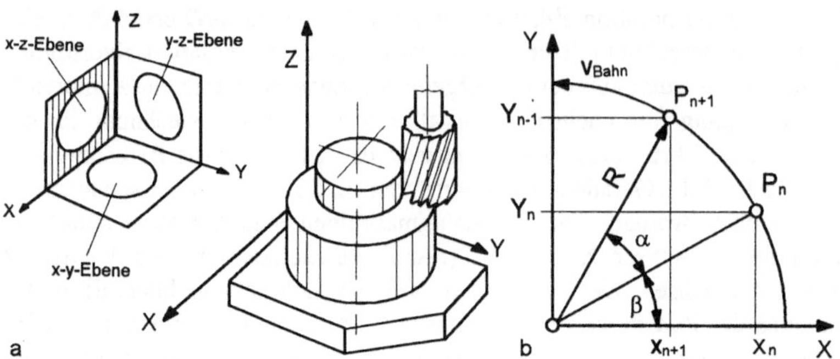

Bild 2-83 Kreisinterpolation

a) geometrische Situation, b) Programmierebenen

Wird eine bestimmte Bahngeschwindigkeit v_{Bahn} vorgegeben, dann ergibt sich daraus der Winkelschritt α. Aus den Koordinaten von P_n folgt somit der nächste Bahnpunkt mit P_{n+1}.

Für P_n gilt:

$$x_n = R \cdot \cos\beta$$
$$y_n = R \cdot \sin\beta$$

Folglich wird P_{n+1} wie folgt bestimmt:

$$x_{n+1} = R \cdot \cos(\alpha + \beta)$$
$$y_{n+1} = R \cdot \sin(\alpha + \beta)$$

Für die Berechnung gibt es verschiedene Algorithmen. Die Kreisinterpolation ist gemäß DIN 66025 auf die Bearbeitungs-Hauptebenen X-Y, X-Z und Y-Z begrenzt. Es gibt aber auch CNC-Steuerungen, die eine Kreisinterpolation im Raum durchführen können. Damit kann auf einer schrägen Fläche ein Kreis gefräst werden. Je nach Steuerung kann die Kreisinterpolation in Teil-, Viertel- und Vollkreisen programmiert werden.

Eine interessante Interpolationsart ist die *Spline-Interpolation*. Splines können für die Beschreibung beliebiger (komplexer) Kurvenverläufe als mathematische Funktionen höherer Ordnung einer Verfahrbewegung verwendet werden, wobei kurze Geradenstücke nicht mehr verwendet und aneinandergereiht werden. Ein einzelnes Splinestück kann nämlich einen größeren Verfahrbereich beschreiben als es mit Polygonzügen und Linearinterpolation möglich wäre, wodurch sich die Anzahl der Datensätze, die zur Beschreibung einer bestimmten Kontur nötig sind, reduziert (bis zu 90%). Eine Splinefunktion besteht aus folgendem Polynom:

$$P_n(i) = A_3 \cdot i^3 + A_2 \cdot i^2 + A_1 \cdot i^1 + A_0$$

P_n Position einer Achse

i Bahnparameter

A_i Koeffizient.

Es handelt sich um einen kubischen Spline. Eine solche Funktion existiert für jede zu fahrende Achse (X, Y, Z). Der Bahnparameter i ist für alle Achsen gleich. Die Koeffizienten A_i sind für jede Achse verschieden, außer bei gleicher Verfahrbewegung. Der Bahnparameter i läuft z.B. von 0 bis 1 hoch und beschreibt somit eine Funktion in einer Achse. Bei $i = 1$ folgt eine neue

Splinefunktion mit neuen Parametern. Das Inkrement, mit dem i hochläuft bestimmt den Geschwindigkeitsverlauf in dieser Achse. Splines sind zweimal differenzierbar, weshalb der Steigungs- und Krümmungsverlauf immer stetig ist. Damit gibt es keine Geschwindigkeits- und Beschleunigungssprünge (knickfreie Kurven) auf dem Spline. Die mechanische Belastung der gesteuerten Maschine, das kann auch ein Industrieroboter sein, wird dadurch vermindert.

> **Spline:** Interpolierte und geglättete Raumkurve durch vorgegebene Punkte. Der deutschsprachige Ausdruck heißt Polynom.

Die NC-Sätze zur Spline-Interpolation können allerdings nicht mehr von Hand programmiert werden, sondern erfordern entsprechende Software. Es werden Splines 3. und 5. Grades verwendet.

2.7.5.2 Transformation

Bei NC-Maschinen sind translatorische und rotatorische Verschiebungen des Nullpunktes *(zero offset)* erforderlich, um den Werkstücknullpunkt mit den Maschinennullpunkt zur Deckung zu bringen, denn Werkstückposition und -orientierung auf dem Maschinentisch hängen vom Spannmittel bzw. der Spannlage ab. Es geht also um die Überführung eines Koordinatensystems in ein anderes. Die Abstände F_x und F_y für die Verschiebung werden als Festwerte bezeichnet. Das **Bild 2-84** erklärt die translatorische Verschiebung in 2 Achsen. Sinngemäß ist bei 3 Achsen und beim rotatorischen Verschieben mit entsprechenden Drehwinkeln um die Achsen X, Y und Z zu verfahren. Der Bediener setzt die Achse am Werkstücknullpunkt (W) auf den Wert Null oder er nullt die Werkzeugspitzen z.B. der Drehwerkzeuge in einem festgelegten Referenzpunkt bzw. setzt sie auf Referenzmaß. Für alle Werkzeugspitzen ist dann der Abstand zum W gleich.

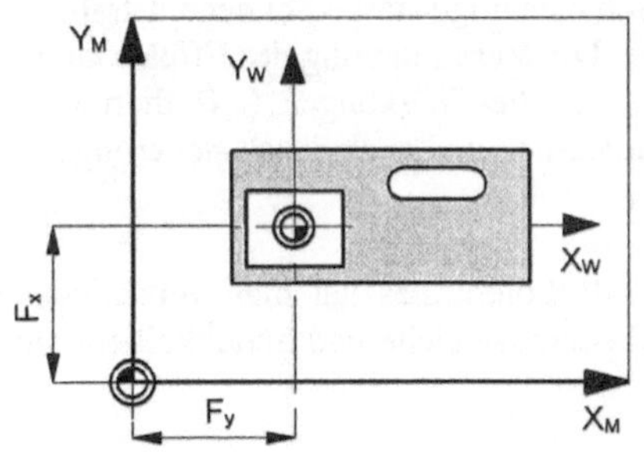

Bild 2-84 Festwertbildung

Beispiel: Die Programmierung einer Nullpunktverschiebung kann z.B. durch das Setzen der Istwerte erfolgen:

```
N 122  G 90  X 140,5   Y 0    $
N 123  G 92  X 0        Y 100  $
```

Das bedeutet, dass die X-Achse zur Position x = 140,5 fährt und dort zu Null gesetzt wird. Die Y-Achse fährt auf 0,0 und wird an dieser Stelle auf das Maß 100 gesetzt.

Eine andere Möglichkeit besteht darin, den gespeicherten Verschiebewert abzurufen:

```
N 345  G 54
N 346  G 0  X 20  Y 20
```

Das Maß der Verschiebung wird jetzt durch den im Speicher G 54 abgelegten Wert je Achse bestimmt.

Die Transformation von Koordinatenwerten spielt auch bei der Steuerung und Programmierung von Industrierobotern eine wichtige Rolle (siehe dazu Kapitel 4.3.2).

2.7.5.3 Kompensation

Eine Maßnahme zur Genauigkeitserhöhung bei NC-Maschinen ist der Ausgleich von geometrischen Fehlern, die ständig oder nur unter bestimmten Bedingungen vorkommen. Dazu müssen sie vorher erfasst, d.h. ausgemessen werden. Die Steuerung ist dann in der Lage, z.B. bei der Positionsberechnung, diese Fehlerwerte aus einem Speicher zu entnehmen und mit zu verrechnen.

Welche Fehler sind das?

- Geometrische Abweichungen in Vorschubantrieben, wie z.B. Spindelsteigungsfehler der Kugelrollspindel (Spindelsteigungsfehler-Korrekturtabelle) und elastische Verformungen im Antriebsstrang, Messsystemfehler und auch eine unzureichende Dynamik (Schleppfehler)

- Abweichungen, die bei einem Wechsel der Verfahrrichtung auftreten und als Umkehrspanne bezeichnet werden. Je Achsrichtungsumkehr wäre dann eine Differenzverrechnung erforderlich.

- Verlagerungen durch Prozesslasten, wenn z.B. große schwere Fräsköpfe als Werkzeug angesetzt werden und auch die rückwirkenden Kräfte bei der Zerspanung. Der letztgenannte Fall ist beim Fräsen als "Fräserabdrängung" bekannt. Das Problem der Verlagerungen durch Schwerkräfte und Nutzlasten lässt sich am Freiarm-Roboter gut zeigen (**Bild 2-85**).

- Verlagerungen durch thermische Wirkungen, z.B. durch einseitige starke Sonneneinstrahlung, Hauptspindelwärme oder durch Prozessabwärme. Die Verminderung des Effekts kann durch eine günstige Konstruktion mit kleinen thermoelastischen Wirkungen (z.B. thermosymmetrisches Maschinengestell), durch Hallenklimatisierung und auch durch steuerungstechnische Verlagerungskompensation erreicht werden.

Für den Ausgleich wenigstens der Gewichtskräfte des Roboterarmes hat man verschiedene Ausgleichssysteme entwickelt, wie z.B. Gegenmassen, Federausgleiche und Schubkolben-Ausgleichssysteme.

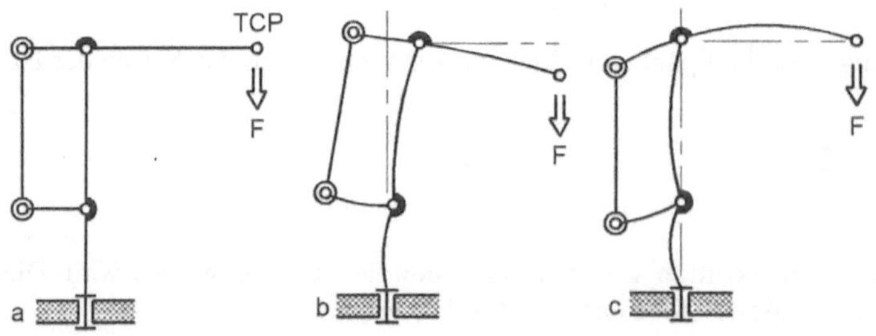

Bild 2-85 Kompensation elastizitätsbedingter Verlagerungen des TCP

a) ideales starres System (nur theoretisch existent), b) elastisches System mit verformten Führungsgetriebe (Normalfall), c) Kompensation der Ist-Lage, *F* Last, TCP Arbeitspunkt

2.7.5.4 Simulation

Es ist unzweckmäßig, an einer teueren Komplettbearbeitungsmaschine ein NC-Programm im Einzelsatzbetrieb einzufahren. Die Maschine wäre in dieser Zeit produktionsunwirksam. Deshalb gibt es immer bessere Simulationsprogramme, mit denen die programmierte Bearbeitung virtuell am Rechner durchgeführt, geprüft und optimiert werden kann. Viele NC- Programmiersysteme enthalten bereits mehr oder weniger gut ausgebaute Simulationsmöglichkeiten. Moderne Simulatoren können sogar die ganze Maschine mit dem aufgespannten Werkstück oder nur den Materialabtrag simulieren. Die Simulation des Materialabtrags ist besonders bei den komplizierten Werkstücken wichtig oder dann, wenn die Verhältnisse zwischen Werkstück, Rohteil und dem Spannmittel unübersichtlich sind. Das ist besonders bei 3D-Formen und bei 5-achsiger Bearbeitung der Teile sowie bei Mehrseitenbearbeitung auf Bearbeitungszentren erforderlich. Dazu müssen natürlich alle beteiligten Komponenten als 3D-Volumenmodell verfügbar sein. Der gesamte Bearbeitungsablauf wird in der Simulation gleichzeitig rechnerisch auf Kollision überwacht und es wird geprüft, ob Eilgangbewegungen innerhalb des Rohlings (Crash-Situation) stattfinden. Beim Simulieren kann übrigens nicht bearbeitetes oder zuviel weggenommenes Material in unterschiedlichen Farben dargestellt werden [2-24].

Simulation: Nachbildung eines realen dynamischen Prozesses (Systemverhalten) an einem realen oder theoretischen Modell (formales System), um zu Erkenntnissen zu gelangen, die in die Wirklichkeit zu übertragen sind.

Animation: Darstellung eines simulierten Vorganges in bewegten Bildern in Realzeit oder in einem skalierten Zeitraster.

Die Simulation ist u.a. bei Komplettbearbeitungsmaschinen, wie Drehzellen, bedeutungsvoll, weil hier immer mit mehreren Werkzeugträgern gearbeitet wird, deren Aktionen nicht ohne weiteres zu überschauen und zu programmieren sind. Kollisionen und Ausschussbearbeitungen können so verhindert werden.

Es gibt auch Programmier- und Simulationssysteme, mit denen Industrieroboterarbeitsplätze untersucht und im Bewegungsablauf optimiert werden können. Hier kommt es vor allem auf das reibungslose Zusammenspiel mit den Peripheriekomponenten an. Ein Beispiel ist COSIMIR®, ein 3D-Simulationssystem für die Planung von robotergestützten Arbeitszellen, die Überprüfung der Erreichbarkeit aller Positionen, die Entwicklung der Roboter- und Steuerungsprogramme und die Optimierung des Layouts. Alle Bewegungsabläufe und Handhabungsvorgänge lassen sich simulieren, um Kollisionen auszuschließen und die Zykluszeiten zu optimieren. Das System unterstützt die Programmierung verschiedener Robotertypen in unterschiedlichen Robotersprachen. Der Anwender hat die Möglichkeit, auch eigene Komponenten zu entwerfen und einzubeziehen.

2.7.5.5 Vorschub-Override

Darunter versteht man die Möglichkeit, bei einer Steuerung über die Bedientafel bereits programmierte Geschwindigkeits-Sollwerte in Stufen oder stufenlos nachträglich verändern zu können, also ohne Programmkorrektur. Bei NC-Werkzeugmaschinen ist das die Vorschubgeschwindigkeit. Die Override-Funktion gibt es auch bei Industrieroboter-Steuerungen. Der Verstellbereich liegt z.B. zwischen 0 und 150 %, wobei die Stellung 0 % Vorschubstillstand bedeutet. Der Bediener kann die Override-Funktion benutzen, um beim ersten Werkstück einer Serie mit kleiner Geschwindigkeit zu fahren, damit der Ablauf besser beobachtet werden kann. Dann erhöht man die Geschwindigkeit. Bei der Zerspannung ändern sich natürlich auch die Schnittbedingungen. Vorschub-Override ist eine Möglichkeit, sich während der Bearbeitung an technologische Grenzwerte heranzutasten. Wird die Bearbeitung auf dem Bildschirm simuliert, kann man die Auswirkungen einer Geschwindigkeitsänderung virtuell studieren.

2.8 Regelung und Regelungskonzepte

Im Maschinenbau werden immer mehr geregelte Servoantriebe eingesetzt, die z.B. von CNC-Steuerungen bedient werden. Sie haben sehr kurze Beschleunigungs- und Bremszeiten und können in einem weiten Drehzahlbereich betrieben werden. Geringe Laufgeräusche und ein gleichmäßiges, ruck- und vibrationsfreies Betriebsverhalten charakterisieren außerdem diese Antriebstechnik. Allerdings werden Regeleinrichtungen gebraucht, damit eine solchermaßen kontrollierte Bewegung zustande kommt.

> **Regelung:** Vorgang, bei dem die zu regelnde Größe (Regelgröße) mit einer anderen Größe (Führungsgröße) fortwährend verglichen wird und dann im Ergebnis des Vergleichs eine Angleichung der Regelgröße erfolgt.

2.8.1 Reglertypen

Begriffe und Größen der Regelungstechnik werden in DIN 19226 dargelegt. Bei der Regelung liegt grundsätzlich ein geschlossener Wirkungsweg vor [2-16, 2-21].

Beobachtet man einen Regelkreis, so ist folgendes festzustellen: Wird plötzlich auf ein in Ruhe befindliches System eingewirkt, dann reagiert das System z.B. "hecktisch" oder "träge". Diese Reaktion auf das Eingangssignal bestimmter Sprunghöhe heißt Sprungantwort. In welchem Verhältnis nun aus dem Eingangssignal eine Antwort gebildet wird, nennt man Übergangsfunktion. Es wird ein neuer Zustand als Funktion der Zeit eingenommen. Die verschiedenen gängigen Reglertypen werden in **Bild 2-86** in ihren Sprungantworten wiedergegeben. Man sieht, dass aus Trägheitsgründen stets eine gewisse Zeit (Totzeit) vergeht, ehe das System antwortet. Das Antwortverhalten der proportional (P), integral (I) und differential (D) wirkenden Regler kann man wie folgt beschreiben:

P-Regler

Der Regler reagiert auf einen Sprung seiner Eingangsgröße mit einem unverzögerten Sprung seiner Ausgangsgröße. Während am Eingang eine Regelabweichung vorliegt, kann nur eine bestimmte Stellgröße ausgegeben werden. Daher lässt sich der vorgegebene Sollwert praktisch nicht halten. Als Nachteil kommt es deshalb immer zu einer verbleibenden Regeldifferenz.

I-Regler

Bei diesem Regler ist die Geschwindigkeit der Ausgangsgrößenänderung proportional der Eingangsgröße. Ist die Regeleinrichtung klein, steigt die Stellgröße langsam an. Vorteilhaft ist, dass er ganz ausregelt. Es verbleibt keine Regeldifferenz. Das Ausregeln dauert allerdings sehr lange. Er neigt bei kleinsten Instabilitäten im Regelkreis zum Schwingen.

PI-Regler

Er verbindet die Vorteile des P- und I-Reglers, also Schnelligkeit und keine bleibende Regeldifferenz. Die Ausgangsspannungen des P- und I-Anteils werden addiert.

PD-Regler

Der Regler arbeitet schneller als der reine P-Regler. Der D-Anteil sorgt für kräftiges Nachregeln bei starkem Störgrößeneinfluss. Der P-Anteil lässt eine Regeldifferenz zu, was man nur durch einen zusätzlich wirkenden I-Anteil beseitigen könnte.

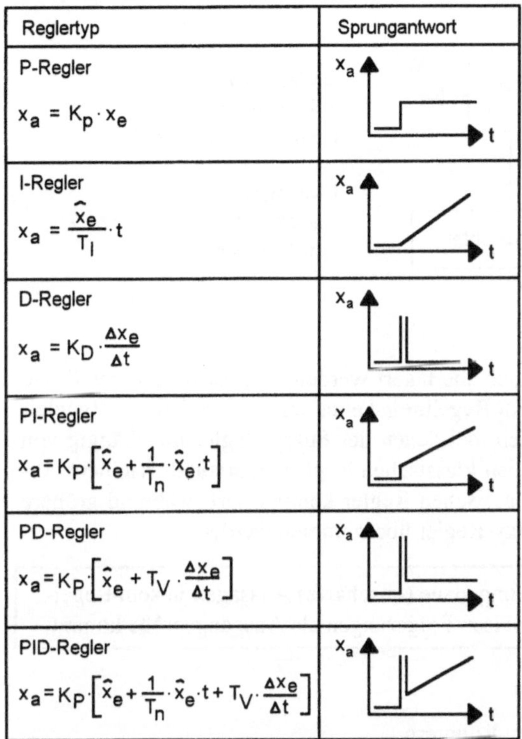

Reglertyp	Sprungantwort
P-Regler $x_a = K_p \cdot x_e$	x_a
I-Regler $x_a = \dfrac{\hat{x}_e}{T_I} \cdot t$	x_a
D-Regler $x_a = K_D \cdot \dfrac{\Delta x_e}{\Delta t}$	x_a
PI-Regler $x_a = K_P \left[\hat{x}_e + \dfrac{1}{T_n} \cdot \hat{x}_e \cdot t \right]$	x_a
PD-Regler $x_a = K_P \left[\hat{x}_e + T_V \cdot \dfrac{\Delta x_e}{\Delta t} \right]$	x_a
PID-Regler $x_a = K_P \left[\hat{x}_e + \dfrac{1}{T_n} \cdot \hat{x}_e \cdot t + T_V \cdot \dfrac{\Delta x_e}{\Delta t} \right]$	x_a

Bild 2-86 Reglertypen mit den Gleichungen der Sprungantwort

K_P Proportionalbeiwert, K_D Differentialbeiwert, T_I Integrationszeit, T_n Nachstellzeit, T_v Vorhaltezeit, t Zeit, Δt Zeitänderung, x_a Ausgangsgröße, x_e Eingangsgröße, Δx_e Eingangsgrößenveränderung, x_e Wert der Eingangsgröße

PID-Regler

Das ist die Kombination von PI- und PD-Regler. Dieser Regler ist schnell und sehr genau. Bei einem Signalsprung zeigt die Stellgröße zunächst PD-Verhalten, dann schwindet der D-Anteil und der I-Anteil wächst als Funktion der Zeit. Dieser Regler wird sehr häufig eingesetzt.

Kombinierte Regler müssen sehr gut eingestellt sein, besonders bezüglich des Proportionalbeiwertes K_p und der Vorhalte- (T_v) sowie Nachstellzeiten (T_n). Ein optimal eingestellter Regelkreis weist keine bleibenden Regelabweichungen auf, hat eine kurze Einschwingzeit und sowie geringe Überschwingweite.

Ein Regler mit einer festen Parametereinstellung kann im allgemeinen nicht optimal arbeiten, zumindest kann er das nicht in allen Betriebszuständen. Abhilfe schaffen Regler, die während des Betriebes laufend ihre Parameter den aktuellen Situationen anpassen müssen. Für Maschinen mit elastischen Übertragungsgliedern und extrem hohen Verfahrgeschwindigkeiten sind höherwertigere Regelalgorithmen erforderlich. Dafür kann man zeitdiskrete Zustandsregler verwenden. Das Regelgesetz wird durch die gewichtete Rückkopplung aller Zustandsgrößen der Regelstrecke zu den Abtastzeitpunkten festgelegt. Sind innere Zustände nicht unmittelbar erfassbar, so können diese durch Beobachter gewonnen werden. Ein Beobachter ermittelt aus den gemessenen Ausgangsgrößen sowie den Eingangssignalen eines Übertragungssystems auf der Basis eines Modells interne, nicht direkt messbare Zustandsgrößen. Das entspricht dem in **Bild 2-87** gezeigtem Schema einer Zustandsregelung mit Beobachterrückführung. Die Realisierung ist mit komplizierten Regelalgorithmen verbunden und erfordert hinreichend schnelle Mikro- oder Signalprozessoren.

Adaptive Regelungssysteme (*AC adaptive control*) wurden in der Fertigungstechnik zur automatischen und selbstständigen Anpassung der Schnittbedingungen durch Vorschubbeeinflussung an ein vorgegebenes Optimum, wie z.B. der höchstmöglichen Spanleistung oder den minimalen Maschinenkosten. Dazu müssen Sensoren (Messfühler) vorhanden sein, die der Steuerung fortlaufend die gemessenen Schnitt- und Leistungsdaten mitteilen. Diese werden mit den errechneten Optimalwerten verglichen, um aus dem Vergleich die aktuellen Führungsgrößen für Vorschub und Spindeldrehzahl abzuleiten und unmittelbar an die Stellglieder auszugeben. Kriterium für die Optimierung kann auch die Standzeit des Werkzeugs (minimaler Werkzeugverschleiß) sein. Als zu sensierende Prozessvariable kommen hauptsächlich Motorleistung, Schneidkraft, Werkzeugtemperatur, Motortemperatur und Rattererscheinungen (Schwingungen) in Frage.

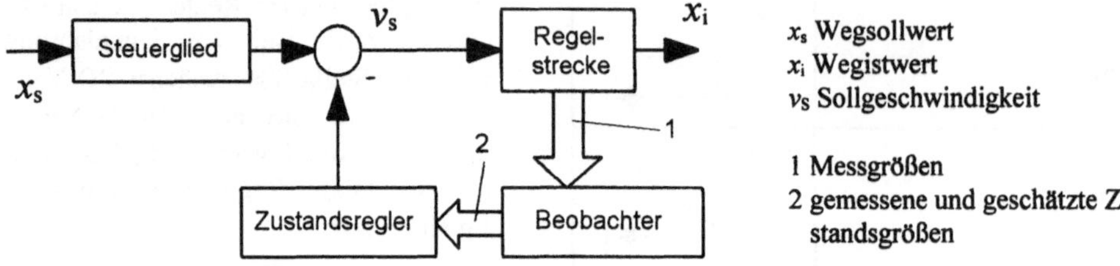

Bild 2-87 Zustandsregelung mit Beobachter [2-17]

Klassischen Reglern kann auch ein Fuzzy-Regler überlagert werden. Das ist dort sinnvoll, wo herkömmliche Regler durch Nichtlinearitäten im Regelkreis keine zufriedenstellenden Regeleigenschaften erzielen. So sind Konzepte möglich, bei denen der Fuzzy-Regler unabhängig von der Sollgröße und/oder der Regelabweichung den klassischen Regler unterstützt. Kleinere Abweichungen vom Arbeitspunkt werden vom klassischen Regler kompensiert, während größere Stör- und Führungsgrößenänderungen vom Fuzzy-Regler übernommen werden.

> **Fuzzy-Regelkreis:** Regler, der mathematisch ungenaue (unscharfe) Aussagen in sein Regelverhalten einbezieht und damit zu näherungsweisen Folgerungen als Ausgangsgröße kommt.

Fuzzy-Regler können u.a. eingesetzt werden für:

- Hindernisvermeidung bei autonomen mobilen Robotern
  Die Abstandssensoren liefern Werte über Hindernisse z.B. aus einem Intervallbereich von 0 bis 1023. Viele unscharfe Sensordaten verbessern das Roboterverhalten durch den interpolierenden Charakter des Fuzzy-Reglers [1-8].

- Regelung der Bewegung von Hallenkran-Lastaufnahmemitteln mit Vermeidung des lästigen Nachschwingens

- Integration von Fuzzy-Logik in CNC-Steuerungen, z.B. bei einer Senkerodiermaschine, um Zeitvorteile bei der Bearbeitung zu erreichen (bis zu 30% möglich)

- Sortieren von Glas zu Recyclingzwecken

Fuzzy-Technik ermöglicht es, qualitatives Anwenderwissen direkt in einen Regler einzubringen und gezielt auszunutzen [2-22].

2.8.2 Lageregelkreis

Bahnsteuerungen benötigen lagegeregelte Bewegungsachsen, sofern nicht Schrittmotorantriebe eingesetzt werden. Bei modernen CNC-Maschinen dominiert der Lageregelkreis (*position control loop*). Er hat die Aufgabe, die Istbewegung jeder NC-Achse dem vom Programm vorgegebenen Sollwert möglichst präzise nachzuführen (Folgeregelkreis). Für die Konturgenauigkeit ist hierbei der Lageregeltakt wichtig. Das ist die Zeit (2...10 ms), die angibt, wie schnell die Steuerung den nächsten Lage-Sollwert mit dem Lage-Istwert vergleicht, die Lagedifferenz errechnet und den neuen Sollwert für die Antriebe generiert und ausgibt. Die Struktur eines Reglers für eine Achse ist in **Bild 2-88** dargestellt.

> **Lageregelkreis:** Funktionsbaugruppe von Bahnsteuerungen, die sicherstellt, dass die Istposition einer Bewegungsachse solange einem Sollwert nachgeführt wird, bis Übereinstimmung besteht.

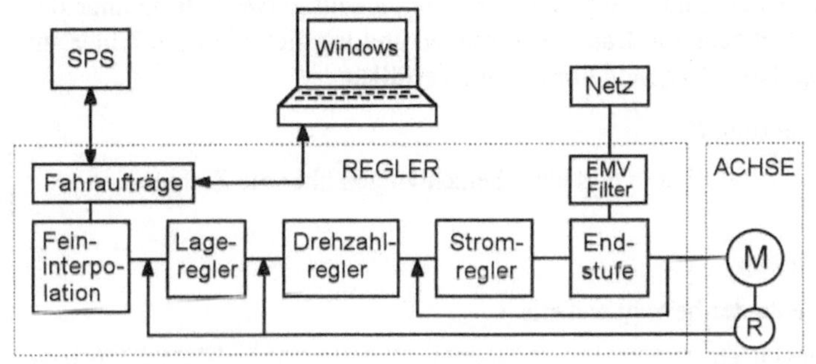

M Motor
R Resolver

Bild 2-88 Regler für eine NC-Achse

Es sind 3 miteinander verbundene Teilregelkreise erkennbar:

- Stromregler

- Drehzahlregler

- Lageregler

Die Regelkreise sind in Kaskaden angeordnet. Der Stromregler hat die Aufgabe, die Dynamik des Motorstromes weitgehend von der elektrischen Wicklungszeitkonstante des Motors zu entkoppeln, also die Reaktion des Motorstroms und damit des Motordrehmoments zu beschleunigen. Die Drehzahlregelung als nächsthöherer Regelkreis gibt dem Antrieb ein präzises Führungs- und Lastverhalten, was wiederum Voraussetzung für eine gute Lageregelung ist. Die Regelkreise beeinflussen sich gegenseitig, weshalb ihre möglichst gute Einstellung (Optimierung) sehr wichtig ist. Der Drehzahlregler muss ein gewünschtes Drehzahlprofil möglichst exakt nachvollziehen, gleichzeitig aber dafür Sorge tragen, dass bei Laständerungen an der Motorwelle die Drehzahl sowenig wie möglich beeinflusst wird. Man unterscheidet hier zwischen stationären und dynamischen Regelverhalten. Als "stationär" wird das Verhalten bei konstanter Drehzahl und ohne wesentliche Laständerung bezeichnet. Dynamisches Regelverhalten bezieht sich auf schnelle Veränderungen von Drehzahl und Belastung. Der Drehzahlregler wird oft als PI-Regler ausgeführt. Er besteht aus Regelverstärker, auch Proportionalanteil genannt, sowie einem Integrator.

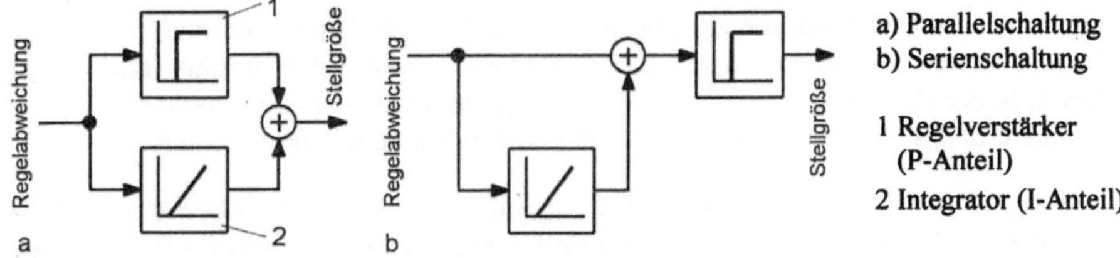

a) Parallelschaltung
b) Serienschaltung

1 Regelverstärker (P-Anteil)
2 Integrator (I-Anteil)

Bild 2-89 Prinzipaufbau eines Drehzahlreglers mit PI-Verhalten

In **Bild 2-89** wird gezeigt, dass die Regelkomponenten sowohl parallel als auch seriell darge-stellt werden können.

Die Regelabweichung ist die Differenz zwischen Drehzahlsollwert und Motordrehzahl (Tacho-signal). Der Regler versucht nun, diese Abweichung gegen Null zu führen. Er erzeugt eine Stellgröße, d.h. eine Vorgabe für den Motorstrom. Damit wird der Motor je nach Bedarf be-schleunigt oder abgebremst.

Beim Lageregler wird achsbezogen die Regeldifferenz, die sich aus Lageist- und Lagesollwert bilden lässt als Schleppabstand, Nachlauf oder Schleppfehler (*following error*) bezeichnet. Aus dieser Regelabweichung erzeugt der Lageregler den Geschwindigkeitssollwert. Je kleiner der Schleppabstand, desto kleiner sind auch die Bahnverzerrungen und letztlich die Formfehler am Werkstück. Dazu muss der Regelkreis folgende Forderungen erfüllen:

- Hohe Geschwindigkeitsverstärkung K_v

- hoher Dämpfungsgrad D, um Instabilitäten und ein Überschwingen über die Zielposition hinaus zu vermeiden

- kleine Zeitkonstante des Antriebs

- kleine Massenträgheitsmomente der bewegten Teile

- hohe mechanische Eigenfrequenzen

- hohe Steifigkeit der im Kraftfluss liegenden mechanischen Teile

- geringes Spiel der mechanischen Übertragungselemente

Geschwindigkeitsverstärkung K_v: Dieser Faktor gibt an, wie groß die Nachlaufstrecke eines lagegeregelten Schlittens ist, bezogen auf eine Geschwindigkeit von 1m/min.

Somit gilt für die X-Achse

$$K_v = \frac{v_x}{\Delta x} \quad \text{in } \frac{m/min}{mm}$$

v_x Endgeschwindigkeit der X-Achse in m/min
Δx Schleppabstand (Nachlaufstrecke) in mm

Die Geschwindigkeitsverstärkungen müssen in allen lagegeregelten Achsen gleich sein, um Bahnverzerrungen zu vermeiden. Bei einer 3-Achsen-NC-Maschine gilt deshalb

$$K_{vx} = K_{vy} = K_{vz}$$

Je höher der Wert K_v, desto "härter" ist die Dynamik des Regelkreises eingestellt. Bei zu hoher Einstellung "schwingt" die Bewegungsachse und neigt zu instabilem Verhalten. Außerdem er-höht sich der mechanische Verschleiß aller bewegten Maschinenteile (bei "normalen" konven-tionellen Maschinen). In der Praxis werden K_v-Faktoren von 1,5 bis 2 m/mm min^{-1} (auch bis K_v = 3,5) realisiert. In der Holz- und Kunststoffverarbeitung, wo oft keine hohen Maschinensteifig-keiten verlangt werden, setzt man auch K_v-Faktoren von 8 m/mm min^{-1} und mehr um.

Der Dämpfungsgrad D ist eine Maßzahl für das Abklingen eines Einschwingvorganges (DIN 19229). Er soll bei CNC-Steuerungen ≥ 1 sein (**Bild 2-90**). Bei $D = 0,3$ tritt z.B. ein Über-schwingen auf, was bei Zerspanungsvorgängen einen unzulässigen Materialabtrag an dieser Stelle bedeutet.

Der Schleppabstand ist bei kleinen Geschwindigkeiten von nur geringem Einfluss. Er kann aber bei großen Arbeitsgeschwindigkeiten kritisch werden, weil dann die Istposition zu sehr hinter der Sollposition zurückhängt. Die Konturgenauigkeit wird durch den Lageregeltakt begrenzt. Das ist die Zeit (2...10 ms), die angibt, wie schnell die Steuerung den nächsten Lage-Sollwert mit den neuen Sollwert für die Antriebe generiert und ausgibt.

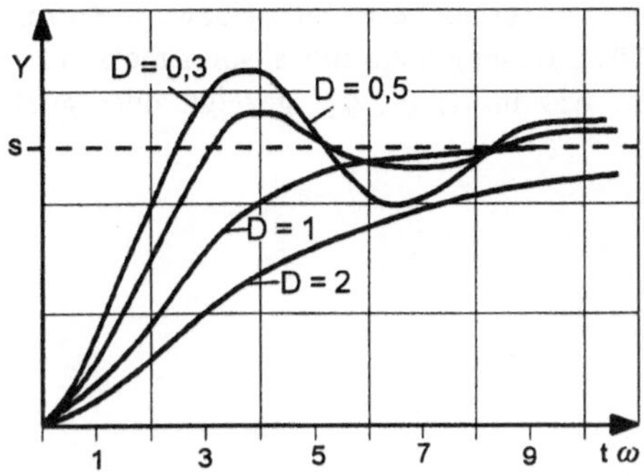

s_0 Vorschub
t Zeitintervall
ω Winkelgeschwindigkeit

Bild 2-90 Einschwingverhalten bei verschiedenen Dämpfungsgraden

Um das Führungsverhalten zu größerer Konturtreue zu bringen, kann die Steuerung über eine integrierte Look-Ahead-Funktion verfügen. Es ist eine vorausschauende Geschwindigkeitsführung.

> **Look Ahead:** Vorausschauende Analyse mehrerer NC-Datensätze (10 bis 250), mit deren Hilfe Geschwindigkeiten und Beschleunigungen an den Satzübergängen den Genauigkeitsanforderungen angepasst werden können.

An Hand von Geometrie- und F-Wort-Änderungen werden "Ecken" im Geschwindigkeitsprofil vorzeitig erkannt. Dadurch ist es möglich, über Satzgrenzen hinweg hohe Geschwindigkeiten beibehalten zu können und das Brems- und Beschleunigungsverhalten anzupassen. Sollwertsprünge an Satzübergängen werden vermieden, was zu einem kontinuierlicheren Achsverhalten führt.

Die Look-Ahead-Funktion erlangt besonders im Bereich der sich mehr und mehr ausbreitenden Hochgeschwindigkeitsbearbeitung von Freiformflächen große Bedeutung. Man kann damit gegenüber herkömmlichen Steuerungen mit erheblich gesteigerten Vorschubwerten arbeiten, ohne einen Verlust an Konturtreue hinnehmen zu müssen.

Pneumatische Servoachsen lassen sich übrigens ebenfalls in einen Lageregelkreis einbinden (siehe dazu Bild 2-28), was lange Zeit wegen der Kompressibilität des Mediums Luft bezweifelt wurde. Mit Haltebremse, inkrementalem Wegmesssystem und Servoventilen kommt man auf Wiederholgenauigkeiten bis ± 10 Mikrometer bzw. bei Rotationsachsen ± 0,1°.

Die Lageregelung ist die eine Seite der Wegsteuerung, die andere Teilaufgabe besteht in der Bereitstellung der Wegesollwerte. Diese müssen aus der von der Satzaufbereitung übergebenen Bewegungsbahn und auf diese bezogene Geschwindigkeitsinformation als ausreichend dichte Folge von Bahnpunkten erzeugt werden. Die Koordinaten der Punkte werden dann nach einer den ermittelten Achsgeschwindigkeiten entsprechenden Zeitfunktion an die Lageregelkreise übergeben.

2.8.3 Messregelung

Es gibt Messsysteme, mit denen während des Fertigungsprozesses oder unmittelbar danach in oder an der Maschine das Arbeitsergebnis überwacht und im Sinne eines Regelkreises gesteuert werden kann. Für das Rundschleifen gibt es weit entwickelte Messregelungen, deren Prinzip in **Bild 2-91** dargestellt ist. Das aktuelle Istmaß wird zum Nachregeln zurückgeführt. Danach wird dann der Werkzeugschlitten solange nachgestellt, bis das Sollmaß erreicht ist bzw. wann mit dem Ausfunken bis zum Endmaß zu beginnen ist. Die Messung kann mit absolut messenden Tastern (pneumatisch, kontaktelektrisch) geschehen, wie im Bild 2-91 gezeigt, aber auch relativ.

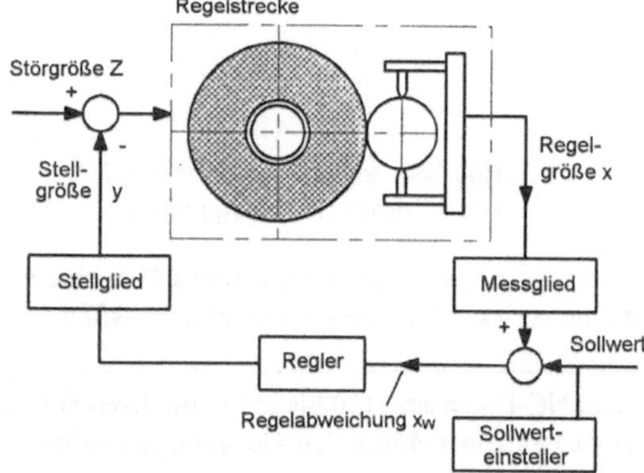

Bild 2-91 Messregelung auf der Rundschleifmaschine

Messregelungen werden vorzugsweise in der Feinbearbeitung bzw. bei schnell verschleißenden Werkzeugen, wie z.B. Schleifscheiben, eingesetzt. Direktes Messen setzt aber immer vorbearbeitete Oberflächen voraus, wenn ein Maß exakt erfasst werden soll. Oft sind Nebenaktionen zur Säuberung des Werkstücks erforderlich, wie Abblasen oder Abbürsten der Späne.

Eine andere Möglichkeit des Umgangs mit systematischen Fehlern ist die Statistische Prozessregelung (*SPC statistical process control*). Dabei werden in periodischen Abständen Fertigteile geprüft, um einen Trend z.B. durch thermische Wirkungen oder Werkzeugverschleiß zu erkennen. Die Daten werden dann in Prozessregelkarten eingetragen und statistisch aufgearbeitet. Bei Erreichen von Grenzwerten werden dann Nachstellaktionen für Werkzeug und Prozess ausgelöst.

Kontrollfragen

1 Welche Vor- und Nachteile haben CNC-gesteuerte Maschinen gegenüber herkömmlichen Werkzeugmaschinen?

2 Es gibt numerische Steuerungen mit offenem oder geschlossenem Wirkungsweg. Wo liegt der Unterschied und was bedeutet das für die praktische Nutzung?

3 Worin unterscheiden sich Einfach-PTP- und Synchron-PTP-Steuerungen?

4 Warum werden Streckensteuerungen nicht mehr so häufig verwendet?

5 Das "Überschleifen" ist eine Funktion, die beim Positionieren zeitsparend wirkt. Was ist Überschleifen und hat das auch negative Seiten?

6 Ein Programmsatz lautet N 17 G 01 X 51 Z -38. Was verbirgt sich dahinter?

7 Was kann man sich unter maschinengebundener und maschinenferner Programmierung vorstellen? Welche Vor- und Nachteile wären anzuführen?

8 Wo liegt der Sinn für die Entwicklung von NC-Prozessoren und NC-Postprozessoren?

9 Ein Multi-Tasking Betriebssystem hat einige Vorteile. Welche sind es?

10 Welche Aufgabe erfüllt ein Interpolator und welche Interpolationsarten wären zu unterscheiden? Wie wirken sich diese auf die Konturtreue bei der Bearbeitung aus?

11 Der PID-Regler wird häufig eingesetzt. Wie lässt sich das Regelverhalten beschreiben?

12 Lageregelkreise sind meistens in Kaskadenstruktur aufgebaut. Warum macht man das? Wie funktioniert ein Lageregelkreis?

2.9 Steuer- und Informationsnetze

Durchgängiges Automatisieren führt zu Struktureinheiten, die sich durch eine relative Autonomie auszeichnen. Trotzdem sind die Steuerungsabläufe miteinander verwoben, oft über mehrere Hierarchieebenen. Die Aktionen einer bestimmten technologischen Ablauffolge sind an verschiedene Bedingungen gebunden. Es lässt sich feststellen:

* Prozessabläufe sind in Aktionen gliederbar. Während der Aktionen müssen konstante Bedingungen vorliegen.

* Aktionen sind durch Beginn und Abschluss gekennzeichnet.

* Die Grundformen des Zusammenhangs von Aktionen sind die Schleife *(Zyklus)*, die Folge *(Sequenz)* und die Verzweigung *(Alternative)*, wie im **Bild 2-92** dargestellt (siehe dazu auch Bild 2-14).

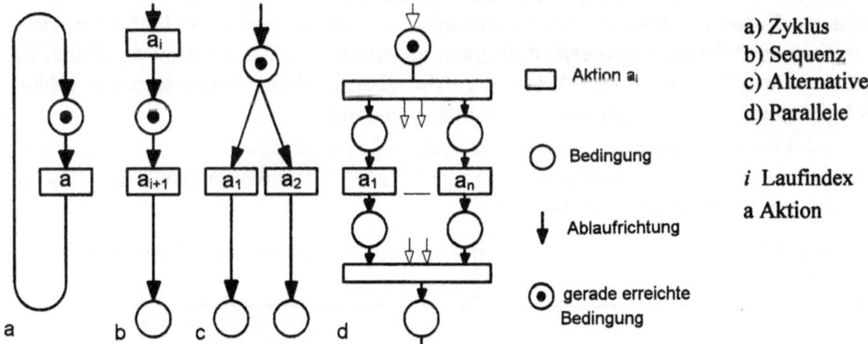

Bild 2-92 Die Grundformen des Ablaufzusammenhangs von Aktionen

Damit die kausalen Zusammenhänge von Zustandsübergängen innerhalb des steuernden Systems nicht verlorengehen, bedient man sich zur Beschreibung nebenläufiger (paralleler) Abläufe und komplexer Zusammenhänge der Theorie der Netze (Steuernetze, Ablaufkontrollnetze). Ein Beispiel sind die Petri-Netze [2-18]. Das ist eine von C.A. Petri 1962 entwickelte Netztheorie, deren Grundlage sogenannte Bedingungs-Ereignis-Systeme sind. Zur Demonstration soll die Steuerung einer Lineareinheit gezeigt werden, die nur auf wenige Signale zu reagieren hat. Die Steuerungskommunikation wird in **Bild 2-93** dargestellt. Bei diesem Beispiel ist folgender Bewegungsablauf zu steuern:

* Starten aus der Ruhelage mit Startsignal S_R für die Rechtsbewegung. Dazu ist der Stellmotor M mit elektromagnetischen Schützen Q_R (Rechtslauf) und Q_L (Linkslauf) ausgestattet.

- Stoppen des Antriebs bei Erreichen des Endschalters S_2
- Rücklauf durch Auslösen über ein externes Signal S_L für die Linksbewegung

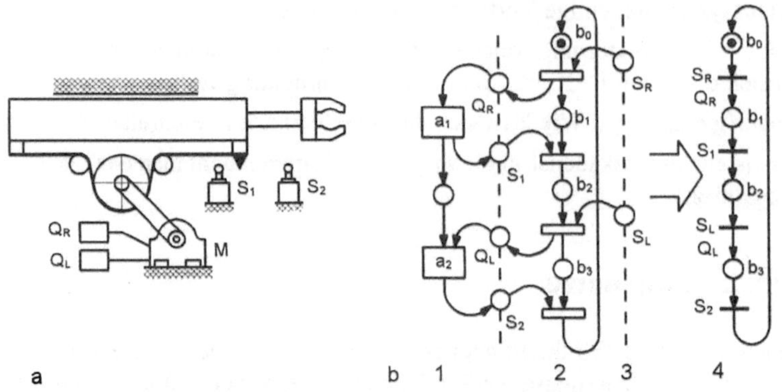

Bild 2-93 Steuerungskommunikation bei einer Lineareinheit (Beispiel)

Es laufen 2 Bewegungen ab, die mit a_1 und a_2 bezeichnet sind. Wird also S_R gegeben, dann erhält es eine Marke, sodass die Steuerung von der internen Bedingung b_0 zur Bedingung b_1 wechselt, d.h., die Markierung von S_R wird zu Q_R und b_0 wird zu b_1. So kann man schrittweise den gesamten Ablauf verfolgen. Für diese Art der Steuerungsfunktionen existieren für komplexere Aufgaben Rechenprogramme, mit denen man von der Ablaufstruktur zum Steuerungsprogramm übergehen kann.

Diese Betrachtungsweise von Steuerung und Prozess ist auch für zu steuernde Aktionen mit einer übergeordneten Ebene anwendbar. Die Synchronisation von Steuerungsaktionen bei hardwareseitig verschiedenen Steuerungen erfordert einen gegenseitigen Signalaustausch. Dabei ist zu definieren, welche Steuerung im konkreten Fall die übergeordnete Masterfunktion erhält. Das **Bild 2-94** gibt einen Überblick zu den Kommunikationsarten.

Master: Bezeichnung für eine funktionell übergeordnete Systemkomponente in einem System mit mehreren gleichartigen Komponenten.

Slave: Steuerung (Rechner) in einem Verbund, die von einem Master seine Aufgaben zugewiesen bekommt.

Bei sequentieller Kommunikation entsteht eine Wartebedingung für den Master bis zur Stoppmeldung der Slavefunktion. Eine Kommunikation mit Parallelverarbeitung bietet dagegen den Vorteil der gleichzeitigen möglichen Realisierung von Steuerungsfunktionen bei Master und Slave (Parallele).

Die unvollständige Kommunikation hat mastergestartet den Nachteil des unsicheren (unkontrollierbaren) richtigen Abschlusses der Slaveaktion und slavegestartet zeitliche Synchronisationsprobleme bei der Erfassung durch die Masterfunktion. Die Zusammenarbeit von Steuerungen ist deshalb nur mit vollständigem Kommunikationsabläufen funktionell und zeitlich sicher gestaltbar. Als überlagerte Kontrollfunktion ist masterseitig ein Zeitlimit zur Überwachung des richtigen Eintreffens der "Stoppfunktion" als Slavefunktion einsetzbar. Bleibt das Stoppsignal aus, kann sofort zur Störungsbehandlung übergegangen werden.

Um Daten zu übertragen, kann man eine Punkt-zu-Punkt-Leitung aufbauen, womit dann 2 Datenstationen verbunden sind. Der Datenaustausch ist vorbestimmt. Eine Alternative sind Datensammelleitungssysteme, an die mehrere Datenstationen angeschlossen sind. Solche im Datentransfer nicht vorbestimmte Kopplungen bezeichnet man als Bussysteme. Für die Buszuteilung gibt es verschiedene Verfahren. Man unterscheidet solche mit festem Zeitraster und solche, die bedarfsabhängig sind. Letztere werden am häufigsten eingesetzt. Verfahren sind: Buszuteilung mit Bussteuergerät, gegenseitige Abfrage, Daisy-Chaining ("Gänseblümchenkette", Weiterreichen des Busanforderungssignals in der Ringleitung), Token passing, CSMA/CD-Buszuteilung.

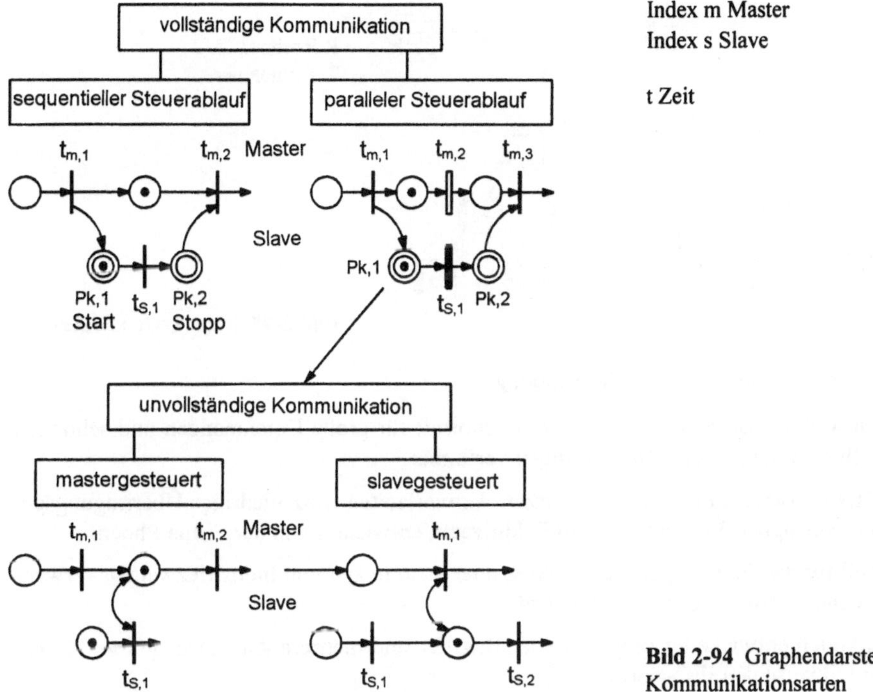

Bild 2-94 Graphendarstellung von Kommunikationsarten

> **Bus:** Ein Bündel paralleler Datenleitungen mit der Möglichkeit, auf ein und derselben Leitung mehr als 2 Teilnehmer miteinander kommunizieren zu lassen. Das Regelwerk für die Sendeberechtigung wird als Busprotokoll bezeichnet.
>
> **Token:** Sendeberechtigung in Ringnetzen in der Art eines Bitmusters. Das Token wird in einem LAN von Station zu Station weitergereicht. Will eine Station Daten senden, setzt sie an die Stelle des Token ihre Nachricht und hängt das Token als Freigabezeichen wieder an.

Die Art der Ankopplung von kommunizierenden Einheiten an eine verbindende Datenleitung wird als Netzwerktopologie bezeichnet. Für den Bereich der lokalen Netze (*LAN local area network*) werden die typischen Strukturen in **Bild 2-95** zusammengefasst.

Charakteristisch ist für die Sternverbindungen die Beschränkung auf 2 Endstellen der Koppelleitung, während die Linienkopplung je nach Ausbaustufe die Verbindung vieler Stationen über eine zeitgeteilt-benutzte Busleitung zulässt und damit auch erweiterbar ist. Die Vermittlung läuft über eine Zentrale. Bei den anderen Netzwerkstrukturen werden besondere Zugriffsverfahren (Protokolle) gebraucht, die festlegen, wer wann mit wem kommunizieren darf. Beim Token-

Verfahren (Ring) läuft ein "Datentransporter" durch das Netz, der frei oder belegt sein kann. Nur an einen freien Token kann eine Nachricht angehängt und somit zur gewünschten Adresse transportiert werden. Richtig gewählte Schnittstellen garantieren fehlerfreien und flexibel gestaltbaren Informationsaustausch [2-23, 2-25]

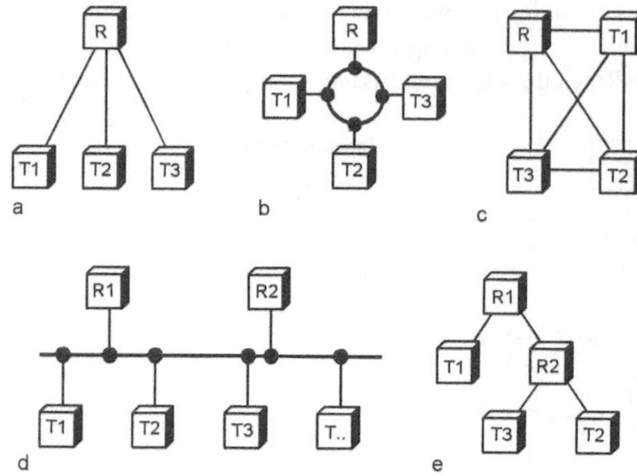

a) Sternnetz
b) Ringnetz
c) Maschennetz
d) Liniennetz, Busstruktur
e) Baumnetz

R Rechner
T Teilnehmer

Bild 2-95 Netzwerktopologien

Es sind verschiedene Bussysteme in Anwendung:

Profibus: Entwickelt von Siemens; nach DIN genormt; für große Datenmengen und schnellen Informationsfluss; verschiedene Ausführungen verfügbar

Interbus: DIN-genormtes Protokoll mit kurzen Antwortzeiten trotz niedriger Übertragungsgeschwindigkeit; verfügbar für Kontroll- und Feldniveau; entwickelt von der Firma Phoenix

CAN: Speziell für den Fahrzeugbau entwickelt, aber auch in anderen Industriezweigen verwendet; verschiedene Ausführungen; IEC-genormt

FIP: In Frankreich entwickelter sehr schneller Bus; Es sind mehrere Ausführungen verfügbar. Er entspricht teilweise den IEC-Normen.

FF: Fieldbus Foundation, im Jahre 1994 gegründet; Ziel ist eine weltweite Verwendbarkeit; Es gibt eine schnelle und eine langsame Version.

Feldbusbenutzer		
↑		↓
Schicht 7	Anwendungsschicht *Application layer*	Ver- mitt- lung
Schicht 6	Darstellungsschicht *Presentation layer*	
Schicht 5	Sitzungsschicht *Session layer*	
Schicht 4	Transportschicht *Transport layer*	Trans- port
Schicht 3	Vermittlungsschicht *Network layer*	
Schicht 2	Sicherungsschicht *Data link layer*	
Schicht 1	Bitübertragungsschicht *Physical layer*	

Bild 2-96 Das ISO/OSI-Schichtenmodell für Netzwerke als grundsätzliche informationstechnische Strukturierung.

Der allgemeine Begriff "Feldbus" sagt aus, dass er Informationen vom "Feld" zu übergeordneten Steuerungen weiterleitet. Als Feld ist in der Fertigungstechnik die unterste Ebene der Fabrik zu sehen. So lassen sich z.B. feldbusfähige Sensoren an den Bus anschließen, die früher über die Punkt-zu-Punkt-Leitungen an die Steuergeräte angeschlossen waren. Um den korrekten Ablauf der Datenübertragung zu sichern, hat man gemeinsame Schnittstellen vereinbart - das von der ISO (*International Organisation for Standardization*) vorgeschlagene OSI-Referenzmodell (**Bild 2-96**). Es gliedert die Funktionalität von Datennetzen und Feldbussen in hierarchischer Ordnung. Das OSI (*open systems interconnection*)-Referenzmodell wird als Grundlage für die Standardisierung von Schnittstellen zwischen heterogenen Systembestandteilen allgemein akzeptiert. So orientiert sich z.B. der Profibus-DP (dezentrale Peripherie) an den Schichten 1 und 2 im unteren Feldbereich und ermöglicht eine Datenrate von 1,5 Mbd über eine Strecke von maximal 200 Meter. Es gibt auch hochpräzise Längenmesssysteme, die sich über ein Feldbus-Gateway (verbindet 2 nicht gleichartige Netze) an Bussysteme anschließen lassen.

Eine Veränderung der Betriebszustände einer NC-Maschine findet in der Anwendungsschicht (Schicht 7) statt. In der Darstellungsschicht geht es um eine Codierung von Daten, z.B. als ASCII-Zeichen.

Baud: Maßeinheit der Schrittgeschwindigkeit einer Datenübertragung (1 Baud = 1Bd = 1 Bit/s). Bei paralleler Übertragung von Daten können auch mehrere Bits je Schritt gleichzeitig übertragen werden.

Zur Beurteilung solcher Netzwerke können folgende Kriterien herangezogen werden:

- Datenübertragungsrate in baud (Nettorate, also die reinen Nutzdaten)
- zulässige Leitungslänge (ohne Verstärker)
- Preis (Grundpreis plus Teilnehmer-Anschlusspreis)
- Anzahl anschließbarer Teilnehmer
- Umgebungsbedingungen (besonders elektromagnetische Einflüsse)
- anfallende Datenmenge und deren zeitliche Verteilung
- Einfach- oder Duplex-Übertragung (in einer oder in zwei Richtungen)
- Sicherheit bei Ausfall eines Teilnehmers
- Echtzeitübertragungsmöglichkeit
- Anzahl und Art der erforderlichen Kabel
- kleinster Kabelbiegeradius

Bei den Automatisierungslösungen in den 70-er und 80-er Jahren standen zentrale Steuerungskonzepte im Vordergrund. Eine zunehmende Zahl von peripheren Einrichtungen, verbunden mit vielen Sensoren und Aktoren auf der Feldebene stellte dieses Konzept jedoch in Frage. Durch die schnelle Entwicklung der Mikroprozessor- und Mikrocontrollertechnologie entstanden kompakte und preiswerte Kleinsteuerungen, die den Weg hin zu dezentralen Steuerungskonzepten ebnete. Dafür lassen sich unabhängige Module konzipieren, die eine große Flexibilität gewährleisten. Dezentrale Steuerungskonzepte bleiben dabei Software und Hardware gebunden streng hierarchisch aufgebaut, wie das **Bild 2-97** zeigt.

Multiplexer: Signalschalter, der Signale aus mehreren Leitungen oder Gliedausgängen nacheinander abtastet und auf eine Leitung schaltet. Der Sinn liegt in der Vielfachnutzung eines Übertragungsweges. Am anderen Leitungsende wird ein Demultiplexer gebraucht.

Nur einige zentrale Aufgaben verbleiben unverändert in der nach wie vor vorhandenen Haupt-
steuerung. Die Kommunikation erfolgt in einem vorgegebenen Bus, wobei die Peripherie direkt
(und auf kurzem Weg) mit der für sie zuständigen Steuerung verbunden ist. Entfernt liegende
Geräte und auch starke Konzentrationen von Sensoren und Aktoren können mittels Feldmulti-
plexer zusammengeführt werden. Das macht die Struktur übersichtlicher und senkt den Verka-
belungsaufwand. Das Konzept wird noch attraktiver, wenn alle Geräte in einer Linie z.B. an
den Profibus (DIN 19245) angeschlossen werden.

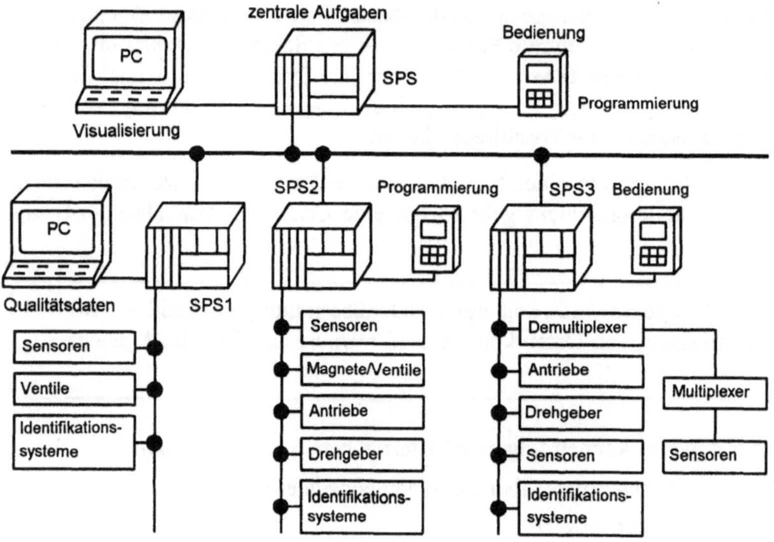

Bild 2-97 Dezentrales Steuerungskonzept

Kontrollfragen

1 Beim Datenaustausch über Leitungen unterscheidet man zwischen Punktverbindungen und
   Bussystemen. Was ist ein Feldbus und welche Vorteile erreicht man damit?

2 Wie lassen sich zentrale und dezentrale Steuerungen beschreiben? Wann kann man dezentrales Steuern empfehlen?

3 Welchen Effekt erreicht man mit einem Multiplexer?

4 Welche Maßeinheit wird zur Angabe der Datenübertragungsgeschwindigkeit verwendet?

3 Stellglieder und Messsysteme

Bewegungen werden durch Antriebe hervorgebracht. Dazu wird Energie von einer bestimmten Erscheinungsform in mechanische Energie, die gleichzeitig der geforderten Bewegungsform entspricht, gewandelt. Zum Antrieb gehören Motor, Getriebe, Bremse und Messysteme. Zum fernbedienten Umgang mit dem Kraftfluss braucht man außerdem Elektromagnete und Kupplungen. Fehlen mechanische Übertragungselemente (wie Kugelgewindetrieb, Getriebe, Riemen oder Zahnstange-Ritzel-Kombinationen), dann liegt ein Direktantrieb (*direct drive*) vor. Nach der eingesetzten Energieart unterscheidet man in elektrische, hydraulische und pneumatische Antriebe. Elektrische Direktantriebe gibt es als Hochmoment-Motor (Torquemotor), Spindel-, Linear- und Flächenmotor, hydraulische Direktantriebe sind Hydraulikzylinder und Hydromotoren.

In Werkzeugmaschinen werden Haupt- und Vorschubantriebe gebraucht.

Hauptantrieb: Das sind schwerpunktmäßig Arbeitsspindelantriebe, die wegen unterschiedlicher Schnittbedingungen einen ausreichend großen Drehzahlbereich aufweisen müssen. Es werden z.B. Beschleunigungen von 0 auf 8000 min^{-1} in 1,1 Sekunden erreicht.

Vorschubantrieb: Das sind Antriebe für die werkzeugtragenden Schlitten. Die Motoren werden als Servomotoren bezeichnet, weil sie in einen Regelkreis eingebunden sind.

An die Vorschubantriebe werden hohe Leistungsanforderungen gestellt:

- Es müssen Geschwindigkeiten vom Schleich- bis zum Eilgang bereitgestellt werden.

- Das Einfahren in eine Position soll mit möglichst hoher Geschwindigkeit ablaufen, damit Hilfszeiten gesenkt werden können.

- Das Einfahren in eine Position soll mit möglichst großer Genauigkeit geschehen.

An modernen Werkzeugmaschinen arbeiten viele Vorschubantriebe stufenlos. Das ermöglicht große Stellbereiche, eine gute Anpassung an die Schnittbedingungen, hohe Beschleunigungen zum Überwinden der Verfahrwege in kurzer Zeit und gute Positioniergenauigkeiten. Bei kleinen Fräsmaschinen werden z.B. Geschwindigkeiten bis zu 12 m/min gefahren. Gewünscht werden Geschwindigkeiten von 20 m/min und Eilgänge von bis zu 30 m/min. Dazu bedarf es schneller Steuerungen und auch dynamisch verbesserter Werkzeugmaschinen-Konzepte.

3.1 Antriebsmotoren

Elektrische Antriebe lassen sich heute nicht mehr isoliert von der jeweiligen Anwendung betrachten. Es geht auch um die Einbindung in den Automatisierungsverbund. Drehzahlverstellbare elektrische Antriebe werden in nahezu allen Industriebereichen eingesetzt. Sie werden bevorzugt, weil der Systemwirkungsgrad günstig ist, weil die statischen und dynamischen Regeleigenschaften sowie die Kommunikation mit übergeordneten Steuerungen gut bis sehr gut sind und weil die Marktpreise mit den Vorstellungen der Nutzer harmonieren. Elektrische Antriebe werden auch durch die Steuerelektronik geprägt. Mit neuen Frequenzumrichtern werden z.Z. Steuermechanismen wie DTC (*direct torque control*) wirksam, als eine Regelung des magnetischen Flusses und damit des Drehmomentes ohne Drehzahlrückführung. Damit werden ein besseres dynamisches Regelverhalten, gute Drehmomentstabilität und die Steuerfähigkeit bis zum Stillstand angestrebt.

Für den Positionierbetrieb sind Servomotoren geeignete Antriebe, die Motor, Drehzahl und Winkelmesssystem in sich vereinigen. Die Eignung eines Servomotors wird an Hand des erzeugten Drehmoments und der Dynamik beurteilt. Das Drehmoment muss die Motor-Getriebe-Lastkombination beschleunigen und abbremsen. Ferner muss das Motormoment die Last mit konstanten Geschwindigkeiten bewegen. Das maximale Moment M_{max} und das Haltemoment M_0 oder die Bemessungsgröße des Moments M_N beschreiben die Fähigkeiten des Motors, diese Anforderungen zu erfüllen. Eine Kennziffer für die Dynamik des Servomotors lässt sich aus der theoretischen Proportionalität von Trägheits- zu Beschleunigungsmoment ableiten.

$$t_b \approx J_M/M_B$$

t_B Beschleunigungszeit
J_M Rotorträgheitsmoment
M_B Beschleunigungsmoment

Die größtmögliche Dynamik D_{max} ergibt sich zu

$$D_{max} = M_{max}/J_M.$$

Der stetig steuerbare elektrische Antrieb besteht neben dem Motor als dem eigentlichen elektromechanischen Energiewandler, aus einem Leistungsstellglied, über das der Energiefluss gesteuert werden kann. Höchste Drehzahlgenauigkeit wird erreicht, wenn die Steuerung des Leistungsstellgliedes über einen Drehzahlregler erfolgt.

Leistungsstellglied und Regelung bilden zusammen mit der Funktionseinheit Überwachung und Diagnose die Baugruppe Regelgerät (**Bild 3-1**). Die Regelgeräte werden im allgemeinen zusammen mit der übrigen elektrischen Ausrüstung zentral in einem Schaltschrank installiert.

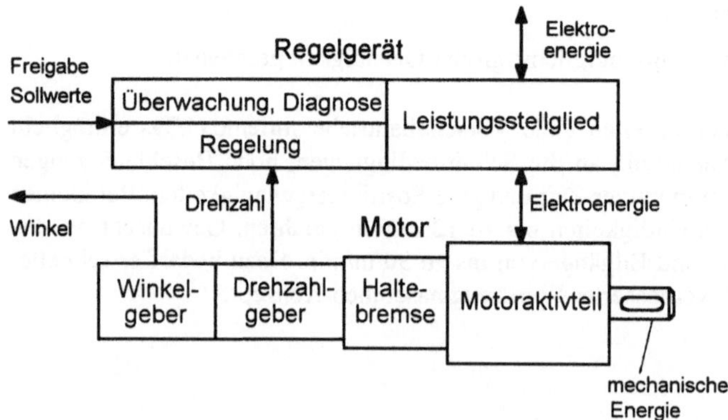

Bild 3-1 Aufbau des elektrischen Antriebs

Die Motoren werden im Hinblick auf eine Minimierung der mechanischen Übertragungselemente möglichst nahe an der Bewegungsachse installiert. Hieraus resultieren zumeist besondere Anforderungen an Schutzart und Kühlung.

Zum Motor gehören neben dem eigentlichen Aktivteil, in dem die Energiewandlung stattfindet, noch zusätzliche Funktionseinheiten, die integriert oder als Anbausätze verfügbar sind. Das sind:

• Elektromechanische Haltebremse zum Festsetzen der Achse bei abgeschaltetem Regelgerät

• Drehzahlgeber, insbesondere Tachogeneratoren, für den Drehzahlregelkreis

• Winkelgeber für den Positionsregelkreis

Wegen der hohen Forderungen nach Wartungsfreiheit kommen bei den Positionierantrieben vorzugsweise kontaktlos und damit verschleißfrei arbeitende Antriebe in Frage. Der bislang vorrangig verwendete fremderregte Gleichstrommotor in Kommutatorbauform muss dem Drehstromservomotor (Asynchronmaschine) mehr und mehr Platz machen. Er ist robust, wartungsfrei und weist einen erweiterten Bereich der Konstanthaltung bei hohen Maximaldrehzahlen auf.

Gleichstrommotor (*direct current motor*)

Dieser Motor hat im Ständer entweder eine Elektromagnetwicklung (Erregerwicklung), die einen Magnetfluss von einem Polschuh zum anderen erzeugt, oder Polschuhe aus Permanentmagneten. Für Stellantriebe mit großem Drehzahlstellbereich werden meistens Motoren mit Fremd- oder Permanenterregung eingesetzt (**Bild 3-2**). Die Drehzahlstellung erfolgt durch den Ankerstellbereich (Anpassung der Ankerspannung) und den Feldstellbereich (Schwächung des magnetischen Flusses im Erregerfeld) im oberen Bereich. Stromrichter (Leistungs- und Regelteil) stellen die Gleichspannung für den Anker- und Feldstromkreis bereit.

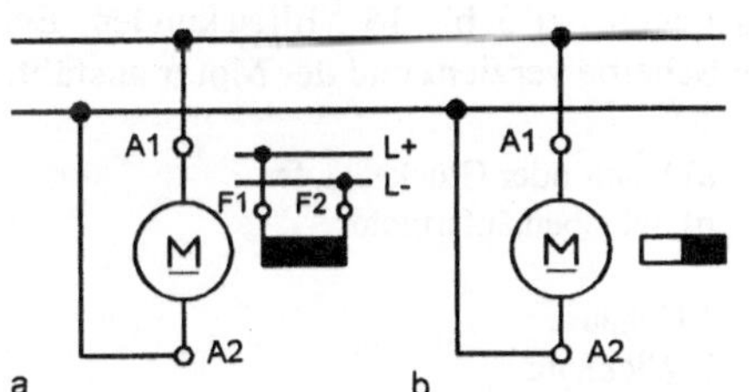

a) fremderregter Gleichstrommotor
b) Gleichstrommotor mit Permanenterregung

Bild 3-2 Schaltungen von Gleichstrommotoren

Die Antriebe für den Vorschub in NC-Maschinen und auch für Industrieroboterachsen werden stets mit 4-Quadranten-Antrieben ausgestattet. Das bedeutet, dass die Motoren in beiden Drehrichtungen zum geführten Beschleunigen (Motorbetrieb) und Verzögern (Generatorbetrieb) steuerbar sind. Der Antriebsmotor ist somit in den 4 Quadranten eines Drehzahl-Drehmoment-Diagramms (**Bild 3-3**) aktiv.

Für die mechanisch-elektrischen Beziehungen gilt:

> Die Drehzahl ist proportional der Spannung.
> Das Drehmoment ist proportional zum Strom.

In der praktischen Anwendung kann man z.B. folgende Betriebsfälle unterscheiden:

- Antrieb einer Bohrspindel, über Kupplung reversierbar → Quadrant I und II

- Heben und Senken eines Supports → Quadrant I und IV

- Vorschubantrieb, wenn über Kupplung reversierbar → Quadrant I und II

- Spindelantrieb für beide Zerspanungsrichtungen, Vorschubantrieb für NC-Maschine → Quadrant I, II, III, IV

Die Drehzahl/Drehmomentkennlinie des Gleichstromstellmotors wird in Bild 3-6 dargestellt. Außer dieser Kennlinie ist für Stellantriebe das dynamische Drehzahlverhalten wichtig, also wie schnell der Motor reagiert. Dafür ist die mechanische Zeitkonstante wichtig, die umso kleiner ist, je kleiner die zu beschleunigende Schwungmasse und je steiler die Kennlinienneigung $\Delta M/\Delta n$ ist.

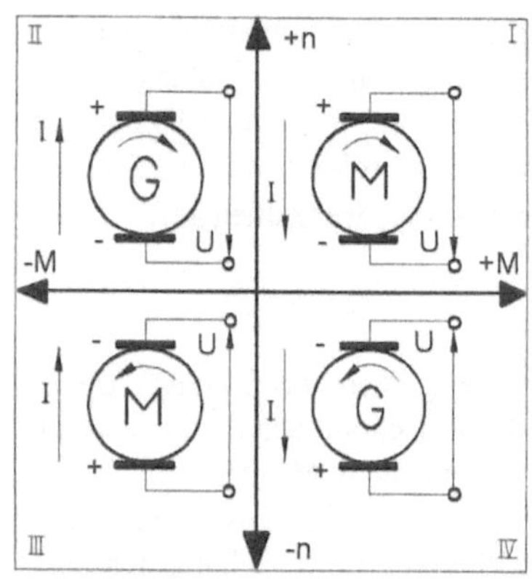

G Generatorbetrieb
M Motorbetrieb, Drehmoment

n Drehzahl

Bild 3-3 Vierquadrantenbetrieb bei elektrischen
Maschinen

Kleine Schwungmassen erreicht man durch schlanke oder scheibenförmige eisenlose Motorläufer. Solche Bauformen werden in **Bild 3-4** gezeigt. Sie werden u.a. im Roboterbau gern eingesetzt. Die Ansprechzeiten eines Scheibenläufermotors liegen bei 5 bis 15 Millisekunden. Bei Überlastung besteht allerdings die Gefahr, dass sich die Scheibe verzieht und der Motor ausfällt.

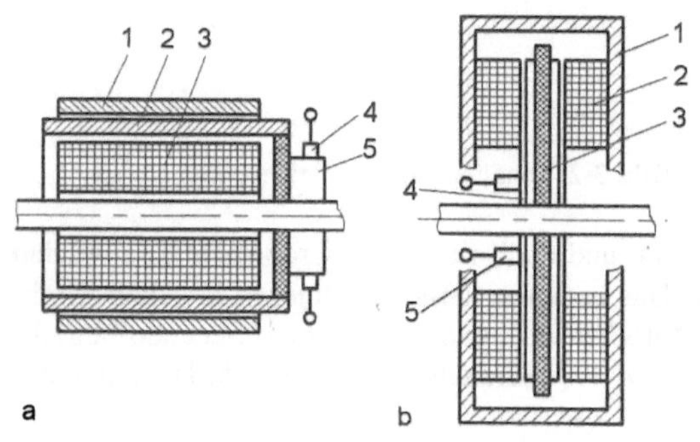

a) Hohl- oder Glockenläufer
b) Scheibenläufermotor

1 Gehäuse
2 Wicklung
3 Dauermagnet
4 Kommutator
5 Bürstenhalter mit Bürste

Bild 3-4 Sonderbauformen von
Gleichstromstellmotoren

Grundsätzlicher Nachteil dieser Motoren ist die Kommutierung mit verschleißbehafteten Bürsten. Beim bürstenlosen Servomotor (*brushless DC-motor*) ist das anders. Sie arbeiten mit einer elektronischen Kommutierung.

> **Kommutator:** Einrichtung auf der Läuferwelle elektrischer Maschinen, die für die Umpolung des elektrischen Stromes (Stromwender) durch die Läuferwicklungen sorgt. An den Anker-Klemmen entsteht eine Gleichspannung, obwohl in den einzelnen Spulen der Ankerwicklung Wechselspannungen induziert werden.

Bei diesen Motoren sind die Wicklungen im Stator und die Magnete, die konstante magnetische Teilfelder erzeugen, auf dem Rotor angebracht. Sie werden häufig als EC-Motoren bezeichnet (*EC electronically commutated*). Während des Laufs muss ständig eine eindeutige Zuordnung zwischen Rotorposition, Stromrichtung und Wicklungsbeschaltung hergestellt werden. Deshalb wird ein Rotorlagegeber (**Bild 3-5**) gebraucht, der die Signale für das Umschalten liefert.

Beim 2-poligen Motor muss die Rotorlage dazu im 60°-Raster absolut erkannt werden, beim 6-poligen Motor wird die elektrische Sequenz während einer Umdrehung dreimal durchlaufen. Entsprechend häufiger müssen auch die Wicklungen umgeschaltet werden.

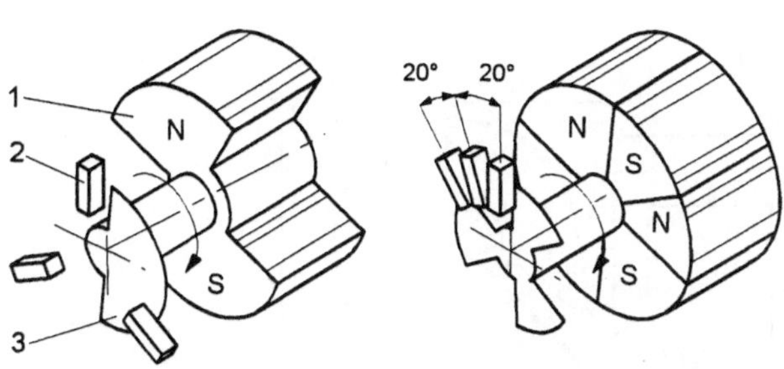

a) 2-poliger Motor
b) 6-poliger Motor

1 Rotor
2 Sensor
3 Shutter (Scheibenblende)

Bild 3-5 Rotorlagegeber

Drehstrommotor (*three-phase motor*)

In der Industrie wird der Asynchronmotor am häufigsten eingesetzt. Er ist einfacher aufgebaut als z.B. der Gleichstrommotor und bei gleicher Leistung auch kleiner und leichter. Der Läufer enthält entweder eine 3-teilige Wicklung oder Stäbe aus Aluminium oder Kupfer. Beim Motor mit Läuferwicklungen werden die 3 Wicklungsanschlüsse über 3 Schleifringe und Kohlebürsten nach außen geführt *(Schleifringläufermotor)*. Enthält der Läufer Leiterstäbe, dann sind diese an den Enden kurzgeschlossen (miteinander verschweißt oder vergossen) und es muss kein Anschluss nach außen geführt werden *(Kurzschlussläufermotor)*. Auch die Bezeichnungen Stabläufer und Käfigläufer werden benutzt.

Eine Drehzahlbeeinflussung wird durch Frequenzänderung für das Erregerfeld *(Drehfeld)* erreicht, bei gleichzeitiger Anpassung der Spannung. Frequenzumrichter stellen die Versorgungsspannung bereit, wobei Frequenz und Amplitude variabel sind. In **Bild 3-6** werden die Kennlinien und Begrenzungen gegenübergestellt.

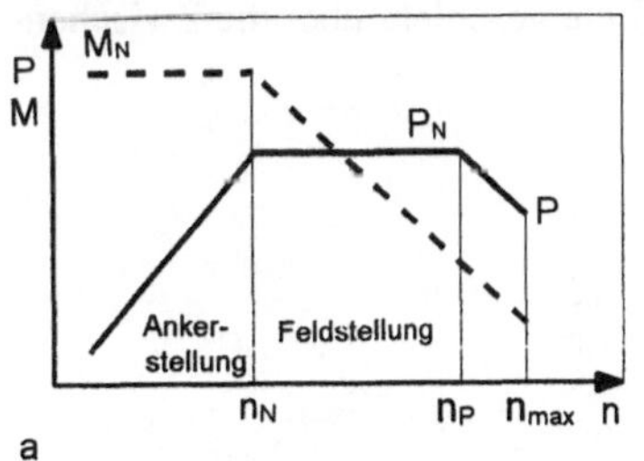

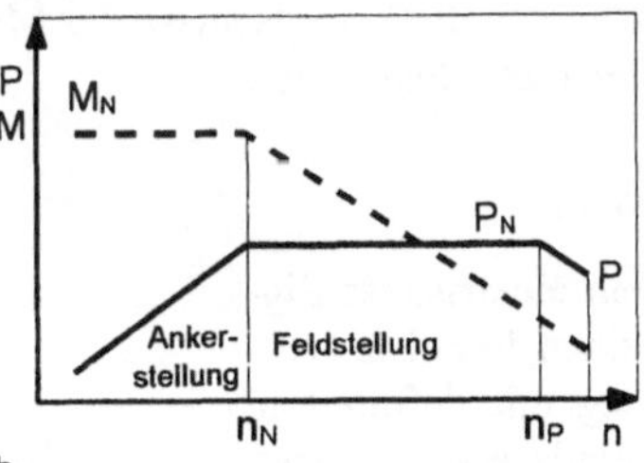

Bild 3-6 Kennlinien elektrischer Motoren

a) Gleichstrommotor, b) Asynchronmotor, 1 Bereich der Begrenzung für den Ankerstrom zur Vermeidung von Bürstenfeuer, 2 Bereich der Spannungsbegrenzung (Kippmoment), P_N Nennleistung, n_N Nenndrehzahl, n_P maximale Drehzahl für $P = P_N$, M_N Nenndrehmoment

Für Antriebe in NC-Maschinen und Industrierobotern verwendet man Drehstrom-Servomotoren. Sie haben einen lückenfreien Drehzahlstellbereich von z.B. + 5000 min⁻¹...0...-50000 min⁻¹. Die Frequenzsteuerung wird hier mit einer Drehlagenerfassung des Rotors kombiniert. Die Winkelerfassung kann optisch, wie in **Bild 3-7** zu sehen, oder z.B. über Feldplattensensoren (siehe Bild 3-5) erfolgen. Drehzahl und Drehwinkel α werden für die Steuerung des Drehfeldes verwendet. Damit ist eine sehr genaue Einhaltung der Sollwerte erreichbar und hohe Dynamik bei Sollwertänderungen gewährleistet.

Mit der Weiterentwicklung der Leistungs- und Mikroelektronik konnten drehzahlgeregelte Drehstromantriebe zu verträglichen Preisen hergestellt werden. Sie stehen den Gleichstromstellantrieben bezüglich Regeldynamik in nichts nach.

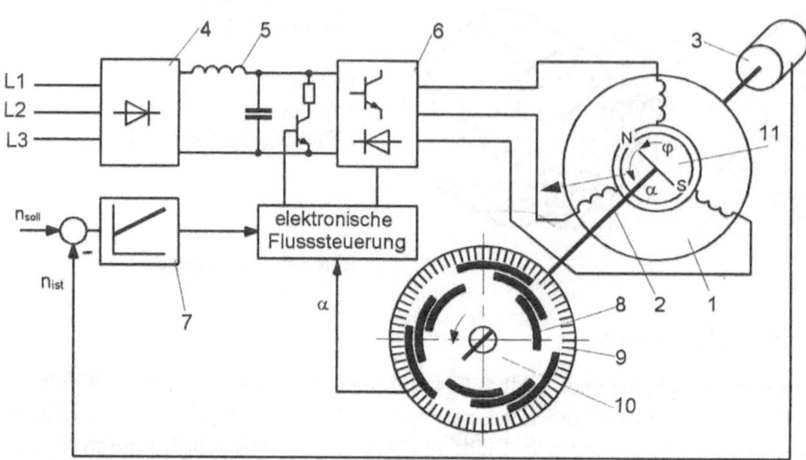

Bild 3-7 Drehzahländerung beim Drehstromsynchronmotor

1 Motor, 2 Motorwelle, 3 Tachogenerator, 4 Gleichrichter, 5 Gleichstromzwischenkreis, 6 3-Phasen-Puls-Wechselrichter, 7 PI-Drehzahlregler, 8 Drehlagencodierung für 6-poligen Motor, 9 Inkrementalgeber, 10 optischer Winkelcodierer, 11 Drehfeldvektor

---

Servosystem: Meistens ein elektrischer Antrieb in der Prozesstechnik, der Sensoren enthält, um die aktuellen Last- bzw. Motorbetriebsgrößen zu erfassen, die dann rückgekoppelt in eine geschlossene Regelschleife einfließen.

Die weitere Drehzahlanpassung an die Erfordernisse der Maschine geschieht über die Zwischenschaltung von meist gestuften Getrieben.

Schrittmotor (*stepping motor*)

Ein Schrittmotor wandelt ein elektrisches Signal, das in Form von einzelnen Impulsen vorliegt, in eine Drehbewegung mit definiertem Winkel um [3-2]. Jeder Impuls erzeugt einen Winkelschritt. Die Größe der Schritte und damit die Winkelauflösung des Motors ist konstruktiv festgelegt und von der Anzahl der Statorwicklungen abhängig. Die Motoren werden mit 2- und 5-phasigen Wicklungen hergestellt. Die Schrittzahl je Umdrehung kann durch die sogenannte Halbschritt- bzw. Mikroschrittansteuerung bis zu 400 bzw. 10000 Schritte je Umdrehung betragen. Das Wirkprinzip eines 2-Phasen-Schrittmotors wird aus der in **Bild 3-8a** dargestellten Ablauffolge ersichtlich.

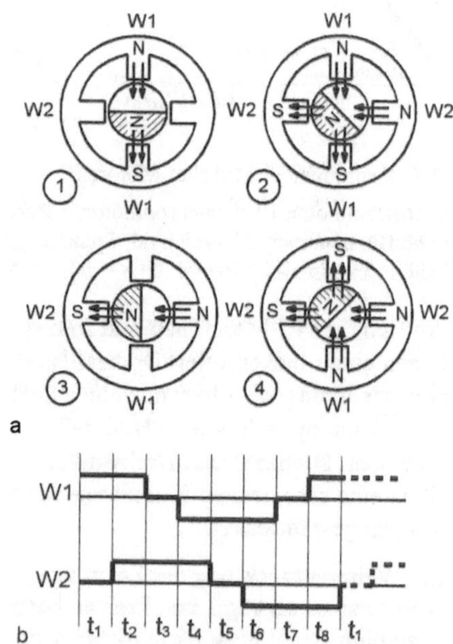

Bild 3-8 Prinzip des 2-Phasen-Schrittmotors

a) Ablauffolge, b) Bestromungsmuster, N Nordpol, S Südpol, W Wicklung, *t* Zeit

Schaltet man in den Phasen den Strom abwechselnd und mit wechselnder Flussrichtung ein und aus, so erzeugt man ein sich drehendes Magnetfeld, dem der permanentmagnetische Rotor folgt. In **Bild 3-8b** wird das Bestromungsmuster gezeigt.

Linearmotor *(linear motor)*

Der elektrische Linearmotor ist ein "aufgebogener" Rotationsmotor (**Bild 3-9**). Es gibt ihn seit etwa 30 Jahren. Durch ihre Bauform erzeugen die Linearmotoren statt eines Drehmoments direkt eine lineare Kraft, verbunden mit einer Verschiebebewegung des sekundären Elements. Es ist praktischerweise kurz ausgeführt. Man kann das Prinzip auch umkehren. Dann steht das Sekundärelement fest und ist lang ausgeführt, während das Primärelement mit den Wicklungen kurz ist und die Bewegung ausführt. Linearmotoren können große Kräfte entwickeln, sind hochdynamisch und positionieren sehr genau.

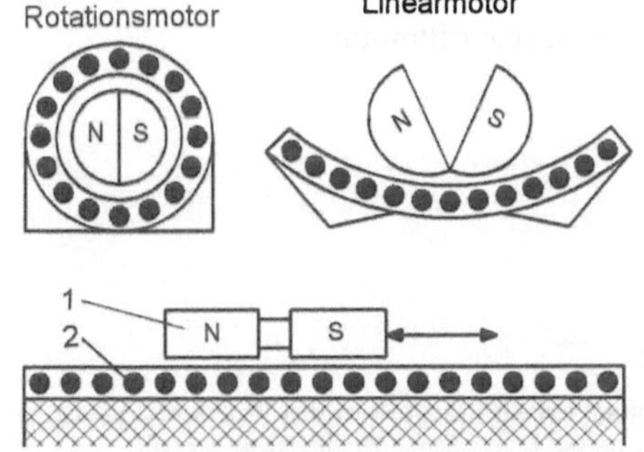

Bild 3-9 Der Linearmotor ist ein aufgebogener Rotationsmotor

Zu den elektrischen Direktantrieben gehören auch die Spindel- und Torquemotoren. Nach ihren Leistungsdaten kann man sie wie folgt klassifizieren:

Torquemotoren sind Langsamläufer, Spindelmotoren dagegen Schnellläufer. Letztere werden zur optimalen Ausnutzung und wegen der thermischen Verluste immer mit einer Wasserkühlung ausgerüstet. Leistungsstarke Linearmotoren werden meistens mit einer aktiven Wickelkopfkühlung ausgestattet.

Merkmal	Torquemotor	Spindelmotor	Linearmotor
Drehzahl, Geschwindigkeit	$100...500 \ min^{-1}$	$5000...30000 \ min^{-1}$	bis 600 m/min
Maximalmoment, -kraft	2000 Nm	20...100 Nm	20000 Nm
Flächenschubkraft (Nennmoment/Nennkraft)	bis 35 Nm	bis 20000 N/m²	bis 45000 N/m²
Anwendung	Rundschalttisch Schwenkachsen	Frässpindeln Schleifspindeln	Servoachsen Zustellachsen

Für zweidimensionales Bewegen gibt es den 2-Achsen-Linearschrittmotor. Damit sind Positionieraufgaben in der X-Y-Ebene möglich. Das Funktionsprinzip ist identisch mit einem 1-Achsen-Linearschrittmotor, jedoch besteht das bewegliche Primärelement aus 2 Elementen, je ein Element für die X-Bewegungsrichtung und das zweite Element für die Y-Richtung.

In **Bild 3-9** wird die Anwendung eines solchen Motors mit 2 Läufern in einer flächenbeweglichen Handhabungseinrichtung gezeigt. Der Direktantrieb erlaubt sehr gute Wiederholgenauigkeiten im Mikrometerbereich. Die auf einem Druckluftfilm verfahrenden Läufer werden unabhängig voneinander gesteuert, sodass sich für den Effektor (Greifer oder Werkzeug) ein Getriebefreiheitsgrad von $F = 4$ ergibt.

Folgende Bewegungen sind möglich:

$A \uparrow + B \uparrow$ = Y-Bewegung
$A \uparrow + B \downarrow$ = Drehbewegung um Z
$A \rightarrow + B \rightarrow$ = X-Bewegung
$A \blacklozenge + B \leftarrow$ = Drehbewegung um Y

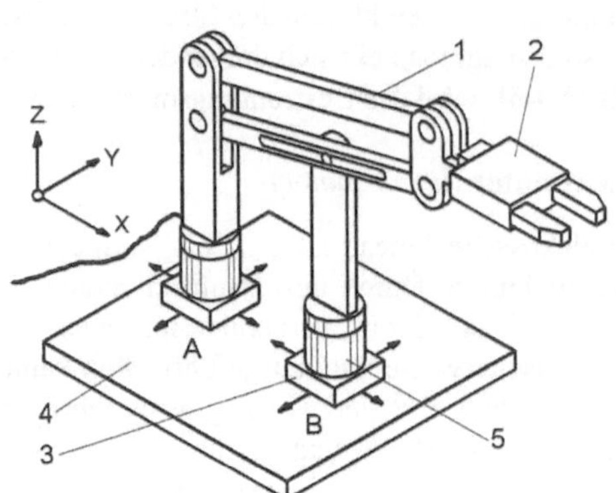

Bild 3-10 Präzisionsroboter mit Planarmotor

1 Armgestänge, 2 Greifer, 3 Läufer, 4 planarer
2-Achsen-Schrittmotor, 5 nicht angetriebenes
Drehgelenk

Beispiel für die Leistungsdaten eines kleinen 2-Achsen-Linearschrittmotors:

- Kraft $F \leq 220$ N
- Geschwindigkeit $v \leq 2,5$ m/s
- Beschleunigung $a \leq 20$ m/s^2
- Positioniergenauigkeit $\Delta e \geq 0,01$ mm
- Wiederholgenauigkeit $\Delta w \approx 0,0025$ mm
- Verfahrweg $s_x = 1000$ mm, $s_y = 1300$ mm

Der Einsatz elektrischer Linearmotoren in leistungsstarken spanabhebenden Werkzeugmaschinen ist allerdings nicht ohne Probleme. Das betrifft vor allem die schwierige spänedichte Kapselung, die Handhabung hoher Ströme und die Kühlung des Motors. Trotzdem bietet er allgemein einige einzigartige Vorteile:

- Hohe Steifigkeit der Verbindung zwischen Last und Motor
- keine Reibung und absolut spielfrei; kein Verschleiß und damit keine Wartung; so gut wie geräuschlos
- höchster Bewegungsgleichlauf bei geringsten Geschwindigkeiten möglich
- Einsatz im Hochvakuum und Reinraum (bis Klasse 1) möglich
- hohe Auflösung, Wiederholgenauigkeit und absolute Genauigkeit, hohe Geschwindigkeiten und Beschleunigungen

Als nachteilig sind zu werten:

- Bei Antrieben in der Z-Achsen-Richtung muss die Hublast ausbalanciert sein.
- Weniger gute Eignung für stark wechselnde Massenbelastungen, denn es findet keine Reduktion der Massenträgheit über eine eventuelle Übersetzung statt.
- Zur Kompensation der thermischen Wirkungen sind Luft- oder Wasserkühlungen erforderlich (bei Einbau ins Maschineninnere).

Für große Stellkräfte soll noch ein hydraulischer Servoantrieb vorgestellt werden.

Hydraulischer Linearmotor

Hydraulische Servoantriebe für geradlinige Stellbewegungen, z.B. als Vorschubantrieb für Werkzeugmaschinen, werden dann eingesetzt, wenn größere Stellkräfte erforderlich sind. Eine Ausführung wird in **Bild 3-11** gezeigt. Über einen Spindel-Mutter-Trieb wird ein mechanisch-hydraulischer Lageregelkreis gebildet [3-1].

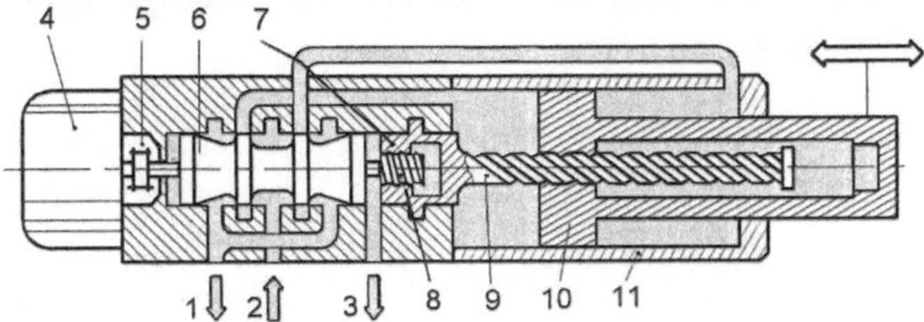

Bild 3-11 Linearkraftverstärker

1 Ablaufleitung, 2 Druckölleitung, 3 Leckölleitung, 4 Pilotmotor, 5 Kupplung, 6 NC-Ventil, 7 Gewindebuchse der Rückführspindel, 8 Gewindespindelansatz, 9 steilgängige Rückführspindel der Steuerwelle, 10
Arbeitskolben, 11 Hydrozylinder

Zur Funktion:

Der Pilotmotor erhält seine Drehbewegungsaufträge von der Steuerung. Dreht sich dieser Motor,
dann schraubt sich die Steuerwelle in die Gewindebuchse der Rückführspindel. Gleichzeitig
stellt ein Vierkantenschieber die Ölströme, die für eine Verschiebung des Arbeitskolbens ver-
antwortlich sind. Ein kleines Antriebsmoment des Pilotmotors erzeugt auf diese Weise eine
große Schubkraft am Arbeitskolben. Die Rückführspindel läuft in Öl. Sie dient nur als Messele-
ment und muss daher keine Drehmomente übertragen. Sie arbeitet verschleißfrei. Die Ansteuerung des Hydraulikzylinders kann auch mit einem 2-Kanten-Ventil erfolgen, was deutlich
preiswerter ist als ein Vierkantensteuerschieber.

Als Pilotmotor können digital angesteuerte elektrische Schrittmotoren eingesetzt werden, aber
auch tachogeregelte Gleichstrommotoren. Als NC-Ventil bezeichnet man übrigens Servoventile
mit mechanischer Rückführung und numerischer Ansteuerung als Steller für lineare, auch rotatorische Servoantriebe.

Kontrollfragen

1 Vorschubantriebe bestimmen ganz wesentlich die Leistungsfähigkeit einer Werkzeugmaschine. Welche Grundanforderungen müssen an diese gestellt werden?

2 Was zeichnet Direktantriebe aus? Welche Direktantriebe sind verfügbar?

3 Wozu braucht man einen Rotorlagegeber? Wie funktioniert er?

3.2 Getriebe

Übertragungsgetriebe haben die Aufgabe, hochtourige Rotorbewegungen eines Elektromotors in
Drehzahlen umzusetzen, die für die jeweilige Arbeitsaufgabe günstig sind. Sie werden auch als
Anpassungsgetriebe bezeichnet. Dazu gibt das **Bild 3-12** einen kleinen Überblick über die technischen Prinzipe. Die Ansprüche an die Leistungsfähigkeit der Getriebe sind sehr unterschiedlich.

Man beurteilt sie nach folgenden Aspekten:

- Spiel, Steifigkeit, Gleichlaufeigenschaften und Schwingungsverhalten
- übertragbare Drehmomente und Überlastbarkeit
- Massenträgheitsmoment, Bauvolumen sowie Masse
- Wirkungsgrad, Lebensdauer und Geräuschbildung
- Wartungsaufwand und Hilfsmedienverbrauch (Schmierung)

Natürlich geht es nicht nur um die Drehzahlwandlung, sondern auch um das abnehmbare Drehmoment M. Es gilt folgender Zusammenhang:

$$M \approx \frac{P}{n} \cdot 9550 \qquad \text{in Nm}$$

n Drehzahl in min^{-1}
P Leistung in kW.

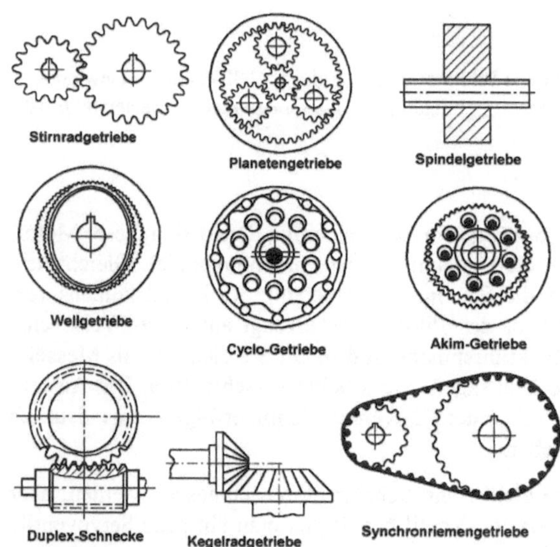

Bild 3-12 Einige wichtige Getriebe im Maschinenbau

Im Roboterbau werden vielfach Sondergetriebe eingesetzt, die besonders spielfrei sein müssen, weil sich durch die Hebelwirkung der Roboterarme beim Drehgelenkroboter und bei unterschiedlicher Belastung große Positionierfehler am Effektor ergeben können.

Bei kleinen Belastungen können Nichtlinearitäten wie Reibung, Spiel und Spindelsteigungsfehler die Positioniergenauigkeit mindern. Allerdings lassen sich z.B. die Steigungsfehler ausmessen und bei der Positionierung in der Steuerung mit verrechnen.

Für die Auslegung von Antrieben spielen die Getriebe eine wichtige Rolle. Deshalb sind die in **Bild 3-13** eingetragenen Größen in einen entsprechenden Berechnungsgang einzubeziehen. Es sind folgende Schritte abzuarbeiten:

1. Motordrehzahl n_M festlegen
2. Lastmoment M_L bestimmen
3. Berechnung des Trägheitsmomentes J_L der linear bewegten Massen
4. Übernahme der Trägheitsmomente für Getriebe bzw. Getriebeteile aus entsprechenden Datenblättern
5. Berechnung des Trägheitsmomentes für rotatorisch bewegte Massen (Bauteile)
6. Zusammenfassung aller Trägheitsmomente
7. Beschleunigungsmoment berechnen
8. Reibungsmoment bestimmen (für Haft-, Misch-, Schwimmreibung)
9. erforderliches Impuls- und Dauerdrehmoment errechnen
10. Auswahl des Motors nach Drehmoment und Drehzahl, eventuell ab Punkt 6 neu bestimmen

11. Auswahl des Reglers nach Strom und Spannung

12. Kontrolle der thermischen Belastung des Motors auf Zulässigkeit

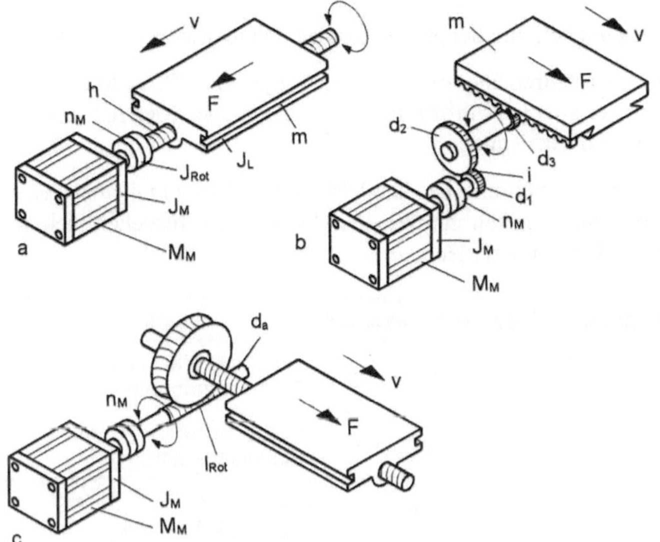

Bild 3-13 Typische Antriebsvarianten in vereinfachter Darstellung

Elektromechanische Positionierachsen erfordern im Gegensatz zu den pneumatischen Linearachsen mindestens eine zweistufige Wirkungskette (Motor - Getriebe), um eine Linearbewegung bestimmter Beschaffenheit über eine Spindel oder einen umlaufenden Zahnriemen zu erzeugen. Zu einer solchen Achse gehören:

- Schlittenführung mit Motorflansch, Kupplung und Motor
- integriertes oder externes Wegmesssystem
- Leistungselektronik bzw. Servoverstärker je nach Motortyp, ein- oder mehrachsig ausgelegt
- Kabelsätze für den Anschluss

Weit verbreitet sind Spindel- und Zahnriemenantriebe, von denen der mechanische Aufbau in **Bild 3-14** gezeigt wird.

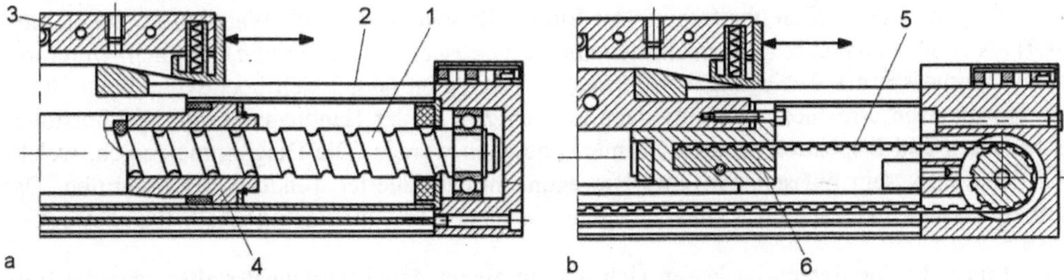

Bild 3-14 Aufbau elektromechanischer Positionierachsen

a) Achse mit Spindelantrieb, Hub üblicherweise bis 2 m, b) Achse mit Zahnriementrieb, Hub bis 5 m und mehr, 1 Kugelrollspindel, Steilgewindespindel, 2 Abdeckband zur Getriebekapselung, 3 Schlitten, 4 Geradführung, 5 Zahnriemen, 6 Zahnriemenbefestigungselement

Die Positionierachsen können mit verschiedenen Motoren ausgestattet werden, wie z.B. 5-Phasen-Schrittmotoren und AC-Servomotoren. Viele Bewegungsachsen dieser Art werden z.B. in der Handhabungstechnik eingesetzt und zwar:

- mit Spindelantrieb für höhere Genauigkeit und bei großen axialen Schubkräften

- mit Zahnriementrieb für schnelles Verfahren über große Verfahrwege, von z.B. 10 Meter [2-6]. Mit der Weiterentwicklung vor allem der Profil- und Zug-Stranggeometrien hat man Zahnriemen auch als Synchronriemen bezeichnet.

Typische Eigenschaften von Antrieb und Führung bei handelsüblichen Lineareinheiten gehen aus den folgenden Tabellen hervor. Die Angaben zur Wiederholgenauigkeit beziehen sich bei diesen Angaben auf Führungen mit 300 Millimeter Hub.

Antrieb	Lineargeschwindigkeit	Wiederholgenauigkeit	Last
Zahnriementrieb	hoch, bis 17 m/s	± 0,1... ± 0,05 mm ①	mittel, bis 3000 N, je nach Zahnriemenbreite
Kugelgewindetrieb	niedrig, bis max. 1,5 m/s	± 0,01... ± 0,005 mm	hoch, bis 10000 N, je nach Spindelausführung
Wälzgewindetrieb	niedrig, bis max. 0,5 m/s	± 0,05... ± 0,03 mm	gering, bis 600 N, je nach Spindelausführung
Kettentrieb	mittel, maximal 3 m/s	± 1... ± 0,5 mm	hoch, bis 10000 N, je nach Kettenart

① pro Meter Verfahrweg

Führung	Lineargeschwindigkeit	Wiederholgenauigkeit	Last
Prismenführung	hoch, bis max. 6 m/s	± 0,10... ± 0,05 mm	niedrig, bis 1000 N
Kugelumlaufführung	mittel, bis max. 3 m/s	± 0,05... ± 0,01 mm	hoch, bis 10000 N
Kugelbuchsenführung	mittel, bis max. 3 m/s	± 0,05... ± 0,01 mm	hoch, bis 10000 N

Zwei Linear-Positionierachsen lassen sich über Zahnriemengetriebe zu einer X-Y-Bewegungseinheit gestalten (**Bild 3-15**). Das Positionieren eines Endeffektors geschieht über traversierende Antriebe. Das sind Antriebe, bei denen aus dynamischen Gründen der Motor nicht mitfährt, sondern ortsfest ist. Das anzutreibende Bauteil wird mit einem Zugmittel, z.B. Synchronriemen, oder mit genuteten Wellen übertragen. Der Einsatz ist sowohl stehend (Wandportal, *wall gantry unit*) als auch waagerecht (Kreuzschlitteneinheit, *gantry cross-motion unit*) möglich. Durch die bewusste massearme Auslegung von bewegten Elementen lassen sich hochdynamische Bewegungssequenzen erreichen. Anwendungen können z.B. in der Handhabung von Sprühpistolen, Schraubern und Inspektionsgeräten (Kamera) gesehen werden. Die Diagramme zeigen, welche Antriebe aktiv sein müssen, um eine Bewegung mit definierter Tendenz hervorzurufen. Das Prinzip lässt sich abwandeln, so dass sich eine Vertikaleinheit auf einem Portalbalken bewegt.

Drei Linear-Positionierachsen lassen sich u.a. zu einem Arbeitssystem gestalten, das die Bauform eines "halben" Hexapoden annimmt (**Bild 3-16**). Solche Maschinen werden auch als Tripod bezeichnet. Die technische Anwendung der Hexapoden fand bereits zu Beginn der 60-er Jahre statt, allerdings nicht in der Fertigungstechnik, sondern in der Bauform der sogenannten Stewart-Plattform als Basis für einen Flugsimulator. Die zur Steuerung erforderlichen hohen Rechenleistungen führten erst seit Mitte der 80-er Jahre zu ersten wirtschaftlichen Umsetzungen

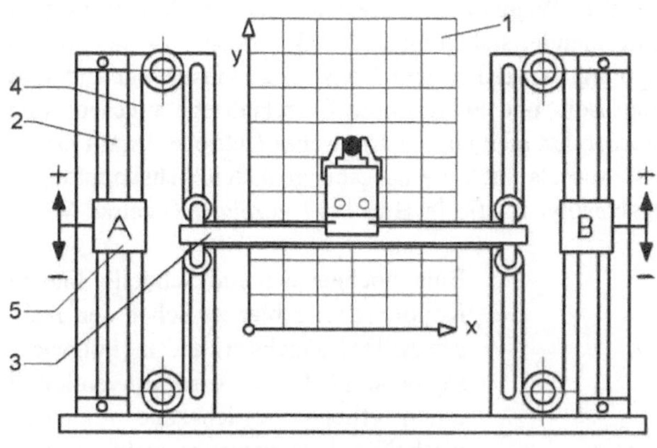

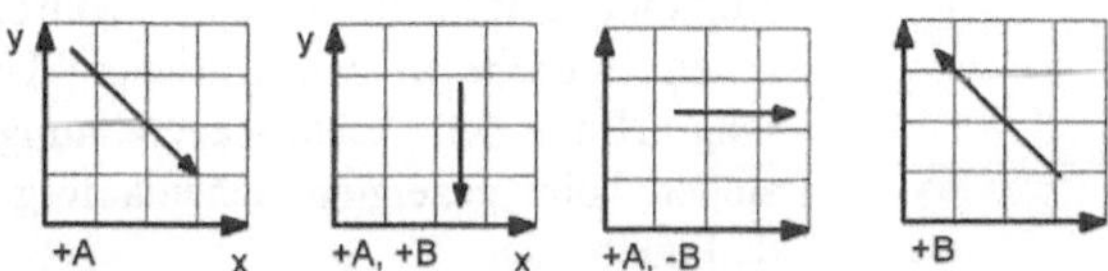

1 Arbeitsfläche
2 frei programmierbare Lineareinheit
3 Horizontal-Schlittenführung
4 Zahnriemen
5 Schlitten mit Klemmstücken für
  Zahnriemenanschluss

Bild 3-15 Bewegungseinheit mit traversierenden Antrieben

in der Roboter- und Werkzeugmaschinenkonstruktion (Fräsen, Bohren).

Der Arbeitskopf ist über Stabträger an die Schlitten angelenkt. Solche Strukturen (Parallelkinematik) haben verschiedene Vorteile, wie:

- günstiges statisches Steifigkeitsverhalten (Genauigkeitserhöhung)
- relativ einfacher Aufbau mit wesentlich verringerter Anzahl von Bauteilen (Kostensenkung)
- große Bahnbeschleunigungen und -geschwindigkeiten durch minimierte bewegte Massen

> **Parallelkinematik:** Wissenschaft von Antriebsmechanismen, bei denen alle Antriebe zueinander parallel verlaufende Schubbewegungen erzeugen, auch als Stabkinematik bezeichnet. Es wird eine spezifische Kinematiktransformation gebraucht.

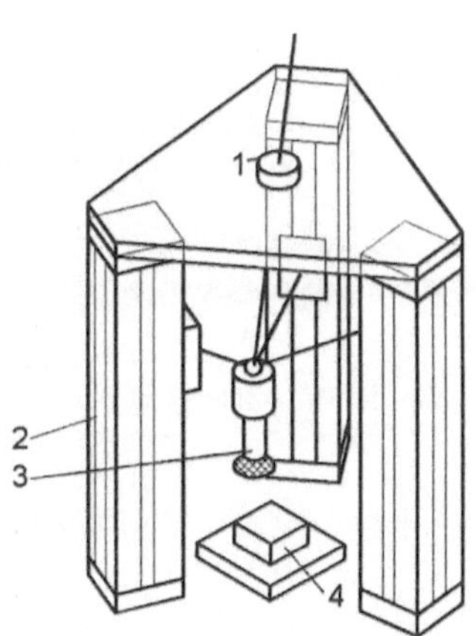

Nachteilig sind die komplexe Steuerung, die aufwändige Gelenkgestaltung und die extremen Nichtlinearitäten von Steifigkeit, Geschwindigkeits- und Beschleunigungsübersetzung im Arbeitsraum. Maschinen mit einer "Stabkinematik" werden in letzter Zeit favorisiert entwickelt. In Abhängigkeit der Stabgestaltung können unterschiedliche Motorarten eingesetzt werden: Bei Teleskopstäben kommen Standard-Servo- und Hohlwellenmotoren zum Einsatz, für Systeme mit konstanter Stablänge lassen sich kugelgewindegetriebene Antriebsstränge mit Servomotoren ausstatten und auch hochdynamische Linearmotoren sind einsetzbar.

Bild 3-16 Bewegungseinheit im Tripod-Design

1 Mittelführung, 2 Linearpositioniereinheit, 3 Arbeitskopf,
4 Werkstück

Im Maschinenbau tritt öfters der Fall auf, dass Wege oder Drehwinkel von Maschinenachsen in einem bestimmten Kopplungsverhältnis zueinander stehen müssen, z.B. von einem Hauptantrieb abgeleitete Bewegungen. Diese Achskopplungen werden vom Konstrukteur festgelegt und sind kaum veränderbar. Werden jedoch an den Leit- und Folgeachsen Einzelantriebe angesetzt und mit moderner Elektronik verkoppelt gesteuert, hat man ein elektronisches Getriebe. Damit lassen sich sowohl Einzelachsbewegungen ausführen als auch die aufgabengemäßen Achskopplungen elektronisch herstellen. Ein Anwendungsbeispiel ist die in **Bild 3-17** gezeigte Kegelrad-Wälzfräsmaschine (Arbeitsraum).

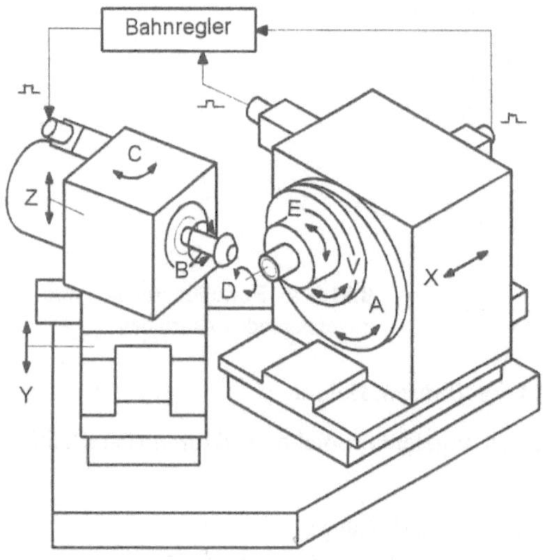

Eine hochgenaue und schnelle lineare Kopplung wird hier zwischen den Achsen A, D (Leitachsen) und B (Folgeachse) benötigt. Diese wird konventionell durch etliche Getriebezüge realisiert, weshalb der Getriebeplan recht umfangreich ausfällt. Der getriebemechanische Aufwand entfällt bei einem elektronischen Getriebe in beträchtlichem Umfang. Hinter den Achsenbezeichnungen stehen beim gezeigten Schema folgende Funktionen:

A Wälzdreh-(Vorschub)-Achse
B Werkstückdrehachse
C Werkstückschwenkachse
D Werkzeug-(Messerkopf)-Drehachse
E Werkzeugpositionierachse
X Tauchvorschub-/ Frästiefeneinstellung
Y Werkstückpositionierachse
V Maschinendistanz-Einstellachse
Z Achsversetzungseinstellung

Bild 3-17 Achsschema einer Kegelrad-Wälzfräsmaschine

Im Zusammenwirken von Steuerung, Antrieb und Messsystem ergibt sich, wie genau die programmierten Vorstellungen schließlich erreicht werden. Zur Einschätzung des Positionierverhaltens bei Werkzeugmaschinen und Positionierachsen hat man deshalb wichtige Größen und die Bildungsgesetze in VDI/VDQ 3441 definiert, und daran angelehnt in VDI 2861 mit gleicher Bedeutung, aber anderen Bezeichnungen für Industrieroboter.

Positionstoleranz T_P: Zulässige Gesamtabweichung im Arbeitsbereich.

Positionierunsicherheit P: Die in der gewählten Prüfachse ermittelte Gesamtabweichung unter Berücksichtigung der in den Einzelpositionen ermittelten Kennwerte Positionsabweichung, Umkehrspanne und Positionsstreubreite.

Positionsabweichung P_a: Die in einer gewählten Prüfachse maximal auftretende Differenz der Messwerte aller Messpositionen. Sie wird im Sprachgebrauch meistens als Positioniergenauigkeit bezeichnet.

Umkehrspanne U: In der gewählten Prüfachse die Differenz aus den Mittelwerten der Messwerte beider Anfahrrichtungen für jede Position.

Mittlere Umkehrspanne $\overline{U}$: Arithmetisches Mittel der Umkehrspannen aller Messpositionen in der gewählten Prüfachse.

> **Positionsstreubreite** P_S: Eine für die gewählte Prüfachse errechnete Aussagewahrscheinlich
> keit für die Auswirkung zufälliger Abweichungen in jeder Position.
>
> **Mittlere Positionsstreubreite** $\overline{P_S}$: Arithmetisches Mittel der Positionsstreubreiten aller
> Messpositionen.

Die Kenngrößen werden für jede Achse getrennt ermittelt. Bei der Messung ist die Maschine
nicht belastet.

Kontrollfragen

1 In welchen wichtigen Zusammenhang zwischen Drehzahl, Leistung und Drehmoment sind
  Getriebe eingebunden?

2 Was ist ein traversierender Antrieb? Warum baut man soetwas?

3 Wo liegen aus fertigungstechnischer Sicht die Vorteile der Parallelkinematik (Hexapod,
  Tripod)?

3.3 Messsysteme

Messsysteme werden an Arbeitsmaschinen benötigt, um die Arbeitsweise zu kontrollieren, um
eine optimale Steuerung durch Rückführung von Istwerten in die Regeleinrichtung zu ermöglichen und um Signale für die Diagnose zu erhalten [2-12, 3-2].

3.3.1 Aufgabe und Einteilung

Als *Messprinzip* (DIN 1319) wird die charakteristische physikalische Erscheinung bezeichnet,
die bei der Messung benutzt wird. Das *Messverfahren* umfasst alle experimentellen Maßnahmen, die zur Gewinnung des Messwertes einer Messgröße erforderlich sind. Die Bestandteile
einer Messeinrichtung sind:

* Messwertgeber
* Signalformer (elektronische Schaltung)
* Signalverstärker

Bei der Messwertbearbeitung wird das Signal in die für die Informationsverarbeitung erforderlichen Informationsparameter umgewandelt, z.B. durch Digitalisierung. Die Signale können unterschiedlich beschaffen sein. In **Bild 3-18** wird eine Einteilung der Signale nach charakteristischen
Eigenschaften des Werte- und Definitionsbereiches der Signalverläufe vorgenommen.

Im folgenden sollen nur Messsysteme für die Weg- bzw. Winkelmessung und die Erfassung von
Geschwindigkeiten behandelt werden.

Wegmesssysteme dienen zur Erfassung des Istwertes der Relativposition von Werkstück und
Werkzeug. Die Positionserfassung erfolgt im Bearbeitungsprozess in der Regel mittelbar, d.h.
nicht unmittelbar am Werkstück, sondern an einer Maßverkörperung. Die Art der Maßverkörperung hat insbesondere Einfluss auf die Genauigkeit der Positionsbestimmung sowie auf das regelungstechnische Verhalten des geschlossenen Positionsregelkreises. Die Forderungen an die
Auflösung der Messsysteme liegt bei NC-Maschinen bei 0,001 Millimeter bzw. bei 0,001 Grad,
teilweise auch darunter.

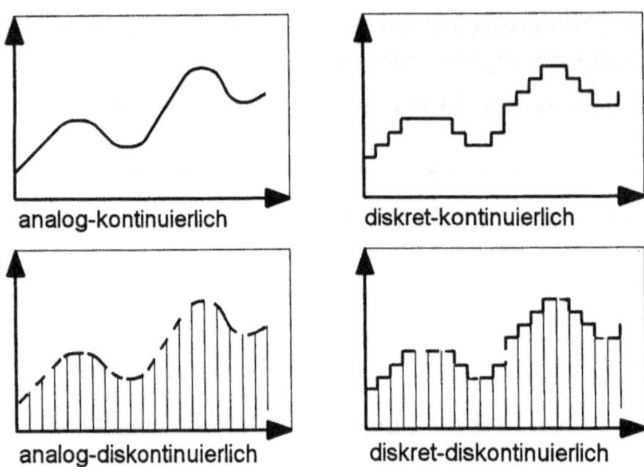

Bild 3-18 Charakteristische Signaltypen

Wegmesssysteme lassen sich wie folgt einteilen:

- nach der *Messgrößenabnahme* in translatorisch (Längenmesssystem) und rotatorisch (Winkelmesssystem) arbeitende Systeme

- nach der *Messwerterfassung* in digitale und analoge Messsysteme. Das zutreffende Merkmal wird vom physikalischen Wirkprinzip und der Wandlung der Messgröße in das elektrische Signal geprägt. Das **Bild 3-19** zeigt typische Signalverläufe nach der Art der Abbildung des Informationsparameters.

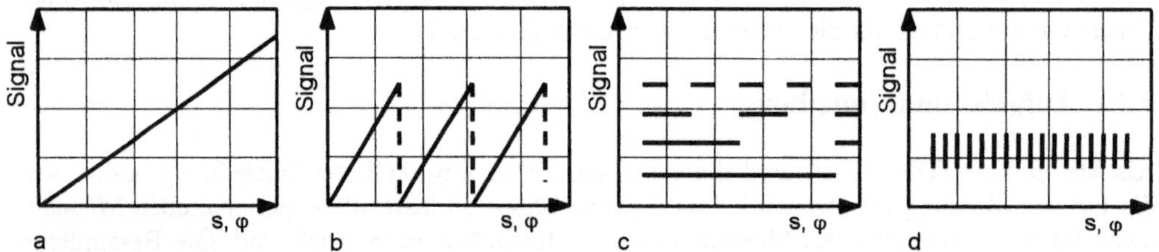

Bild 3-19 Verfahren und Messwerterfassung zur Weg- und Winkelmessung
a) analog-absolut, b) zyklisch-absolut, c) absolut-digital, d) inkremental, s Weg, φ Drehwinkel

- nach dem *Messverfahren* in absolute und inkrementale (relative) Messsysteme. Absolut messen heißt, von einem festen Bezugspunkt (Nullpunkt, Referenzpunkt) aus zu messen. Inkremental messen heißt, unbenannte Impulse (Inkremente) über den Weg zu zählen.

- nach der *Ankopplung* des Wegmesssystems (dem Ort der Messung) in direktes und indirektes Messen. Direktes (unmittelbares) Messen liegt vor, wenn der bewegliche Teil des Messsystems mit der Bewegungseinheit ohne Zwischenschalten von Übertragungsgetrieben (mechanischen Wandlern) verbunden ist. Beispiele für die Art der Maßverkörperung der Messsysteme werden in **Bild 3-20** gezeigt.

Eine wirklich direkte Messung ist das Antasten des Werkstücks z.B. mit einem Laserinterferometer. Es arbeitet inkremental. Ein Laserstrahlbündel wird über ein Prisma aufgeteilt. Die Teilbündel werden über Tripelprismen auf getrennten Wegen geführt, wobei ein Prisma am Messobjekt angebracht ist. Die Strahlenbündel vereinigen sich dann wieder und interferieren. Bei der Bewegung des Objekts kann man dann die durchlaufenden Interferenzordnungen zählen. Sie sind das Maß für die Verschiebung des Objekts. Zur Erkennung der Bewegungsrichtung ist noch ein elektronischer Richtungsdiskriminator erforderlich. Die Auflösung liegt im Bereich der halben Weglänge des verwendeten Lichtes. Die Positionserfassung erfolgt an NC-Bearbeitungsmaschinen aus praktischen Gründen aber mittelbar, d.h. nicht unmittelbar am Werkstück.

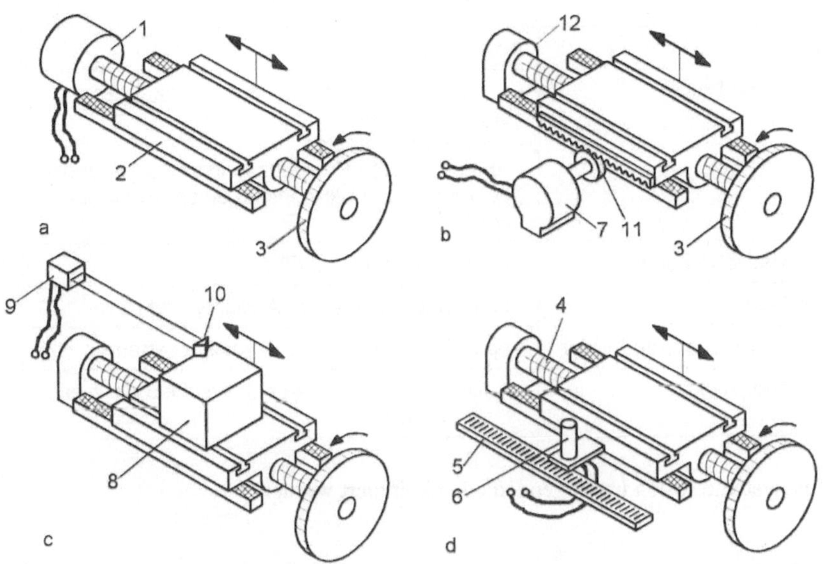

Bild 3-20 Varianten der Messsystemankopplung

a) indirekte Kopplung über Spindel, b) indirekte Kopplung über Zahnstange und Ritzel, c) unmittelbare Messung am Werkstück, d) direkte Kopplung am Tisch, 1 Resolver, 2 Schlitten, 3 Antriebszahnrad, 4 Vorschubspindel, 5 Strichmaßstab, 6 fotoelektrischer Abtaster, 7 Winkelmesssystem, 8 Werkstück, 9 Laserinterferometer, 10 Reflektor, 11 Ritzel, 12 Spindellager

Im qualitativen Vergleich zwischen indirekter und direkter Messwerterfassung ergeben sich folgende Unterschiede:

- **Indirekte Messung**
  Verwindungen, Steigungsfehler von Spindeln und Deformationen können zu mehr oder weniger großen Messwertverfälschungen führen. Man benötigt spielfreie (nachstellbare) Spindelmuttern. Intelligente Messsysteme können allerdings Steigungsfehler durch Auswertung von Fehlerkurven kompensieren.

- **Direkte Messung**
  Zwischengetriebefehler können nicht auftreten. Die Maßstäbe sind besonders bei großen Verfahrwegen teuer. Sie arbeiten unabhängig vom Antrieb. Zur Erreichung der Maschinengenauigkeit 1 ist üblicherweise $\frac{1}{3}$ Messsystemgenauigkeit erforderlich.

In der Praxis kommen sehr unterschiedliche Messsystemarten zum Einsatz. Im wesentlichen handelt es sich um folgende Systeme:

- analog-absolute Systeme: Potenziometer

- digital-absolute Systeme: Codescheiben und -lineale

- inkrementale Systeme: Strichscheiben und Lineale (Inkrementalgeber)

- zyklisch-absolute Systeme: Resolver und Inductosyne

Für die Realisierung einer jeden Messsystemart gibt es natürlich mehrere technische Ausführungen. So kann ein Maßstab im Durchlicht (Glasmaßstab) oder im Auflicht (Metallmaßstab) beleuchtet werden. Für das Abtasten von Strichmustern gibt es ebenfalls verschiedene physikalische Möglichkeiten. Einige davon werden in der folgenden Tabelle aufgeführt.

Maßverkörperung	Abtastverfahren
leitende und nichtleitende Felder	- mechanisches Abtasten mit Kontaktfedern oder mit Stiften - kapazitives Abtasten - Abtasten durch Beeinflussung eines frequenzbestimmenden Elements in einem Schwingkreis
magnetisch unterschiedliche Zonen	- Hallsonden oder Ferritkerne
verschiedenfarbige Felder	- optisches Abtasten im Auflichtverfahren
transparente und nichttransparente Felder	- optisches Abtasten im Durchlichtverfahren
Zonen unterschiedlicher Dicke	- Auswertung des Phasenunterschieds zweier Lichtstrahlen

Einige wichtige Messsysteme sollen im folgenden charakterisiert werden.

3.3.2 Potenziometer

Die Präzisions-Messpotenziometer bestehen aus einem Widerstandselement, z.B. eine Leitplastikbahn, dem "Schleifer" (oder einem berührungslos arbeitenden Abnehmer) zum Abgriff eines wegproportionalen Messsignals, den Anschlussfahnen und den für die lineare oder kreisförmige Bewegung notwendigen Führungen. Die Wirkungsweise ist einfach und entspricht einer Spannungsteilerschaltung. Zwischen der Spannung U_S und der Messgröße s (Weg oder Bogenstrecke) besteht ein linearer Zusammenhang (**Bild 3-21**). Linearitätsfehler liegen bei etwa 0,1 % und besser.

Die Leitplastikpotenziometer haben recht interessante Eigenschaften: Sie sind preiswert, robust, genau und unempfindlich gegenüber Umgebungseinflüssen. Sie werden u.a. auch in der Raumfahrt eingesetzt (z.B. bei der Cassini-Huygens-Mission). Es gibt sie rotatorisch und linear. Rundpotenziometer auf Leitplastik-Basis werden übrigens als Doppelpotenziometer mit 2 um 180° versetzt angeordneten und gegenläufig arbeitenden Widerstandsspuren ausgebildet. Damit sind dann volle Umdrehungen lückenlos erfassbar, weil die sonst übliche Totzone zwischen Anfang und Ende der Widerstandsbahn überdeckt wird. Man setzt Potenziometer z.B. an Positionier- und Roboter-Handgelenkachsen ein und zwar grundsätzlich in der Art einer Spannungsteilerschaltung. Das abgegebene Messsignal muss für die weitere Verarbeitung in numerischen Steuerungen noch digitalisiert werden.

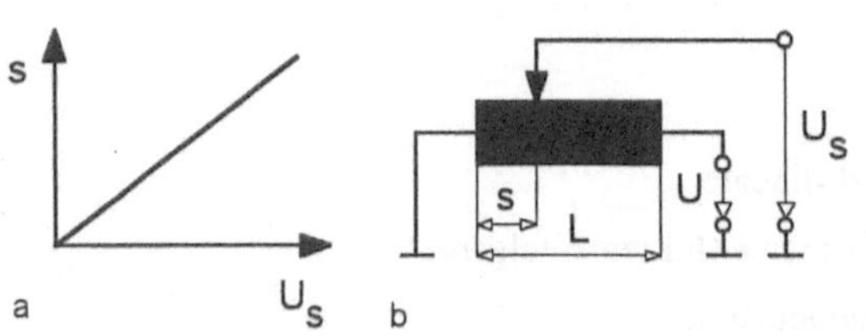

a) Spannungsdiagramm
b) Wirkprinzip

U Spannung
L Länge
s Messwg

Bild 3-21 Prinzip des Potenziometers

3.3.3 Codelineale und -scheiben

Sie zählen zu den digital-absoluten Wegmesssystemen. Die Verfahrweglänge z.B. eines Maschinenschlittens ist in kleine digitale Schritte Δs zerlegt. Jeder Schritt ist grundsätzlich gegenüber einem festen Nullpunkt eindeutig (absolut) gekennzeichnet, d.h. jeder Position ist ein Signal zugeordnet, welches sich eindeutig von allen anderen Positionssignalen unterscheidet. Aus technischen Gründen wird das binäre Zahlensystem verwendet. Der abgetastete Wert setzt sich aus einer Kombination von 0- und 1-Aussagen zusammen. Der Positionswert ergibt sich aus der Summe der Einzelwertigkeiten je Abtastspur. Das wird in **Bild 3-22** demonstriert.

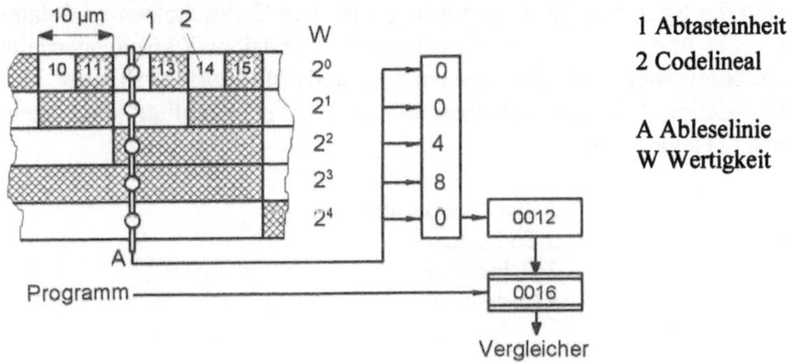

Bild 3-22 Ablesung eines Codelineals

Der Positions-Istwert wird einem Vergleicher zugeführt und ständig mit dem Sollwert aus dem Programm verglichen. Die Maßstäbe sind meistens als Glas- oder Metallmaßstäbe ausgeführt und werden fotoelektrisch abgetastet. Bevorzugt werden an Vorschubspindeln gekoppelte rotatorische Systeme eingesetzt.

Der Verfahrweg bzw. Drehwinkel und die geforderte Weg- bzw. Winkelauflösung bestimmen die Anzahl der erforderlichen kleinsten digitalen Schritte (Inkremente). Will man ein lineares System mit einer Auflösung von 0,01 mm für eine Weglänge von 1000 mm aufbauen, so sind 10^5 eindeutige Lagekennzeichnungen erforderlich. Nach der dualen Verschlüsselung ergeben sich dafür 17 Maßstabspuren, weil

$$100\ 000 = 2^{16} + 2^{15} + 2^{10} + 2^9 + 2^7 + 2^5$$

ist. Für die Codierung werden unterschiedliche Codesysteme verwendet. In **Bild 3-23** sind 2 gebräuchliche Winkelcodierer (*angle encoder*) dargestellt.

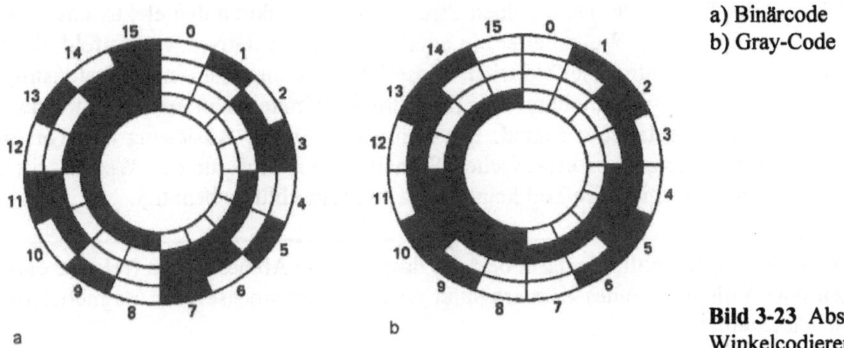

a) Binärcode
b) Gray-Code

Bild 3-23 Absolute Winkelcodierer

Der Gray-Code ist ein Binärcode, bei dem sich benachbarte Zahlenwerte stets in genau einem Bit unterscheiden. Er eignet sich deshalb gut für Wegmesssysteme, da spezielle Abtasteinrichtungen zur Feststellung der Eindeutigkeit (wie z.B. bei der V-Abtastung) bei gleichzeitiger Änderung von Zuständen in mehreren Spuren nicht erforderlich sind. Die Eigenschaft wird als Einschrittigkeit bezeichnet. Es muss aber eine Konvertierung in den Dualcode vorgenommen werden, weil die Zeichen des Gray-Codes keine numerische Bedeutung haben. Durch seine Einschrittigkeit ist der Gray-Code gut für die Erfassung von Winkeln geeignet.

Bei großen Wegen, die über Spindel und Rädergetriebe auf eine Codescheibe übertragen werden, machen sich aus Gründen der Auflösung und der Baugröße mehrere Codescheiben erforderlich, weil sonst die Anzahl der Spuren nicht unterzubringen ist. Die Codescheiben sind dann meist hintereinander angeordnet und jeweils über untersetzende Präzisions-Zwischengetriebe miteinander verbunden. Man bezeichnet solche Messsysteme auch als Multiturn-Drehgeber. Das Prinzip wird in **Bild 3-24** gezeigt. Die Codescheiben (4) sind in der Realität aber meist satellitenartig um die Scheibe (2) angeordnet.

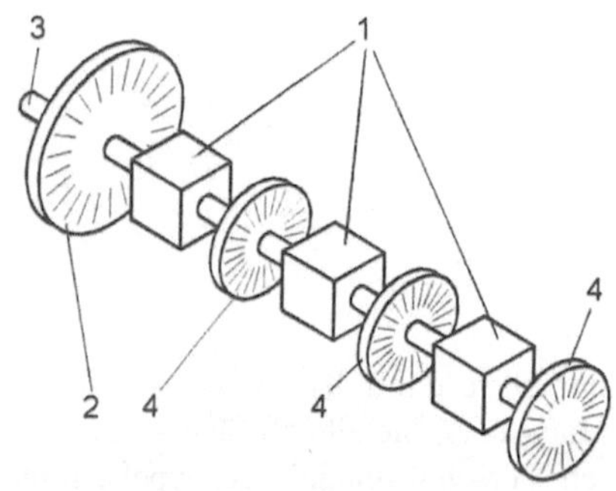

1 Zwischengetriebe 1:16
2 Codescheibe
3 Geberwelle
4 Codescheibe

Bild 3-24 Prinzip des Multiturn-Drehgebers
(Stegmann)

Die Scheibe (2) hat bei einer Umdrehung eine Auflösung von 4096 Schritten (12 Bit Wortbreite entspricht 12 codierten Spuren). Die anderen Scheiben (4) tragen jeweils 4 Codespuren ($2^4 = 16$ Schritte). Für ein solches System erhält man somit folgende maximale Gesamtauflösung:

$$4096 \cdot 16 \cdot 16 \cdot 16 = 16\ 777\ 216 \text{ Schritte } (24 \text{ Bit} = 2^{24}).$$

3.3.4 Magnetostriktive Wegmessung

Das Transsonar (**Bild 3-25**) ist ein berührungsloses Längenmesssystem mit einer Auflösung bis etwa 0,01 mm. Basis ist ein Wellenleiter aus einer magnetostriktiven Eisen-Nickel-Legierung mit eingezogener stromführender Leitung und Aufnehmerspule, einem mit 4 Magneten besetzten Positionsgeber und der Elektronik. Durch einen Stromimpuls, der durch den elektrischen Leiter geschickt wird, entsteht um den Wellenleiter ein axial gerichtetes rotatives Magnetfeld, das auf das radial gerichtete Permanentmagnetfeld trifft. Diese Überlagerung löst einen Torsionsimpuls durch Magnetostriktion des Wellenleiters aus. Die zurücklaufende Torsionswelle induziert in der Aufnehmerspule ein elektrisches Signal. Die Zeit zwischen der Auslösung des Torsionsimpulses und der Induzierung eines elektrischen Signals ist ein Maß für den Weg. Es ist ein großer Vorteil, dass der verschiebbare Teil keinerlei Leitungsanschlüsse benötigt.

> **Magnetostriktion:** Eigenschaft, die darin besteht, dass sich die Abmessungen (relative elastische Längen oder Volumina) eines Körpers unter dem Einfluss wechselnder Magnetisierung je nach Feldstärke ändern.

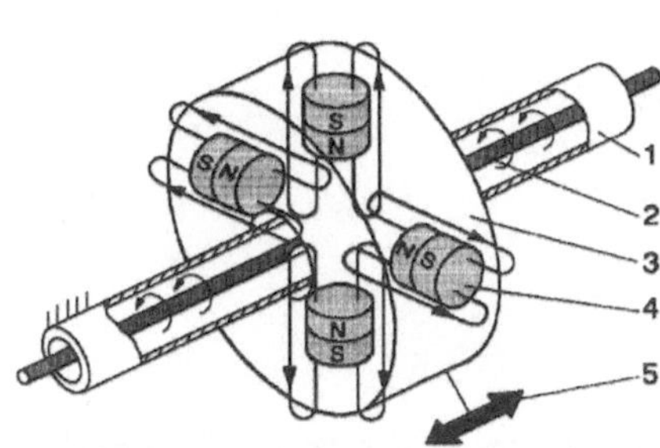

Bild 3-25 Transsonar (Arbeitsprinzip)

3.3.5 Magnetische Längenmessung

Magnetische Messsysteme sind preiswert und haben gegenüber optischen Geräten den unschätzbaren Vorteil, dass sie gegen Verschmutzung z.B. durch Öl oder Kühlflüssigkeit weitgehend unempfindlich sind. In **Bild 3-26** ist der Prinzipaufbau zu sehen. Man nutzt den magnetoresistiven Effekt aus.

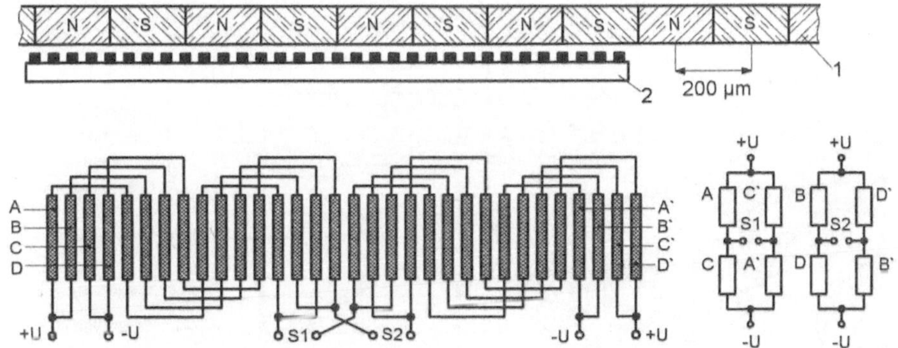

Bild 3-26 Magnetisches Abtastverfahren
1 magnetischer Maßstab, 2 Maßstabsträger, N Nordpol, S Südpol

Der Maßstab besteht aus einer Aneinanderreihung kleinster Magnete im Abstand von z.B. 200 Mikrometer. Sie dienen als Längennormal. Beim Überfahren lassen sich die auftretenden kleinen Widerstandsänderungen in einer Brückenschaltung auswerten. Beim Bewegen des Maßstabes entstehen 2 zueinander um 90° phasenverschobene sinusförmige Signale. Mit einer Impulsformerelektronik wird eine Auflösung von 1 Mikrometer erzielt. Das Prinzip lässt eine sehr flache Bauweise zu, was der Integration in mechanische Komponenten mit geringem Platzangebot sehr entgegen kommt.

> **Halleffekt:** Entstehen einer elektrischen Spannung zwischen 2 Punkten eines Leiters, wenn quer zur Verbindungslinie der Punkte ein elektrischer Strom geschickt wird und senkrecht zu beiden Richtungen ein homogenes Magnetfeld auf den Leiter wirkt.

Man kann für ein elektromagnetisches Wegmesssystem auch den Hall-Effekt ausnutzen. An eine gezahnte Schiene als Messnormal wird ein Hallsensor angebaut, wobei es bei der Bewegung zu periodischen Schwankungen der Hallspannung kommt (**Bild 3-27**).

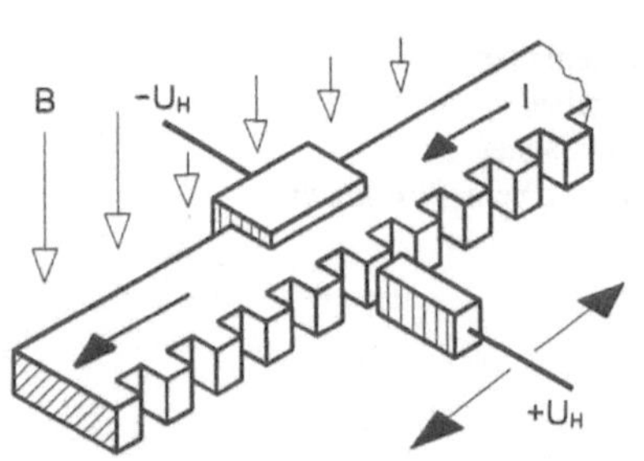

B Magnetfeld
I Stromstärke
U_H Hallspannung

Bild 3-27 Inkrementalgeber auf der Basis des Hall-Effekts

3.3.6 Inkrementalgeber

Die Inkrementalgeber sind Längenwandler (bei runder Ausführung Winkelgeber), bei denen die Maßverkörperung ein Strichraster darstellt, welches von einem Ablesegitter abgetastet wird. Die Anzahl der gezählten Striche (Inkremente) ist ein Maß für den zurückgelegten Weg zur vorangegangenen Position. Es wird also von Position zu Position gezählt bzw. beim Einschalten vom Referenzpunkt bis zur aktuellen Position. Sie werden im Werkzeugmaschinenbau häufig eingesetzt.

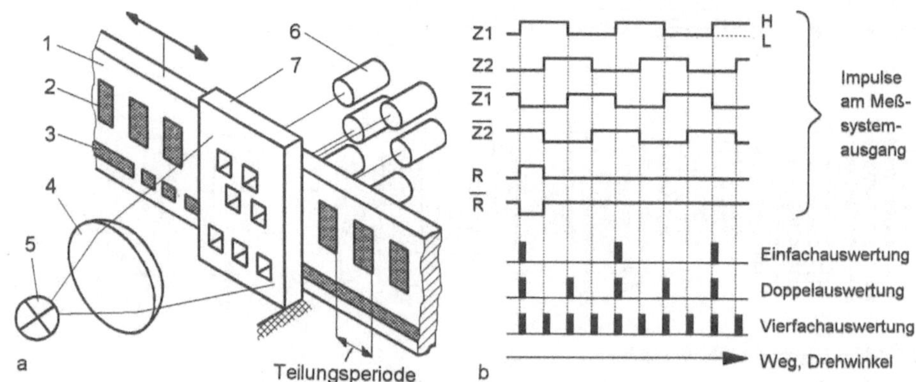

Bild 3-28 Prinzip der optischen Abtastung von Strichgittern

a) Anordnung der Komponenten, b) Impulsfolgen und deren Auswertung bei einem mehrkanaligen Inkrementalgeber, 1 Glasmaßstab, 2 Strichgitter, 3 Spur mit Referenzmarken, 4 Optik, 5 Lichtquelle, 6 Fotoelement, 7 Abtastplatte, H High, L Low, R Nullimpuls, $\overline{R}$ negierter Nullimpuls, Z Impuls, $\overline{Z}$ negierter Impuls

Bei der Bewegung des Lineals (oder der Abtastplatte) entstehen auf fotoelektrischem Weg Rechteckimpulse. Aus der Anzahl der rechteckigen Impulsperioden, die durchlaufen werden, erhält man den Weg. Da ein Rechteckimpuls aus einer steigenden und fallenden Signalflanke besteht, lässt sich durch Auswertung beider Flanken (**Bild 3-28b**) die Auflösung vervielfachen, z.B. um das 4-, 5-, 10- oder gar 25-fache. Der Inkrementalgeber erzeugt noch ein zweites Rechtecksignal (über versetzt angeordnete Spaltblenden und Fotodioden, **Bild 3-28a**), das zu dem ersten Signal eine Phasenverschiebung von einer viertel Periode aufweist. Im wesentlichen wird diese Phasenverschiebung benutzt, um daraus die Dreh- (bzw. die Verfahrrichtung) zu erkennen. Eine Logikschaltung arbeitet die Signale auf, um die Unstetigkeitsstellen bei der Richtungsumkehr zu erfassen.

In der runden Ausführung werden 50 bis 100 000 Striche je Umdrehung untergebracht. Systeme mit sehr großer Messsystemauflösung kommen sogar auf 4 Millionen Inkremente je Umdrehung. Zur Nullung der Zähler sind in einer Extraspur zusätzliche, optisch lesbare Referenzmarken, auch mehrere mit Codierung des Abstandes, aufgebracht. Mit der abstandscodierten Referenzierung ist schon nach z.B. 20 mm Verfahrweg die absolute Position in der Steuerung bekannt. Es muss also im ungünstigen Fall nicht der gesamte Verfahrweg nach dem Referenzpunkt abgesucht werden.

Inkrement: Zuwachs einer Größe in gleichbleibenden Stufen, also ein Wert, um den ein anderer Wert in stets gleich großen Beträgen erhöht wird.

Ein Referenzpunkt ist grundsätzlich bei jedem Einschalten der Maschine erforderlich, da sonst der Steuerung die aktuelle Position der Schlitten unbekannt bleibt. Um den Referenzpunkt mit einem Fehler von ± 1 Inkrement zu erfassen, muss außerdem die Referenzpunktfahrt mit verminderter Geschwindigkeit vorgenommen werden, z.B. durch mechanische Vor-Abschalter in der Nähe des Referenzpunktes.

3.3.7 Interferenzielle Längenmessung

Das Längenmessprinzip beruht auf der fotoelektrischen Abtastung eines sehr feinen Strichgitters mit einer Teilungsperiode von 8 µm, 4µm und darunter. Auftreffendes Licht wird gebeugt, wobei sich Strahlenanteile überlagern und ein Interferenzmuster erzeugen. Dieses "Lichtmuster" kann nun nach dem Schattenwurfprinzip abgetastet werden, was auch aus der Anordnung der optischen Elemente aus **Bild 3-29** hervorgeht.

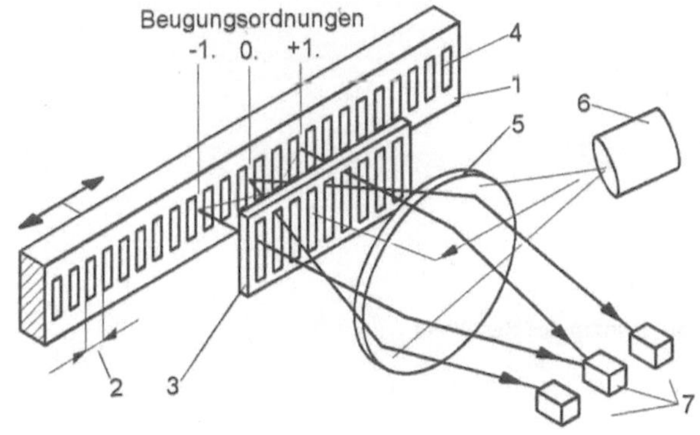

1 Maßstab
2 Teilungsperiode
3 transparentes Phasengitter
  als Abtastplatte
4 Maßstabteilung
  (DIADUR-Phasengitter)
5 Kondensorlinse
6 Lichtquelle, LED
7 Fotoelement

Bild 3-29 Interferenzielles Messsystem (Heidenhain)

Wird nun die am Maschinentisch befestigte Maßverkörperung relativ zum Abtastgitter verschoben, führt das zu Hell-Dunkel-Modulationen des "Schattenbildes",was man mit Fotoelementen erfassen und der Auswertung zuführen kann. Die Fotoelemente liefern 3 sinusförmige, zueinander um 120° phasenversetzte Ströme, die dann in 2 zueinander um 90° versetzte Signalzüge umgewandelt werden. Mit einer nachgeschalteten Interpolation lassen sich die Messschritte übrigens nochmal (virtuell) verkleinern.

Interferenz: Überlagerung von mindestens 2 Wellenzügen gleicher Frequenz und Amplitude mit der Folge, dass die Intensität verstärkt oder abgeschwächt, auch ganz ausgelöscht wird.

3.3.8 Resolver

Der Resolver ("Vektorzerleger") ist ein analoges Winkelmesssystem, dessen Ausgangssignal proportional zum Winkel φ ist, um den der Läufer gegenüber dem Stator verstellt ist. In seiner einfachsten Form besteht er aus einer Wicklung auf seinem Rotor und 2 Statorwicklungen, die um 90° versetzt angeordnet sind (**Bild 3-30**). In die Statorwicklungen werden 2 harmonische, elektrisch um 90° phasenverschobene Ströme gleicher Amplitude eingespeist. In der einphasigen Rotorwicklung ergibt sich abhängig vom Drehwinkel die induzierte Rotorspannung $U_R(t)$ zu

$$U_R(t) = U_{S1}(t) \cdot \cos \varphi + U_{S2}(t) \cdot \sin \varphi$$

Beim Phasenansteuerverfahren werden die Statorwicklungen mit einer Wechselspannung U_{S0} mit einer Drehfrequenz ω_s beaufschlagt und die Statorspannungen sind dann

$$U_{S1}(t) = U_{S0} \cdot \sin \omega\, t$$
$$U_{S2}(t) = U_{S0} \cdot \cos \omega\, t$$

Aus der Phasenverschiebung zwischen $U_R(t)$ und $U_{S1}(t)$ lässt sich dann die Winkelinformation φ gewinnen. Weiterhin können abgeleitet werden, der Drehzahl-Istwert und die Sinusbewertung des Stromstellwertes für die einzelnen Wicklungsstränge (Phase des Stators) für einen bürstenlosen Servomotor, an den der Resolver angebaut ist (Rotorlagegeber).

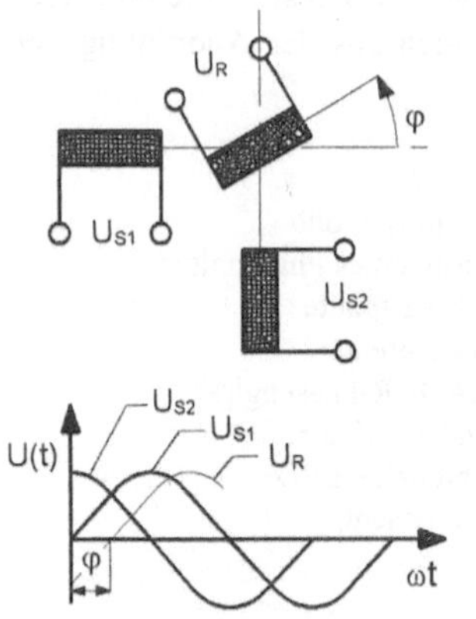

Es gibt auch noch andere Resolverbauarten und andere Auswerteverfahren.

Bild 3-30 Prinzip des Resolvers

3.3.9 Inductosyn

Dieses Wegmesssystem kann als Scheibe oder Lineal gestaltet sein und ist elektisch gesehen die "aufgebogene" Variante eines Resolvers. Die Bezeichnung INDUCTOSYN ist übrigens ein Handelsname für ein von der Firma Farrand Control Inc. (1960, New York) auf den Markt gebrachtes Messsystem.

Zum Prinzip:

Das Wegmesssystem besteht aus Maßstab (*scale*) und Läufer (*slider*). Auf dem nichtmagnetischen Trägermaterial sind mäanderförmige Leiterzüge aufgebracht (**Bild 3-31**). Der Gleiter läuft in einem geringem Abstand (0,2 mm) über dem Messnormal, wobei eine relative (Dreh-) Bewegung zwischen beiden Elementen entsteht, die einem zu messenden Drehwinkel entspricht.

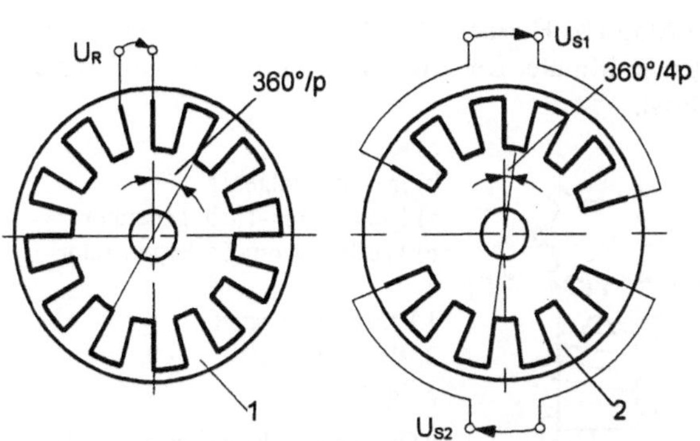

1 Rotor
2 Stator

p Polpaarzahl
U_R Rotorspannung
U_S Statorspannung

Bild 3-31 Leiterzuganordnung beim Rundinductosyn

Dabei wird die Anzahl der durchlaufenen Wellenlängen elektronisch ausgewertet und gezählt. Bei z.B. einem 360-poligen Rotor sind 180 Leiterzugperioden symmetrisch auf dem Vollkreis angeordnet. Wie beim Resolver wiederholt sich die elektrische Situation bereits nach einem kleinen Winkelwert. Innerhalb dieses kleinen Bereiches arbeitet das System analog. Die Anzahl der durchlaufenen Zyklen wird gezählt. Man spricht deshalb von einem phasenzyklisch-induktiven Messsystem.

3.3.10 Geschwindigkeitsmessung

Die Ist-Geschwindigkeit eines Maschinenschlittens oder Roboterarmes darf vorgegebene Soll-Geschwindigkeiten nicht übersteigen. Deshalb wird sie gemessen und innerhalb der Lageregelung rückgekoppelt.

Für die Drehzahlmessung können mechanische (Fliehkraftprinzip), fotoelektrische, magnetische und induktive Geber sowie zählende Verfahren eingesetzt werden. Dafür gibt es folgende Möglichkeiten (**Bild 3-32**):

- **Drehmelder (Resolver)**
  Das Geschwindigkeitssignal liegt als Gleichspannung vor und gelangt nach geeigneter Verstärkung zum Analog/Digital-Wandler. Es kann dann in digitalen Reglern verarbeitet werden. Das Signal verhält sich proportional zur Geschwindigkeit.

- **Inkrementalgeber**
  Das Signal liegt digital vor. Die Pulsfrequenz verhält sich auch hier proportional zur Geschwindigkeit, die z.B. aus der Positionsänderungsrate errechnet wird. Bei einer Pulsfrequenz von z.B. 2000 Hz bei 1000 Impulsen je Umdrehung entspricht das 2 Umdrehungen je Sekunde. Das Geschwindigkeitssignal repräsentiert Betrag und Richtung der Geschwindigkeit.

- **Tachogenerator**
  Das ist eine kleine elektrische Maschine (Generator), die eine zur Geschwindigkeit weitgehend proportionale Gleichspannung erzeugt. Die Drehrichtung wird durch die Polarität der Ausgangsspannung angezeigt, die Spannung repräsentiert den Geschwindigkeitswert. Hochwertige Tachogeneratoren weisen eine Linearität von etwa 0,1 Prozent auf.

- **Tachogenerator mit variablem magnetischen Widerstand**
  Es wird ein Wechselspannungssignal mittels Spule erzeugt, die um einen Permanentmagneten im Stator angebracht ist. Steht ein Zahn dem Magneten gegenüber, wird das Magnetfeld gebündelt, während Zahnlücken den Fluss schwächen. Dabei ändert sich zyklisch die Induktivität des magnetischen Kreises, bestehend aus Magnet, Luftspalt und Rad. Die Frequenz ist

ein Maß für die Drehzahl. Es gilt $f = N \cdot R/60$ Hz. Hierbei ist N die Anzahl der Zähne und R die Drehgeschwindigkeit in Umdrehungen je Minute. Der Messwert wird nicht durch Spannungsabfälle in langen Leitungen beeinflusst.

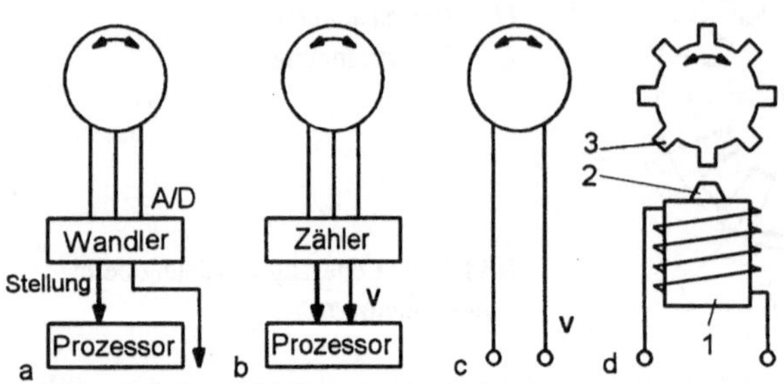

Bild 3-32 Verfahren zur Geschwindigkeitsmessung

Kontrollfragen

1 Was versteht man unter einem phasenzyklischen Wegmesssystem?

2 Wo liegt der Unterschied zwischen direkter und indirekter Wegmessung?

3 Wie erkennt man beim Abtasten von Strichgittermaßstäben die Bewegungsrichtung?

4 Wieviel Spuren muss ein Codelineal für eine direkte Wegmessung haben, wenn die Spur $2°$ ein Wegelement von 0,01 mm darstellen soll und ein maximaler Verfahrweg von 640 mm wiederzugeben ist?

5 Skizzieren Sie mögliche Ausführungsvarianten der indirekten Wegmessung und beurteilen Sie diese vom Standpunkt des Verschleißes, der Messfehler und der Justage!

6 Wie geht man vor, um digitale Sollgrößen mit analogen Istgrößen vergleichen zu können?

7 Was sind die grundsätzlichen Unterschiede zwischen inkrementalen (oder besser: relativen) und absoluten Wegmessverfahren?

8 Wie kann man magnetische Effekte für eine Wegmessung ausnutzen?

9 Welche elektrischen Vorgänge werden beim Inductosyn und beim Resolver für eine Weg- bzw. Winkelmessung ausgenutzt?

10 Durch welchen prinzipiellen Vorteil messtechnischer Art wird der Gray-Code charakterisiert?

4 Handhabung von Objekten

Automatische Zuführtechnik wurde zuerst bei Teilen und Produkten mit Massencharakter eingeführt. Dazu zählen die Automatisierung von Münzprägepressen (1786), von Drehautomaten (1855) und von Einrichtungen zur Herstellung von z.B. Nadeln (1871), Gewehrmunition, Knöpfen und Glühlampen. Bereits Mitte der 20-er Jahre konnte man in der Glühlampenfertigung den flexiblen Leuchtkörper aus gewendelten Wolframdraht automatisch montieren.

Heute reichen die technischen Möglichkeiten auch für das automatische Handhaben von Werkstücken bei kleinen Losgrößen. Handhaben betrifft das Manipulieren von Objekten am industriellen Arbeitsplatz (an und in der Maschine sowie um sie herum), während inner- und außerbetrieblicher Transport das Bewegen von Gut innerhalb und außerhalb einer Fabrik betreffen.

4.1 Handhabungsfunktionen

Die Handhabungsfunktionen orientieren sich natürlich an den industriellen Erfordernissen. In **Bild 4-1** sind die wesentlichen und aktuellen Vorgänge und Bereiche angegeben.

Ansetzen eines Werkzeugs	Werkzeughandhabung	Schweißen, Kleben
ohne Bahnbedingungen von Ausgangs- zu Endlagen	**Handhabungsvorgänge**	mit geometrischen bzw. technologischen Bahnbedingungen
Palettieren, Magazinieren, Depalettieren	Werkstückhandhabung	Fügen, Beschicken, Füllen

Bild 4-1 Grobeinteilung technisch-industrieller Handhabungsvorgänge

Es gibt sehr unterschiedliche und technologisch bedingte Bewegungsmuster und Randbedingungen. Sie alle müssen mit einem Sortiment von Symbolen beschreibbar sein. Deshalb werden in der VDI-Richtlinie 2860 Begriffe und Symbole vorgegeben, mit denen man in überschaubarer Form eine Aufgabenstellung der Handhabungstechnik als Symbolfolge aufschreiben kann. Die Funktionen geben noch nicht die Funktionsträger vor, die man einzusetzen hat. Außerdem gilt, dass man zuerst danach streben sollte, den Gesamtablauf zu vereinfachen, ehe man ans Automatisieren denkt. Die wichtigsten Sinnbilder und Funktionen für das Handhaben sind in **Bild 4-2** aufgeführt [4-1].

> **Handhaben:** Schaffen, definiertes Verändern oder vorübergehendes Aufrechterhalten einer vorgegebenen räumlichen Anordnung (Lage = Position und Orientierung) von geometrisch bestimmten Körpern in einem Bezugskoordinatensystem. Meistens sind weitere Bedingungen wie z.B. Zeit, Menge und Bewegungsbahn vorgegeben und zu beachten.

Man unterscheidet in Grundsymbole (Handhaben, Kontrollieren und Fertigen), in Symbole für Elementarfunktionen (Teilen, Vereinigen , Drehen, Verschieben, Halten, Lösen, Prüfen) und in ergänzende Funktionen, wie z.B. ungeordnetes Speichern (Bunkern) und Fördern. Die definierten Symbole und Funktionen erleichtern die Beschreibung von Abläufen und dienen andererseits der lösungsneutralen Darstellung von Funktionen in Aufgabenstellungen.

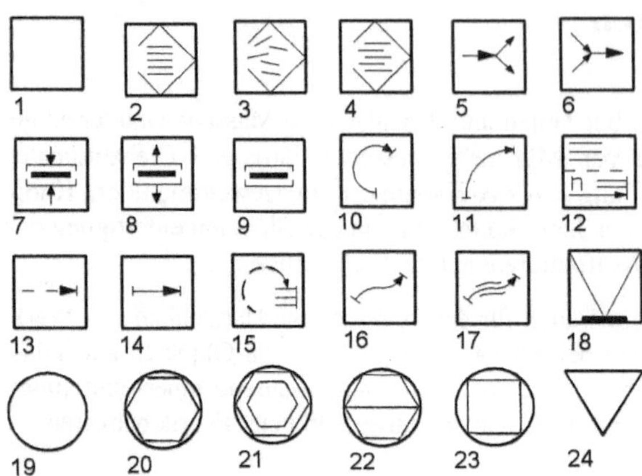

Bild 4-2 Handhabungssymbole nach VDI 2860 (Auswahl)

1 Handhaben (Grundsymbol), 2 geordnetes Speichern (Magazinieren), 3 ungeordnetes Speichern (Bunkern), 4 teilgeordnetes Speichern (Stapeln), 5 Verzweigen, 6 Zusammenführen, 7 Spannen, 8 Entspannen, 9 Halten (ohne Krafteinwirkung), 10 Drehen, 11 Schwenken, 12 Zuteilen (von n Werkstücken), 13 Positionieren, 14 Verschieben, 15 Ordnen, 16 Weitergeben, 17 Führen (bei ständiger Aufrechterhaltung der Orientierung des Teils), 18 Prüfen, 19 Fertigungsverfahren (Grundsymbol), 20 Formändern (Umformen, Trennen), 21 Behandeln (Beschichten, Stoffeigenschaftsändern), 22 Fügen (Montieren), 23 Formgeben (Urformen), 24 Kontrollieren (Grundsymbol)

Unter räumlicher Anordnung eines Körpers in einem Bezugskoordinatensystem (X, Y, Z) versteht man seine Raumposition in den Achsen U, V, W (translatorische Freiheitsgrade) und seine Orientierung um diese Achsen (A, B, C, rotatorische Freiheitsgrade). Der maximale Freiheitsgrad eines Werkstücks ist somit $F = 6$. Bei kinematischen Ketten (Roboter, Manipulatoren, Teleoperatoren) kann er auch größer als 6 sein. Dann spricht man von kinematischer Redundanz.

Ein Beispiel für die Verwendung der Symbole wird in **Bild 4-3** vorgestellt. Es wird ein CNC-Nutenschneidzentrum in der Draufsicht gezeigt. Im Elektromaschinenbau (Motorenfertigung) werden große Mengen an Rotor- und Statorblechen benötigt. Für die Herstellung dieser Blechteile verwendet man spezielle kurzhubige schnellaufende Kurbelpressen. Große Rotoren und Statoren mit einem Durchmesser über 1000 Millimeter werden aber nur in kleineren Stückzahlen gebraucht, für die Gesamtschnittwerkzeuge nicht mehr wirtschaftlich sind. Dann arbeitet man im Einzelschnittverfahren. Die Nuten werden also rundum einzeln und nacheinander eingebracht. Eine CNC-Steuerung koordiniert den gesamten Ablauf des Schneidzentrums, einschließlich aller Ver- und Entsorgungsaufgaben.

Zum Fertigungsablauf:

Der Vorgang beginnt mit der Übergabe von Ronden in das dargestellte CNC-Nutenschneidzentrum. Beim Schneiden der Ronden entstehen Rotor- und Statorbleche. Durch eine Dickenkontrolle wird die Zuführung von Doppelblechen vermieden. Das Rotorblech erhält noch ein Achsloch. Dann werden Rotor- und Statorbleche getrennt abgelegt und auf Paletten gestapelt. Ein Shuttle besorgt das Überwechseln der magazinierten Teile zum innerbetrieblichen Transportsystem.

Dieser Ablauf wird nun in **Bild 4-3b** als Handhabungsplan dargestellt. Es ist eine rein funktionelle Darstellung, die aber auch den Materialfluss sichtbar macht.

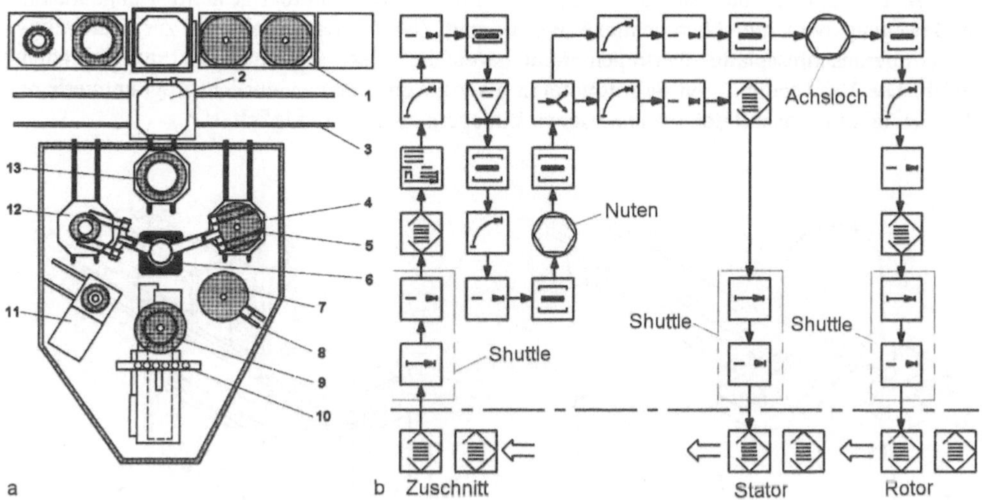

Bild 4-3 CNC-Nutenschneidzentrum (Müller-Weingarten)

a) Draufsicht auf das System, b) Handhabungsplan, 1 Palettenlager, 2 Shuttlewagen, 3 Fördereinrichtung, 4 Belade- und Entnahmestation, 5 Magnetgreifer, 6 Handhabungseinrichtung mit 2 unabhängig operierenden Armen, 7 Zentrier- und Ausrichtstation, 8 Blechdickenkontrolle, 9 Nutstation mit Teileinrichtung, 10 Werkzeugwechsel mit Magazin, 11 Presse für Fertig-Achsloch, 12 Rotorablegestation mit Hubeinrichtung, 13 Statorablegestation mit Hubeinrichtung

4.2 Einlegeeinrichtungen

4.2.1 Pick- and -Place Geräte

Handhabungseinrichtungen, die als Bewegungssequenz "Greifen eines Teils - Bewegen zur Zielposition - Greifer öffnen und Teil ablegen" ausführen, werden als Einlege- oder Pick-and- Place Gerät bezeichnet. Oft genügen 2 (nichtnumerische) Bewegungsachsen. Das **Bild 4-4** zeigt 2 verschiedene Ausführungen.

> **Einlegegerät:** Hinsichtlich Bewegungsfolge und/oder Wegen bzw. Winkeln festgelegte und im Bewegungsverhalten nur durch Austausch von Elementen oder deren Verstellung veränderbare Handhabungseinrichtung.

Synonyme Bezeichnungen sind Lader (*loader*), Zuführeinrichtung (*feeder*), Non-Servo-Robot und Fixed Sequence Robot (Japan).

Beim Aufbau nach **Bild 4-4a** wurde eine handelsübliche Hub-Dreh-Einheit als Antrieb eingesetzt. Die Drehung der Kolbenstange wird in eine Hubbewegung des Greiforgans umgesetzt. Damit sind dann Bewegungsabläufe möglich, die man üblicherweise als C-Zyklus bezeichnet. Die Endlagen werden mehr oder weniger gut gedämpft angefahren. Die Genauigkeit liegt im Zehntel-Millimeterbereich oder besser und ist in der Regel für Beschickungs-, Entnahme- und Montagevorgänge ausreichend.

Der bewegte Teil ist auch bei dem Gerät nach **Bild 4-4b** massearm, was zu einer guten Dynamik führt. Nicht selten ist manchmal die zu bewegende Eigenmasse größer als die Nutzlast (*rated* *payload*). Deshalb hat man hier die Motoren (5-Phasen-Schrittmotor) gestellfest angebracht. Die Bewegung wird hier über genutete Wellen und Zahnriemengetriebe bis zur Werkzeug- bzw. Greiferanschlussplatte übertragen. Man bezeichnet diese Art auch als traversierenden Antrieb. Die Verwendung von Schrittmotoren als Antrieb erlaubt natürlich programmierbare Zyklen zu fahren, was mit den pneumatischen Einlegern fast nicht möglich ist.

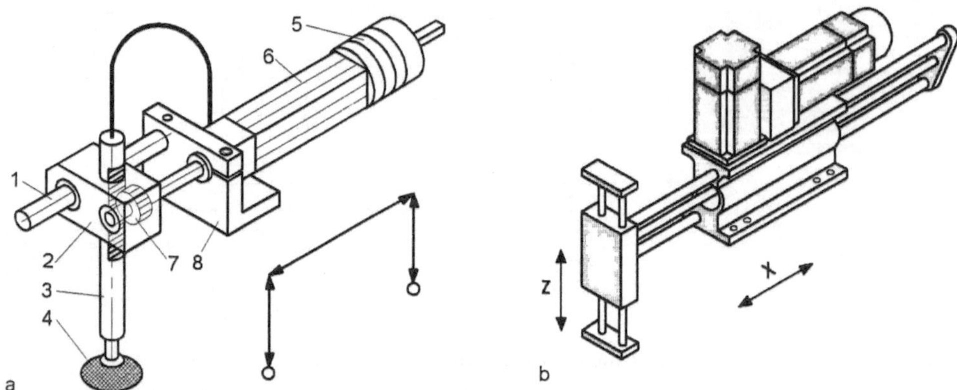

Bild 4-4 Einlegegeräte
a) pneumatischer Antrieb (FESTO), b) Linearpositionierer (SIG POSITEC), 1 Geradführung, 2 Schlitten, 3 verzahntes Hubrohr, 4 Sauger, 5 Schwenkmodul, 6 Linearaktor, 7 Antriebsritzel, 8 Basisklemmplatte

Nach wie vor werden auch immer wieder elektromechanische Einlegegeräte eingesetzt, die häufig mit Steuerkurven ausgestattet sind. Je Bewegung wird eine Kurve gebraucht. Sie können auch in einen Kurvenkörper eingebracht sein. Die Steuerkurven liefern die Weginformation und sind gleichzeitig Energieübertrager. Es sind sehr schnelle Bewegungszyklen möglich, mitunter weniger als 1 Sekunde (für ein komplettes Handhabungsspiel!). Kurvengesteuerte Einleger haben übrigens eine hervorragende Laufkultur, weil günstige Bewegungsgesetze in der Kurvenform untergebracht werden können. Die Bewegungen werden driftfrei reproduziert.

Mehrarmige Einleger erlauben das zeitlich parallele Greifen und Ablegen von Werkstücken, z.B. bei der Beschickung von Pressen oder bei Drehautomaten. In **Bild 4-5** wird die Beschickung und Entladung eines Automaten mit einem obenauf befestigten Doppelarmlader (*twin-arm loader*) gezeigt. Die Dreheinheit des Einlegers muss 3 Stellungen zulassen, denn in der Mittelstellung ist der Arm zu parken, damit er bei der Bearbeitung nicht stört.

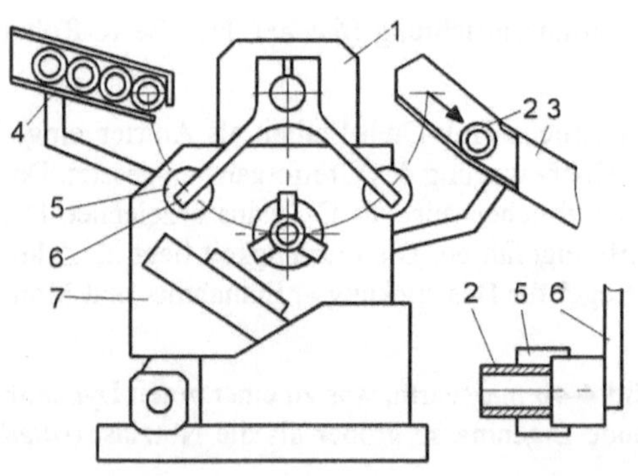

1 Schwenk-Lineareinheit
2 Werkstück
3 Ausgabekanal
4 Zuführkanal
5 Dreifingergreifer
6 Doppelarm
7 Werkzeugmaschine

Bild 4-5 Beschickung eines Drehautomaten mit einem Doppelarmlader

Der Ablauf ist einfach:

- Greifer G1 in Magazinposition, G2 in Drehfutterposition
- Linearbewegung: Greifen Rohteil mit G1, Greifen Fertigteil mit G2
- Linearhub: Herausziehen der Teile
- Schwenken: G1 Drehfutter, G2 Ausgabekanal
- Linearbewegung: Hineinschieben der Teile
- Greifer öffnen, Rückhubbewegung
- Schwenken in Parkposition und dann endlich
- Beginn der Werkstückbearbeitung durch Zerspanen

Trotz dieser umfassenden Ablauffolge genügen 2 lineare Endpositionen und 3 Schwenkarmstellungen. Die Flexibilität der Lösung ist gering.

Neben fertig beziehbaren Kompaktgeräten haben Linear- und Drehmodule, mit denen man Einlegeeinrichtungen aus dem Baukasten aufbauen kann, einen hervorragenden Platz erreicht.

4.2.2 Baukastensysteme

So wie man einen komplexen Handhabungsablauf in Teilfunktionen auflösen kann, so lassen sich auch für die einzelnen Bewegungen Funktionsträger gestalten. Sie wachsen schließlich zu einem Baukastensystem mit passfähigen Schnittstellen bezüglich mechanischem Zusammenbau und energetischer Anbindung.

Für das Handhaben werden meistens mehrere Achsen gebraucht. Geht man einmal von 3 Achsen aus ($k = 3$), von denen jede entweder Schiebe- oder Drehachse sein kann (Anzahl Elemente n) und außerdem jede Bewegungseinheit eine von 3 Achsenrichtungen im Raum einnehmen kann, so ergibt sich folgende Menge V von Anordnungs-(Aufbau-)Varianten:

$$V = n^k = (2 \cdot 3)^3 = 216 \text{ Varianten.}$$

Das ist eine gewaltige, kaum übersehbare Auswahl. Doch mit allen 216 Varianten muss man sich nicht beschäftigen, weil einige aus kinematischen Gründen für das Handhaben unbrauchbar sind, z.B. weil sie gar keinen Arbeitsraum aufspannen oder weil sie sich kinematisch nur in der Bezeichnung unterscheiden. Einige Aufbaumöglichkeiten werden in **Bild 4-6** schematisch dargestellt. Sie sind alle aus Baukastenkomponenten zusammengesetzt. Nach der Häufigkeit der industriellen Anwendung lassen sich etwa folgende Anteile abschätzen:

- Zwei Linearachsen für C-Zyklus-Bewegungen (Variante 2) etwa 50 %
- Portalvariante mit Vertikaleinheit (Variante 2/1) etwa 10 bis 15 %
- Hub-Dreh-Geräte mit Drehachse als Achse 2 (Variante 4) etwa 3 %
- Drei-Achsen-Gerät wie Einleger mit 2 Linearachsen aber zusätzlich einer Handdrehachse (Variante 6) etwa 15 bis 20 %
- Drei-Achsen-Gerät wie Einleger mit 2 Linearachsen aber zusätzlich mit einer Kronenrevolverdrehachse für Doppelgreifer (Variante 6/2) etwa 5 %
- Geräte mit der Konfiguration Drehen-Heben-Drehen (Variante 11/1) etwa 5 %
- Geräte mit waagerechter Drehachse und Linearachse als Achse 2 (Variante 11/2) mit 2 %

Je nach Baukastensystem lässt sich der Zusammenbau direkt oder mit Hilfe von Adaptern (Platten, Scheiben, Winkel) mehr oder weniger komfortabel (Montagezeit, Anpassarbeiten, Baugrößenstufung, Greiferbauart) erledigen.

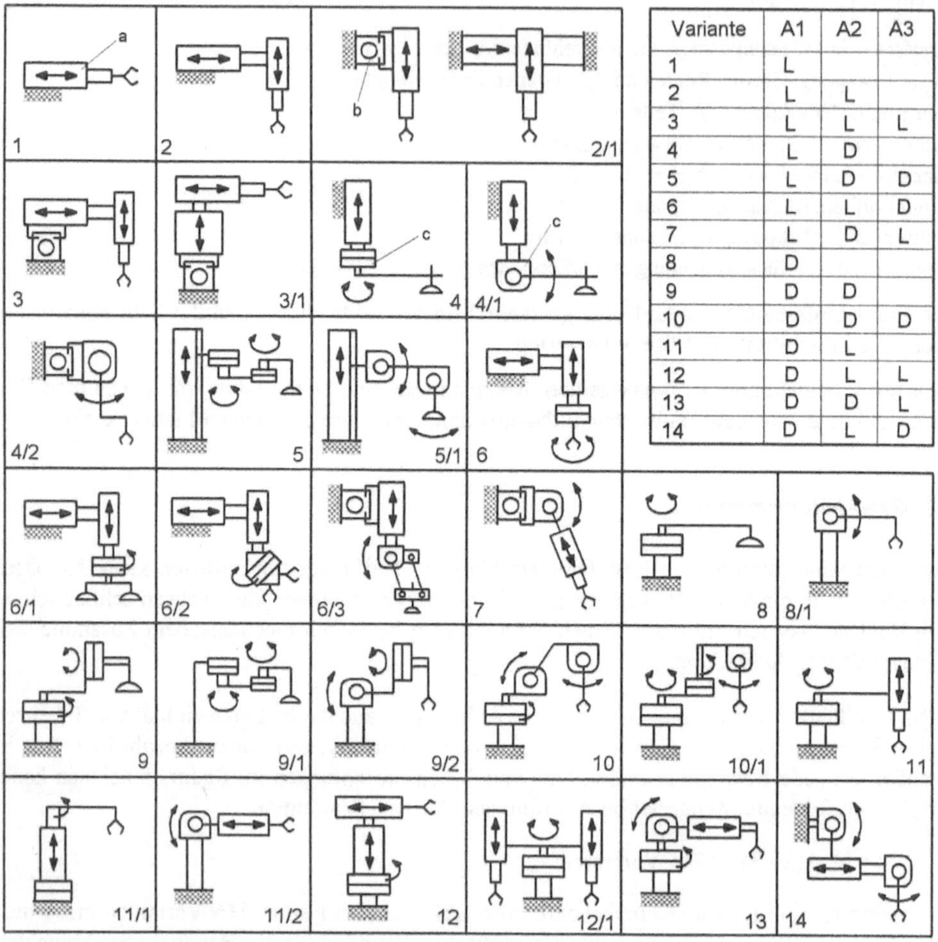

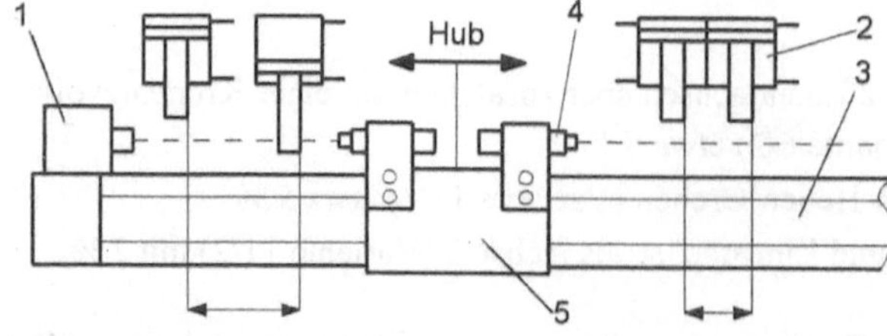

Variante	A1	A2	A3
1	L		
2	L	L	
3	L	L	L
4	L	D	
5	L	D	D
6	L	L	D
7	L	D	L
8	D		
9	D	D	
10	D	D	D
11	D	L	
12	D	L	L
13	D	D	L
14	D	L	D

Bild 4-6 Einige Kombinationsvarianten für Linear- (L) und Dreheinheiten (D)
a Lineareinheit, b Querverfahreinheit, c Dreh- bzw. Schwenkeinheit, A Achse

Es gibt Module, die dafür bestimmt sind, nur von Endlage zu Endlage zu fahren. Manche sind auch geeignet, noch einige Zwischenpositionen anzulaufen, z.B. durch integrierte, per Programm aufrufbare Anschläge oder durch extern gesetzte Anschläge. So wird in **Bild 4-7** eine Lineareinheit gezeigt, an der man pneumatisch ausfahrbare Zwischenanschläge angebaut hat.

1 Endanschlag
2 Zwischenanschlag
3 kolbenstangenloser Zylinder
   mit integrierter Geradführung
4 Stoßdämpfer
5 Schlitten

Bild 4-7 Anschlagsystem für eine pneumatische Lineareinheit

Die Befestigung ist meistens an den Außenflächen (T-Nuten) des Zylinderprofils möglich. Die Aufschlagenergie wird durch einstellbare Dämpfer abgebaut. Die Achse ist schnell, die Positionen sind leicht justierbar und werden recht genau angefahren. Ein wichtiges Detail solcher Lösungen ist, ob man von Zwischenanschlag zu Zwischenanschlag fahren kann oder ob man vor der Weiterfahrt erst einen Rückwärtshub absolvieren muss.

Bei vielen elektrischen Linearachsen lassen sich wahlweise verschiedene Antriebsmotoren ansetzen, also sowohl Servo- wie auch Schrittmotoren. In **Bild 4-8** wird eine Achse gezeigt, bei der der Schlitten über 2 Zahnriementriebe in Bewegung gesetzt wird. Der Schlitten läuft auf Rollen in einem Führungsprofil. Die gesamte Achse beruht auf einem eigens dafür entwickelten Tragprofil großer Steife. Schwalbenschwanz-Anschlussflächen am Tragprofil und am Schlitten erlauben die schnelle Montage an Gestellaufbauten bzw. die Anbringung eines Greifers oder einer Vertikaleinheit allein durch Klemmen. Das übliche Verbohren und Verstiften von Bauteilen erübrigt sich. Eine solche Achse ist sehr kompakt und frei programmierbar. Auch Feldbus- Interfaces sind verfügbar. Die Positionierfehler liegen z.B. im Bereich von ± 0,02 mm. Solche Achsen haben in der Montagetechnik und im Sondermaschinenbau weite Verbreitung gefunden.

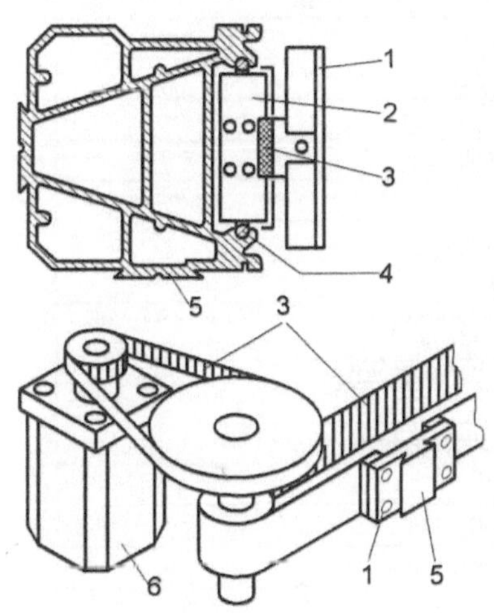

Bild 4-8 Servo-Horizontalachse mit Antrieb und Trägerprofil im Querschnitt

Es gibt viele Gründe und Vorzüge, die für eine Anwendung von Einlegeeinrichtungen aus Baukastenkomponenten sprechen. Es sind folgende.

- Modulare Handhabungsgeräte enthalten keine brachliegenden Funktionsträger und sind deshalb dem Problem ideal anpassbar.

- Baukastengeräte entsprechen einer Sondermaschine, besitzen aber die Zuverlässigkeit von Seriengeräten.

- Handhabungskomponenten sind als Folge einer Serienfertigung preiswert, umfassend erprobt und qualitativ hochwertig.

- Die meisten Module sind ohne Wartezeit ab Lager beziehbar.

- Viele Baukästen sind inzwischen soweit ausgebaut, dass man auch komplexere Aufbauten aus einem System heraus entwickeln kann.

- Ausführliche Baugrößenstufungen erlauben eine beanspruchungsgerechte Auswahl von Komponenten.

- Beim Projektieren werden Zeitvorteile durch Bereitstellung CAD-fähiger Datensätze erreicht.

- Handhabungsmodule haben die Chance für ein "zweites Leben", wenn eine Anlage nicht mehr gebraucht und zerlegt wird.

- Durch Integration von elektronischen Komponenten wird die steuerungsmäßige Anbindung erleichtert.

Bei der Vielzahl der Anbieter von Bewegungsmodulen ist es nicht immer leicht, eine Auswahl zu treffen. Deshalb werden wichtige Kriterien in der folgenden Tabelle aufgeführt. Sie sollen bei der Auswahl, beim Variantenvergleich, beim Kauf und bei der Abnahme von Anlagen hilfreich sein.

Gesichtspunkte und Kriterien für die Bewertung von Lösungen und Komponenten	
Kriterien	
Abdichtung	Oberflächenschutz
Austauschbarkeit	Prüfbarkeit
Baugrößenstufung	Qualitätsstandard
Bedienungsfreundlichkeit	Reinraumtauglichkeit
Dokumentation	Schwingungsunempfindlichkeit
Drehmomentbelastbarkeit	Sensoranbauoption
Driftfreiheit	Sicherheitsstandard
Einbaulagenfreiheit	Softwarebereitstellung
Einstell-, Programmierbarkeit	Spielselbsteinstellung
Elektromagnetische Verträglichkeit	Steifigkeit
Fehlersuchprogramm	Steuerungsanbindung
Führungsgenauigkeit, -verhalten	Systemreserven
Geräuschlosigkeit	Temperaturbeständigkeit
Innovationspotential	Überlastungsbeständigkeit
Integrierbarkeit	Umrüstbarkeit
Justagefreundlichkeit	Ventilanbaumöglichkeiten
Korrosionsschutz	Wartungsfreiheit
Leistungsparameter (siehe unten)	Wirtschaftlichkeit
Montagefreundlichkeit	Zertifizierung (Hersteller)
Nutzungs-, Lebensdauer	Zubehör

Leistungsparameter		
Arbeitsraum, -fläche, Hub	Kräfte und Momente	Schnittstelle
Ausfallrate	Positionsabweichung	- mechanisch
Beschleunigung	Preis-Leistungs-Parameter	- elektrisch
Dämpfung	Reibung	- pneumatisch
Durchbiegung	Tragzahlen	- steuerungstechnisch
Eigenmasse	Umkehrspanne	Vorschubkraft
Geschwindigkeit	Start-Stopp-Verhalten	Wartungszyklus
Geschwindigkeitsprofil	Garantiezeitraum	Wirkungsgrad

Kontrollfragen

1 Handhaben und Transportieren haben vieles gemeinsam. Worin unterscheiden sie sich aber?

2 Was charakterisiert die Einlegeeinrichtungen im Vergleich mit Industrierobotern?

3 Handhabungsgeräte gibt es in Kompaktausführung und als Baukastengerät. Welche technischen Gesichtspunkte beeinflussen die Auswahl?

4.3 Industrierobotereinsatz

Industrieroboter sind eine eigene Klasse numerisch gesteuerter Maschinen. Mit ihnen ist eine bewegungsflexible Handhabungsmaschine entstanden, die in vielen Anwendungen dank freier Programmierbarkeit den Bediener ersetzen kann [2-3, 4-2 bis 4-5]. Sie werden deshalb bei vielen gleichen Bewegungswiederholungen eingesetzt und erübrigen menschliche Arbeitskraft (Maschinenbediener) in gesundheitsschädigenden bzw. -gefährdenden Arbeitsprozessen. Gefährdungen bestehen für den Menschen beim Hantieren mit heißen Teilen, durch Funkenflug, beim Halten großer Werkstückmassen in ungünstigen Körperhaltungen und z.B. beim Schweißen und Montieren in hohen Taktraten. Mittlerweile gibt es auch Teile (besonders kleine, besonders große), die nur noch mit dem Roboter günstig zu handhaben sind. Der industrielle Einsatz von Industrierobotern wurde besonders durch die Automobilindustrie positiv stimuliert. In den USA hat General Motors bereits 1970 robotisierte Punktschweißlinien im Karosseriebau eingesetzt.

4.3.1 Aufbau und Teilsysteme

Der Grundaufbau eines Industrieroboters leitet sich aus der allgemeinen Aufgabe ab, einen Körper im Raum durch Schieben und Drehen frei beweglich in eine andere Position und/oder Orientierung gegenüber einem Bezugssystem zu überführen. Dazu müssen die in **Bild 4-9** gezeigten Bestandteile koordiniert zusammenwirken.

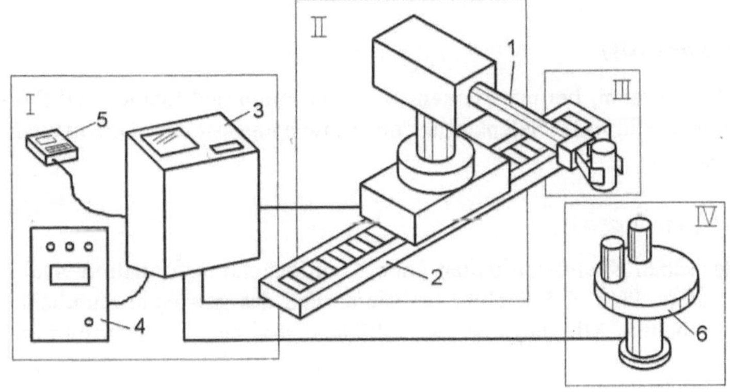

I   Steuerung

II ausführende Einrichtung

III Arbeitsorgan

IV Peripherie

1 Roboterarm
2 Bewegungseinheit
3 Robotersteuerung
4 Anpasssteuerung
5 Handbedienpult
6 Drehtisch

Bild 4-9 Hauptbestandteile eines Robotersystems

Die Aktionen des Roboters werden als Befehl per Programm vorgegeben. Hochentwickelte Roboter verfügen über Sensoren, mit deren Signalen dann eine Anpassung an bestimmte Gegebenheiten selbsttätig möglich ist. Im Laufe der Zeit haben sich einige Grundstrukturen herausgebildet, die je nach Handhabungsaufgabe ausgewählt werden. Drehgelenke kommen der Beweglichkeit des menschlichen Armes dabei näher als Schubgelenke. Letztere erlauben aber die Realisierung größerer Verfahrwege und eignen sich deshalb besonders gut für die Maschinenbeschickung durch Mehrmaschinenbedienung.

Für die Dynamik eines Gelenkarmroboters (*articulated-arm robot*) ist z.B. von Bedeutung, wo die Achsantriebe untergebracht werden. Dezentrale Anordnung an den Gelenken einer offenen Armstruktur bedeutet, dass die nicht geringen Massen der Antriebe laufend mit bewegt werden müssen. Bei zentralen Anordnungen (**Bild 4-10**) werden diese Massen in Gestellnähe angeordnet und nur wenig bewegt. Das ist dynamisch günstiger, verursacht aber mehr konstruktiven Aufwand, um die Bewegungen über die Gelenke hinweg bis zur jeweiligen Bewegungsachse zu leiten. Dafür werden Zugmittel-, Räder- oder Koppelgetriebe eingesetzt.

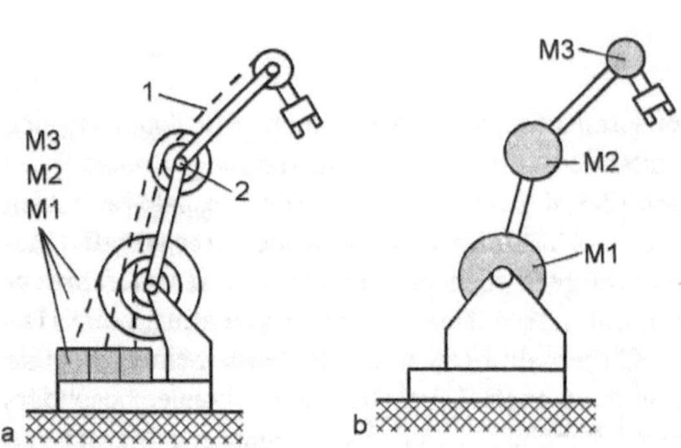

Bild 4-10 Struktur von Mehrantriebs-
systemen

> **Industrieroboter:** Universeller Handhabungsautomat mit mindestens 3 Achsen, dessen Be-
> wegungsmuster frei programmierbar ohne mechanische Hilfsmittel entsteht. Es kann ein End-
> effektor wie z.B. ein Greifer oder ein Werkzeug angebracht sein (ISO TR 8373). Der Begriff
> Roboter ist dagegen allgemeiner und schließt neben dem Industrieroboter weitere Arten von
> Bewegungsautomaten ein, wie z.B. Serviceroboter.

Die mechanische Struktur wird wesentlich von den hintereinander angeordneten Armgliedern in
den Grundachsen geprägt. Die Verbindung kann rotatorisch oder translatorisch sein. Vergleicht
man die Grundachsen eines Industrieroboters, so ergeben sich folgende Unterschiede:

Rotatorische Grundachsen (rotary axis)

Sie erzeugen einen großen Arbeitsraum, bei nur kleinem Kollisionsraum und kleiner Stellfläche. Benötigt werden besonders spielfreie Gelenkarme, ein schwingungssteifer Aufbau und
hohe Arbeitsgeschwindigkeiten.

Translatorische Grundachsen (linear axis)

Die Bewegung kann in kartesischen Raumkoordinaten ohne Koordinatentransformation erfolgen. Der baukastenmäßige Aufbau lässt sich leichter realisieren und das gewohnte räumliche
Vorstellungsvermögen bleibt erhalten. Allerdings ist die Stellfläche groß und die Geradführun-
gen sollten abgedeckt sein.

Zusammenfassend ist zu sagen, dass der Roboter als Bestandteil einer Wirkzone in den dort zu-
sammenlaufenden Energie-, Informations- und Stofffluß eingebunden ist. Die wichtigsten Systemkomponenten sind:

- **Kinematik**

  Das ist der mechanische Teil mit Basiseinheit, Greiferführungsgetriebe mit allen Gelenken
  und Achsantrieben inklusive Wegmesssystemen. Die Grundachsen erzeugen den Hauptar-
  beitsraum, die Nebenachsen (Greiferachsen) den Nebenarbeitsraum, der hauptsächlich zur
  Orientierung des Effektors an der Wirkstelle dient [4-15].

- **Steuerung**

  Die Steuerung koordiniert das Zusammenwirken aller Teilsysteme des Roboters. Dazu gehören auch Software, Datenschnittstellen und digitale bzw. analoge Ein- und Ausgänge.
  Die Schnittstellen der Industrieroboter werden in **Bild 4-11** sichtbar gemacht. Die System-
  schnittstelle wird dann gebraucht, wenn die Robotersteuerung Teil einer komplexen Anlage
  ist und ein Datenverkehr zu übergeordneten Steuerungen aufrecht zu erhalten ist. Die aus-

zutauschenden Informationen können in eine serielle Folge digitaler Signale umgewandelt und dann z.B. über mittlere Entfernungen auf einer Zweidrahtleitung übertragen werden. Eine Schnittstelle zu externen Datenspeichern dient der Archivierung von Programmen oder auch der Übertragung von Daten, die extern erzeugt werden.

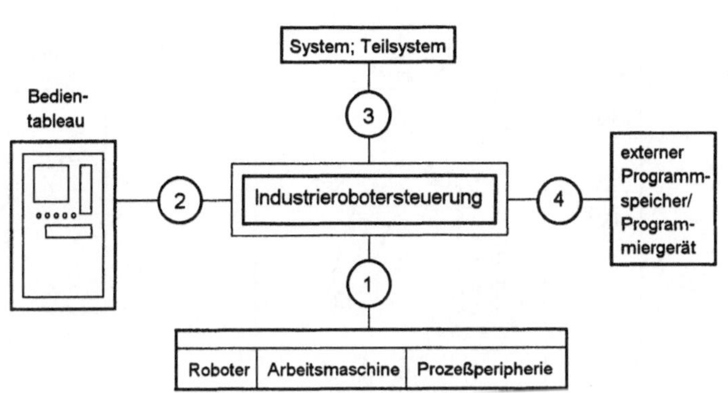

1 Prozessschnittstelle

2 Bedienschnittstelle

3 System- bzw. Teilsystem-
   schnittstelle

4 Schnittstelle zu externen
   Speichern und Program-
   miergeräten

Bild 4-11 Schnittstellen von Industrierobotersteuerungen

- **Programmierhandgerät**

  Das ist der Teil der Steuerung, mit dem der Bediener den Dialog beim Programmieren führt. Das Gerät wird vor allem bei der Teach-in Programmierung verwendet.

- **Endeffektor**

  Effektoren sind die eigentlichen Wirkorgane. Man unterscheidet in die beiden Hauptgruppen Greifer und Roboterwerkzeuge, wie z.B. Schweissbrenner oder Farbspritzpistolen.

- **Sicherheits- und Schutzeinrichtungen**

  Dazu gehören die Komponenten, die den Roboter und die Umgebung vor Crash und Überlastung schützen, wie z.B. Überlastkupplungen oder Software zur Online-Kollisionsüberwachung.

Die Kinematik hat als Bewegungslehre die Aufgabe, eine Bewegung möglichst einfach und vollständig zu beschreiben. Dazu gehört auch die räumliche Zuordnung der Bewegungsachsen zueinander nach Folge und Aufbau. Die Aneinanderreihung von Achsen ergibt eine Kinematische Kette (*kinematic chain*). Das ist ein abstraktes Strukturbild. Die Vielzahl kinematisch möglicher Strukturen erhält man durch Variation folgender Elemente:

- Art der Bewegung, üblicherweise Dreh- und Linearachsen
- Anzahl kombinierter Achsen, z.B. 3 Grund-(Haupt-)Achsen und 3 Neben-(Hand-)Achsen
- Aufeinanderfolge von Dreh- (D) und Schubachsen (S), z.B. DDS oder SSS
- räumliche Ausrichtung der Achsen, z.B. eine Drehachse 90° gedreht zur ersten Drehachse.

Industrieroboter lassen sich nach ihrer Kinematik, ihrer Bauform (Geometrie), ihren Antrieben, ihren technischen Anforderungen wie Positionier-/Bahngenauigkeit und den Verfahrgeschwindigkeiten unterscheiden. Die gebräuchlichsten Ausführungen werden in **Bild 4-12** gezeigt. Die Grund- (Haupt-) Achsen sind maßgebend für den Arbeitsraum, der ausgebildet wird. Zur Orientierung des Arbeitsorganes sind meistens noch Handachsen erforderlich, die einen Nebenarbeitsraum ausbilden. Es sind fast immer rotatorische Achsen.

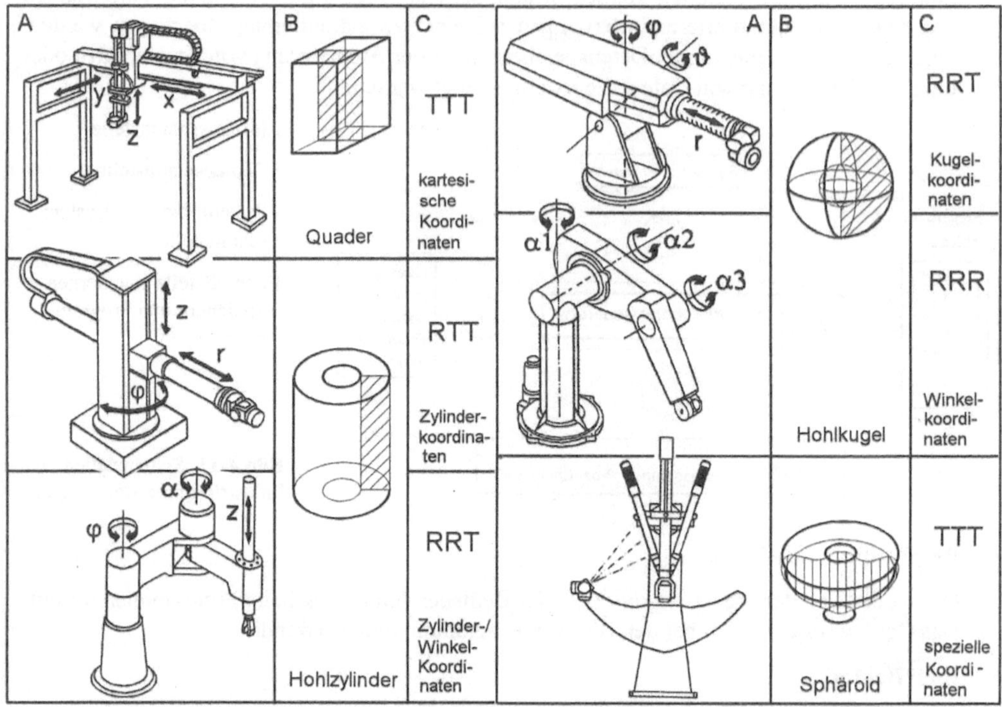

Bild 4-12 Bauausführungen gebräuchlicher Industrieroboter

A Ausführung, B Arbeitsraumform, C Art der Achsen, T Translationsachse, R Rotationsachse

Die Wahl der richtigen kinematischen Struktur für eine Handhabungseinrichtung hat verschiedene Aspekte. In Lagerbereichen braucht man eine Struktur, mit der große Flächen überfahren werden können. In der Montage sind dagegen Roboter mit kleinen Aufstellflächen und großem Arbeitsraumvolumen günstig. Für Einpressarbeiten schließlich wird ein steifes Führungsgetriebe benötigt, welches die erforderlichen Presskräfte aufbringen kann, wie das insbesondere bei Robotern mit Parallelkinematik (Hexapod) der Fall ist. Für die Verpackung von kleinen Produkten wird ein schnelles hochdynamisches System gebraucht, das mit den hohen Leistungen einer Verpackungsanlage mithalten kann.Das **Bild 4-13** zeigt, welcher Freiraum nötig ist, um überhaupt mit dem Greifer zum Wirkungsort vordringen zu können. Dieses ist aber nur ein Merkmal. Für das Hantieren in hinterschnittenen Räumen oder in gekrümmten Rohrleitungen kommt man ohne Multisegmentarm meistens nicht aus. Auch Teleoperatoren (Kanalroboter) haben für solche Anwendungen in der Regel einen segmentierten Aufbau.

a) kartesisches System

b) Drehgelenkstruktur

c) Multisegmentarm

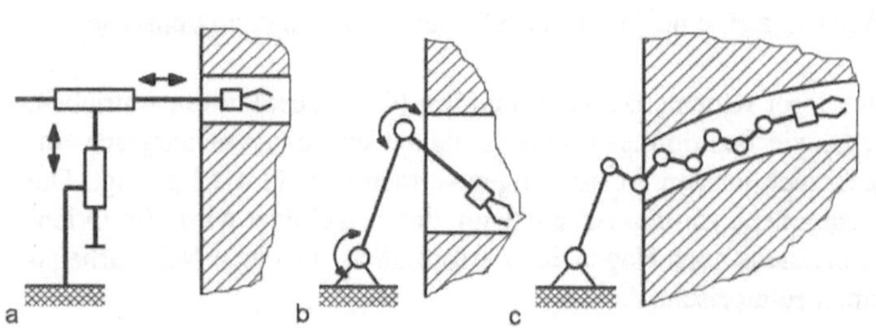

Bild 4-13 Zusammenhang zwischen Roboterkonfiguration und Handhabungsaufgabe

Weitere Kriterien zur Beurteilung kinematischer Strukturen sind:

* Welche Arbeitsraumgröße wird ausgebildet (Form, Volumen, Reichweitegrenzen)?

* Ist der Arbeitsraum umfassend nutzbar oder gibt es Kollisionsstellen?

* Reicht die Beweglichkeit aus, um Hindernisse umgehen zu können?

* Lässt sich der Anschlussflansch für Effektoren umfassend räumlich ausrichten?

* Besteht die Möglichkeit, mehrere Arbeitsorgane gleichzeitig zu tragen?

* Führen Gelenkspiele und Durchbiegungen zu nicht akzeptablen Positionierfehlern (Bahngenauigkeit, Steifigkeit)?

* Welche Bahngeschwindigkeiten und -beschleunigungen sind in bestimmten Bahnpunkten erreichbar?

* Entsprechen Wirkungsgrad und Wirtschaftlichkeit den Vorstellungen?

* Welcher Bewegungsraum wird beansprucht?

Arbeitsraum und Kollisionsraum ergeben sich aus den Abmessungen des Roboters, seiner kinematischen Struktur und auch aus der Konstruktion des Armes. Beide Räume bilden zusammen den Bewegungsraum (**Bild 4-14**). Er ist gleich oder kleiner als der gerätespezifisch festliegende Bewegungsraum und von der momentan auszuführenden Handhabungsaufgabe abhängig.

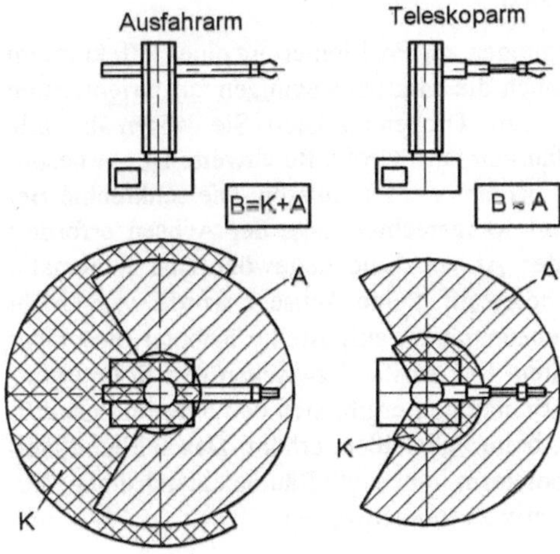

Bild 4-14 Kollisionsraum K und Arbeitsraum A ergeben den Bewegungsraum B

Man erkennt aus dieser Darstellung, dass ein Teleskoparm den Kollisionsraum beträchtlich verkleinern kann. Das gilt übrigens auch für Faltarme (Knickarme). Teleskoparme werden aber bei Standardrobotern kaum eingesetzt, weil sie technisch zu aufwendig sind und den Arm "weich" machen, was die Starrheit und damit die Genauigkeit beeinträchtigt. Bei den problemangepassten Handhabungseinrichtungen (bei Sonderausführungen) werden hin und wieder auch Teleskopmodule eingesetzt. Die Verhältnisse sind auch bei den Multisegmentarmen anders, bei denen viele Armglieder über Rotoidgelenke miteinander verbunden sind. Rotoidgelenke ergeben einen rüsselartigen Roboterarm.

Kartesische Roboter (*Cartesian co-ordinates robot*) sind solche, deren Hauptachsen (das sind die ersten 3 Achsen) Translationen ausführen, die den kartesischen (rechtwinkligen) Raumkoordinaten entsprechen. Die Bezeichnung "kartesisch" geht auf den französischen Mathematiker und Philosophen R. Descartes (1596-1650) zurück, dessen latinisierter Name Cartesius war. Ein Beispiel ist der in **Bild 4-15** gezeigte Portalroboter. Sie werden gelegentlich auch als "Gantry-Robot" bezeichnet (*gantry* = Kranportal), vor allem, wenn es sich um Linienportalroboter handelt. Handschwenk- und/oder -drehachsen können vorhanden sein. Sie müssen nicht zwangläufig auch Linearachsen sein.

Gerade Bahnen lassen sich mit kartesischen Robotern besonders gut und genau erzeugen, wenn die Bahn parallel zu den Führungen der Hauptachsen verläuft. Bei schrägverlaufenden Bahnen müssen, wie auch bei Drehgelenkrobotern, mehrere Achsen koordiniert verfahren. Die messtechnische Auflösung des Weges ist wegen der ausschließlichen Linearbewegungen im gesamten Arbeitsraum gleich. Das ist bei Robotern mit Drehgelenken nicht der Fall.

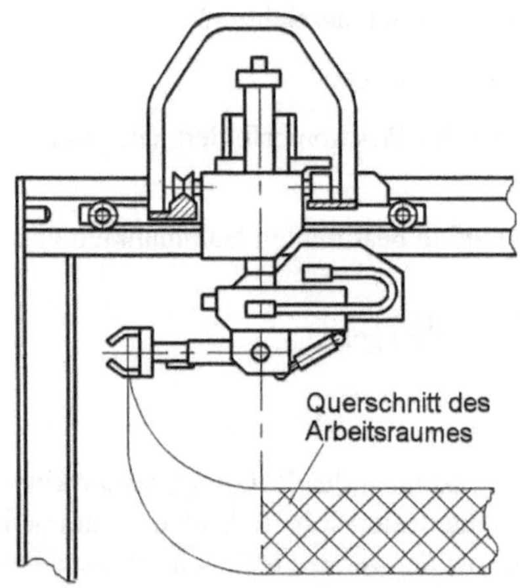

Bild 4-15 Roboter in Kreuzportalbauart

Ein typisches Anwendungsfeld von Robotern mit der Grundstruktur SSS ist die Beschickung und Entladung von Maschinen, das Stapeln in Lagerbereichen und auch das Führen von Prüfgeräten und Messmitteln.

Drehgelenkroboter (*jointed-arm robot*) sind solche Roboter, deren 3 Grundachsen Drehgelenke sind. Nach der Ausrichtung der Drehachsen unterscheidet man in die Senkrecht- und Waagerechtgelenkarm-Roboter (*SCARA, selective compliance assembly robot arm*). Erstere werden meist auch als "Universalroboter" bezeichnet, weil sie für viele Anwendungen verwendet werden können und bei schlankem Aufbau auch bei engen Platzverhältnissen einsetzbar sind.

Die Grundstruktur DDD realisiert die Makrobewegungen zur Positionierung eines Effektors im Raum durch Drehachsen. Meistens werden dann auch die Mikrobewegungen zur Orientierung des Effektors an der Zielposition durch Schwenken bzw. Drehen realisiert. Sie weisen aber alle ein günstiges Verhältnis zwischen Arbeits- und Bauraum auf. Große Reichweite ist ein besonderer Vorteil, wenn viele periphere Einrichtungen bedient werden müssen. Die senkrechte Bewegungsebene der Roboter mit DDD-Struktur und waagerechter Lage der Achsen erfordert übrigens einen ungleichmäßigen Lastausgleich des Armes. Eine ungewöhnliche Kinematik weist der in **Bild 4-16** dargestellte Drehgelenkroboter auf. Seine Achse 1 wurde waagerecht angelegt. Damit kann er sich zur Seite neigen. Nebeneinander aufgestellte Roboter dieser Art ermöglichen übergreifendes und simultanes Arbeiten. Der Abstand zwischen den Robotermitten beträgt nur 960 mm. Bei der Einordnung in Arbeitslinien ergibt sich dadurch ein beachtlicher Platzvorteil, weil sich die Arbeitsdichte, z.B. beim Schweißen, erhöht. Das seitliche Neigen kann z.B. ausgenutzt werden, um mit dem Roboterarm in beengte Räume einzudringen. Nebeneinanderstehend können 2 Roboter auch kooperativ zusammenwirken.

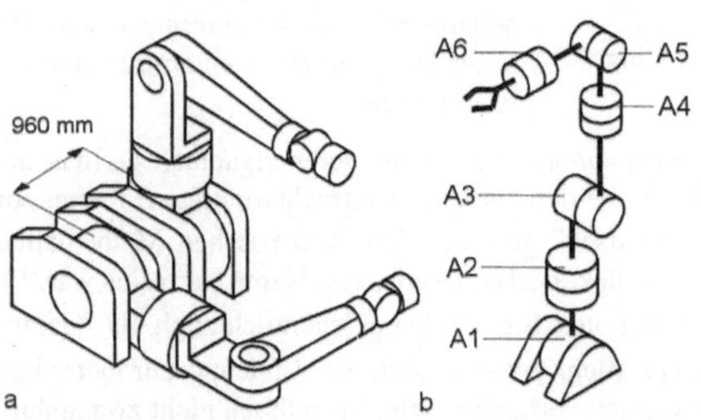

a) Prinzipdarstellung von 2 nebeneinander stehenden Robotern

b) kinematisches Ersatzbild

Bild 4-16 Drehgelenkroboter von KUKA mit unkonventioneller erster Achse

Der **SCARA-Roboter** ist besonders für die senkrechte Montage kleiner Baugruppen geeignet. Das Prinzip wurde Anfang der 70er Jahre von Prof. Makino (Yamanashi Universität, Japan) entwickelt, hat sich aber erst in den 80er Jahren durchgesetzt. Der Vorteil dieser Bauart besteht darin, dass in Fügerichtung eine große Steifigkeit erreicht wird und deshalb Fügekräfte gut übertragen werden können. In der waagerechten Ebene zeigt sich der SCARA mit großer "Feinfühligkeit" (Nachgiebigkeit, *compliance*). Das begünstigt das schnelle Finden einer Montageposition (**Bild 4-17**). Es werden Positioniergenauigkeiten (*positional accuracy*) von z.B. ± 0,01 mm und Verfahrgeschwindigkeiten bis 11 m/s erreicht. Die Kinematik führt zu einem eigenartigen Arbeitsraum, der in **Bild 4-18** gezeigt wird.

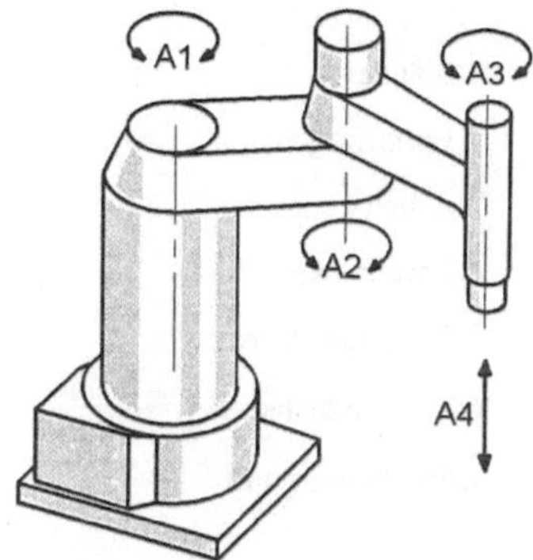

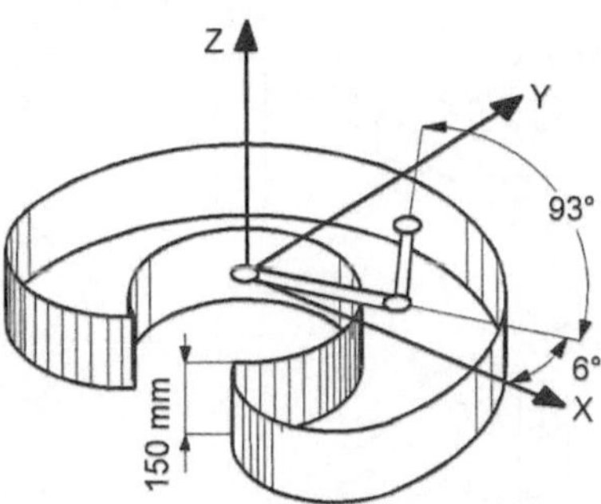

Bild 4-17 Vierachsiger Hochgeschwindigkeitsroboter mit integrierten Direktantrieben für zwei Hauptachsen (A Achse)

Bild 4-18 Typische Ausprägung des Arbeitsraumes eines SCARAs. Die dargestellte Kontur stellt die Arbeitsraumgrenzen dar.

Es gibt auch doppelarmige SCARAs und auch solche mit erhöhter Beweglichkeit. Sie verfügen über zusätzliche senkrechte Bewegungsachsen, um Hindernisse besser umfahren zu können. Die Anzahl der möglichen Gelenkstellungen, um einen definierten Punkt in der X-Y-Ebene zu erreichen, nimmt dadurch zu. Die Hubachse kann auch als 1. Achse vorgesehen werden. Dann entfällt die vertikale Einheit am Ende der kinematischen Kette, manchmal auch nicht. Eine Besonderheit ist, dass die statische Biegebelastung der Armelemente durch das Eigengewicht und die Nutzlast in allen Stellungen des Industrieroboters konstant ist.

Industrieroboter unterscheiden sich weiterhin in ihren Bauformen (*mounting design*). Bauformen sind immer das Ergebnis einer Anpassung von Industrierobotertechnik an bestimmte Handhabungsaufgaben, Einsatzbedingungen und Platzverhältnisse am Wirkungsort (Werkzeugmaschine). Eine von Anfang an traditionelle Bauform ist der Ständerroboter (*column-type robot*), z.B. mit einer Doppelwinkelhand. Ein solches Handgelenk (*wrist joint*) zeichnet sich durch eine zweiachsige Winkelverstellung aus. Alle Handachsen schneiden sich in einem Punkt. Dadurch ergibt sich ein Roboter mit Universal-Charakteristik. Er kann seine Hand sogar rückwärts einstellen. Für die Erledigung einfacher Aufgaben besteht allerdings die Gefahr einer Überqualifizierung des Roboters.

Bei den **Portalrobotern** (*portal-typ robot*) verfährt die Manipulatoreinheit auf einem Linienoder Flächenportal (Kreuzportal). Die erste bzw. die ersten beiden Achsen sind in der Regel Linearachsen. Weitere Achsen können auch Dreh- bzw. Schwenkachsen sein. Am Portal kann ein einzelner Roboter laufen, ein mehrarmiger Roboter oder sogar mehrere voneinander unabhängige Roboter (**Bild 4-19**). Wegen der guten Anpassbarkeit an spezielle Bedingungen werden die Portalroboter häufig aus Baukastenkomponenten errichten.

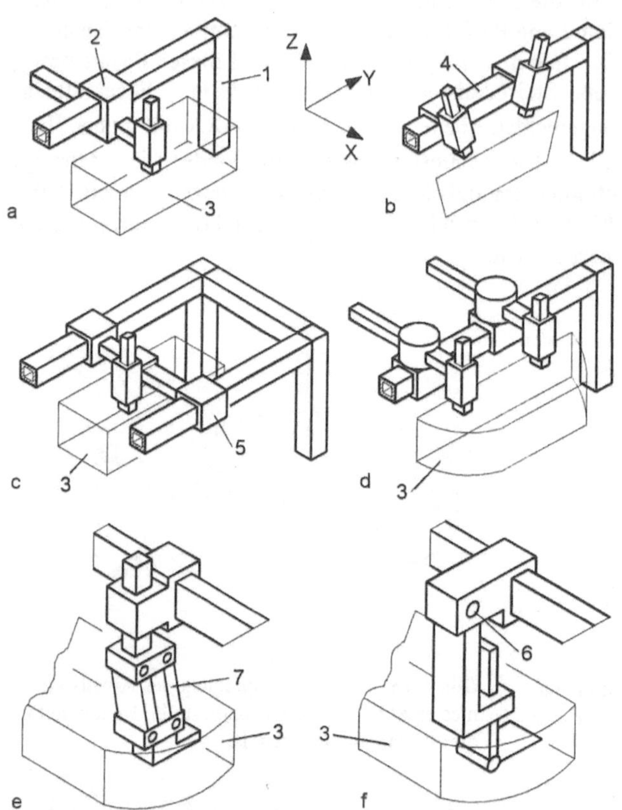

a) Linienportalroboter

b) doppelarmiges System

c) Flächenportalroboter

d) Mehrrobotersystem

e) Portalroboter mit Parallelo-
   gramm- Schwenkarm

f) Portalroboter mit Schwenkarm

1 Ständer

2 Portalwagen

3 Arbeitsraum

4 Portalbalken

5 Gleichlaufantrieb

6 Schwenkachse

7 Parallelogramm

Bild 4-19 Bauarten von
Portalrobotern

Beim Linienportalroboter (*gantry robot*) mit 2 linearen Hauptachsen entsteht eine Arbeitsfläche, in der ein Effektor positioniert werden kann. Erst bei 3 Hauptachsen wird ein Arbeitsraum
ausgebildet (**Bild 4-19a**). Damit sich das Portalfahrwerk bei Flächenportalen nicht verkantet
und ein gutes Laufverhalten erreicht wird, setzt man häufig zwei Motoren ein, je einen auf jeder Seite. Für diese Motoren wird eine elektronische Gleichlaufregelung gebraucht, die von der
Steuerung sichergestellt werden muss. Beide Motoren verfahren dann genau gleich und unterschiedliche Reibungen werden ausgeglichen. Dafür müssen die Motoren mit Absolut-Wegge-
bern ausgerüstet sein. Bei kleinen zu bewegenden Massen genügt eine abstützende Führungs-
achse ohne Antrieb. Man kann die Antriebsbewegung auch mit Hilfe einer Synchronachse auf
beide Portalseiten übertragen.

Häufig realisierte Verfahrwege sind bei Flächenportalrobotern 6 bis 12 m, 4 bis 6 m in der anderen Achse und 1 bis 2 m in der Z-Achse. Typische Anwendungen sind die Mehrmaschinenbedienung von Werkzeugmaschinen, Stapel- und Palettierarbeiten in Anliefer- und Lagerbereichen, Schneiden mit Brenner, Plasma-, Laser- oder Wasserstrahl, Schweißen von Großbau-
teilen und das Montieren. Linienportale eignen sich auch gut für die Maschinenbeschickung in
Fertigungsstraßen und für die Maschinenverkettung. Die Beispiele haben gezeigt, dass ein Portalroboter nicht gleichzeitig auch ein kartesischer Roboter sein muss.

Einer der Hauptgründe für den Einsatz von Portalrobotern ist die problemlose Anpassung an
bestehende Gebäudeverhältnisse. Geht es dann noch um die Handhabung schwerer oder sperri-
ger Werkstücke, dann gibt es zum Portalroboter kaum andere wirtschaftliche Alternativen.

Baukastenroboter (*modular robot*) werden aus einem gegebenen Sortiment von Komponenten mit definierten Teilfunktionen zusammengesetzt. Die Komponenten heißen Baustein, -einheit oder Modul. Da Automatisierung auch eine Frage der Kosten ist, haben Industrieroboter aus Standardmodulen ebenfalls ihre Berechtigung. Der Hauptvorteil besteht darin, dass das Handhabungssystem nach der Aufgabe maßgeschneidert werden kann. Damit enthält es keine brachliegenden Funktionen. Es lassen sich alle gängigen Konfiguratinen aufbauen, vom Standsäulenroboter bis zum Portalsystem. Moderne Bewegungsmodule enthalten nach dem Prinzip der verteilten Intelligenz nicht nur den Gelenkantrieb, sondern auch die Elektronik zur Steuerung von Fahr-, Geschwindigkeits- und Positionskommandos.

Bei der Verkettung von Maschinen und bei der Handhabung großer Objekte wird oft eine große Armreichweite gebraucht. Um diese zu bekommen, gibt es verschiedene Möglichkeiten. Man kann zusätzlich eine senkrechte Drehachse einführen (**Bild 4-20a**), besonders lange Unterarme vorsehen und auch weitausladende Greifer tragen dazu bei. Sie sind insbesondere bei der Handhabung von großen Blechteilen erforderlich. Auch Armverlängerungen (*extension arm*) sind bei einigen Robotern möglich. Roboter lassen sich auch auf eine verfahrbare Plattform stellen. Ein Farbspritzroboter kann dann neben dem zu beschichtenden Objekt entlangfahren, weil er sich auf einem Stetigförderer befindet. Aber auch eine Waagerechtachse als Achse 1 kann über eine Wippenkonstruktion die Reichweite beträchtlich vergrößern (**Bild 4-20b**).

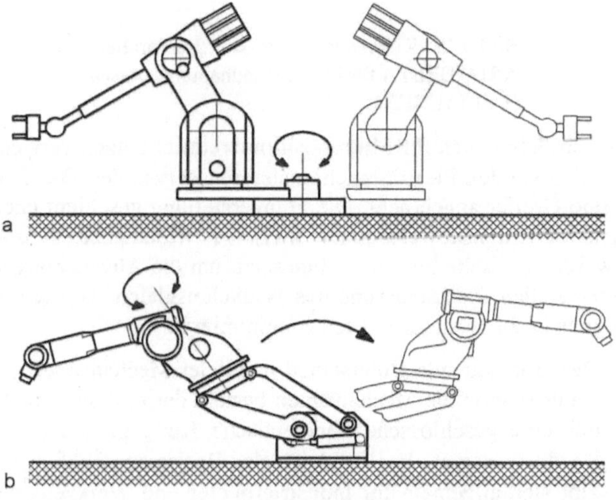

a) Drehgelenkroboter mit 7 Achsen, davon 2 Grundachsen senkrecht (COMAU, KUKA)

b) Industrieroboter mit einer Waagerechtachse als Achse 1 (ABB)

Bild 4-20 Industrieroboter großer Reichweite, wie sie besonders in der Umformtechnik und in Lagerbereichen verwendet werden

Parallelroboter sind zwar schon länger bekannt, gelangen aber erst in jüngster Zeit wieder in das Bewusstsein der Techniker. Für Roboter mit einer solchen Topologie ist typisch, dass alle Antriebe in gleicher Wirkungsrichtung arbeiten. Die räumliche Auslenkung geschieht durch unterschiedliches Ausfahren elektrischer (Spindeltrieb) oder hydraulischer Hubelemente (Arbeitszylinder). Bei gleichsinnigem und gleichschnellem Ausfahren entsteht z.B. eine Bewegung in Z-Richtung. Der Arbeitsraum ist meistens nicht sehr groß, jedoch für Montagen z.B. an einer Transferlinie günstig. Teilweise sind enorme Presskräfte möglich, die ein "normaler" Senkrechtgelenkarm niemals aufbringen kann. Der Roboter TRICEPT wird über Kugelrollspindeln und Harmonic-Drive-Getriebe angetrieben. Die Wiederholgenauigkeit von ± 0,02 mm macht den Roboter auch für Bearbeitungen mit einem abtragenden Werkzeug, z.B. einem Fräser, tauglich. Hätte man eine sechsachsige Anordnung, wie sie inzwischen für Bearbeitungsmaschinen favorisiert wird, dann spräche man von einem Hexapod-Antrieb. Das hexapodische Prinzip hat man auch schon verwendet, um mit einer solchen Stabkinematik die Werkstückhandhabung an einer Transferpresse im Freiheitsgrad 6 zu bewältigen (siehe auch Bild 3-16).

Beim Roboter ARIA-DELTA (**Bild 4-21**) werden Beschleunigungen bis zu 40 m/s² erreicht. Damit sind z.B. Verpackungsleistungen von mehr als 4500 Stück je Stunde möglich. Die Verfahrgeschwindigkeit liegt bei 4 m/s. Der Greiferflansch wird durch eine zentrale, kardanisch aufgehängte Drehachse orientiert. Das ergibt 4 freiprogrammierbare Achsen. Die 4 DC-Motoren mit integriertem Encoder sind fest auf der Grundplatte montiert. Drei Motoren schwenken die Arme, der vierte Motor dreht den Greifer. Es gibt auch Ausführungen, bei denen servopneumatische Zylinder als Antrieb eingesetzt werden. Innerhalb eines Arbeitsraumes von 300 x 300 x 300 mm werden so bis zu 4 Arbeitsspielen in der Sekunde ausgeführt.

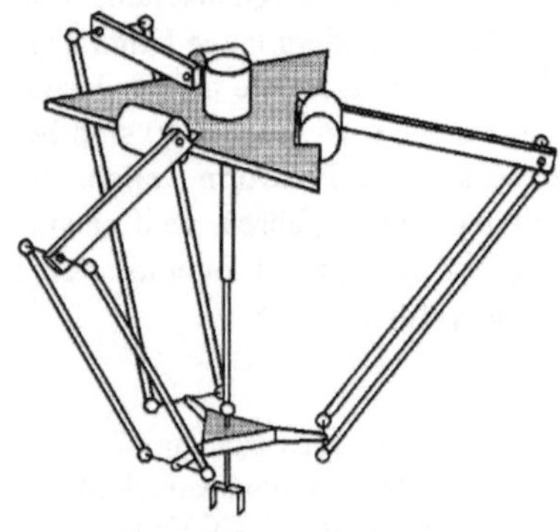

Bild 4-21 Kinematische Struktur des Parallelroboters ARIA-DELTA für kleine Handhabungsmassen (DEMAUREX)

Das Prinzip des hexapodischen Antriebs kann auch für Mikropositioniereinrichtungen verwendet werden (**Bild 4-22**). Als Stellantrieb werden Piezo-Stapeltranslatoren verwendet. Die Einheit wird zwischen Greiferflansch und Greifer angebracht. Die Feinverstellung geschieht nach Sensorsignalen, die die momentanen Positionsabweichungen zwischen Montagebasis- und Fügeteil beschreiben. Im Beispiel werden optische Sensoren eingesetzt, um die Abweichungen der Achsmitten der Fügepartner festzustellen. Zur Steuerung des Winkelausgleichs ist die Fügekraft zu messen. Während des Fügens ist zu versuchen, diese zu minimieren.

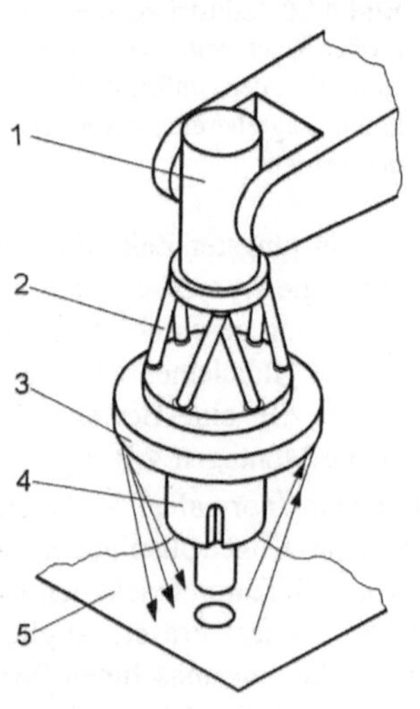

Der grundlegende Unterschied paralleler Mechanismen gegenüber seriellen Mechanismen besteht darin, dass es nicht nur eine geschlossene Kinematische Kette gibt, die alle Kräfte überträgt. Im Vergleich der Basiseigenschaften ergibt sich allgemein für Industrieroboter und Werkzeugmaschinen folgende Übersicht:

1 Handgelenkachse

2 Stellantrieb

3 Greiferflansch

4 Greifer mit Fügeteil

5 Montagebasisteil

Bild 4-22 Mikropositionierantrieb für die Kleinteilmontage auf der Basis einer sechsachsigen parallelen Struktur.

Eigenschaft	serieller Mechanismus	paralleler Mechanismus
Steifigkeit	niedrig, Elastizitäten addieren sich; Achsen auf Biegung beansprucht	hoch; Steifigkeiten addieren sich; nur Zug- und Druckkräfte in den Achsen
Fehlerfortpflanzung	Fehler der Einzelachsen addieren sich	Fehler der Einzelachsen bilden Mittelwert
bewegte Masse	hoch; Achsen beschleunigen nachfolgende Achsen	niedrig; nur Spindel und Stabbeine werden bewegt
Dynamik	mit zunehmender Maschinengröße schlechter	bei großen Maschinen noch sehr hohe Dynamik erzielbar
Kopplungen zwischen den Achsen	nur wenige Kopplungen	gekoppelt und nichtlinear
Regelung	einfach; Regelung der Einzelachsen möglich	kompliziert; Mechanismus muss als Gesamtsystem geregelt werden
Kalibration	vergleichsweise einfach, viel Lösungen vorhanden	kompliziert, noch nicht umfassend untersucht
Kinematik	Vorwärtskinematik einfach; bis 3 Achsen keine Koordinatentransformation notwendig	Rückwärtskinematik einfach; Koordinatentransformation notwendig

4.3.2 Steuerung und Programmierung

Eine Robotersteuerung ist mit den CNC-Steuerungen von Werkzeugmaschinen im Prinzip vergleichbar. Es gibt aber im Betrieb gegenüber den Werkzeugmaschinen auch einige generelle Unterschiede:

- Die Bewegungen sind bedeutend schneller, energiereicher und weiträumiger.

- Es sind sehr viele verschiedene Bewegungsmuster möglich.

- Es kann alternative Bewegungsbahnen geben, um einen Raumpunkt zu erreichen.

- Die Bewegungssequenzen können durch Belehren (Teach-in) vorgegeben werden.

- Die Bewegungen verlaufen oft in nicht-kartesischen Arbeitsräumen.

Für die Programmierung braucht man ein Koordinatensystem, auf das sich alle Festlegungen beziehen. Das ist das Basis- oder auch das Weltkoordinatensystem.

> **Weltkoordinaten:** Absolute kartesische Koordinaten (Umwelt-, Absolutkoordinaten), die "fußbodenfest" angegeben werden und sich nicht auf bestimmte Teile einer Handhabungsmaschine beziehen. Sie sind unabhängig von der Aufstellung und kinematischen Struktur eines Roboters. Weltkoordinaten (*world co-ordinates*) können mit den Basiskoordinaten eines Roboters zusammenfallend definiert werden.
>
> **Basiskoordinaten:** Robotergebundenes Koordinatensystem, dessen Ursprung in der Ebene der Aufstellfläche (X-Y-Ebene) eines Roboters liegt. Die Z-Achse weist von der Basisaufstellfläche weg (EN 29787).

Die wichtigsten Basiskoordinatensysteme werden in **Bild 4-23** vorgestellt. Der Vektor $\underline{r}$ gibt jeweils den Abstand des Greiferanbauflansches (oder eines Werkzeugarbeitspunktes) zum Ursprung des Koordinatensystems an. Er lässt sich mit folgenden Gleichungen berechnen:

Kartesisches System

$$\underline{r} = a \cdot \underline{x}_0 + b \cdot \underline{y}_0 + c \cdot \underline{z}_0$$

Zylindrisches System

$$\underline{r} = s_1 \cdot \cos \Theta_2 \cdot \underline{x}_0 + s_1 \cdot \sin \Theta_2 \cdot \underline{y}_0 + s_3 \cdot \underline{z}_0$$

Kugeliges System

$$\underline{r} = s_3 \cdot \sin \Theta_2 \cdot \cos \Theta_1 \cdot \underline{x}_0 + s_3 \cdot \sin \Theta_2 \cdot \sin \Theta_1 \cdot \underline{y}_0 + (s_3 \cdot \cos \Theta_2 + c) \cdot \underline{z}_0$$

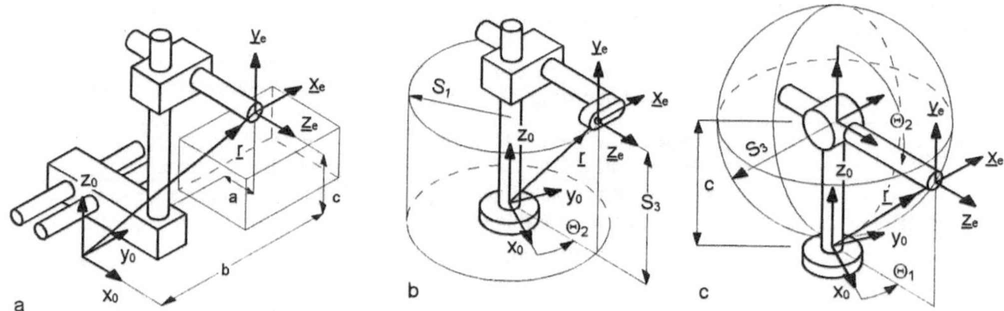

Bild 4-23 Typische Basiskoordinatensysteme für Handhabungsmaschinen

a) kartesisch, b) zylindrisch, c) kugelig

Eine andere Art für die Beschreibung des Endeffektors im Raum ist die Angabe der Winkelstellungen der Armglieder eines Gelenkroboters. Jedes Gelenk hat eine Nullstellung und kann in Plus- oder Minusrichtung verstellt werden. Man bezeichnet dieses System als Achsen- oder Gelenkkoordinatensystem. Die Gelenkwinkel beschreiben die Armstellung eines Roboters eindeutig.

> **Roboterkoordinaten:** Auf den Roboter selbst bezogenes System zur Beschreibung der Lage sämtlicher Achsen und der Handorientierung als Achs- bzw. Gelenkkoordinaten (*joint co-ordinates*). Üblich ist das Aneinanderketten von Einzelkoordinatensystemen, ausgehend von der Robotergrundachse, die gleichzeitig die Verbindung zum Weltkoordinatensystem darstellt.

Die Beschreibung einer Handhabungsaufgabe erfolgt in der Regel in kartesischen Koordinaten, weil man sich dann die Raumpositionen besser vorstellen kann. Das erleichtert auch die Vorgabe der Raumpunkte. Daraus erwächst aber die Aufgabe einer Koordinatentransformation, also die Umrechnung in die Gelenkkoordinaten des Roboters. Das geschieht mit:

* **Rückwärtstransformation** (inverse Koordinatentransformation)
  Die im kartesischen System ausgearbeiteten geometrischen Daten ($\underline{r}$ - Vektoren) werden in die Gelenkkoordinaten (Manipulatorkoordinaten) zum Zweck des Steuerns umgerechnet. Die Rückwärtstransformation liefert die Gelenkkoordinaten nicht immer eindeutig, weil der Endpunkt der Kinematischen Kette mitunter durch verschiedene Armstellungen erreichbar ist.

* **Vorwärtstransformation** (direkte Koordinatentransformation)
  Die Gelenkkoordinaten werden in das kartesische Basiskoordinatensystem umgerechnet, z.B. um die Werte anzuzeigen, die der momentanen Stellung des Endeffektors entspricht.

Als *Roboterprogrammierung* wird die Erstellung einer Sequenz bezeichnet, die alle Informationen enthält, die ein Industrieroboter zur Durchführung eines Bewegungs- oder Arbeitszykluses braucht, sowie die Eingabe in die Robotersteuerung. Ein Programm umfasst:

- Die Reihenfolge der auszuführenden Bewegungen
- Weginformationen (Weg- und Winkelvorgaben)
- Wegbedingungen (Geschwindigkeiten, Wartezeiten u.a.)
- Weggesetze (zur Interpolation bei einer Bahnsteuerung)
- logische Bedingungen, die unter Umständen im Zusammenwirken mit der Peripherie erfüllt sein müssen

Für das Programmieren ist allerdings die NC-Sprache nach DIN 66025 unbrauchbar, weil sie wichtige Anweisungen nicht enthält. Deshalb gibt es spezielle Roboterprogrammiersprachen.

Die Programmierverfahren für Industrieroboter lassen sich wie folgt einteilen:

- **Online-Verfahren**
  Dazu gehören die Teach-in Programmierung (Anfahren von Punkten und sofortiges Speichern) und das Playback-Verfahren (Abfahren einer Bahn, wobei der Bediener den Roboterarm direkt führt).

- **Offline-Verfahren**
  Dazu zählen das textuelle Programmieren mit Roboterprogrammiersprachen. Bei expliziten Sprachen wird die Arbeitsaufgabe in elementaren Arbeitsschritten eingegeben, d.h. dass z.B. jeder Bahnpunkt durch eine Programmanweisung angegeben wird. Bei impliziten Sprachen wird der Arbeitsauftrag global vorgegeben, z.B. STECKE BOLZEN A IN GEHÄUSE B.

Zu den Offline-Verfahren gehört auch die Teach-in Programmierung mit einem Phantomarm mit analoger Kinematik wie der zu programmierende Roboter, der meist ein Farbspritzroboter ist.

Offline: Form des Datenverkehrs mit der Steuerung über einen Datenträger, also nicht direkt.
Online: Der Nutzer ist über eine Datenleitung direkt mit der Steuerung verbunden.

Beim Teach-in Verfahren (**Bild 4-24**) werden im Einrichtebetrieb die erforderlichen Raumpunkte angefahren und gespeichert. Im Bild wird eine einfache Teach-in Variante gezeigt. Obwohl die Punkte nur mit waagerechten oder senkrechten Fahrstrecken eingelernt wurden, entsteht später beim automatischen Abfahren eine Bahn, die die kürzeste Verbindung zwischen den übernommenen Positionen darstellt.

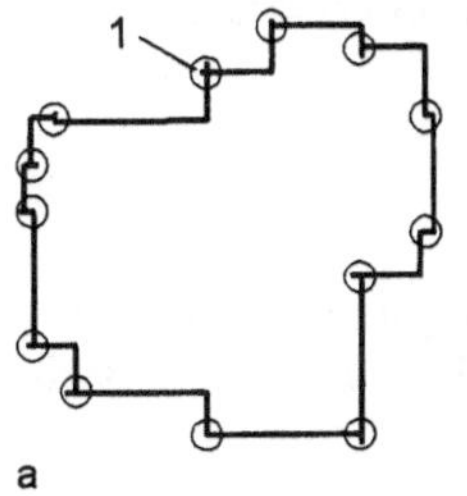
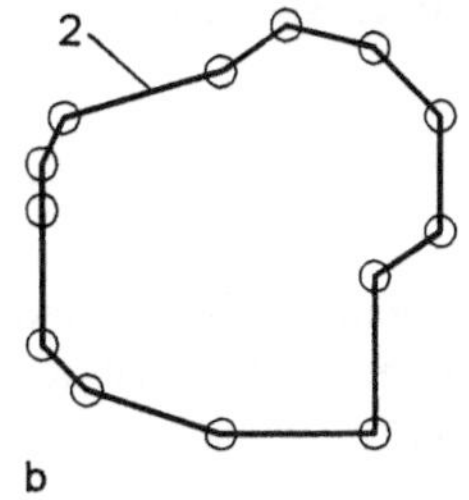

a) Teach-in Fahrt
b) Automatik-Fahrt

1 Übernahmeposition
2 realisierte Bahn

Bild 4-24 Teach-in Verfahren

Bei der textuellen Roboterprogrammierung programmiert man am Bildschirm mit den Befehlsworten einer Programmiersprache. Davon gibt es viele, wie die folgende Tabelle zeigt.

Sprache	Firma	Anmerkung
AML	IBM	A Manufacturing Language, basiert auf PL/1
SRCL	Siemens	Siemens Robot Control Language, Robotersteuerungen u.a. für KUKA und Manutec
VAL II	Stäubli	Variable Assembly Language, mit Elementen der strukturierten Programmierung
KAREL	GM Fanuc	Orientiert an Pascal und PL/1
BABS	Bosch	Bewegungs- und ablauforientierte Programmiersprache
ROBEX	TH Aachen	RobotEXAPT, roboterspezifischer Zuschnitt von EXAPT
SIGLA	Olivetti	Sigma Language für Sigma-Roboter
ARLA	ABB	Asea Robot Language
IRL	DIN 66312	Industrial Robot Language, Robotersprache

Wie bei den NC-Werkzeugmaschinen gibt es auch für Industrieroboter eine neutrale und in DIN 66314 genormte Zwischensprache. Sie wird abgekürzt IRDATA *(Industrial Robot Data)* bezeichnet. Prinzipiell ist es mit dieser normierten Zwischensprache möglich, unterschiedliche Sprachen auf einen Roboter abzubilden (**Bild 4-25**). Genauso kann man mit einer Programmiersprache unterschiedliche Roboter programmieren. IRDATA-Anweisungen sind weitgehend numerisch codierte Sätze, welche an einigen Positionen auch Zeichenketten zulassen. Es ist aber nicht möglich, mit IRDATA direkt ein Programm zu schreiben. Mit dem IRDATA-Code werden die Ebenen 7 und 6 des allgemeinen Schnittstellenmodells (siehe Bild 2-96) beschrieben.

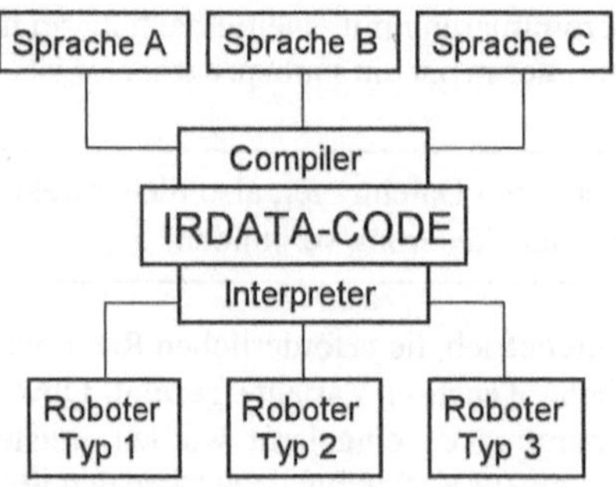

Bild 4-25 Programmflexibilität durch IRDATA

Weiterhin besteht die Möglichkeit, CAD-Daten für die Roboterprogrammierung zu verwenden. So lassen sich z.B. Programme für das Punkt- oder Nahtschweißen schneller erstellen.

Kontrollfragen

1 Die Arbeitsräume der Industrieroboter werden durch die Art und Konfiguration von Dreh- und Schiebeeinheiten gebildet. Welche typischen Arbeitsräume entstehen und welche Basiskoordinatensysteme lassen sich unterscheiden?

2 Beim Teach-in Programmierverfahren wird einem Roboter eine Bewegungsbahn eingelernt. Wie ist der Ablauf? Für welche technologischen Verfahren ist diese Art der Programmierung besonders geeignet?

4.3.3 Werkstückhandhabung

Industrieroboter lassen sich für die Handhabung von Werkstücken sehr gut einsetzen. Dazu zählen Beschicken von Maschinen, Übergeben von einer Arbeitsstelle zur nächsten, Magazinieren, Palettieren, Pakettieren, Verpacken u.a. Der Begriff "Werkstück" wird hier ganz allgemein verstanden und schließt Stückgut aller Art ein, wie z.B. Betonplatten und landwirtschaftliche Produkte, Eisenstücke, aber auch Packstücke und Postpakete, Vorrichtungen u.a. Teilehandhabung ist meistens Hilfsarbeit, also selbst nicht wertschaffend (Verpacken gehört zum Fügen und sei hier ausgeklammert).

Ganz wesentlich und ein häufiges Flexibilitätshindernis sind dabei die Greifer. Sie stellen den eigentlichen Kontakt zum Handhabungsobjekt her. Darauf wird im Kapitel Greiftechnik eingegangen.

Während beim Beschicken typischerweise nur wenige Positionen anzufahren sind, müssen beim Palettieren (*palletizing*) bzw. Depalettieren (*depalletizing*) Ablagemuster mit vielen Positionen bedient werden. Nachfolgend wird eine Programm in der Sprache VAL für das Entladen einer Palette aufgeführt [4-6].

```
        BASE        0.00, 0.00, 0.00,30.00
        SETI        MAX. REIHE = 6
        SETI        MAX. SPALTE = 12
        SETI        REIHE = 1
        SETI        SPALTE = 1
        SET         POSIT = ANFANG
20      APPRO       POSIT = 50.00
        MOVES       POSIT
        CLOSET      0.00
        REMARK      TRANSPORT ZUM ZIELPUNKT
        MOVE        ...
        GOSUB       PALETTE
        GOTO        20
        RETURN      0

        Unterprogramm PALETTE

        REMARK      NEUE PALETTENPOSITION
        SETI        SPALTE = SPALTE + 1
        IF          SPALTE GT MAX. SPALTE THEN 10
        SHIFT       POSIT BY 30.00, 0.00, 0.00
        RETURN      0
10      SETI        REIHE = REIHE + 1
        IF          REIHE GT MAX. REIHE THEN 20
        SHIFT       POSIT BY -300.00, 50.00, 0.00
        SETI        SPALTE = 1
        RETURN      0
20      RETURN      1
```

Ein Unterprogramm wird aufgerufen, um die nächste Palettenposition zu bestimmen. Die Zahl beim RETURN-Befehl gibt an, wieviel Zeilen nach der rufenden Zeile (GOSUB-Befehl) zu überspringen sind. Die Position ANFANG ist beim Arbeitsbeginn durch Teach-in zu definieren. Zum Verständnis sollen einige Kommandos erläutert werden:

Befehl	Erklärung
BASE	Basisbezugssystem (Bewegungspunktdefinition)
SET	Zuweisung (Geometrieanweisung)
APPRO	definierte Annäherung (Geometrieanweisung)
MOVE	Positionierung (Geometrieanweisung)
CLOSE	Greifer schließen (Kontrollanweisung)
GOSUB	Unterprogrammaufruf (Ablaufanweisung)
RETURN	Unterprogramm-Rücksprung
SHIFT	Verschiebung (Geometrieanweisung)
GOTO	Sprung (Ablaufanweisung)
IF THEN	bedingter Sprung (Ablaufanweisung)
REMARK	Kommentar (Kommunikationsanweisung
SETI	Integerzuweisung (Kontrollanweisung)

Die Programmform von VAL ist an die Rechnersprache BASIC angelehnt.

4.3.4 Werkzeughandhabung

Während bei der Werkstückhandhabung Hilfsarbeiten ausgeführt werden, führt ein Werkzeug handhabender Industrieroboter wertschaffende Facharbeit aus. Typische Einsatzfälle sind das Laser- und Wasserstrahlschneiden, Schrauben von Bolzenschrauben und Muttern, Montieren, Farbspritzen, Punkt- und Nahtschweißen, Löten, Kleben, auch Bohren von dünnen Blechen. Beim Prozesseinsatz sind die aus dem Vorgang rückwirkenden Kräfte zu berücksichtigen. Sie sind bei der Zerspanung groß, beim Farbspritzen klein. Nur die Führung eines schneidenden Laserstrahls ist rückwirkungsfrei.

Die Werkzeuge müssen oft in besonderen Werkzeugaufhängungen befestigt werden, die nachgiebig sind und gegebenenfalls Schwingungen dämpfen. Wie bei den NC-Werkzeugmaschinen kann auch eine Werkzeugkorrektur erforderlich werden. In **Bild 4-26** ist zu sehen, dass der Wirkpunkt TCP des Schweißbrenners um die Abstände Z_k und X_k vom programmierten Punkt (Greifer- bzw. Werkzeugflansch) abweicht. Auch die Orientierung wäre in diesem Fall noch anzugeben.

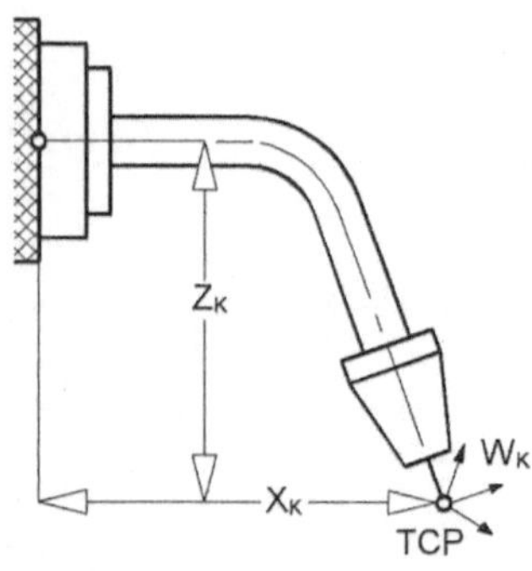

Bild 4-26 Werkzeugkorrektur beim Industrieroboter

W_k Werkzeugkoordinatensystem
TCP Werkzeugwirkpunkt

In **Bild 4-27** wird ein werkzeughandhabender Industrieroboter gezeigt, der mit einem Spezialwerkzeug Clipse an einer Autotür setzt. Diese werden per Druckluft über einen Profilschlauch dem Werkzeug zugeblasen. Ein Vibrationswendelförderer ordnet vorher die Clipse und teilt sie zu. Das Setzwerkzeug ist als kleine pneumatische Presse ausgebildet, mit Haltebacken für die Fügeteile. Die Clipse werden mit Saugluft am Pressenstößel gehalten. Für das Eindrücken der Clipse braucht man eine Kraft von etwa 150 N. Alle Vorgänge werden mit Sensoren überwacht. Weil die Arbeitsfläche gekrümmt ist, muss der Roboter über soviel Beweglichkeit verfügen, dass er das Werkzeug stets lotrecht gegen die Arbeitsfläche einstellen kann. Die ständige Schlauchverbindung kann hinderlich sein. Deshalb gibt es auch eine Variante mit Magazinen, die automatisch gefüllt und vom Roboter von Zeit zu Zeit selbstständig gewechselt werden

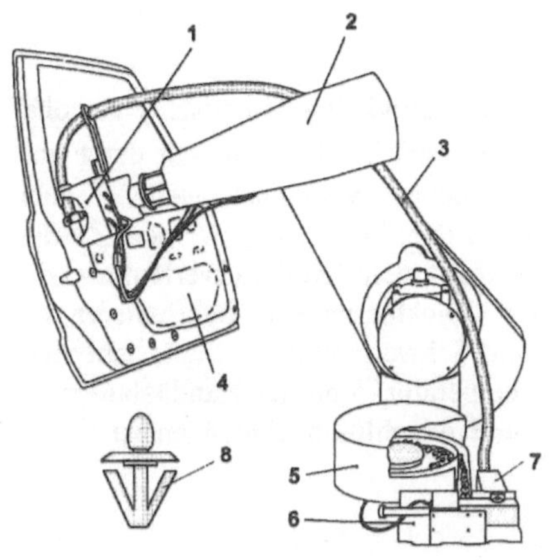

1 Einsetzwerkzeug
2 Industrieroboter
3 Clipszuführung
4 PKW-Tür
5 Vibrationswendelförderer
6 Zuteiler
7 Zuschießen mit Druckluft
8 Clips

Bild 4-27 Roboterarbeitsplatz zum Einsetzen von Clipsen [4-7]

Bei der Auswahl von Industrierobotern spielen viele Gesichtpunkte eine Rolle. Als kleine Hilfestellung soll abschließend eine Checkliste folgen.

Nr.	Auswahlaspekte	Ja	Nein
1	Ist für den gedachten Einsatz die Auslastung eines Roboters gegeben?		
2	Kann die Auslastung durch Konzipierung einer Mehrmaschinenbedienung verbessert werden?		
3	Passen Anzahl der Achsen und Konfiguration eines marktgängigen Roboters zum Einsatzfall?		
4	Reicht die Tragfähigkeit (Teilemasse + Greifermasse) aus?		
5	Sind Gelenkigkeit und Reichweite genügend groß, um im Arbeitsraum einer Maschine (Zugänglichkeit der Wirkzone) kollisionsfrei operieren zu können?		
6	Lässt sich die Handhabungsaufgabe mit einem Standardgreifer bewältigen oder ist ein Sondergreifer (teuer) erforderlich?		
7	Sind mehrere Greifer oder Roboterwerkzeuge über ein automatisches, eventuell auch manuelles, Wechselsystem einsetzbar?		
8	Kann beim Beschicken einer Maschine mit einem Doppelgreifer dieser unmittelbar an der Spannstelle geschwenkt werden oder muss man erst eine Schwenkposition (Zeitverlust) anfahren?		
9	Genügt die Wiederholgenauigkeit des Roboters? Ein genauigkeitsgesteigertes Modell hat höhere Anschaffungskosten!		
10	Kann die Zykluszeit (Taktzeit) akzeptiert werden?		
11	Sind Programmierung und Bedienung des Roboters übersichtlich und bedienerfreundlich?		
12	Ist die Umrüstung (Programm, Greifer, Peripherie) kurzzeitig machbar?		
13	Genügen die Sicherheitseinrichtungen den Erfordernissen und Vorschriften?		
14	Ist die sensorische Ausstattung (Kraft, Drehmoment, Temperatur, Strom) ausreichend?		
15	Entsprechen Herstellerservice (Ersatzteile), Schulung und Diagnose (Ferndiagnose) den Erwartungen?		

4.4 Greiftechnik

Der Greifer bestimmt ganz wesentlich Funktion und Leistungsfähigkeit automatischer Handhabungseinrichtungen [4-8, 4-9]. Der Terminus "Greifer" (*gripper*) ist allerdings nur der Familienname für eine breite Palette von Vorrichtungen, mit denen Werkstücke, seltener auch Werkzeuge, vorübergehend gehalten und in diesem Zustand räumlich bewegt werden. Zu den technologischen Anforderungen gehören Angaben zur Greifzeit, dem Greifkraftverlauf und der Anzahl der gleichzeitig zu greifenden Objekte. Von den Objektparametern interessieren vor allem Masse, Gestalt, Abmessungen mit Toleranzangaben, Schwerpunktlage, Standsicherheit, Oberflächenbeschaffenheit, Werkstoff, Festigkeit und Temperatur. Von der Handhabungseinrichtung sind Positionierfehler, Achsenbeschleunigung und Anschlussbedingungen zu beachten.

4.4.1 Wirkpaarungen

Es liegt nahe, die "Naturgreifer" als Vorbild für technische Lösungen zu sehen. Mit der 5-Finger- Hand ist der Mensch für flexibles Greifen bestens gerüstet. Ein technischer Nachbau ist allerdings wegen der vielen Gelenkantriebe schwierig. Andererseits ist bekannt, dass man für die Ausführung von 90 Prozent aller am industriellen Arbeitsplatz vorkommenden Griffe mit einer 3-Finger-Hand auskommt. Das liegt daran, dass der Mensch Werkzeuge benutzt, die gewissermaßen Finger ersetzen.

Die Griffforscher unterscheiden für die menschliche Hand folgende Griffe [4-10]:

* Fingerspitzgriff; beteiligt sind 2 Finger, wie beim Greifen einer Nadel
* Fingerbeerengriff, wie beim Greifen eines Blatt Papiers
* Fingerbeeren-Fingerseiten-Griff, wie beim Halten eines Geldstücks vor dem Einwurfschlitz
* interdigitaler Griff, wie beim Klemmen einer Zigarette mit 2 Fingern
* tridigitaler Griff; Es sind 3 Finger im Einsatz, wie in **Bild 4-28** gezeigt
* tetradigitaler Griff, wie beim Halten einer Kugel mit 4 Fingern
* pentadigitaler Griff, wie beim Halten einer Scheibe vor dem Ablegen
* Handflächengriffe. Es gibt sehr viele Griffe, bei denen außer den Fingern auch noch Handflächen zum Anlegen und Stützen benutzt werden.

Bei dieser Betrachtung sind noch keine Beidhandgriffe einbezogen. Die Hände, kombiniert mit einem Stereo-Sichtsystem (Augenpaar), sind ein von der Natur hervorgebrachtes überaus flexibles System.

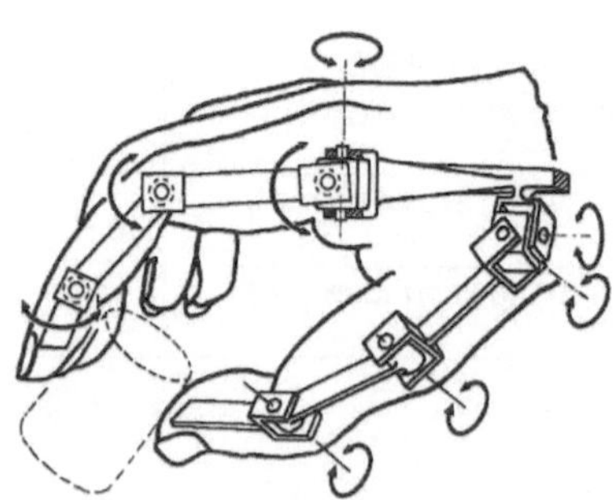

Die technischen Griffarten sind dagegen bewegungsmäßig wesentlich einfacher, was vielfach genügt und durchaus nicht als Mangel gesehen werden muss. Ein Werkstück kann allein durch Reibungskräfte mit Greifbacken gehalten werden, aber auch formpaariges Greifen ist möglich. In **Bild 4-29** sind die Vertretergruppen für Greifer zusammengestellt.

Bild 4-28 Die 5-Finger-Hand ist zu vielen Griffarten fähig.

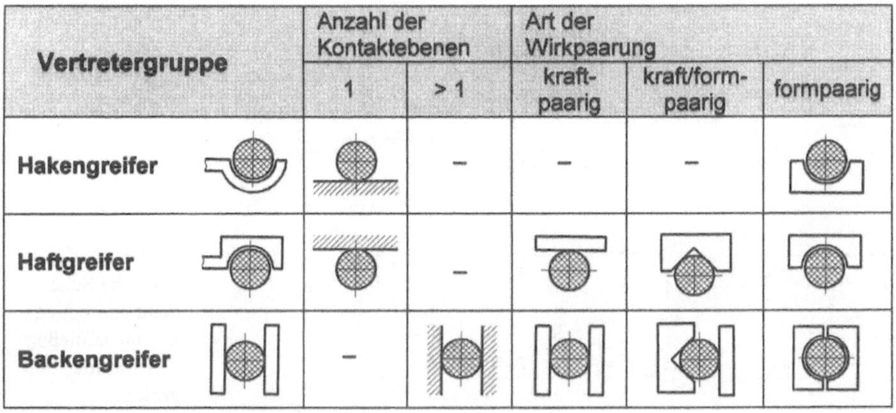

Vertretergruppe	Anzahl der Kontaktebenen		Art der Wirkpaarung		
	1	> 1	kraft-paarig	kraft/form-paarig	formpaarig
Hakengreifer		–	–	–	
Haftgreifer		–			
Backengreifer	–				

Bild 4-29 Vertretergruppen für Greiforgane

Der Klemmgriff wird sehr häufig verwendet. Eine Kombination von Kraft- und Formpaarung erweist sich oft als optimal und hat sich bewährt. Dabei ist zu beachten, dass zu große Greifkräfte auch die Werkstückoberfläche beschädigen (Spannmarken) und das Teil, z.B. ein dünnwandiger Hohlkörper, insgesamt deformieren können.

> **Greifer:** Teilsystem einer Handhabungseinrichtung, das für den zeitweiligen, sicheren Kontakt zwischen Greifobjekt und Roboter bzw. einer anderen Handhabeeinrichtung zuständig ist.

4.4.2 Greiferbauformen

Die Bauform eines Greifers hängt in erster Linie vom physikalischen Wirk- bzw. Halteprinzip der Greiforgane ab. Danach ist zu unterscheiden in

- Sauggreifer (*sucker gripper*),
- Adhäsions- (*adhesion gripper*), kryotechnischer Greifer (*cryogenic gripper*) } Haftprinzip
- Magnetgreifer (*magnetic gripper*)
- Klemmgreifer (*clamping gripper*) in den Ausführungen als

    - Parallelbackengreifer   (lineare Schließbewegung)
    - Winkelgreifer (bogenförmige Schließbewegung)
    - Dreifinger-Radialgreifer (zentrierende Greifbewegung)
    - Scherengreifer (gemeinsamer Backendrehpunkt).

Je nach Antriebsenergie werden bei den Klemmgreifern Getriebe gebraucht, die die Bewegungen wandeln. Das sind oft Räder-, Schnecken- oder Hebelgetriebe. Das **Bild 4-30** zeigt beispielhaft einige kinematische Varianten für die Winkelgreifer. Der Anwender hat bei der Auswahl folgendes zu beachten:

- Die Schließkraft ist bei Winkelgreifern in der Regel nicht konstant, sondern eine Funktion des Greifweges. In extremer Form ist das bei den Kniehebelgreifern (*toggle gripper*) zu beobachten. In der gestreckten Lage des Kniehebels strebt die Kraft bekanntlich gegen Unendlich.

- Der Greifmittelpunkt kann sich beim Schließen von Prismabacken verlagern, wenn Teile mit unterschiedlichen Durchmessern angepackt werden. Das wird in **Bild 4-31** gezeigt.

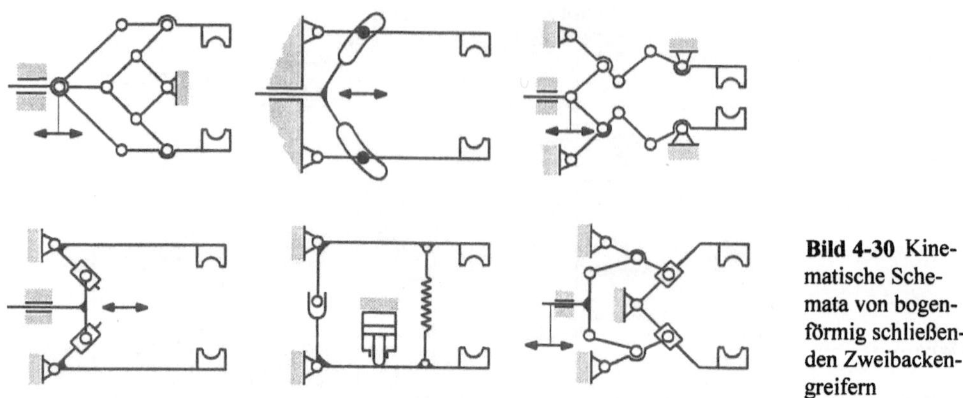

Bild 4-30 Kinematische Schemata von bogenförmig schließenden Zweibackengreifern

Bei den heute oft schnellen Prozessabläufen ist die Zeit für das Öffnen und Schließen der Greifbacken bzw. den Auf- und Abbau von Kraftfeldern eine wichtige Kenngröße geworden. So kann das Ablegen von Teilen mit dem Sauggreifer beschleunigt werden, wenn das Vakuum nicht nur abgeschaltet, sondern gleichzeitig auf Blasluft umgeschaltet wird.

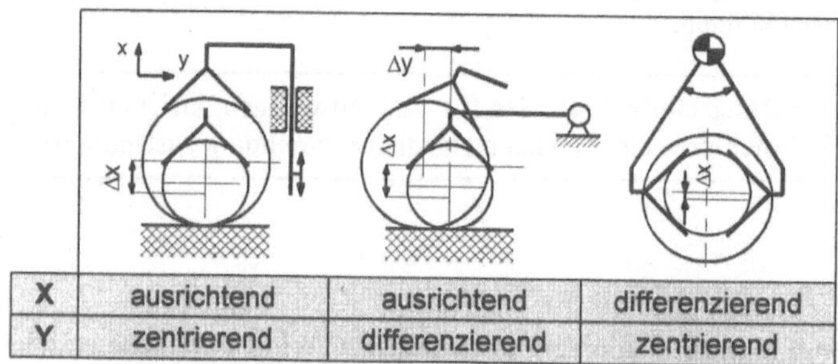

| X | ausrichtend | ausrichtend | differenzierend |
| Y | zentrierend | differenzierend | zentrierend |

Bild 4-31 Verschiebung des Greifmittelpunktes beim Prismengreifer

Die Haltekraft mit der ein Objekt fixiert wird, ist überdies nicht konstant, sondern eine von der Bewegungsrichtung z.B. des Roboterarmes abhängige Variable. Das liegt daran, dass Schwer-, Trägheits- und Fliehkräfte während einer Bewegungssequenz unterschiedliche Kraftwirkungen am Teil hervorrufen. Außerdem kann passieren, dass bei bestimmten Bewegungen Kraftanteile vorübergehend formpaarig aufgenommen werden.

Einige Greifsituationen beim Greifen runder und prismatischer Werkstücke sowie die Berechnung der Greifkraft F sind in **Bild 4-32** dargestellt. Man sieht, dass die Greifkraft u.a. vom Abstand des Greifpunktes zum Werkstückschwerpunkt abhängt

Für diese Art der Greifer gilt:

$$F = m \cdot (g + a) \cdot K_1 \cdot K_2$$

Es bedeuten:

a maximale Beschleunigung des Werkstückschwerpunktes in der Schwerkraftachse
g Erdbeschleunigung
m Werkstückmasse
K_1 Faktor, aus Bild 4-32
K_2 Sicherheitsfaktor (1,3 bis 2)

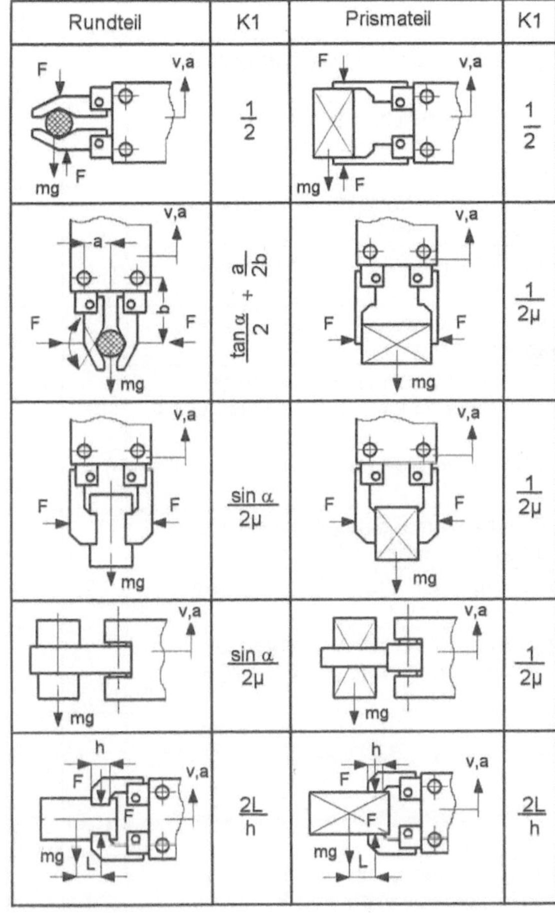

Bild 4-32 Greifkraftbestimmung bei Winkelgreifern in typischen Situationen

Das Innenleben eines Parallelbackengreifers wird abschließend in **Bild 4-33** dargestellt. Er ist für den Innen- und Außengriff einsetzbar. Die Greifkraft stützt sich gegen Führungsrollen ab, die im Gehäuse gelagert sind. Auch der Antrieb der Greifbacken geschieht über rollende Reibung. Für das Öffnen sowie das Schließen sind einzelne kleine Pneumatikkolben vorhanden, die nach dem Keilprinzip zur Wirkung gebracht werden. Eine Druckfeder bewirkt, dass im drucklosen Zustand des Greifers die Greifbacken offen sind (wie dargestellt). Setzt man die Feder auf den anderen Kolben um, dann sind die Greifbacken im drucklosen Zustand geschlossen, was beim Einsatz für den Innengriff in Frage käme. Vor einer Überlastung des Greifers schützen die Sicherheitsdrosselbohrungen im Pneumatikanschluss. Das erspart aber nicht die Berechnung der zulässigen Belastung der Greiforgane unter Nutzung vorgegebener Greifkraftdiagramme. Die Endlagen lassen sich durch seitlich anbringbare Sensoren erfassen. Da auch die Druckluftanschlüsse seitlich angebracht sind, ist der Greifer sehr schmal und lässt sich gut als Reihengreifer einsetzen.

Zum Abschluss werden die wichtigsten Gesichtspunkte für die Auswahl von Greifern in einer Checkliste zusammengefasst.

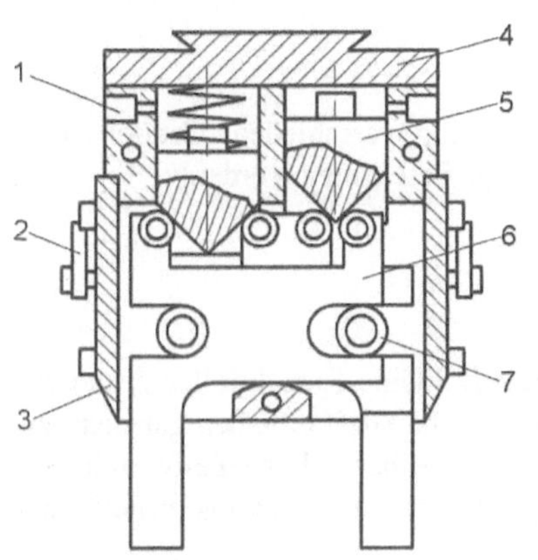

1 Druckluftanschluss
2 Klemmstück
3 Halterung für Endlagensensor
4 Deckel
5 Druckluftkolben
6 Greifbacke
7 Führungsrolle

Bild 4-33 Parallelbackengreifer mit pneumatischem Antrieb

Nr.	Auswahl von Greifern	ja	nein
1	Erzeugt der Greifer die erforderliche Greifkraft und ist das Verhältnis von Greifkraft zur Greifermasse günstig?		
2	Sind die mechanischen, fluidischen und elektrischen Schnittstellen für Armanschluss und Greiferbacken gut zugänglich und vorteilhaft zu benutzen?		
3	Ist der Greifhub dem Größenspektrum der Greifobjekte anpassbar bzw. einstellbar, und ergeben sich günstige Schließ- und Öffnungszeiten?		
4	Ist im Falle des Energieausfalls eine Greifkraftsicherung wirksam oder nachrüstbar?		
5	Weist der Greifer infolge geringerer Reibungsverluste in Getriebe und Führungen einen hohen Wirkungsgrad auf?		
6	Gibt es Möglichkeiten zur kinematischen Ergänzung um Greiferdreh- und/oder Kurzhubachsen, wenn der Greifer für ein Pick-and-Place-Gerät vorgesehen ist?		
7	Lassen sich Backenbewegungen (Öffnungsweite) und Greifkraft feinfühlig und einfach einstellen?		
8	Kann man die Endstellungen der Greifbacken und möglicherweise auch die Zwischenstellungen berührungslos abfragen?		
9	Sind die Versorgungsleitungen für Energie und Information zugunsten einer kleinen Störkontur in den Greifer integriert?		
10	Ist der Greifer gegenüber Stößen, Schlägen und Schwingungen unempfindlich? Werden die Bewegungen in den Endstellungen der Finger gedämpft?		
11	Ist das Zeitintervall groß, in dem Wartungs- und Fehlerfreiheit besteht? Lassen sich in schadstoffbelasteter Umgebung die Gelenke zusätzlich abdecken?		
12	Verfügt der Greifer über eine hohe Grenznutzungsdauer (hohe Lebensdauer) und einen großen Garantiezeitraum?		
13	Lassen sich die Greifbacken leicht austauschen, und stehen Universalbackenpaare zur Verfügung, in die nur noch die Werkstückkontur einzuarbeiten ist?		
14	Lässt sich der Greifer für manuelle oder automatische Greiferwechselsysteme verwenden bzw. stehen dafür passgerechte Adapterplatten zur Verfügung?		
15	Passen Schließ- und Öffnungszeit der Greiforgane zum Zeitregime des zu automatisierenden Prozesses?		

4.4.3 Wechselsysteme

Besonders in der automatischen Montage besteht die Anforderung, verschiedene Greifer nacheinander zum Einsatz bringen zu können. Dafür können 2 Wege beschritten werden:

- Einsatz von Revolvergreifern und

- Wechsel von Einzelgreifern.

Revolvergreifer (*revolving gripper*) lassen sich nur für relativ kleine Einzelgreifer gestalten. Sie weisen eine große Störkontur auf und sind deshalb für manche Greifaufgaben gar nicht zu gebrauchen. Trotzdem können damit bei einer Kleinteilemontage beachtliche Zeitvorteile erreicht werden. Das **Bild 4-34** zeigt ein solches Greifersystem mit einer Revolverscheibe als

Aufbaubasis. Oft sind Kronenrevolver (ähnlich wie die Werkzeugrevolver Bild 5-4) eine günstige Alternative zur Scheibenform.

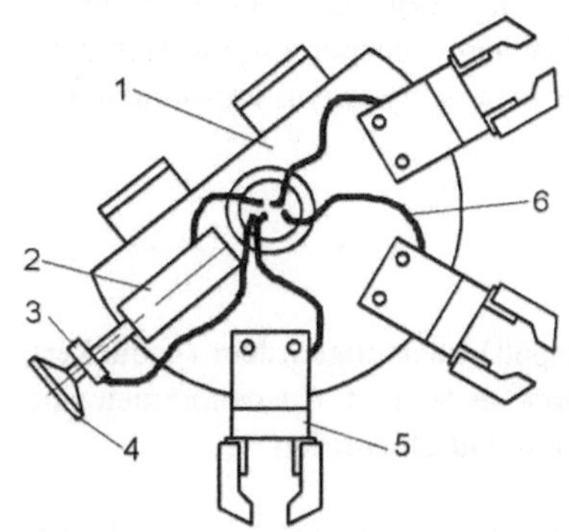

1 Basisplatte
2 Hubzylinder
3 Ejektor
4 Sauger
5 Parallelbackengreifer
6 Druckluftleitung

Bild 4-34 Revolvergreifer für Montageoperationen

Ein Greiferwechsel erfordert Wechselsysteme. Das roboterseitige Koppelteil wird nur einmal gebraucht, die greiferseitigen Koppelstücke dagegen vielmals, je einmal für jeden Einzelgreifer. An die Koppel- und Verriegelungselemente werden große Forderungen gestellt. Die charakteristischen Eigenschaften und Abmessungen sind in der ISO 11593 festgelegt. Es gibt Koppelsysteme, bei denen der Roboter aktiv sein muss, und auch solche, bei denen periphere Elemente wirksam werden. Man kann im wesentlichen 5 Funktionsprinzipe unterscheiden:

- Kugeladapter: Mehrere am Umfang verteilte Kugeln dienen zur Verriegelung.
- Haken- und Klauenhaltung: Zug- und Halteklinken sichern das Koppelunterteil.
- Bolzen- und Keilverriegelung: Diese Elemente fahren zum Sichern quer zur Andockachse ein.
- Magnethaltung: Eisenkern und Elektromagnet sind als Koppelpartner ausgebildet.
- Bajonettmechanik: Sie erfordert zur Kopplung Bewegungen für das Zusammenstecken und Drehen.

In **Bild 4-35** wird ein handelsübliches Greiferwechselsystem gezeigt. Beim Koppelvorgang richten Suchstifte die Achsmitten aus. Gegen Ende des Vorgangs bewegen sich Verriegelungsrollen in dafür vorgesehenen Kammern des Unterteils und halten den Greifer oder ein Roboterwerkzeug fest. Die Koppelflächen enthalten außerdem Stecker und Kupplungen für Druckluft-, Elektro- und Signalleitungen. Bei Punktschweißzangen kann sogar der Anschluss von Kühlwasserleitungen notwendig werden. Bei all diesen Verbindungen, die automatisch herzustellen sind, werden trotzdem nur Wechselzeiten von wenigen Sekunden akzeptiert. Weitere Koppelsysteme werden in [4-3] vorgestellt.

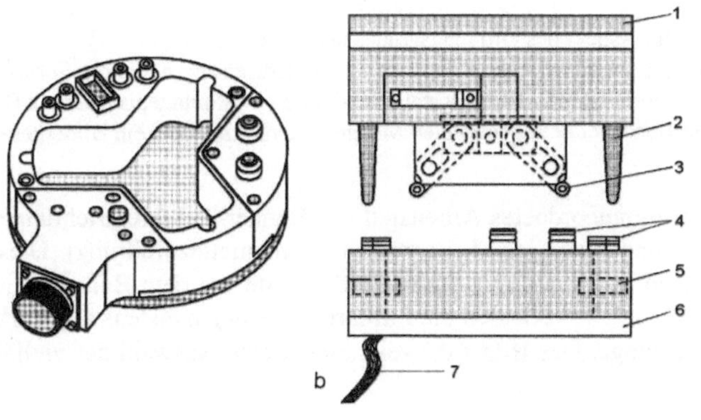

a) greiferseitiges Koppelstück
b) Gesamtsystem

1 Flansch zum Roboterarm
2 Such- und Zentrierstift
3 Arm mit Verriegelungsrolle
4 Koppelelemente für Druckluft, Elektrik und Signale
5 Aussparungen für die Verriegelungsrollen
6 werkzeugseitiger Flansch
7 Leitungen

Bild 4-35
Greiferwechselsystem Xchange

4.5 Zuführsysteme

Unter Zuführen versteht man jene Teilmenge von Handhabungsvorgängen, die erforderlich sind, um Werkstücke von einer Schnittstelle des innerbetrieblichen Transports in die Wirkzone eines technologischen Vorgangs zu bringen und auch wieder heraus. Synonym verwendete Begriffe sind das Zubringen und Beschicken.

4.5.1 Kleinteilezuführung

Kleinteile liegen geordnet (magaziniert), teilgeordnet (gestapelt) oder ungeordnet (gebunkert, als Haufwerk) vor. In der Wirkzone wird der geordnete Zustand gebraucht. Ausgenommen sind nur wenige Chargenprozesse, wie z.B. das Härten von Teilen im Durchlaufofen.

Unterscheidet man zwischen der Teilebereitstellung in unmittelbarer Umgebung eines Industriearbeitsplatzes und den Lager- bzw. Kommissionierbereichen, dann zeigen sich einige einander widersprechende Forderungen. In der Arbeitsstation sollen die Teile möglichst einzeln, geordnet und zeitgenau eintreffen, während man aus der Sicht von Umschlag und Transport an großen Transportlosen interessiert ist, damit nur wenige Bereitstellaktivitäten je Schicht erforderlich sind. Es sind also verschiedene Varianten der Teilebereitstellung zu prüfen. Es geht um die technische Realisierbarkeit und ob die kostenseitigen Erwartungen erfüllbar sind (**Bild 4-36**).

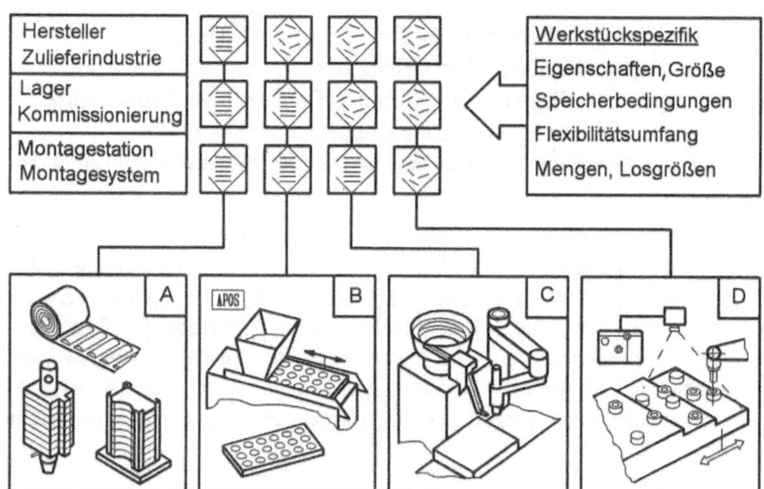

Bild 4-36 Bereitstellvarianten unter dem Aspekt des Ordnungsgrades der Teile
A magazinierte, paketierte oder gegurtete Bereitstellung; B Füllen von Werkstückträgern, die mit Formnestern ausgestattet sind, auf der Basis eines Geradschwingsystems, C Ordnen in Montageplatznähe, z.B. mit Vibrationswendelförderern, D Greifen aus der ungeordneten Menge, unterstützt durch ein Bilderkennungssystem

Am häufigsten wird in der Industrie ungeordnetes Arbeitsgut mit Bunker-Zuführeinrichtungen bereitgestellt, sofern es die Größe und Masse der Teile zulassen (Kleinteilezuführung). Diese Einrichtungen besitzen verschiedene Elemente, mit denen sie die Teile aus dem Bulk herausheben und ordnen können. Die Werkstücke verlassen die Zuführeinrichtung meistens als Werkstückstrang, d.h. als lückenlose Schlange. Das **Bild 4-37** zeigt eine kleine Auswahl der vielfältig modifizierten Einrichtungen.

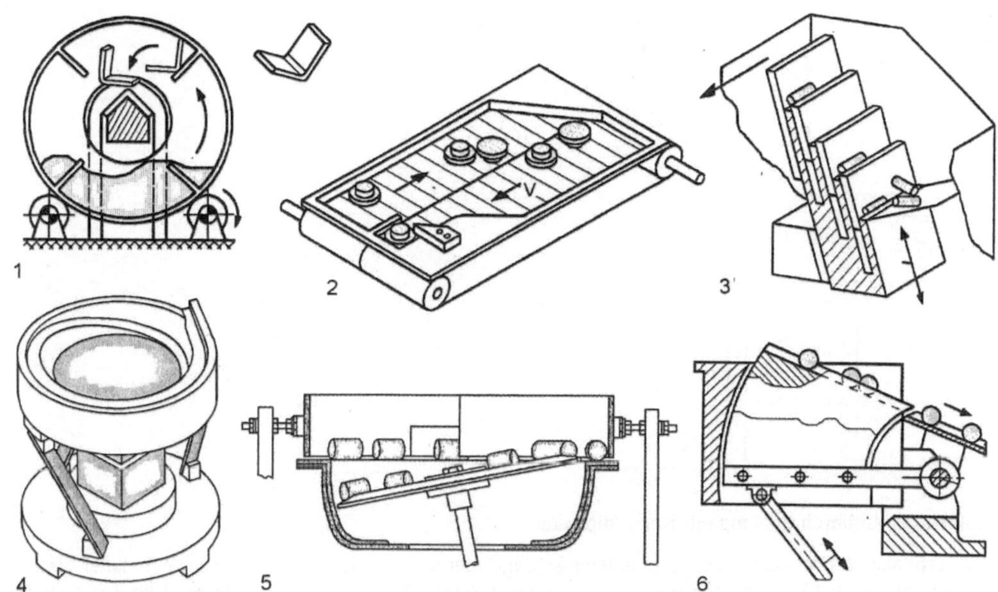

Bild 4-37 Beispiele für Bunker-Zuführ- und Ordnungseinrichtungen [4-11]

1 Trommelbunker-Zuführeinrichtung, 2 Waagerechtbandförderer, 3 Hubstufenförderer, 4 Vibrationswendelförderer, 5 Zentrifugalförderer, 6 Schöpfsegmentbunker

Für das Ordnen werden folgende Arbeitsprinzipe ausgenutzt:

- Schöpfen mit Schwenksegmenten, Stößeln, Flügelschienen oder Rohren
- Gleiten entlang von Richtkanten, um ein Orientieren zu erreichen
- Fallen in Profilöffnungen und passieren von Formdurchlässen
- Einleiten von Schwingungen in Kombination mit Ausrichtelementen
- Ausnutzen von Fliehkraftwirkungen
- Entnehmen von Teilen mit Hilfe von Magnet- oder anderen Haftelementen
- Ausnutzung aerodynamischer Effekte

Oft genügt eine Bunker-Zuführeinrichtung allein nicht, denn auch der Bunker muss in größeren Zeitabständen mit Teilen versorgt werden. Dazu wird in **Bild 4-38** eine Ausführung gezeigt, bei der auch das Nachladen automatisch ausgeführt wird. Es sind 2 Varianten dargestellt. Eine Variante zeigt einen Hubspeicher, der von Zeit zu Zeit vertikal hochfährt und seinen Inhalt in der oberen Endlage an den Vibrationswendelförderer abgibt Die Anforderung wird von einem Füllstandssensor am Vibrator ausgelöst (Aus fördertechnischen Aspekten soll der Förderaufsatz nur etwa ein Drittel seines Volumens gefüllt sein.). Im Vibrator geordnete Teile werden im Beispiel mit einem kleinen integrierten Förderband herausgeführt. Die zweite Variante besteht in einem Schrägaufzug, der sich periodisch einschaltet und eine bestimmte Menge nachläd. Solche Zuführeinheiten kann man als erprobtes Gerät von einschlägigen Firmen beziehen. Sie erproben mit einigen Litern angelieferter Werkstücke die Einheit solange, bis alle Schwachstellen erkannt sind und beseitigt werden können. Auch die Verkabelung aller Sensoren und Antriebe untereinander und mit der Steuerung gehört mit dazu. Damit steht dann eine autarke, sozusagen schlüsselfertige Komponente mit verlässlichen technischen Daten zur Verfügung.

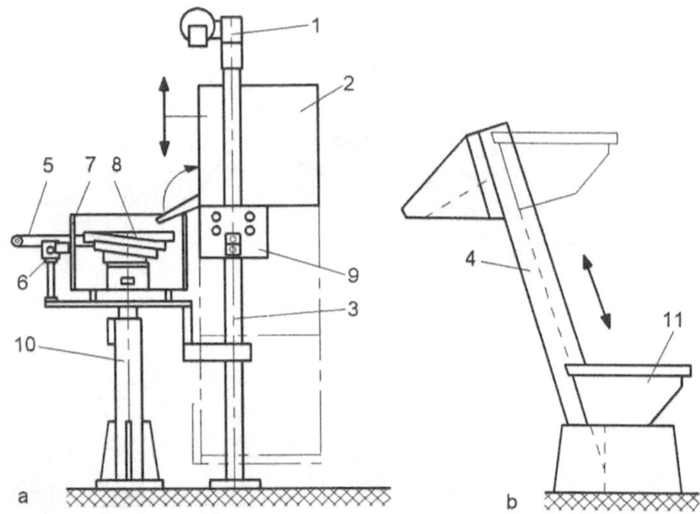

Bild 4-38 Zuführeinrichtung mit Nachfüllbunker

a) vertikaler Hubbehälter, b) bodenständiger Schrägförderer, 1 Antrieb für Hubsystem, 2 Behälter bis zu 210 Liter Inhalt, 3 Führungsschiene für Hubsystem, 4 Schrägförderer, 5 Kleinförderband für den Austrag geordneter Teile, 6 Transportbandantrieb, 7 Schutzhaube, 8 Vibrationswendelbunker, 9 Steuertafel, 10 Ständer, 11 Bunker

4.5.2 Band- und Streifenzuführung

Bänder und Streifen gelten als Quasifließgut, d.h. ihre Handhabungseigenschaften entsprechen etwa dem endlosen Fließgut und sind damit deutlich günstiger für die Automatisierung geeignet als Stückgut jedweder Art. Ausgenommen sind vielleicht Kugeln mit ihren unendlich vielen Symmetrieebenen.

Stückgut: Einzelne Objekte mit allseitig begrenzten Abmessungen, z.B. Flachteile, Blöcke, Wellen, Zahnräder. Stückgut ist formbestimmt. Die Form ändert sich bei Transport und Handhabung nicht.

Fließgut: Stoff oder Material, das nicht allseitig formbestimmt ist, wie Bänder, Drähte, gegurtete Teile oder gänzlich formunbestimmtes Gut, wie Granulat, Pulver, Paste und Flüssigkeiten.

Der Halbzeugform angepasst, gibt es verschiedene Vorschubeinrichtungen, mit denen Band in eine Wirkzone gebracht werden kann oder innerhalb einer Maschine, z.B. einer Presse, getaktet zuläuft. Es sind meistens sehr kurze Taktzeiten zu erreichen. In **Bild 4-39** wird eine Gliederung der Zuführeinrichtungen für Band und Streifen vorgestellt.

Die Prinzipe für das kraftpaarige Verschieben eignen sich grundsätzlich auch für den Draht- oder Stangenvorschub. Oft werden den Zuführeinrichtungen noch Richtapparate zur Beseitigung der Wickelkrümmung der Bänder vorgeschaltet. Wichtig ist, dass beim Vorschub kein Schlupf durch ungenügende Reibung entsteht und Dickenschwankungen verkraftet werden. Diese Probleme sind deutlich geringer, wenn man einen Hakenvorschub einsetzt. Dafür muss aber ein stabiles Restgitter (Stanzgitter) mit Stegen oder Eingrifflöchern vorhanden sein. Der Hakenvorschub arbeitet rein formpaarig.

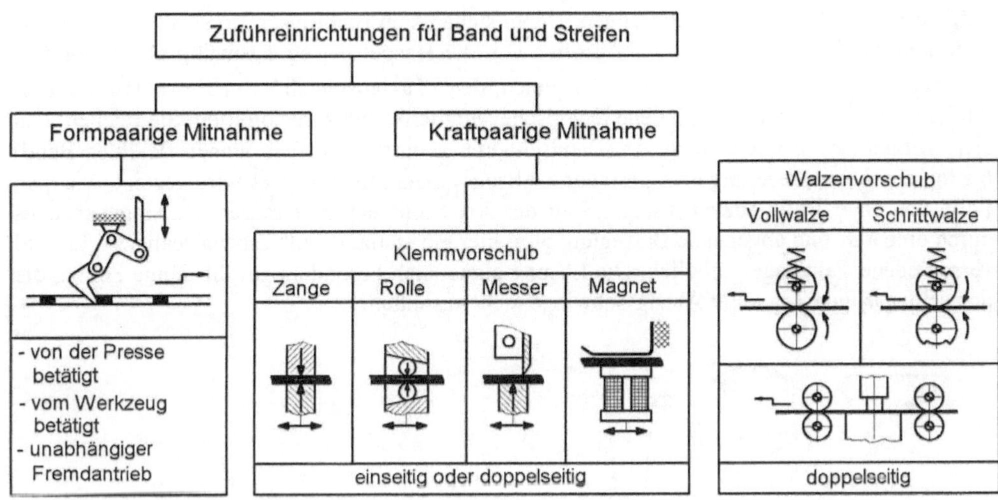

Bild 4-39 Gliederung der Zuführeinrichtungen für Band und Streifen

Wer aus irgendeinem Grund kein handelsübliches Vorschubgerät einsetzen will (Größe, Preis), der kann Greifer aus der Handhabungstechnik einsetzen. Ein Ausführungsbeispiel, bei dem 2 pneumatische Parallelbackengreifer für den Vorschub sorgen, wird in **Bild 4-40** gezeigt. Während die eine Greifeinheit das Band vorschiebt, läuft die andere Einheit mit geöffnetem Greifer bereits wieder zurück. Dieser Ablauf ist besonders bei großen Vorschubwegen und kurzen Taktzeiten günstig. Im Diagramm sieht man, dass die Bewegungen jeweils zur Gegenseite spiegelbildlich ablaufen. Um Schlupf zu vermeiden, können die Greifbacken mit einem Antirutschbelag belegt werden, z.B. mit einem elastomeren Haftkissen mit Noppenstruktur, oder man raut die Fläche mit Mikrorillen auf. Haftkissen sind besonders bei oberflächenempfindlichen Bändern unerlässlich. Man erreicht gegenüber Stahl einen Reibungskoeffizienten von etwa 0,5. Das ist ein recht guter Wert. Pressenhersteller liefern die komplette Bandzuführung als Zusatzausrüstung. Dazu gehören Bandvorschubapparat, Bandreinigung und Richtapparat, Haspel, Einlauf- und Auslaufwalzenpaar sowie Abfalltrennschere.

Es gibt natürlich noch viele andere Lösungen für den Bandvorschub, u.a. auch NC-gesteuerte Einrichtungen. Damit kann dann per Knopfdruck eine andere Vorschublänge aufgerufen werden. Solche Apparate werden meistens als Walzenvorschubeinrichtung ausgebildet.

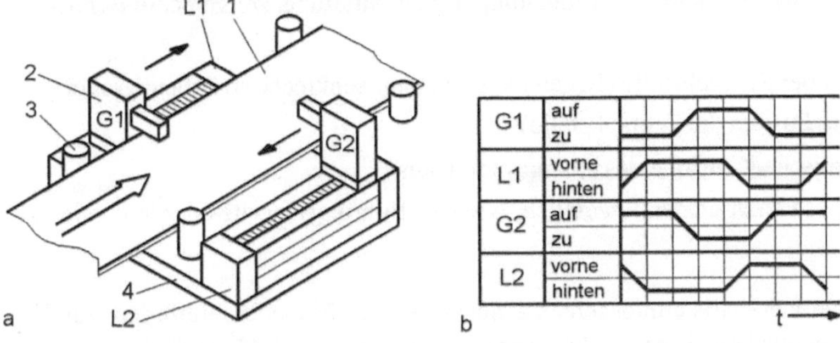

Bild 4-40 Pneumatisch angetriebenes Bandzuführgerät

a) Grundaufbau, b) Taktvorschubdiagramm, 1 Band, 2 Greifer, 3 Seitenführungsrolle, 4 Grundplatte, G Greifer, L Lineareinheit, t Zeit

Bänder werden normalerweise als Coil (Wickel) angeliefert, von Bundaufnahmen (Haspeln)
aufgenommen und taktweise abgezogen. Dabei stehen sich ruckweiser Vorschub in der Wirkzone und möglichst gleichmäßiges Abrollen von der Haspel bewegungsmäßig als Gegensätze
gegenüber. Man braucht dafür einen Ausgleich, den "Taktausgleich". Zur Bewältigung dieser
Aufgabe kann man auf verschiedene technische Möglichkeiten zurückgreifen. Sie reichen vom
stets vorgefüllten Zwischenmagazin (Bandschlaufe, allerdings nur bei dünnen flexiblen Band)
bis hin zur Abzugsregelung über gesteuerte Abzugswalzen. In **Bild 4-41** wird gezeigt, wie man
Folie von einer Rolle abziehen kann. Statt des sonst üblichen ruckartigen Schwingenabzuges
durch eine auf- und abgehende Bewegung wird hier ein stetiger Endlosabzug realisiert. Es sind
verschiedene Taktlängen möglich. Die Lösung eignet sich besonders gut für dünne Folien, die
den schlagartigen Zug einer Abzugsschwinge nicht aushalten.

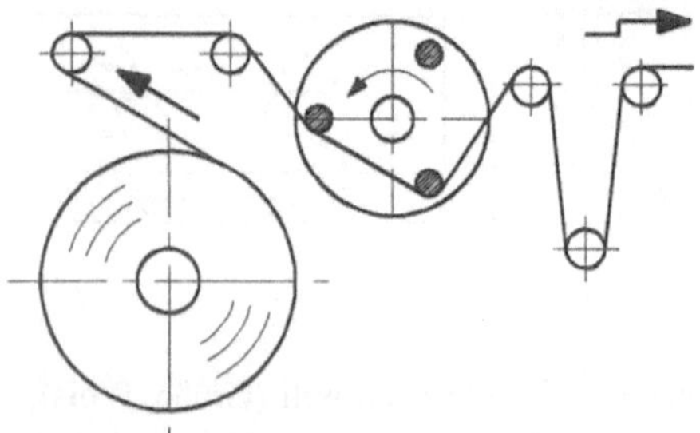

Bild 4-41 Bandabzug für Folien und dünne Bänder
(Hirt)

4.5.3 Schraubteilzuführung

Die Schraubtechnik besitzt eine Schlüsselstellung in der Montage. Eine Untersuchung von Produkten des Maschinenbaus, des Fahrzeugbaus und auch der Feinwerktechnik zeigt, dass die
Schraubverbindung vor allen anderen mechanischen Verbindungstechniken weitaus am häufigsten eingesetzt wird (Schrauben vor Einpressen, Einhängen, Einschnappen, Umformen,
Klemmen, Verstiften, Klammern und Nieten). Allerdings steigt der Anteil von Klebeverbin-
dungen und auch die automatisierte Ausführung ist gesichert. In der Montageautomatisierung
ist deshalb die automatisierte Zuführung von Schraubteilen und das automatische Verschrauben
ein bedeutungsvolles Segment. Es müssen folgende Voraussetzungen geschaffen werden:

* Automatisierungsgerechtes Schraubteil (Sortenreinheit, montagegerechte Gestaltung, günstige Kraftangriffsmerkmale)

* automatische Zuführung der Schraubteile (Einhaltung der Orientierung, zeitgerechte Bereitstellung)

* gute Zugänglichkeit an der Schraubstelle (Fügen möglichst nur senkrecht von oben, großer
  zulässiger Störkantenradius um die Schraubstelle)

* Steuerung und automatische Kontrolle des Anzugsmomentes

* Vermeidung technischer Fehler an den Fügeteilen, wie z.B. Bohrungsversatz oder fehlende
  Löcher

Zur Erleichterung wurden automatisierungsgerechte Schrauben, insbesondere gefördert durch
die Automobilindustrie, entwickelt. Eine solche Schraube wird in **Bild 4-42** gezeigt. Sie verfügt über eine ausgeprägte Spitze, die das Anfädeln am Gewinde unterstützt und den Suchvor-
gang des Schraubwerkzeuges zeitlich abkürzt.

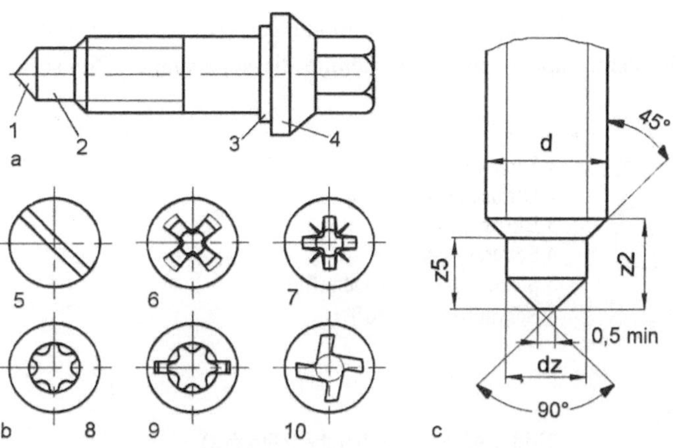

a) automatisierungsgerechte
   Schraubenform
b) Schraubenantriebsformen
c) Gestaltung des Anfädelbe-
   reiches

1 Fügespitze
2 Ausrichtzylinder
3 abgesetzter Spiegel
4 angestauchte Scheibe
5 Schlitz,
6 Phillips (DIN 7962, DIN
   7985)
7 Pozidriv
8 Innentorx
9 Kombi-TORX
10 TORQ-Set

Bild 4-42 Kleinschraubenformen

Es sind folgende Abmessungen (bezogen auf Bild 4-42c) einzuhalten:

d	M6	M7	M8	M10	M12	M14
dz	4,5	5,4	6	7,6	9,2	11
z2	3	3,5	4	5	6	7
z5 ± 0,5	1,75	2,25	2,5	3	3,5	4

Für die Automatisierung sind weiterhin die Schraubenantriebsformen wichtig. Der Fehleranteil durch Wegspringen ist bei den Schlitzschrauben am größten. Jede Störung bedeutet aber Unterbrechung des Montageablaufs. Deshalb wurden andere Antriebsformen entwickelt, die eine zuverlässigere und schnellere Kopplung mit dem Schraubbit gewährleisten.

Der Phillips-Kreuzschlitz wurde vor etwa 50 Jahren in den USA erfunden, der Torx-Antrieb ist etwa 25 Jahre alt (USA) und den Pozidriv-Kreuzschlitz kennt man ebenfalls schon 35 Jahre. Er weist einen etwas geringeren Camout-Effekt aus.

Camout: Ungewolltes Herausgleiten und Überrasten der Schrauberklinge im Schraubenantrieb, z.B. einem Kreuzschlitz. Ursachen liegen in Antriebsart (Schraubenkopf), Vorschubkraft, Drehmoment und Winkelabweichungen zur Schraubachse.

Fehler, die beim automatisierten Verschrauben auftreten können sind:

- Schraubteil: Falschteil, Schrauben mit Press- und/oder Walzfehler; Bei Standardschrauben können mehr als 60 (!) verschiedene Fehlerarten auftreten [4-12].

- Zuführvorgang: Schrauben verklemmen im Zuführkanal und gegen Abdeckschienen, gegenseitiges Verhaken besonders bei Kombi-Schrauben, Störungen beim Vereinzeln, falsche (doppelte) Zuteilmenge, Schraube steckt schief im Schraubermundstück oder im Einschraubtubus

- Schraubvorgang: Schraube springt weg, Schraube setzt neben dem Einschraubloch auf, Camout-Effekt tritt auf, Schraube wird überdreht, Schraube wird nicht tief genug eingedreht

Ein Hauptmangel besteht in der nur schwer überprüfbaren Verbindungsqualität. Zwar wird über die Schraubspindel das Drehmoment gemessen und dokumentiert, die Vorspannkraft in aller Regel jedoch nicht. Bei indirekten Messungen müssen Ungenauigkeiten von ± 14 % bis ± 35 % in

Kauf genommen werden. Das ist bei sicherheitsrelevanten Verbindungen (Fahrzeugbau, Luftfahrt, Atomenergietechnik) ein Problem. Eine Lösungsweg könnte die sogenannte "Sensorschraube" sein (**Bild 4-43**).

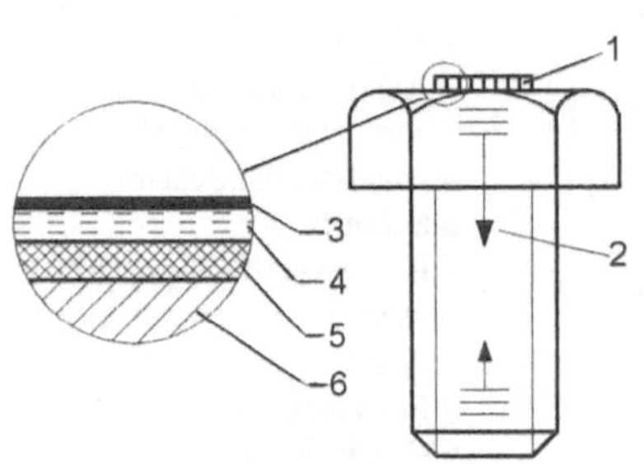

1 Sensor
2 Ultraschallsignal
3 Elektrode
4 Schutzschicht
5 piezoelektrischer Dünnfilm
6 Schraubenwerkstoff

Bild 4-43 Sensorschraube (Ultrafast)

Das ist eine Schraube, die auf dem Kopf eine dünne piezoelektrische Schicht (Sensor) trägt, mit der die Vorspannkraft während des Einschraubprozesses direkt gemessen werden kann, selbst über den Schraubenstreckgrenzpunkt hinaus [4-13]. Beim Aufsetzen des Schraubwerkzeuges kontaktiert ein Stift mit der Schraubenkopffläche. Dann wirkt der Schraubenkopf wie ein Ultraschallgeber und sendet Signale aus. Dehnt sich die Schraube beim Anzug, dann ändert sich die Laufzeit des Signals. Daraus lässt sich die Vorspannkraft errechnen. Das ist versagenssicher. Es werden Genauigkeiten von ± 3 % für Anwendungsfälle in der Kraftfahrzeugmontage erreicht.

In der Praxis überwiegen aber bisher andere Verfahren zur Kontrolle der Kraftverhältnisse beim Festziehen von Schrauben. Diese sind:

* Momentverschraubung mit Winkelkontrolle
* Winkelverschraubung mit Momentkontrolle
* Streckgrenzenverschraubung
* Schneidschraubenanzug
* Standardschraubverfahren
* Lösen und Nachziehen

Als Überwachungsfunktionen beim Schrauben werden genutzt:

* Zeitüberwachung des Schraubvorganges
* Einschraubüberwachung über Winkel
* tiefengesteuerte Einschraubüberwachung
* Stromplausibilitätskontrolle (Stromaufnahme des Antriebs)
* Stick-slip-Überwachung
* Gradientenkontrolle
* Schraubteilanwesenheit mit Gewindekontrolle

Für eine automatische Schraubmontageeinheit lässt sich das Zusammenspiel der wichtigsten Komponenten im Blockschaltbild anschaulich zeigen (**Bild 4-44**).

Schrauben ist ein komplexer Vorgang, der neben dem Schraubvorgang auch die Zuführtechnik der Schrauben zu berücksichtigen hat. Zunächst wird in **Bild 4-45** die Zuführung einer Stiftschraube mit Innensechskant gezeigt. Ein Einschraubtubus ist gleichzeitig Rotor zum Drehen der Schraube.

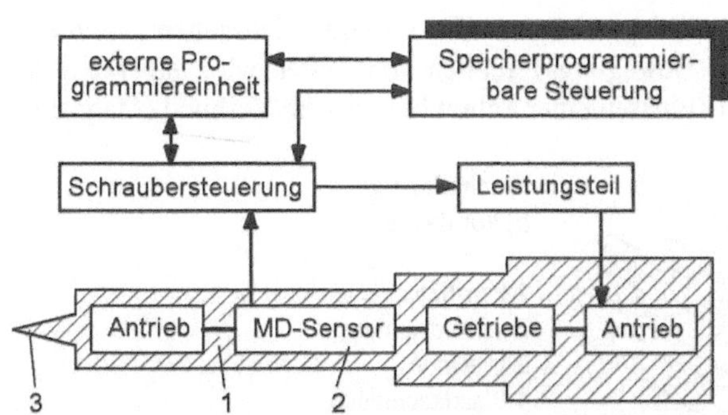

1 Schrauberspindel
2 Drehwinkel-, Drehmomentsensor
3 Schrauberbit

Bild 4-44 Schraubeinheit als Blockbilddarstellung

Die Schrauben sind jedoch nur vorgeordnet und müssen gegebenenfalls noch in eine "Spitze-voran-Lage" gebracht werden. Die Orientierung der Schraube wird deshalb durch einen Sensor an der Zuführschiene festgestellt. Danach dreht der Rotor im Uhrzeigersinn oder entgegen und hält definiert an [4-14]. Es gibt natürlich auch Lösungen, bei denen außerhalb der Schrauber-umgebung bereits die endgültige Orientierung der Schraube hergestellt wird.

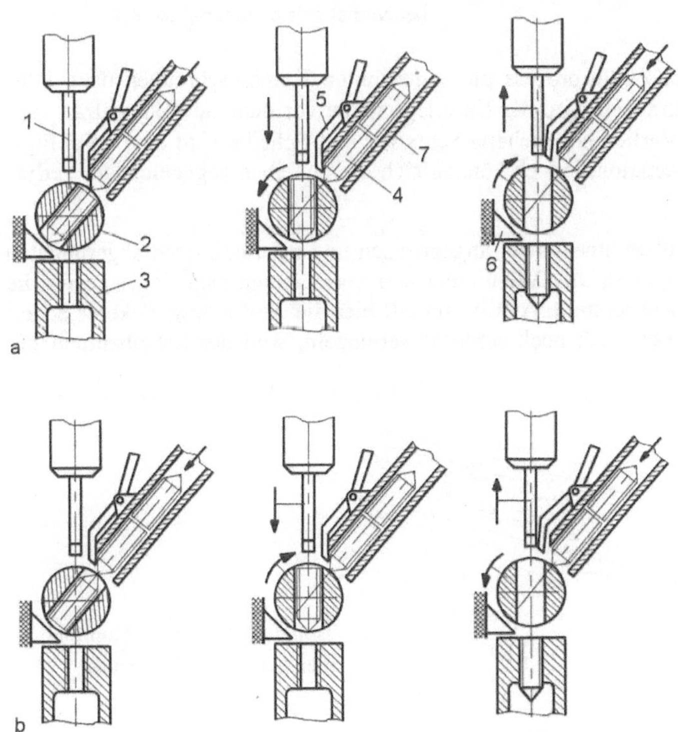

a) Orientieren, wenn die Schraube mit Spitze voran ankommt
b) Schraube kommt mit Innensechskant voran an

1 Schraubwerkzeug
2 Rotor zum Ordnen
3 Montagebasisteil
4 Stiftschraube mit Innen-sechskant
5 Zuteilersperre
6 Anschlag
7 Zuführrinne vom Vibra-tionswendelförderer

Bild 4-45 Eindrehen einer Stiftschraube

Schrauben und auch viele andere Schraubteile lassen sich mit Vibrationswendelförderern, Segmentbunkern und anderen konventionellen Bunker-Ordnungseinrichtungen recht gut zuführen. Die vorgeordneten oder schon vollständig geordneten Teile werden dann über Kanäle, Rohre und Profilschläuche bis zum Schraubermundstück transportiert. Hierbei ist die Schwerpunktlage für das Führen im Kanal wichtig. Schaftlastige Schrauben hängen sich aus und lassen sich sowohl in Achsrichtung, wie auch mit parallelen Achsen gut führen (**Bild 4-46a**). Kopflastige Schrauben haben ein anderes Ruhe- und Bewegungsverhalten. Sie brauchen eine gute Führung an der Kontur, damit sie sich nicht überschlagen können (**Bild 4-46b**). Schrauben sollen eindeutig kopf- oder schaftlastig sein. Das Bewegungsverhalten von Teilen wird außerdem dadurch beeinflusst, ob sie einzeln laufen (Zublasen einer Schraube) oder im Verbund (Magazin).

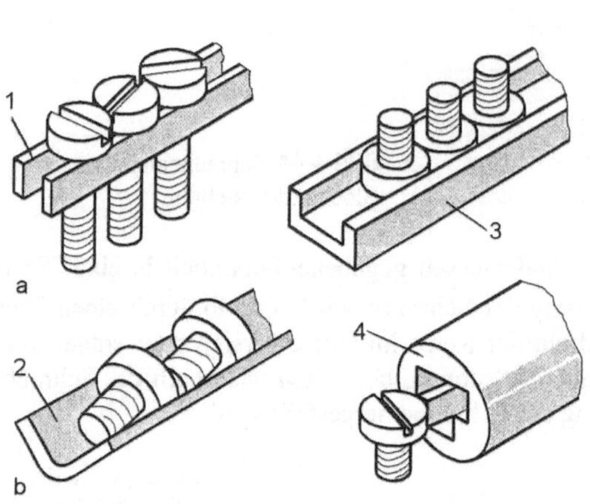

Bild 4-46 Kopf- und schaftlastige Schrauben verhalten sich unterschiedlich.

Als störanfällig haben sich im Zuführprozess die sogenannten Kombi-Schrauben nach DIN 6900 erwiesen. Bei diesen Schrauben wird die Unterlegscheibe vor dem Gewindewalzen aufgebracht und ist dann gegen Verlieren gesichert. Schraube und Scheibe sind also vorgefügt. Das erspart zwar eine Montagestation, jedoch können sich die Scheiben gegeneinander verhaken.

Ähnlich ist das auch bei Schrauben mit dünnen angepressten und eventuell noch abgerundeten Scheiben. Sie neigen zur Schuppung im Zuführkanal und verklemmen sich dabei gegen die Deckleiste. Das ist in **Bild 4-47** dargestellt. Abhilfe schafft hier die Ausbildung dickerer Scheiben. Geschuppte Schrauben lassen sich auch schlecht vereinzeln, weil der Scheibenrand der nächsten Schraube im Wege ist.

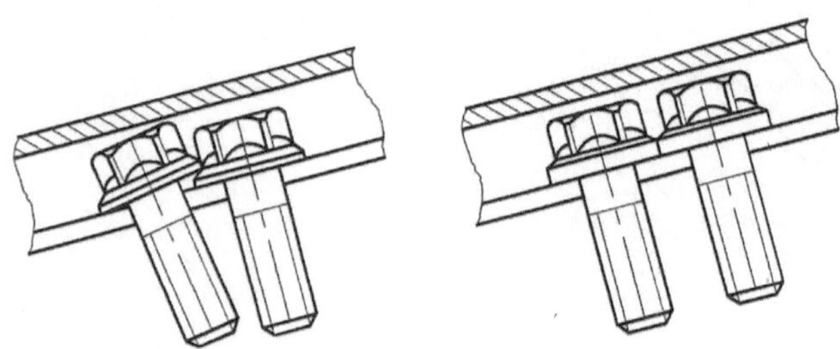

Bild 4-47 Besondere Kopfformen neigen zur Schuppung

4.5.4 Schüttgutzuführung

Feststoffe unterteilt man in Stückgut und Schüttgut. Schüttgut ist stückiges, körniges oder staubiges Massengut, das eine gewisse Fließfähigkeit aufweist. Typisch sind z.B. Pulver, Müll und Späne. Man kann aber auch Kleinteile der mechanischen Fertigung dazu rechnen, wie Schrauben, Muttern, Scheiben und Niete. Sie verhalten sich als ungeordnete Menge ähnlich und zeigen soetwas wie Fließverhalten. Das Zuteilen von abgegrenzten Mengen wird als Dosieren (*metering, dosing*) bezeichnet.

> **Dosieren:** Abteilen genauer Mengen von formunbestimmten, mit Einschränkung auch form-
> bestimmten, Stoffen durch Wägen (gravimetrisch), Volumenmessung oder Stückzählen zur
> Bildung von Einheiten in bestimmter Größe in Abhängigkeit vom Arbeitsgang.

Das Dosieren ist nicht nur ein Vorgang, der in der Verarbeitungstechnik typisch ist, sondern
kommt auch in der Fertigungstechnik vor. Deshalb sollen einige Einrichtungen gezeigt werden,
die automatisches Dosieren erlauben.

Das Schüttgut wird immer aus Vorratsbehältern bereitgestellt und dann einem Dosierelement zugeführt. Dafür verwendet man vorzugsweise folgende technische Elemente:

- Schnecken (Einfach-, Doppel-, Voll-, Bandschnecken u.a.)
- Zellenrad, meistens kombiniert mit einem Rüttelwerk
- Dosierband, in der Regel mit Waage kombiniert
- Dosiervibrator in der Bauform einer Geradschwingrinne
- Kolbendosierer (Ansaug-, Ausstoßphase)
- Bürstendosierer, insbesondere zur Feindosierung
- Schieber (Füllen und Leeren von Stegrahmen)
- Dosierwaagen, z.B. als Differenzialdosierwaage

Ein erstes Beispiel zeigt in **Bild 4-48** das Absacken von Schüttgut. Um eine bestimmte Dosiergenauigkeit zu erreichen, wird mit mehreren Förderströmen gearbeitet. Für schnelles Füllen
ist das Grobdosierventil weit geöffnet. Bei Erreichen eines bestimmten Füllgewichts wird dann
über das Feindosierventil das Füllen mit "Genauhalt" realisiert. Im Beispiel werden alle Dosier-
ventile und auch die Sackhalteelemente pneumatisch angetrieben. Die Schaltvorgänge werden
jeweils von den Wiegedaten der elektronischen Waage abgeleitet.

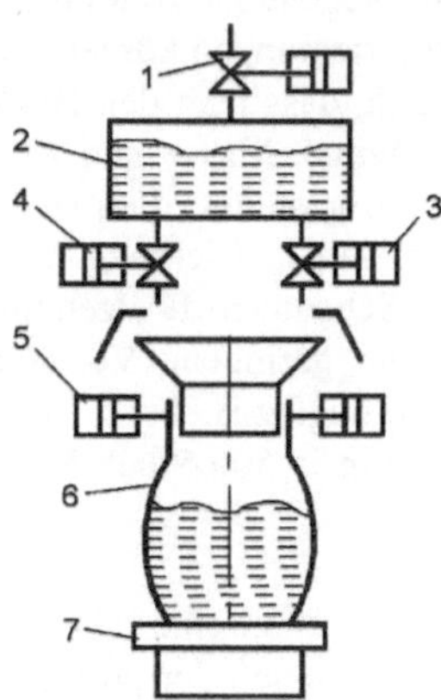

Bild 4-48 Direktdosierung mit Ab-
packen

1 Haupt(zufluss)ventil, 2 Vibrations-
behälter, 3 Grobdosierventil, 4 Feindosierventil, 5 Spanner, Spannklam-
mer, 6 Sack, 7 elektronische Waage

Für die Feindosierung von Pulvern eignen sich auch rotierende Bürsten. Das Prinzip einer solchen Dosiereinrichtung wird in **Bild 4-49** dargestellt. Der Dosierer ist vertikal aufgebaut. Unterschiedlich lange Borstenbündel "keh-
ren" das Gut in einer Innenwendel voran. Die langen
Borsten biegen sich dabei beim Fördern und können beim
Drehen in vertikalen Nutunterbrechungen wieder zu-
rückspringen. Diese Nuten sind versetzt angeordnet, sodass der Dosierer in jeder Stellung des Rotors auslaufsi-
cher ist. Das Borstenprinzip ist weitgehend selbstreini-
gend, was ein großer Vorteil ist. Es wird eine reprodu-
zierbare Dosiergenauigkeit von ± 0,1 % erreicht.

Bei dem in **Bild 4-50** gezeigten Dosierer hat man ein ori-
ginelles Prinzip realisiert. Es werden Schaumstoffwalzen verwendet. Die aus einem Bunker abgenommenen
Werkstücke betten sich dabei in die Walzen ein und werden zum Wiegebehälter hin wieder ausgegeben. Bei Teilen mit verschiedenen Formen und Größen muss im all-

gemeinen nicht umgerüstet werden. Scharfkantiges Gut und beölte Teile können ebenso dosiert werden, wie Pulver und Granulate.

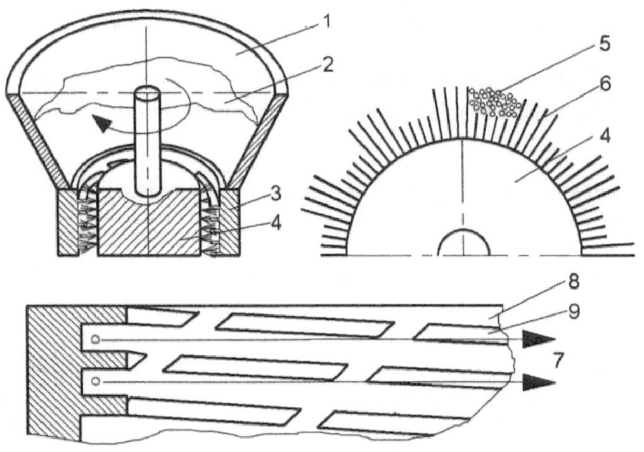

1 Bunker
2 Schüttgut
3 feststehende Schnecke
4 Rotor mit Borstenbündeln
5 dosierte Gutmenge
6 Borstenbesatz
7 Borstenweg
8 Schneckengrund
9 Schneckensteg

Bild 4-49 Bürstendosierer (Danag AG)

Das Walzenmaterial wird allerdings nach den Anforderungen ausgewählt. Eine vorgewählte Stückzahl lässt sich exakt über die ermittelte Masse dosieren. Die Drehzahl der Walzen regelt sich selbst nach dem Abstand vom momentanen Istwert zum Sollwert. Das bedeutet hohe Drehzahl am Beginn des Dosiervorganges und kleine Drehzahl am Ende. Je kleiner diese letzte Drehzahl, um so größer wird die Dosiergenauigkeit.

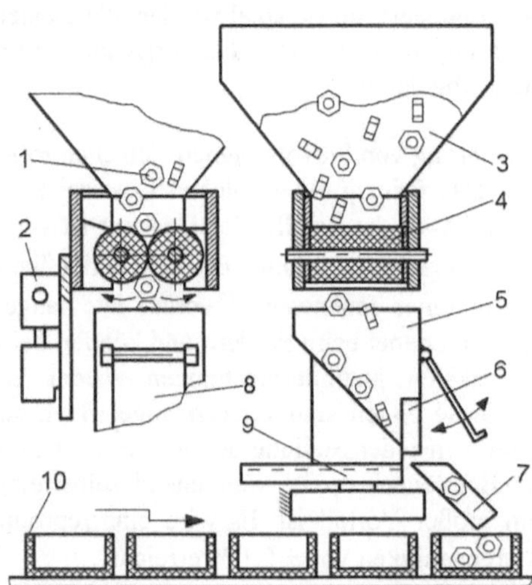

Bild 4-50 Dosierautomat für Stückgut (Hieger Maschinenhandel)

1 Arbeitsgut, 2 Antriebsmotor und Getriebe, 3 Bunker, 4 schaumstoffummanteltes Walzenpaar, 5 Wiegebehälter, 6 Magnetzuhaltung, 7 Schüttrinne, 8 Öffnungsklappe, 9 elektronische Waage, 10 Abpackbehälter, z.B. Pappe- oder Kunststoffschachtel

Die Vorteile des Prinzips bestehen darin, dass man Pulver und Granulate ebenso gut dosieren kann, wie relativ klobige Teile und dass die Dosierzeit gegenüber kontinuierlich laufenden Dosiereinrichtungen kürzer ist. Zu erwähnen wäre noch, dass man den Bunkerbehälter je nach Menge, Masse und zu förderndem Medium so gestaltet, dass sich ein günstiger Teilenachlauf in Richtung Dosierwalzen ergibt. Die Schaumstoffwalzen unterliegen übrigens nur geringem Verschleiß. Die Dosierleistung liegt z.B. bei 600 Verpackungseinheiten mit je 500 Stück Muttern M10 je Stunde.

Oft genügt aber auch schon eine relativ grobe Dosierung, weil lediglich der portionierte Nachschub von Teilen an einer Arbeitsstation gesichert werden muss. Dafür hat sich die pneumatische Förderung bewährt. Der in **Bild 4-51b** gezeigte Turbodosierer arbeitet wie ein Staubsauger mit Saugluft. Die Teile werden aus einem gut nachfüllbaren, in Bodennähe befindlichen Bunker angesaugt und füllen zunächst eine Dosierkammer mit Teilen. Die Dosiermenge kann um einige Teile schwanken. Besteht an der in einigen Metern Entfernung befindlichen Arbeitsstation Bedarf, dann werden die Teile aus der Dosierkammer abgerufen. Die Teile sollten nicht größer als 75 Millimeter sein. Es werden aber sehr unterschiedliche Teileformen verkraftet, wie das **Bild 4-51a** belegt. Aerodynamisch ideale Teile wie Kugeln und Nadeln sind allerdings nicht geeignet. Für die Zuführung von Kunststoffteilen hat man schon Förderstrecken von 25 Meter, ja sogar 40 Meter realisiert. Hier sollten aber Vorversuche gemacht werden, weil sich manche Teile während des Förderns im Schlauch elektrostatisch aufladen können. Sie neigen dann zum "Ankleben". Die saugbare Entfernung ist eine Funktion der Teileform, der effektiven Saughöhe und der zu fördernden Werkstückmenge. Man kann in den Zuführstrang auch Weichen einbauen, sodass mehrere Arbeitsstationen aus einem einzigen Vorratsbehälter mit gleichartigen Teilen versorgt werden können.

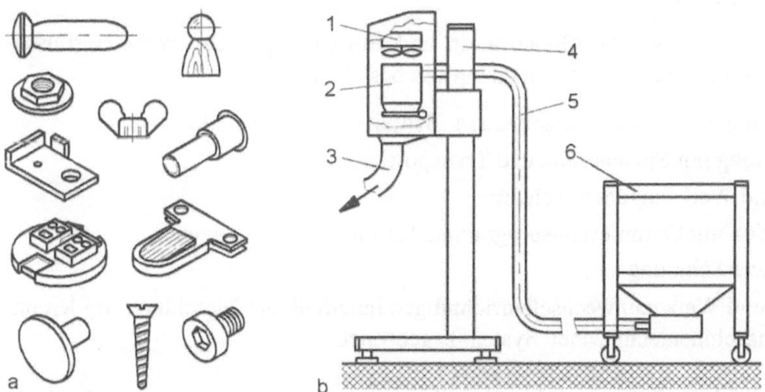

Bild 4-51 Stückgutdosierer (SIM)
a) Beispielteile, b) Dosiereinrichtung, 1 Sauglufturbine, 2 Sammelbehälter für eine "Portion", 3 Ausgabeschlauch, 4 Ständer, 5 Ansaugschlauch, 6 verfahrbarer Trichter-Vorratsbehälter

Kontrollfragen

1 Durch welche physikalischen Gegebenheiten wird die erforderliche Haltekraft und die vom Greifer erzeugte Greifkraft beeinflusst?

2 Welche Vorteile erreicht man durch den Einsatz von Revolver- bzw. Doppelgreifern in der Montage und bei der Beschickung von Maschinen?

3 Welche technisch-organisatorischen Varianten sind gegenüberzustellen, wenn man Lösungen zur automatischen Werkstückbereitstellung auszuwählen hat?

4 Wie und mit welchen technischen Mitteln kann man Bandmaterial taktweise zuführen?

5 Was ist an einer automatisierungsgerechten Schraube im Vergleich mit einer normalen Maschinenschraube anders?

6 Was versteht man unter Stückgutdosierung? Wie kann man diese Aufgabe technisch lösen?

5 Werkzeugfluss

Zur Automatisierung gehört auch die die effektive Gestaltung des Werkzeugflusses. Dabei geht es nicht nur um den maschinennahen Werkzeugfluss, sondern auch um die Werkzeugverwaltung, oft als *Tool Management* bezeichnet. Die Hauptaufgabe einer Werkzeugverwaltung besteht darin, die richtigen Werkzeuge zum richtigen Zeitpunkt an die richtige Maschine zu bringen. Dazu muss ein Kreislauf für die Werkzeuge organisiert werden, was deren ununterbrochene Verfolgung und Nachweisführung notwendig macht.

Ein Werkzeugsystem enthält alle notwendigen Werkzeuge, Werkzeugaufnahmen und Werkzeugspanner zur Lösung einer Fertigungsaufgabe, abgestimmt auf die Verfahrensbaugruppen des maschinentechnischen Systems.

Das Werkzeugflusssystem umfasst die Organisation und Einrichtungen des Werkzeugflusses unter Nutzung des Werkzeugsystems. Der Werkzeugfluss besteht aus:

- Werkzeugvorbereitung mit Lagern, Instandhalten (Schleifen) und Einstellservice
- Werkzeugbereitstellung mit Speicherung und Transportieren
- Werkzeugeinsatz und Werkzeugüberwachung
- Werkzeugorganisation mit Optimierungsprogramm, Termin- und Kostenzielen, Funktionsgarantie und Schulung
- Werkzeugspeicher und Werkzeugwechseleinrichtungen innerhalb der Maschinen werden im allgemeinen dem maschinentechnischen System zugeordnet.

Dieser technische Aufwand erscheint zunächst übertrieben. Man muss jedoch berücksichtigen, dass eine Werkzeugmaschine ohne Werkzeug zum toten Kapital wird und dass die Werkzeuge selbst sehr hochwertige und teure Komponenten sein können. Ein unerkannter Werkzeugbruch kann große Folgeschäden hervorrufen, die beim 10-fachen des Werkzeugwertes liegen. Ein hoher Grad von Eigenüberwachung durch die Maschine hinsichtlich Verschleiß und Bruch schützt die Werkzeuge sowie die Werkstücke vor Unbrauchbarkeit und die Maschine vor folgenschweren Havarieschäden.

5.1 Begriffe und Funktion

Zur Bearbeitung eines Werkstücks bzw. eines Rohteils sind in der Regel mehrere unterschiedliche Werkzeuge erforderlich [5-1]. Die Werkzeuge für NC-Maschinen bestehen aus mehreren Teilen. Das sind:

- **Werkzeugaufnahme**
  Sie dient zum Einsetzen eines Werkzeugs z.B. in eine Arbeitsspindel. Schaftaufnahmen mit Steilkegel und Greiferrille nach DIN 69871 werden häufig verwendet.

- **Werkzeug**
  Es wird außerhalb der Maschine mit der Werkzeugaufnahme verbunden, eingestellt und vermessen.

- **Werkzeugcodierung**
  Das ist eine Ergänzung der Werkzeugaufnahme mit mechanischen (Codierringe) oder elektronischen Codiermitteln (Chips).

An Bearbeitungszentren werden vorzugsweise Standardwerkzeuge eingesetzt, die dann arbeitsgangabhängig gewechselt werden. An Sondermaschinen und Taktstraßen versucht man Stationen einzusparen, indem man Sonderwerkzeuge einsetzt, die zu größeren Spanleistungen tauglich sind oder die mehrere Operationen in einem Zug nacheinander ausführen (Stufenwerkzeuge), wie z.B. Gewindebohren und Entgraten. Es ist z.B. gelungen, 11 Arbeitsschritte in einem Ausbohr-Sonderwerkzeug zusammenzufassen, was die Bearbeitungszeit um mehr als 60 % reduzierte und eine Fertigungsstraße dadurch um 10 Meter verkürzte. Für Taktstraßen ist deshalb immer zu prüfen, ob Sonderwerkzeuge günstiger sind bzw. ob paralleles Arbeiten hilfreich ist, z.B. durch

- mehrschneidige Sonderwerkzeuge (Messerköpfe) oder durch

- mehrspindlige Bearbeitung (Mehrspindelbohrköpfe).

So kann mit einem Messerkopf mit 4 gleichmäßig am Umfang verteilten Schruppschneiden, bei ausreichender Leistung der Ausbohreinheit, der 4-fache Vorschub gefahren werden, wodurch die Grundzeit auf 25 % gesenkt wird.

An der NC-Maschine wird beim Werkzeugfluss zwischen Werkzeugwechsel und Werkzeugaustausch unterschieden und zwar wie folgt:

Werkzeugaustausch: Tauschen eines verbrauchten Werkzeugs gegen ein gleichartiges Werkzeug. Das findet zwischen Hauptspindel und Werkzeugmagazin statt, wenn die Bearbeitung fortzusetzen ist. Ein Austausch kann auch zwischen Magazin und Werkzeuglager vor sich gehen, was eigentlich der Normalfall ist.

Werkzeugwechsel: Wechseln eines Werkzeugs gegen ein anderes infolge des Arbeitsfortschrittes, also aus technologischen Gründen. Der Wechsel findet grundsätzlich zwischen Hauptspindel und Werkzeugmagazin statt.

Um einen automatischen Werkzeugwechsel einführen zu können, müssen einige Voraussetzungen erfüllt sein. Im wesentlichen sind zu nennen:

- Die Werkzeuge müssen sich außerhalb der Maschine mit Hilfe von Voreinstellgeräten auf ein definiertes Voreinstellmaß einstellen lassen.

- Die Werkzeuge müssen sich mit sicher funktionierenden Spannsystemen z.B. mit der Hauptspindel der NC-Maschine verbinden lassen. Das geschieht meist kraft-formpaarig, was lageorientiert abgelegte Werkzeuge erfordert und auch eine definierte Stellung der Hauptspindel (Ausrichten) mit den Koppelelementen.

- Beim Wechsel muss die Arbeitsspindel in eine sogenannte Wechselposition fahren. Sie ist maschinen- und werkzeugspeicherabhängig und gewährleistet den reibungslosen Wechsel.

- Die Sitzflächen an Werkzeug und Hauptspindel müssen exakt sauber sein. Deshalb sind entsprechende Reinigungseinrichtungen (pneumatische Ausbläser, Abstreifer u.a.) vorzusehen.

- Im Werkzeugsystem muss eine Einheitlichkeit in den Werkzeugaufnahmen erreicht sein. Dazu gehören nicht nur standardisierte Koppelstellen, sondern auch einheitliche Griffrillen für das sichere Halten der Werkzeuge im Greifer der Wechseleinrichtung.

- Die Werkzeugversorgung muss gut organisiert erfolgen, damit eine bedarfsgerechte Bestückung oder eine Umbestückung des Magazins vorausschauend und mit minimalem Zeitverbrauch erfolgen können.

Daraus ergibt sich für den vollautomatischen Werkzeugwechsel die Notwendigkeit nach entsprechenden Einrichtungen, die auch in den Steuerungsablauf eingebunden sein müssen. Diese Einrichtungen sollen nachfolgend besprochen werden. Außer dem Werkzeug selbst braucht man:

- **Werkzeugspeicher**
  Sie halten maschinennah die Werkzeuge für den Wechsel bereit. Es ist eine Anbaugruppe zur Maschine, seltener ein eigenständiges Aggregat.

- **Werkzeugwechsler**
  Das ist die aktive, den Werkzeugwechsel ausführende Einheit. Sie ist meist integraler Bestandteil der NC-Maschine.

- **Werkzeugcodierung**
  Sie sichert die Unterscheidung der Werkzeuge untereinander und macht die automatische Erkennung möglich.

- **Werkzeugüberwachung:**
  Damit wird laufend oder stichprobenartig über den Verschleißzustand des Werkzeugs befunden und es werden gegebenenfalls Maßnahmen ausgelöst.

5.2 Werkzeugtausch

Der Werkzeugtausch wird im Vergleich zum Werkzeugwechsel in relativ großen Zeitabständen erforderlich. Sofern es um den Tausch zwischen Werkzeugmagazin und Werkzeuglager geht, wird meistens auf eine Automatisierung verzichtet. Der manuelle Austausch ist hier oft wirtschaftlicher. Man kann aber auch hier Maßnahmen zur Erleichterung bzw. zur zeitlichen Verkürzung treffen.

Das ist anders, wenn während der Bearbeitung eines Werkstücks der Alarm "Werkzeug verbraucht" aufläuft. Die Maschine wird dann nicht automatisch stillgesetzt, sondern es wird ein Tauschvorgang ausgelöst. Dadurch kommt ein Ersatzwerkzeug (Schwesterwerkzeug) zum Einsatz. Dieser Tausch läuft vollautomatisch ab, erfordert aber, dass man von Beginn an daran denkt und identische Schwesterwerkzeuge im Werkzeugmagazin vorrätig hält. Der Griff nach dem Ersatzwerkzeug kann auch ausgelöst werden, wenn die zulässigen Toleranzgrenzen überschritten werden. Dazu muss die Maschine allerdings über technische Mittel verfügen, die eine In-process-Messung erlauben.

Bei normaler Werkzeugabnutzung braucht das Werkzeug aber nicht sofort getauscht zu werden. Mitunter genügt es nämlich, die Vorschubgeschwindigkeit um etwa 15 bis 30 Prozent zu reduzieren. Dann kann die Bearbeitung bis zum nächsten, ohnehin fälligen Werkzeugwechsel fortgeführt werden. Erst dann wird das abgenutzte Werkzeug aus dem Magazin genommen, eventuell manuell und ohne einen Maschinenstopp. Steuerungstechnisch muss sichergestellt werden, dass ein verschlissenes Werkzeug nicht erneut eingewechselt wird.

Eine In-process-Messung zu realisieren, ist allerdings keine leichte Aufgabe, weil man Sensoren möglichst nahe an die Wirkstelle bringen muss. In **Bild 5-1** wird ein Sensoreinbau zur Messung von Prozessgrößen während des Bearbeitungsablaufs, z.B. bei der Zerspanung durch Fräsen gezeigt. Der Sensor soll Informationen liefern, die Rückschlüsse auf die Qualität des Werkzeugs bzw. des erzeugten Werkstücks zulassen. Je näher an der Wirkstelle gemessen wird, umso unverfälschter ist das Signal und umso größer sind die technischen Schwierigkeiten bei der Realisierung. Ein typischer Fall ist hier die Messung von Spanungskräften. Im Beispiel werden die

Messsignale drahtlos übertragen. Die Empfangsantenne kann unmittelbar in Werkzeugnähe angebracht sein. Die Senderreichweite könnte aber auch größer sein, z.B. 15 Meter in einer Werkstattumgebung. Solche Werkzeuge werden auch als "intelligent" bezeichnet. Viele prinzipielle Möglichkeiten dieser Art haben aber das Laborstadium noch nicht verlassen.

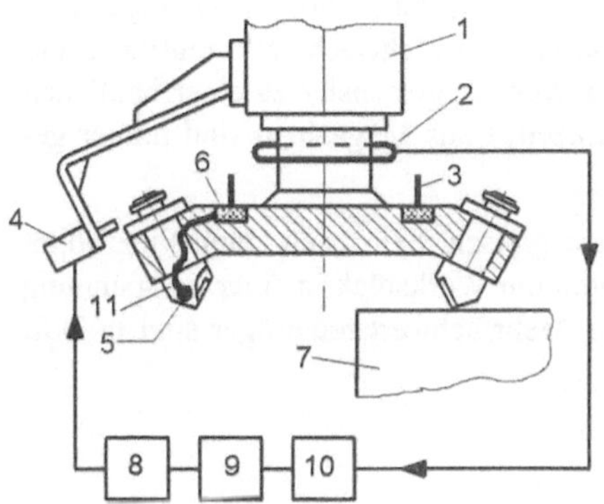

1 Fräsmaschine
2 Empfangsantenne
3 Sendeantenne
4 Werkzeugwechselantrieb
5 Beschleunigungssensor
6 FM-Sender
7 Werkstück
8 Entscheidungslogik
9 Prozessor
10 Mehrkanalempfänger
11 Werkzeug

Bild 5-1 In-process-Sensor bei der Zerspanung

Intelligentes Werkzeug: Werkzeug, dass den Werkzeugverschleiß automatisch ermitteln kann und diesen durch Nachstellaktionen korrigiert.

5.3 Werkzeugwechsel

Der Werkzeugwechsel ist an das reibungslose Zusammenspiel dreier Funktionseinheiten gebunden. Das sind Werkzeugspeicher, Wechseleinrichtung und Werkzeugaufnahme (= Werkzeug) als Handhabungsobjekt. Das wird in **Bild 5-2** sichtbar gemacht. Der Aufbau einer Wechseleinrichtung richtet sich hauptsächlich nach der Art des Werkzeugmagazins. Darauf wird noch eingegangen.

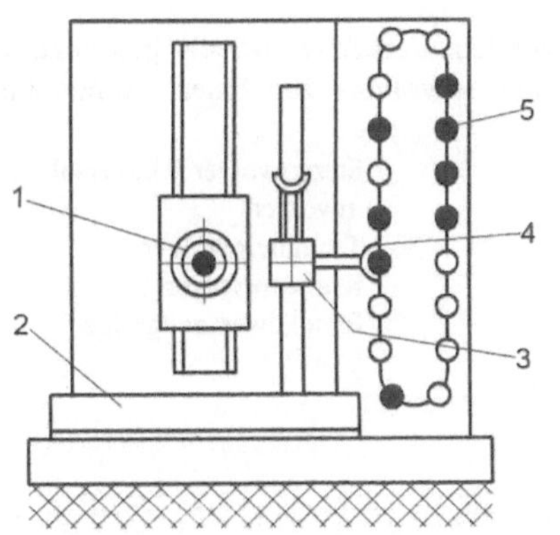

1 Werkzeugaufnahme
2 Maschinentisch
3 Doppelarmwechsler
4 Greifer
5 Magazinkette

Bild 5-2 Funktionseinheiten für den Werkzeugwechsel

5.3.1 Werkzeugspeicher

An der NC-Maschine kann nur ein begrenzter Vorrat von Werkzeugen bereitgehalten werden. Diese Werkzeuge kann man nach ihrer Art in 3 Gruppen unterscheiden:

- Standardwerkzeuge mit genormten Abmessungen

- Serienwerkzeuge, die nur für bestimmte Serien von Werkstücken gebraucht werden

- Sonderwerkzeuge, die nur gelegentlich benötigt werden (z.B. Stufenwerkzeuge) oder solche für die Erzielung höchster Genauigkeiten (Rollier-, Diamantwerkzeuge)

Auch die Werkzeuggröße (ihre Störkontur = Flugkreis der Schneiden) sind ein wichtiger Einflussfaktor. Man kann Werkzeugspeicher wie in **Bild 5-3** grob in Mehrfachwerkzeugträger und Magazine unterscheiden. Bei ersteren sind Speicher und Werkzeugwechsler zu einer baulichen Einheit zusammengefasst. Für die Handhabung der Werkzeuge aus Magazinen sind immer gesonderte Wechseleinrichtungen erforderlich.

Mehrfachwerkzeugträger sind für Bearbeitungsautomaten typisch, bei denen kaum Flexibilität erforderlich ist. Besonders bei Drehoperationen kann damit ein Werkstück in einer Einspannung fertiggestellt werden. Einige typische Ausführungen der Mehrfachwerkzeugträger sind in **Bild 5-4** zu sehen.

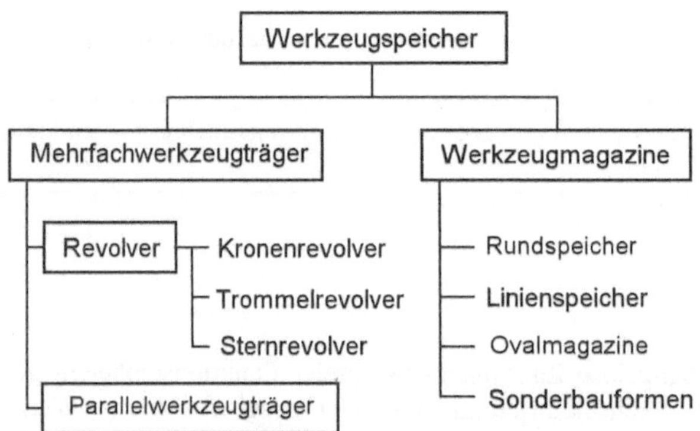

Bild 5-3 Gliederung der Werkzeugspeicher

Der *Revolverkopf* wird auch im modernen Werkzeugmaschinenbau noch angewendet. Er hat einen einfachen Aufbau, kann die unterschiedlichsten Werkzeuge speichern und garantiert eine hinreichende Positioniergenauigkeit der Werkzeuge.

Die Anzahl der in einem Werkzeugrevolver unterzubringenden Werkzeuge ist sehr begrenzt, da mit der Anzahl der Werkzeuge auch die Abmessungen des Revolvers zunehmen. Außerdem

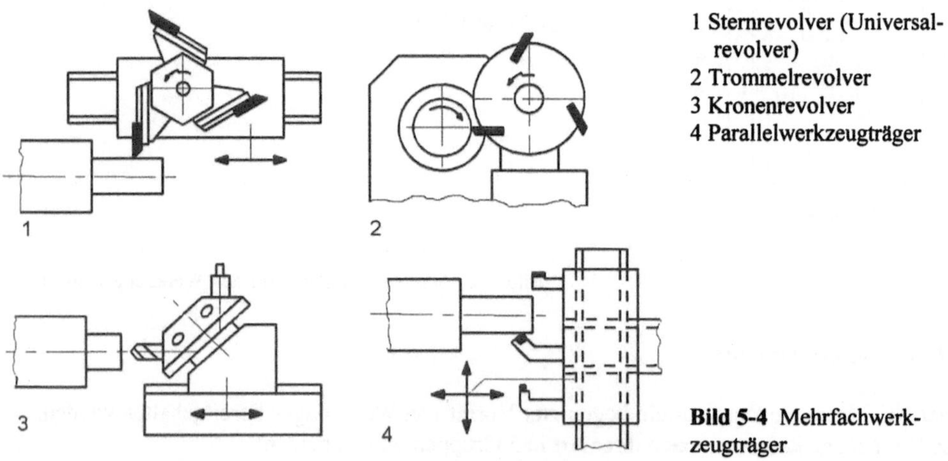

Bild 5-4 Mehrfachwerkzeugträger

treten dann gegenseitige Behinderungen ein. Meist werden 6-fach- oder 8-fach-Revolver verwendet. Es werden aber auch solche mit 12, 16 und sogar 18 Werkzeugaufnahmen gebaut. Aus der Lage der Revolverachse und der Werkzeuge lassen sich Aussagen über den Raumbedarf und mögliche Einschränkungen des Arbeitsraumes ableiten.

Der Werkzeugwechsel kommt dadurch zustande, dass der Revolverkopf aus Kollisionsgründen außerhalb der Wirkzone (am sogenannten Werkzeugwechselpunkt) um einen bestimmten Betrag gedreht wird, damit das folgende Werkzeug beim Heranfahren an das Werkstück zum Eingriff kommt. Dazu sind folgende Bewegungen beim Revolverkopf erforderlich:

Entspannen $\Rightarrow$ Entriegeln $\Rightarrow$ Teilen $\Rightarrow$ Verriegeln und $\Rightarrow$ Spannen.

Dafür sind entsprechende Arretierungs- und eine Spanneinrichtung notwendig. Antriebe und Steuerung werden oft mit hydraulischen Bauelementen verwirklicht.

Mehrfachwerkzeugträger vereinigen Werkzeug, Magazin und Vorschubschlitten. Beim Parallelwerkzeugträger befinden sich die Werkzeuge hintereinander auf einem Schlitten. Die Werkzeuganzahl ist gering, weil die Werkzeuge genügend Abstand zueinander haben müssen. Bei den Werkzeugmagazinen geht es vor allem um die Speicherung von Schaftwerkzeugen mit Kegelaufnahme mit einer Masse bis zu mehreren Kilogramm. Es können auch Werkzeugköpfe sein, mit einer Masse von nur wenigen hundert Gramm. Verschiedene Massen und Größen müssen im Magazin nebeneinander speicherbar sein, ohne dass eventuell Speicherplätze wegen des Werkzeugvolumens frei bleiben müssen. Für die Handhabung müssen in Form einer Griffrille einheitliche Handhabungsbedingungen vorhanden sein.

Die *Werkzeugmagazine* können im Vergleich mit den Mehrfachwerkzeugträgern natürlich wesentlich mehr Werkzeuge bereithalten. An die Werkzeugmagazine werden 3 Grundforderungen gestellt:

- Die Speicherkapazität muss groß sein.
- Die Wechselzeit soll möglichst klein sein.
- Die Wechselgenauigkeit muss hoch sein.

Die Speicherkapazität der Werkzeugmagazine liegt etwa in folgenden Größenordnungen:

- Revolverkopf   4 bis 16 Werkzeuge
- Kettenmagazine   40 bis 120 Werkzeuge
- Scheibenmagazine   bis 120 Werkzeuge
- Werkzeugregale   bis 200 Werkzeuge
- segmentierte Magazine über 200 Werkzeuge

Segmentierte Magazinkassetten sind Doppelreihenmagazine auf einem separaten Ständer, die zum einen Bestandteil des maschinenintegrierten Werkzeugmagazins sind, zum anderen aber auch als Transportmittel zwischen Werkzeugbereitstellung und Maschine dienen. Es gibt Kassetten mit z.B. 25, 36 oder 48 Magazinplätzen, die sich miteinander kombinieren lassen. Die Kassetten sind codiert, sodass sie in automatischen Abläufen erkannt und vom Werkzeugzubringer richtig bereitgestellt werden können.

Welche konstruktiven Prinzipe werden für Werkzeugmagazine genutzt? Das **Bild 5-5** zeigt typische Bauformen.

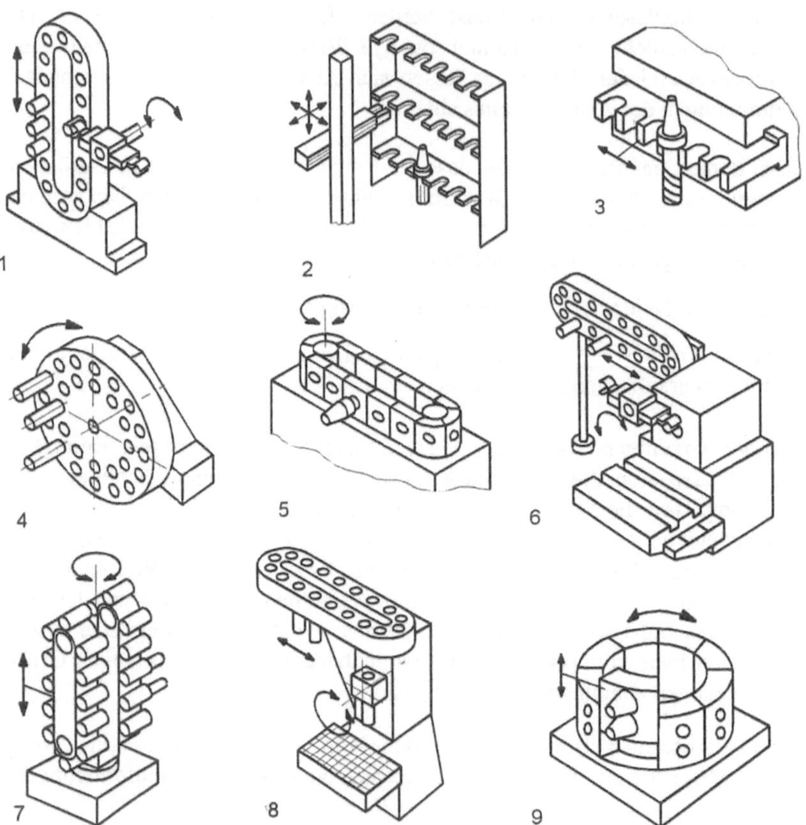

Bild 5-5 Bauformen von Werkzeugmagazinen

1 senkrechte Speicherkette, 2 Regalmagazin, 3 Linearmagazin, 4 mehrreihiger Scheibenspeicher, 5 Speicherkette, 6 hochgesetzte Speicherkette, 7 Doppelkettenspeicher, 8 Ovalmagazin, 9 Hubdrehmagazin für Werkzeugkassetten

Große Scheibenspeicher mit waagerechter Drehachse nehmen zwar viele Werkzeuge auf, sind aber sperrig und drehen sich relativ langsam. Kleine Magazinscheiben mit senkrechter Drehachse lassen sich dagegen recht und links zur Hautspindel anbringen und auch als Mehretagen-Scheibenspeicher gestalten. Bei Universal-Bohr- und Fräswerken hat man auch Karussellspeicher für z.B. 30 Werkzeuge direkt auf den Spindelstock aufgesetzt. Konstruktiv vielfältig sind Speicher mit Magazinketten. Hochgelegte Speicherketten befinden sich über der Maschine im arbeitsfreien Raum und belegen damit keine Produktionsgrundfläche. Doppelkettensysteme haben den Vorteil, dass man sie parallel zur laufenden Bearbeitung bereits wieder mit einem neuen Satz Werkzeuge bestücken kann. An spanenden automatischen Werkzeugmaschinen mit umlaufenden Werkzeugen werden je Produktionseinheit und Schicht etwa 60 bis 180 verschiedene Werkzeuge eingesetzt (siehe dazu Bild 5-9). Große Werkzeugspeicher in der Art von Reihenmagazinen (Kassetten) können beträchtliche Flächen in Anspruch nehmen. Deshalb haben sich besonders die Kettenspeicher durchgesetzt. Sie sind kompakt und können viele Werkzeuge aufnehmen. Man kann ihre Speicherkapazität auch vergrößern, was bei anderen Magazinen nicht geht. Im Betrieb unterliegt die Kette aber dem Verschleiß und kann durchhängen. Das kann zu Positionierfehlern führen. Deshalb sind zusätzliche Fixiereinrichtungen nötig.

5.3.2 Werkzeugerkennung

Ein wichtiges Kriterium für den ordnungsgemäßen Werkzeugwechsel ist die sichere Werkzeugerkennung. Die Identifikation der unterschiedlichen Werkzeuge kann durch folgende tech-
nisch-organisatorische Maßnahmen erreicht werden:

- **Feste Reihenfolge**
  Anordnung der Werkzeuge in einer festgelegten Abfolge, die dem technologischen Ablauf
  entspricht. Nachteilig ist, wenn ein Werkzeug im Ablauf ein zweites Mal benötigt wird,
  sind Doppelwerkzeuge erforderlich. Eine Mehrfachnutzung ist erreichbar, wenn man das
  Magazin, z.B. eine Kette, durchtaktet. Das ergibt aber eventuell zu große Wechselzeiten.

- **Feste Platzcodierung**
  Sie stützt sich auf eine unveränderliche Codierung der Magazinplätze (nicht der Werkzeuge!). Die Werkzeuge müssen nach Gebrauch stets auf den zugewiesenen Magazinplatz zu-
  rückkehren. Die Reihenfolge ist beim Bestücken beliebig. Die technologische Abfolge
  spielt also beim Magazinieren keine Rolle. Mit der Werkzeugnummer des NC-Teilepro-
  gramms wird der Platz im Magazin adressiert. Eine Magazinbeladevorschrift stellt sicher,
  dass sich das gewünschte Werkzeug am richtigen Platz befindet. Die Magazinplätze sind
  von 1 bis n nummeriert.

- **Werkzeugcodierung**
  Nicht der Magazinplatz wird im NC-Teileprogramm angegeben, sondern das Werkzeug
  wird direkt adressiert. Dazu erhält der Werkzeugschaft eine Codierung. Das können Nocken sein (Codierringe, Stifte), die mit elektrischen Tastern abgetastet werden. Heute sind
  es aber immer mehr elektronische Codiermittel. Jedes Werkzeug erhält dazu einen Speicherchip, der entweder nur die Werkzeugnummer enthält oder sämtliche Werkzeugdaten
  mitführt (**Bild 5-6**). Dafür sind dann natürlich an der Maschine Schreib-/Lesestationen erforderlich. In **Bild 5-7** wird ein 4-kanaliges Kommunikationssystem gezeigt. Es sind sowohl Nur-Leseköpfe, als auch Schreib- Leseköpfe einsetzbar. Die eingesetzten Datenträger
  können z.B. die Abmessungen $\varnothing$ 12 mm x 8 mm haben. Man bringt den Chip in der Mit-
  nehmernut des Greiferflansches des Steilkegels unter.

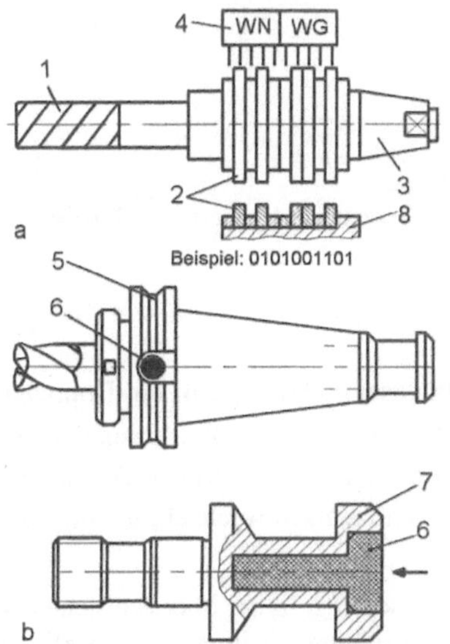

- **Variable (flexible) Platzcodierung**
  Über das NC-Teileprogramm wird ebenfalls
  eine Werkzeugnummer vorgegeben. Der Bediener kann jedes Werkzeug auf jeden beliebi-
  gen Magazinplatz setzen. Er muss das aber als
  Information der CNC-Steuerung mitteilen. Ab
  dann übernimmt die Steuerung die weitere Verwaltung der Werkzeuge. Die Werkzeuge müssen nicht codiert sein, aber die Magazinplätze.
  Die Steuerung "merkt" sich somit, welches
  Werkzeug nach Gebrauch wo abgelegt wurde.

Bild 5-6 Werkzeugcodierung

a) mechanisch, b) elektronisch, 1 Werkzeug, 2 Codier-
ring, aufgeschoben, 3 Kegelschaft, 4 Abfühleinheit, 5
Griffrille, 6 Speicherchip, 7 Spannbolzen, 8 Zylinder-
schaft der Werkzeugaufnahme, WN Werkzeugnummer,
WG Werkzeuggruppe

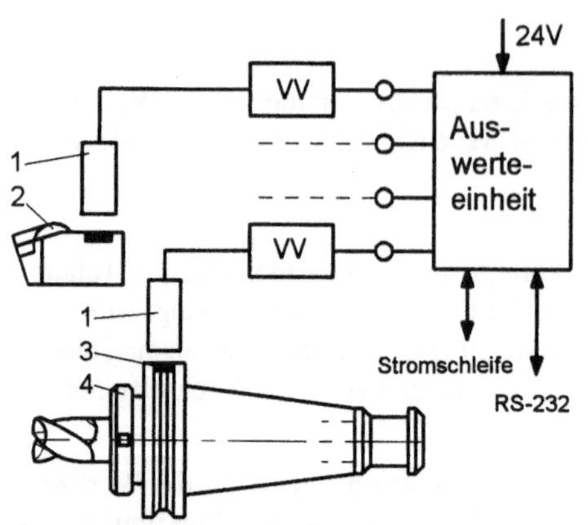

Bild 5-7 Werkzeugidentifikation

Diese letztgenannte Form der Werkzeugerkennung setzt sich immer mehr durch. Der Informationsfluss für diese Art der Magazinierung wird in **Bild 5-8** dargestellt.Die Steuerung stellt auch fest, ob der Speicherplatz am schnellsten im Rechts- oder Linkslauf des Werkzeugmagazins erreicht wird, indem er die Wegdifferenz ermittelt.

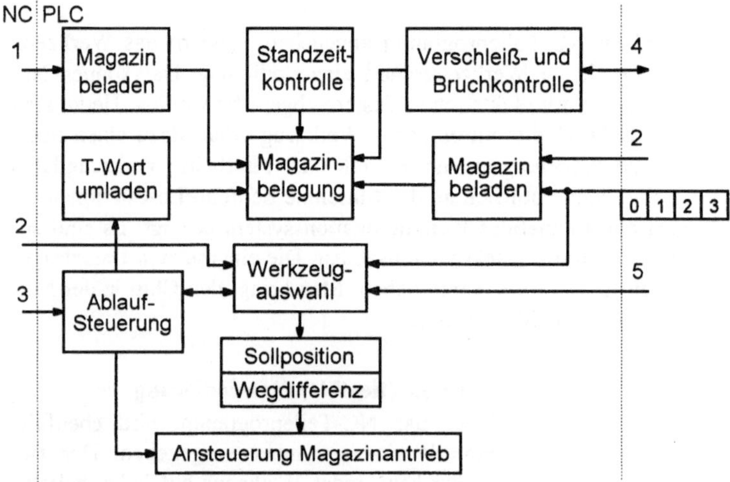

Bild 5-8 Informationsstruktur bei der variablen Platzcodierung

1 Tastatur Beladeprogramm, 2 Teilwort, Teilwortänderung, 3 Werkzeugwechselbefehl, 4 Beladestelle, 5 Teilwort, PLC programmierbare Steuerung

5.3.3 Werkzeugwechsler

Der Werkzeugwechsler ist eine spezialisierte Handhabungseinrichtung, z.B. ein Doppelgreifer, der an einer NC-Maschine nach einem Programmaufruf selbsttätig einen Werkzeugwechsel oder den Werkzeugtausch vornimmt. Im Sondermaschinenbau, z.B. bei flexiblen Transferstraßen, kommt es vor, dass man sogar ganze Mehrspindelköpfe automatisch wechselt, um eine gewisse Flexibilität zu erreichen.

Der Ursprung der Idee vom automatischen Werkzeugwechsel liegt in der übersichtlichen Bereitstellung und Lagerung von hochwertigen Werkzeugen einschließlich ihrer Voreinstellung. Zuerst wurden Werkzeugwechsel-Hilfseinrichtungen für den manuellen Wechsel schwerer Werkzeuge geschaffen. Das erste Bearbeitungszentrum mit automatischem Werkzeugwechsler wurde 1958 in den USA entwickelt (Milwaukee-matic). Das Ziel besteht darin, über große Zeiträume bedienerfrei arbeiten zu können und die Hilfszeiten im Vergleich mit dem manuellen Wechsel deutlich zu unterbieten. In der flexiblen Fertigung geht es dabei um erhebliche Werkzeugmengen. Einen Eindruck vermittelt das **Bild 5-9**. Es zeigt den Zuammenhang von Werkzeuganzahl und Anzahl unterschiedlicher Werkstücke bei der Bearbeitung von prismatischen Teilen auf einem Bearbeitungszentrum. Bei Drehautomaten ist die Anzahl der erforderlichen Werkzeuge deutlich kleiner.

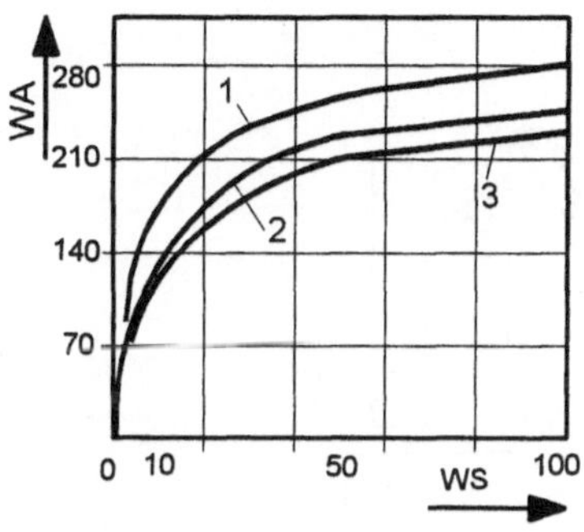

1 Werkstücke mit 1000 mm Kantenlänge
2 Werkstücke mit 500 mm Kantenlänge
3 Werkstücke mit 250 mm Kantenlänge

WA Werkzeuganzahl
WS Anzahl unterschiedlicher Werkstücke

Bild 5-9 Werkstückabhängiger Werkzeugbedarf bei prismatischen Werkstücken

Der Werkzeugwechsel ist prinzipiell eine zusätzliche Quelle für Ungenauigkeiten. Die Werkzeugwechselgenauigkeit wirkt nicht unerheblich auf die Arbeitsgenauigkeit der Werkzeugmaschiene. Sie wird beeinflusst von

- der Gestaltung der Koppelstelle Arbeitsspindel-Werkzeug (konstruktiv, toleranzmäßig, verschleißbezogen),
- von der Verunreinigung von Werkzeugschaft und Kegelhülse sowie
- von der Spannkraft in der Arbeitsspindel

Das **Bild 5-10** zeigt einige Anordnungen von Werkzeugwechslern im Schema. Doppelgreifersysteme sind zeitlich im Vorteil, weil sie beim Wechseln eines alten Werkzeuges gegen ein neues mit weniger Teilbewegungen auskommen. Es wurden auch schon Lösungen geschaffen, bei denen der für die Werkstückhandhabung installierte Industrieroboter auch den Werkzeugwechsel bei Bedarf mit ausführt. Da man über die mehrachsige Beweglichkeit des Roboters verfügen kann, kommt man dann auch mit einfachen Kasten- oder Regalmagazinen für die Werkzeugbereitstellung aus. Eine Mehrfachnutzung von ohnehin vorhandenen Bewegungsfunktionen wirkt immer kostendämpfend. Es gibt auch Lösungen, bei denen 2 Greifer die Maschine aus 2 Magazinen bedienen.

Vertiefend zu den Werkzeugwechslern wird in **Bild 5-11** ein selbstverriegelnder Greifer dargestellt. Der Greifer bringt keine Spannkraft auf, mit der er das Werkzeug reibpaarig klemmt, sondern er stellt eine formpaarige Verbindung her. Die Trägheitskräfte, die in der Bewegung entstehen und das Werkzeug aus dem Greifer herausreißen wollen, stabilisieren sogar das Halten zwischen den Backen. Die Entriegelung geschieht allein durch die Stirnpassfedern der Arbeitsspindel in der Maschine. Wichtig ist, dass die Drehlage des Werkzeugs vom Magazinplatz bis zur Hauptspindel erhalten bleibt. Es gibt aber auch Greifer, die das Werkzeug im Klemmgriff halten. Sie unterscheiden sich nur wenig von den Zangengreifern, wie sie in der Handhabungstechnik für die Werkstückhandhabung benutzt werden.

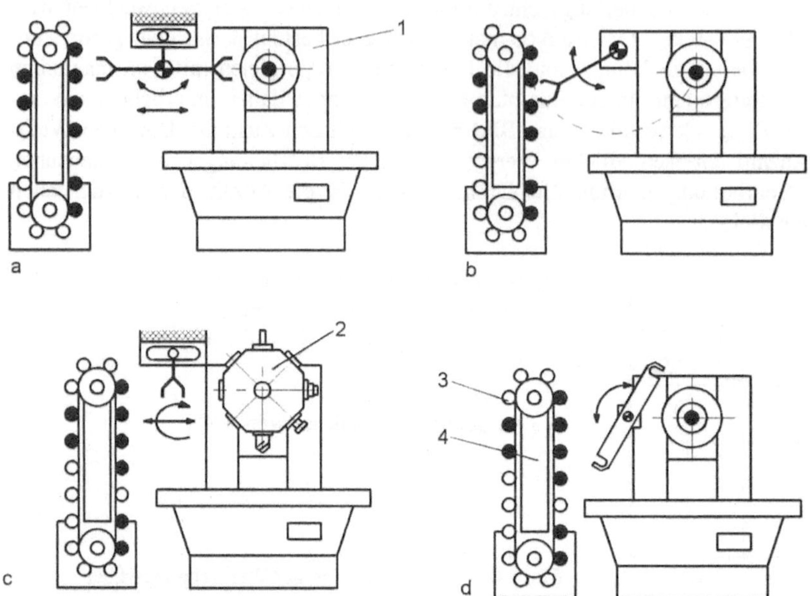

Bild 5-10 Prinzipanordnung für Werkzeugwechsler
a) Doppelarmgreifer, b) Schwenkarmgreifer, c) Transfergreifer, d) Doppelschwenkarm, 1 NC-Maschine, 2 Werkzeugrevolver, 3 Werkzeug, 4 Werkzeugspeicher

Die Tragfähigkeit eines Werkzeuggreifers muss oft bis 30 kg Masse betragen, weshalb häufig für die Linear- und Dreheinheiten hydraulische Antriebe vorgesehen werden. Leistungsfähige Wechsler erreichen bei Werkzeugmassen von 15 kg eine Zeit von 0,5 bis 1 Sekunde für eine komplette Hub-Schwenkbewegung. Allerdings ist für den Anwender die erreichbare Werkzeugwechselzeit weniger wichtig. Maßgebend für die produktive Zeitbilanz ist die Span-zu-Span-Zeit, die z.B. 3 bis 5 Sekunden bei einem Bearbeitungszentrum beträgt (1,5 Sekunden Zeitanteil von Werkzeug zu Werkzeug).

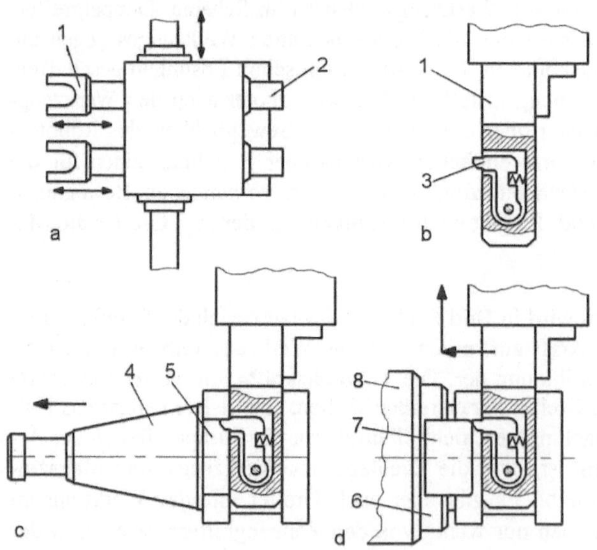

Bild 5-11 Greifvorgang beim Werkzeugwechsel

Um die unproduktive Zeit des Werkzeugwechsels zu minimieren, hat man sich überlegt, wie beim Doppelarmwechsler die Drehgeschwindigkeit durch ein kleineres Trägheitsmoment erhöht werden kann. In **Bild 5-12** sind dazu einige Wechselarme im Prinzip gezeigt. Entscheidend ist hierbei die Länge L der Werkzeuge und der Abstand R_1 bzw. R_2 vom Werkzeugschwerpunkt zur Wechslerachse. Es lässt sich zeigen, dass die Variante nach **Bild 5-12c** sehr vorteilhaft ist und schnelleres Wechseln erlaubt, weil der Abstand R_3 zur Wechslerachse am kleinsten ist und demnach das kleinere Trägheitsmoment aufweist.

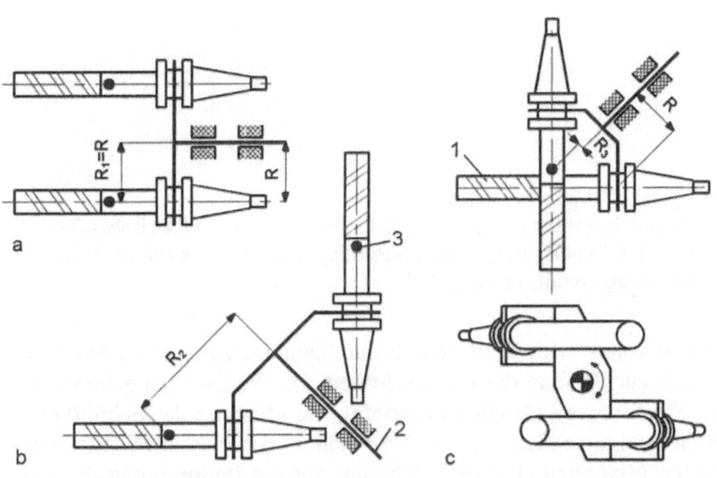

a) parallele Werkzeugachse

b) Achsen 45° zu Wechslerachse

c) kreuzweise übereinanderliegende Achsen

1 Werkzeug
2 Wechslerachse
3 Werkzeugschwerpunkt

R Wechslerradius

Bild 5-12 Achsvarianten bei Werkzeugwechselarmen

5.4 Werkzeugüberwachung

Für die Steuerung von z.B. Arbeitszellen muss der aktuelle Werkzeugzustand bekannt sein. Dabei sind 2 Situationen wichtig: Der Sofortausfall durch Werkzeugbruch und die Annäherung an den nicht mehr akzeptablen Verschleißzustand, also der Verbrauch der noch vorhandenen Reststandzeit. Die Verschleißgrenze kann aber auch schon erreicht worden sein. In beiden Fällen muss ein Werkzeugaustausch ausgelöst werden.

5.4.1 Werkzeugbruchkontrolle

Die Werkzeugbruchkontrolle ist bei automatisierter Fertigung ein unerlässliches Ritual. Dafür wurden schon viele Vorrichtungen ausgedacht. Eine berührungslose Variante wäre die Anwesenheitskontrolle des Bohrers mit einer Luftschranke (**Bild 5-13a**). Ist der Bohrer abgebrochen, dann fehlt die Prallfläche für den Luftstrahl, was drucktechnisch auswertbar ist. Die Düsenbohrung hat einen Durchmesser von 1 mm und die kalibrierte Länge der Düse beträgt etwa 4 mm.

Bei der Lösung nach **Bild 5-13b** wird dagegen die Bohrerspitze mit einem Hebel angetastet. Kann er im Schadensfall durchschwingen, wird durch den nun größeren Hebelweg eine Düsenbohrung freigegeben. Die Druckveränderung im System liefert dann auch hier eine Bruchaussage. Vorteilhaft ist, dass sich die Taststelle auf Zehntelmillimeter genau einstellen lässt. Vor dem Messen sollte der Bohrer aber mit einem Luft- oder Kühlmittelstrahl gereinigt werden. Das Durchschwingen des Hebels lässt sich natürlich auch mit anderen Sensoren, z.B. induktiven Gebern, feststellen.

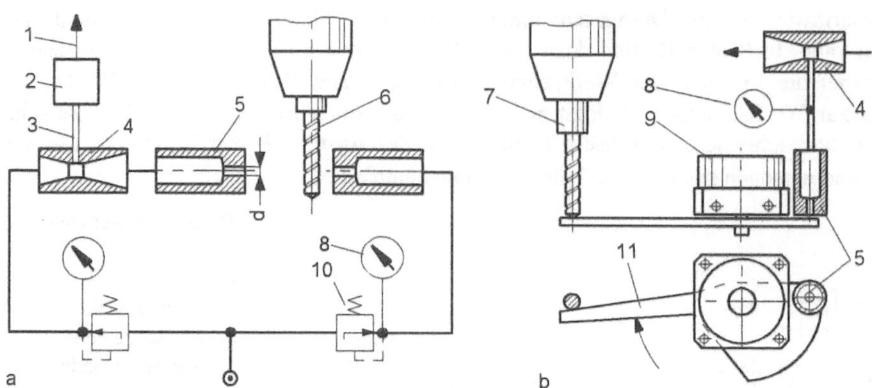

Bild 5-13 Pneumatische Bohrer-Bruchkontrolle
a) berührungsloses Prüfen mit Luftstrahl, b) Prüfen durch Antasten der Bohrerspitze, 1 elektrisches Signal, 2 Vakuumschalter, 3 Vakuumkanal, 4 Venturidüse, 5 Düse, 6 Prüfling, Bohrer, 7 Bohrfutter, 8 Vakuummessung, 9 Dreheinheit, 10 Druckregelventil, 11 Tasthebel

Üblicherweise wird das Abtasten von Werkzeugen optisch durchgeführt, z.B. mit Lichtschranken. Zu den indirekten Methoden zur Prüfung der Unversehrtheit von Werkzeugen gehören das Nachmessen des bearbeiteten Werkstücks (z.B. Bohrungstiefe), die Messung der Schnittkräfte bzw. der Schnittleistung durch geeignete Sensoren in Verbindung mit speziellen Auswertemethoden. Die zuletzt genannten Methoden sind natürlich auch für die Beobachtung des normalen Verschleisses wichtig.

5.4.2 Verschleißbeobachtung

Die Beschaffenheit der Werkzeugschneiden lässt sich am besten mit Sensoren feststellen, die die Zerspankraft-Komponenten messen. Die Messdaten werden einem Prozessüberwachungssystem zugeführt. Das **Bild 5-14** zeigt das am Beispiel des Drehens. Das Überwachungssystem wird durch "Lernen" des Kraftverlaufs eines Zerspanungsvorganges eingerichtet.

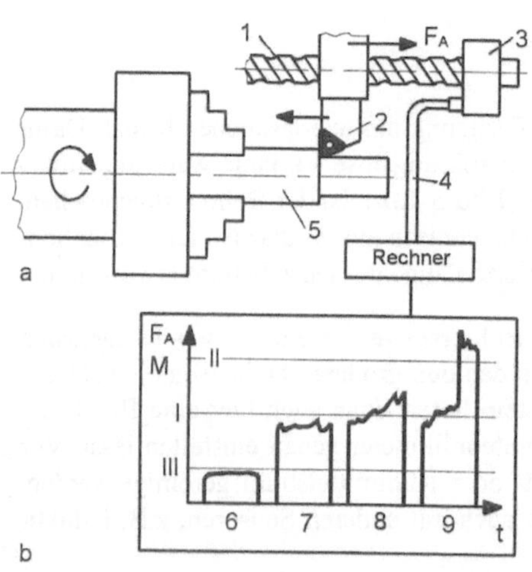

a) Messwertgewinnung
b) typische Kraftverläufe

1 Vorschubspindel
2 Werkzeug
3 Kraftsensor
4 Sensorsignal
5 Werkstück

I Verschleißgrenze
II Werkzeugbruchgrenze
III Werkzeug nicht im Eingriff, Werkzeug fehlt
F_A Schnittkraft, Axialkraft
t Zeit

Bild 5-14 Werkzeugüberwachung mit Schnittkraftsensor

Wird die Schnittkraft gemessen, dann kann man diesen Wert den aus der Erfahrung gewonnenen Grenzwerten gegenüberstellen (**Bild 5-14b**). Die Grenzwerte werden aus einem oder aus mehreren Bearbeitungszyklen ermittelt und als Referenzwert für die 3 Alarmgrenzen gespeichert. Die effektive Höhe dieser Alarmgrenzen wird vom System automatisch bestimmt oder durch den Einrichter oder Maschinenbediener an der Auswerteeinheit festgelegt.

Werkzeugschneiden können auch visuell untersucht werden. Dazu gehört die Beobachtung einer Schneidkante z.B. mit einer CCD-Kamera. Das ist in **Bild 5-15** zu sehen. Zu den beiden Beispielen:

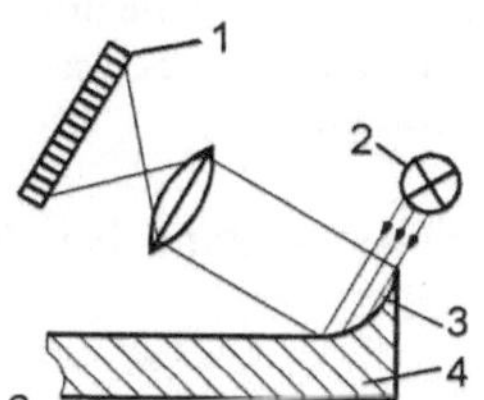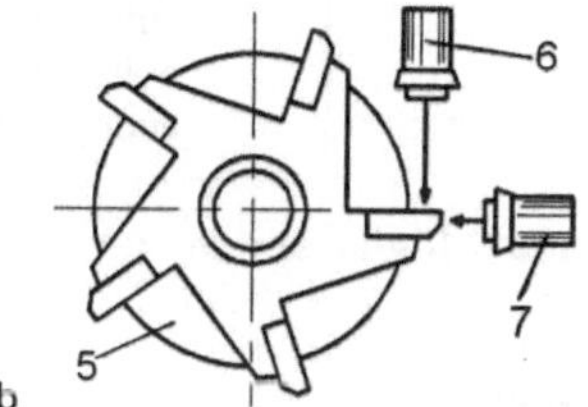

1 CCD-Zeilenkamera
2 Lichtquelle
3 Schattenbereich
4 Werkstück
5 Fräser
6 Aufnahme des Spanflächenverschleisses
7 Sensor für den Freiflächenverschleiß der Schneide

Bild 5-15 Prinzipe der optischen Kantenüberwachung
a) Gratkantenüberwachung, b) Werkzeugverschleißmessung

Jeder Schneidvorgang hinterlässt am Werkstück einen Grat. Die Höhe dieses Grates ist zum größten Teil vom Zustand des Schneidwerkzeuges abhängig. Wird die Höhe des Grates an der Schnittkante gemessen, dann kann man eine Aussage über den Verschleißzustand des Werkzeuges treffen. Das **Bild 5-15a** gibt eine mögliche visuelle Messanordnung wieder. Der Grat wirft bei einer geeigneten Beleuchtung einen mehr oder weniger starken Schatten. Die Schattenbreite wird von einer CCD-Zeile registriert. Daraus lässt sich dann die Grathöhe berechnen und mit den zulässigen Grenzwerten vergleichen.

In ähnlicher Weise lassen sich auch die Schneiden von Zerspanungswerkzeugen überwachen. Gerät die Werkzeugschneide außerhalb der zulässigen Toleranz, dann erzeugt sie auch Werkstücke ohne Maßhaltigkeit. Das **Bild 5-15b** zeigt die Verschleißbeobachtung der Schneiden eines Fräsers. Das erfolgt direkt, denn eine indirekte Verschleißmessung bringt keine Aussage über den Zustand der einzelnen Flächen der Schneide. Es wird der Freiflächen- und Spanflächenverschleiß während eines geblitzten Moments erfasst.

Eine interessante Alternative zu den kraftbasierten oder optischen Kontrollsystemen sind Körperschall- (*acoustic emmission*) Sensoren. Eine Schallaussendung entsteht, wenn z.B. beim Fräsen in Werkstoffen lokal bestimmte Spannungsgrenzen überschritten werden und dann sprunghaft ein neuer Gleichgewichtszustand auf einem niedrigeren Energieniveau eingenommen wird. Die dabei freiwerdende Energie teilt sich schließlich der Umgebung als Schallimpuls mit. Das lässt sich z.B. mit einem Breitband-Schallemmissionssensor detektieren. Man kann daraus nach entsprechender Vorverarbeitung der Signale (Hochpassfilterung, Vorverstärkung, Tiefpassfilterung) Aussagen zum Verschleißzustand des Werkzeuges und zum Werkzeugbruch ableiten.

Weil sich der Schall durch die gesamte Maschinenstruktur fortpflanzt, hat man mehr Installationsmöglichkeiten für den Sensor als bei Kraftsensoren oder visuellen Sensoren. In **Bild 5-16** werden die möglichen Montageorte (•) für den Sensor an einem Bearbeitungszentrum angegeben. Es muss ein Kompromiss gefunden werden, zwischen möglichst großer Nähe zur Wirkstelle und praxisgerechter, wenig störender Anbringung.

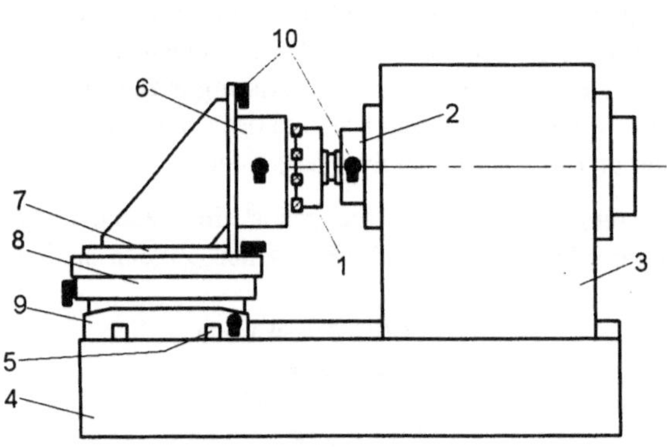

1 Fräswerkzeug
2 Spindelstock
3 Ständer
4 Maschinengestell
5 Führungsbahnen
6 Werkstück
7 Palette
8 Drehtisch
9 Schlitten
10 Körperschallsensor

Bild 5-16 Mögliche Montageorte für Schallemissionssensoren zur Überwachung des Fräsprozesses

Zusammenfassend stehen also folgende Möglichkeiten zur Verschleißbeobachtung bei Zerspanungswerkzeugen zur Verfügung:

- **Messung der Werkzeugeinsatzdauer**
  Dieses Verfahren geht von einer normalen Abnutzung aus und kann Ausnahmesituationen nicht erfassen. Man kann die Einsatzzeit heranziehen, in der das Werkzeug benutzt wird, aber auch die Anzahl bearbeiteter bzw. hergestellter Werkstücke (bei Umformwerkzeugen). Der tatsächliche Verschleißzustand wird nur angenähert ausgewiesen. Ist die Standzeit abgelaufen, wird automatisch das Schwesterwerkzeug aufgerufen.

- **Kontrolle der Werkstückqualität**
  Das ist eine indirekte Kontrolle. Jedes Teil wird nach der Bearbeitung gemessen. Der Messtaster kann wie ein programmierbares Werkzeug eingesetzt sein.

- **Messung von Bearbeitungskräften**
  Man kann die Belastung der Hauptspindellagerung mit Hilfe eines Kraftmesslagers erfassen (Axial- bzw. Diametralkräfte beim Bohren bzw. beim Fräsen). Am Messlager sind Dehnungsmessstreifen angebracht, die die kraftproportionalen Dehnungen aufnehmen und als elektrische Spannungen ausgeben. Das Verfahren ist teuer und führt nicht bei allen Bearbeitungen zu sicheren Werten. Man kann aber auch die am Werkzeug rückwirkenden Kräfte an der Werkzeugaufnahme z.B. mit piezoelektrischen Sensoren messen. Auch über Strom- und Leistungsmessungen am Antrieb bilden sich Unterschiede zwischen scharfen und stumpfen Werkzeugen ab.

- **Abtasten des Werkzeugs**
  Mit Hilfe von Sensoren lassen sich wichtige Aussagen gewinnen.
  - *Schneidkantenversatz:* Es wird die Abnutzung einer Schneidkante, z.B. mit einem Messtaster, gemessen. Das Werkzeug ist dabei nicht im Eingriff, muss aber genau positioniert werden.
  - *Verschleißmarkenbreite:* Es wird die Verbreiterung der Schneidkante gemessen, z.B. optisch. Das Werkzeug ist dabei außer Eingriff. Eine grobe Positionierung genügt.

- **Schwingungsmessung**
  Aus dem Schwingungsmuster werden Rückschlüsse auf den Zustand des Werkzeugs gezogen. Das Werkzeug ist dabei im Eingriff. Es wird ein Schwingungsaufnehmer angekoppelt. Das interessierende Schwingungsspektrum liegt im Bereich von 20 bis 200 kHz.

- **Temperaturmessung**
  In der Nähe der Schneide wird z.B. mit Thermoelementen der Temperaturverlauf aufgezeichnet. Bei stumpfen Werkzeugen tritt eine starke Temperaturerhöhung ein.

Das große Ziel besteht natürlich darin, Werkzeuge, wenn möglich, um den Schneidkantenversatz automatisch nachzustellen (bei Drehautomaten teilweise realisiert). Wenigsten soll aber signalisiert werden, wann ein Werkzeug auszutauschen ist.

5.5 Werkzeuglogistik

Die Werkzeuglogistik ist jener Teil der Produktionslogistik, der für die Bereitstellung der Werkzeuge an einer bestimmten Maschine zuständig ist [5-2]. Dieser Prozess ist bisher nur teilweise automatisiert. Man unterscheidet in die planungs- und in die prozessnahe Seite. Letztere enthält die Werkzeugversorgung (Werkzeugsollgeometrie, Korrekturwerte) und den Werkzeugeinsatz (maschinenbezogene Werkzeugdaten). Die planungsorientierte Seite befasst sich mit der Werkzeugbewirtschaftung (Brutto-, Nettobedarf, Lagerbestand, Bereitstellungsbedarf, Maschinenbestand) und die eigentliche Planung (NC-Programmierung, Werkzeugstammdaten). Der Zusammenhang wird aus **Bild 5-17** sichtbar.

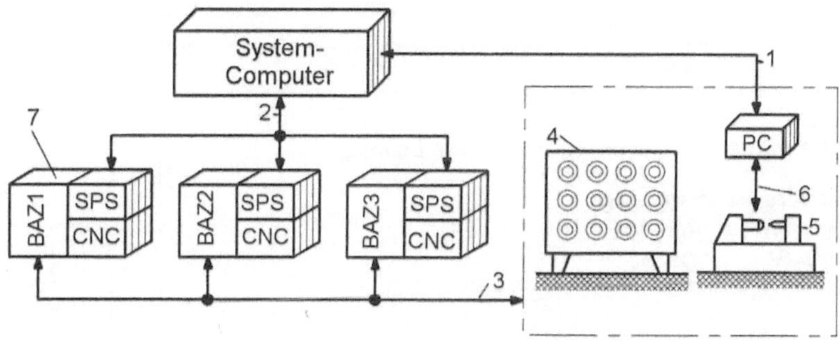

Bild 5-17 Prinzipieller Ablauf bei einem Werkzeugmanagementsystem

1 erforderliche Werkzeuge, 2 Werkzeugdatenübertragung, 3 Werkzeugversorgung, 4 Werkzeuglager, 5 Voreinstellgerät, 6 Werkzeugabmessungen und Standzeiten, 7 produzierende Einheit, BAZ Bearbeitungszentrum

Ohne Software-Planungshilfen kommt eine moderne Werkzeuglogistik nicht mehr aus. Es wäre zu mühsam, wenn quasi von Hand jedes Werkzeug verfolgt wird und alle Daten, wie Standzeit, Reststandzeit, Werkzeug-Einstellmaße, Durchmesser- bzw. Schneidenkorrekturen laufend nachgetragen werden. Es gibt Software-Pakete, die folgende Funktionen ausfüllen:

* Verwalten der Maschinendefinitionen zur Benennung der Maschine und der Werkzeugmagazingröße

* Verwaltung der Werkzeugbestandsliste der NC-Maschine. Hier wird der aktuelle Werkzeugbestand mit Unterscheidung der Standardwerkzeuge geführt.

* Verwaltung der NC-Programm-Nummern, der aktuell auf der Maschine eingelasteten Aufträge bzw. NC-Programme

* Verwaltung der NC-Programm-Werkzeuglisten. Diese Liste enthält die für das zugehörige NC-Programm erforderlichen Werkzeuge und dient bei der Einlastung eines Auftrages zur Ermittlung des Werkzeugbedarfs.

- Maschinenbelegung/Auftragseinplanung: Zuordnung der NC-Programm-Werkzeuglisten und Ausdrucken der Be- und Entladeliste (Werkzeugbedarfsliste)
- Einlastung und Abbuchung der Be- und Entladelisten

- Eingabe von außergewöhnlichen Werkzeugwechseln an einer Maschine, z.B. bei Werkzeugbruch oder ungewöhnlichem Verschleiß.

Zu diesen Grundfunktionen kann es weitere Bausteine geben, z.B. die Verwaltung der Werkzeugstammdaten oder Programme zur Werkzeugschachtelung. Dabei geht es um eine möglichst günstige Anordnung der Werkzeuge im Magazin, also um die Erzielung einer hohen Packungsdichte. Das **Bild 5-18** zeigt die Maske eines Bildschirms, der für ein NC-Programm die dazu erforderlichen Werkzeuge auflistet.

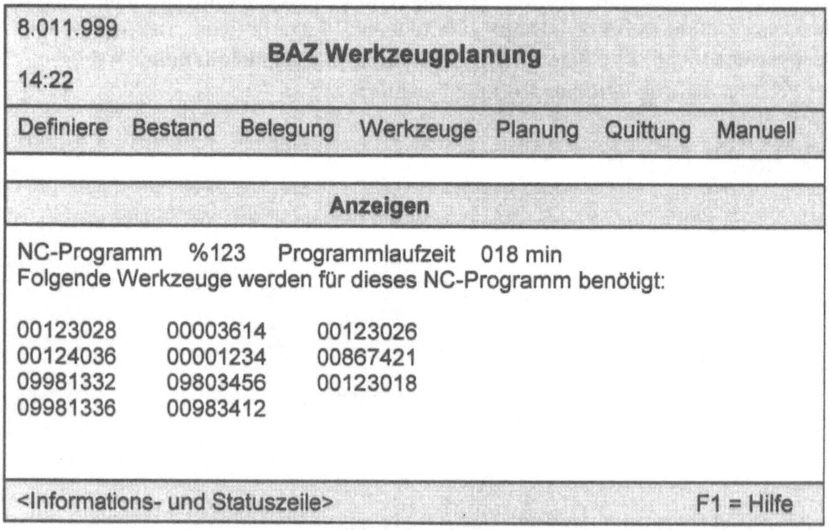

```
8.011.999
                        BAZ Werkzeugplanung
14:22

Definiere   Bestand   Belegung   Werkzeuge   Planung   Quittung   Manuell


                             Anzeigen

NC-Programm   %123    Programmlaufzeit   018 min
Folgende Werkzeuge werden für dieses NC-Programm benötigt:

00123028      00003614      00123026
00124036      00001234      00867421
09981332      09803456      00123018
09981336      00983412



<Informations- und Statuszeile>                          F1 = Hilfe
```

Bild 5-18 Werkzeugplanung an einem Bearbeitungszentrum (Bildschirmausschnitt)

Kontrollfragen

1 Welche Funktionseinheiten sind erforderlich, um den Werkzeugwechsel vollautomatisch durchführen zu können?

2 Welche Bauarten von Werkzeugspeichern sind Ihnen bekannt und welche Gesichtspunkte sollte man bei der Auswahl besonders berücksichtigen?

3 Wie kann man Werkzeuge codieren?

4 Mit welchen technischen Mitteln und unter Nutzung welcher physikalischen Effekte lassen sich Werkzeugverschleiß und Werkzeugbruch automatisch feststellen?

5 Stellen Sie die Werkzeug-Kettenmagazine den Kassettenmagazinen in ihren Vor- und Nachteilen gegenüber!

6 Spannen und Halten

Alle Werkstücke, die spanend zu bearbeiten sind, müssen vorher sicher gespannt werden. Spannkräfte und Spannmomente bzw. die durch sie erzeugten Haltekräfte müssen sich unter Beachtung von Sicherheitsfaktoren mit den Bearbeitungskräften und -momenten im statischen Gleichgewicht befinden [6-1, 6-2].

6.1 Spannen als Funktion

Spannen und Entspannen sind handhabungstechnisch gesehen Varianten der Elementarfunktion Halten bzw. Lösen. Ihre Realisierung erfolgt mit den Mitteln, die der Vorrichtungsbau bereit hält.

> **Spannen:** Vorübergehendes Festhalten (Sichern) eines Körpers in einer bestimmten Orientierung und Position unter Beteiligung von Kräften.

Auf den Spannvorgang wirken verschiedene Einflussfaktoren. Es gibt Wechselbeziehungen zwischen Umwelt, Bearbeitungsprozess, Maschine, Werkzeug und Werkstück. Beim automatischen Spannen müssen zusätzlich auch automatisierte Prüffunktionen realisiert werden, z.B. Prüfen auf Greiffreiheit (wenn eine Handhabungseinrichtung die Beschickung übernimmt), Prüfen der Anwesenheit, Identität und Lagerichtigkeit des Werkstücks sowie des fixierten Spann- und Lagezustandes.

Eine sichere Lage wird gewährleistet, wenn das Werkstück in sechs Positionen auf- bzw. anliegt, wie es in **Bild 6-1** zu sehen ist. Die Auflage- und Spannpunkte sind vom Konstrukteur in Zusammenarbeit mit der Fertigung festzulegen. Die Ebenen, in denen das Auf- und Anlegen erfolgt, werden als "Bestimmebenen" bezeichnet. Sie müssen die Spann-, Gewichts- und Bearbeitungskräfte aufnehmen. Die Anlagefläche am Werkstück bezeichnet man dagegen als "Bestimmflächen". Diese sollten am Werkstück als bearbeitete Flächen zur Verfügung stehen, weil sonst die Einhaltung eindeutiger und reproduzierbarer Lagebeziehungen gefährdet ist. Im Beispiel sind 3 Bestimmebenen vorgesehen. Das ist nicht immer erforderlich. Wird z.B. nur die Oberfläche gefräst, so wird nur eine Bestimmebene gebraucht.

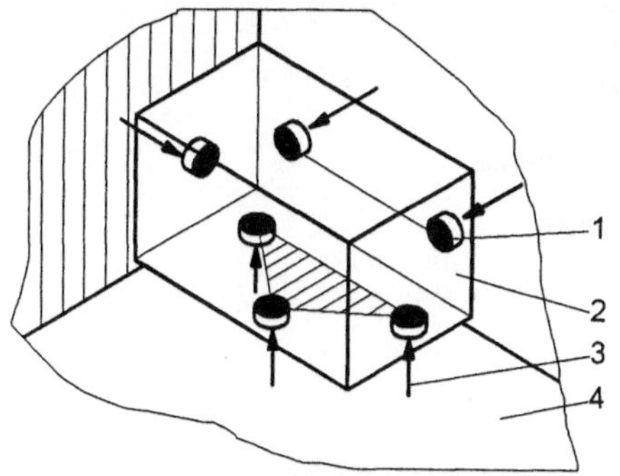

1 Auflagepunkt
2 Werkstück
3 Stützkraft
4 Vorrichtungskörper

Bild 6-1 Ausrichten und Spannen eines Quaders

Oft sollen mehrere Werkstücke gleichzeitig gespannt werden. Mehrfachspannen ist eine Maßnahme zur Senkung von Maschinennebenzeiten. In der herkömmlichen mechanischen Art und Weise muss die Spannkraft, ähnlich dem Zuggeschirr beim Pferdefuhrwerk, balancierend verteilt werden. Das ist in **Bild 6-2** zu sehen. Die Kraft von z.B. 20 kN verteilt sich hier über Pendelstücke auf 8 Werkstücke, sodass jedes Teil letztlich nur mit 2,5 kN gespannt wird. Die Höhentoleranzen der Werkstücke beeinflussen die Spannkraft nicht. Ein anderer Weg wäre das Spannen mit direktwirkenden Krafterzeugern, wie z.B. pneumatischen oder hydraulischen Einschraubzylindern. Jedes Werkstück wird dann unabhängig vom anderen Teil gespannt (siehe dazu auch Bild 6-9).

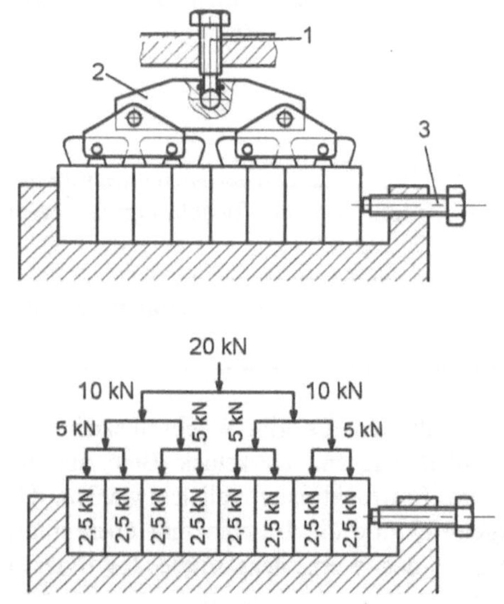

Bild 6-2 Mechanische Mehrfachspannung mit manueller Einbringung der Spannkraft. Das Prinzip ist auch automatisierbar.

1 Spannschraube, -spindel, 2 Pendelstück, 3 Querspannschraube

Die Präzision der Bearbeitung hängt davon ab, wie genau das zu bearbeitende Werkstück in reproduzierbarer Position vorliegt. Zugeständnisse an die Lagegenauigkeit der Spannvorrichtung können gemacht werden, wenn vor der Bearbeitung in einem Messvorgang die wirkliche Ausrichtung des werkstückfesten Koordinatensystems zum Maschinenkoordinatensystem festgestellt wird (**Bild 6-3**). Das kann berührend mit Messtastern längs der Kontur eines Werkstücks erfolgen oder berührungslos auf visuellem Weg. Die Vermessung der Referenzpunkte R1 bis R3 kann auch von einem Roboter ausgeführt werden. Die 3 Referenzpunkte genügen, um sowohl die Position als auch die Orientierung des Teils zu errechnen und einen Abweichungsvektor zur Solllage zu definieren. Die Versatzdaten werden ohne Benutzerinteraktion an die Steuerung der Bearbeitungsmaschine übergeben. Das Bearbeitungsprogramm wird dann der aktuellen Spannlage angepasst, vorausgesetzt, die Maschinensteuerung leistet diesen Service.

Weiterhin dürfen die Wechselwirkungen zwischen Spannkraft, Werkstück und Spannvorrichtung die festgelegte Position und Orientierung des Werkstücks vor und während der Bearbeitung nicht aus den zulässigen Grenzen drängen. Fertigungsfehler resultieren aber in vielen Fällen gerade aus unbeabsichtigten und unkontrollierten Abweichungen aus der Soll-Lage.

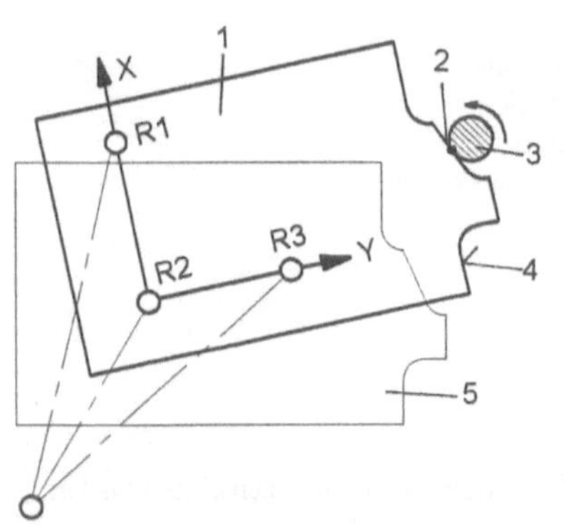

1 Werkstück
2 Bahnpunkt
3 Fräswerkzeug
4 Fräsbahn
5 eigentliche Soll-Lage

R Referenzpunkt

Bild 6-3 Vermessung der Spannlage

Von großem Einfluss ist dabei die Gestaltung des Baukörpers der Spannvorrichtung. Die statische und dynamische Steife wird durch große Bauhöhen, hervorgerufen durch bestimmte Werkstückformen (z.B. große Gussstücke) und der Forderung nach einer sicheren Späneabfuhr auf schrägen Flächen andererseits, negativ beeinflusst. In **Bild 6-4** werden die Auswirkungen unzureichender Spannmittelsteife sichtbar gemacht.

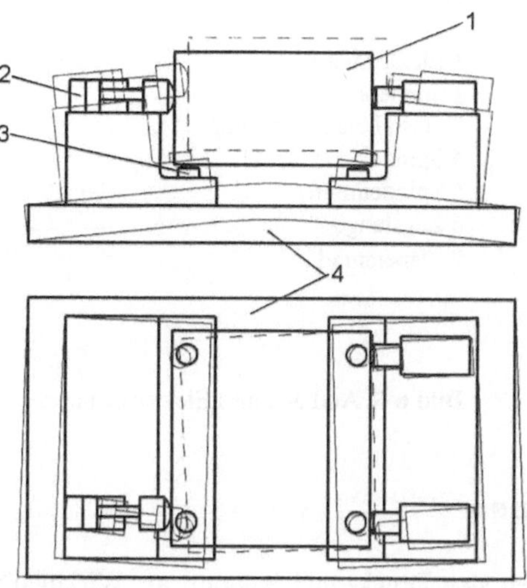

1 Werkstück
2 Spannelement
3 Auflage
4 Vorrichtungsgrundkörper

Bild 6-4 Werkstückverlagerung durch Verformung des Baukörpers nach dem Aufbringen der Spannkraft

Zusammengefasst sollen Spannvorrichtungen folgenden Anforderungen genügen:

- Genaue Lagebestimmung des Werkstücks in der Vorrichtung (hohe Fertigungsqualität erfordert Wiederholgenauigkeiten von 1/1000 mm)
- kraftvolles und möglichst automatisches Spannen in kürzester Zeit
- Gewährleistung einer Mehrseiten-Bearbeitung (Komplettbearbeitung) in einer Aufspannung (Rundum-Bearbeitung) ohne störende Spannelemente
- Möglichkeit der Vielfach-Einspannung bei kleineren Werkstücken
- Austausch einer kompletten Spannvorrichtung gegen eine andere in kürzester Zeit und möglichst automatisch
- Gewährleistung eines guten Abflusses der Späne und Kühlschmiermittel (Vermeidung von Spänenestern)
- verdeckte und geschützte Führung aller Versorgungsleitungen (Öl, Druckluft, Elektrik)

6.2 Elektromechanische Spannmittel

Die Anwendung von elektromotorisch angetriebenen Spannern hat den Vorteil, dass nur eine Energieform und nur ein Leitungssystem innerhalb einer Maschine vorhanden sein muss. In der Regel sind es Spindeltriebe als aktives Element. Meistens wird das Drehmoment zu Lasten der Drehzahl über ein reduzierendes Zwischengetriebe erhöht. Das **Bild 6-5** zeigt einen Elektrospanner, wie er z.B. an Fertigungsstraßen und an Drehmaschinen Verwendung findet. Das eigentliche Spannelement ist nicht mit dargestellt, sondern nur die die Zugkraft übertragende Stange. Der Motor leitet seine Drehbewegungen auf ein Umlaufrädergetriebe, dem sich eine einstellbare Kupplung anschließt. Die Drehbewegung wird in einer verdrehgesicherten Mutter in eine Schiebebewegung verwandelt.

Als Spannelemente kommen Keilhakenspannfutter und Planspiralfutter in Frage, wenn sie auf
den Einsatz von Elektrospannern abgestimmt sind. In der prismatischen Spanntechnik sind die
elektromagnetischen Spanner eher die Ausnahme. Durch den erforderlichen Elektromotor ist der
Platzbedarf gegenüber pneumatischen oder hydraulischen Spannmitteln deutlich größer.

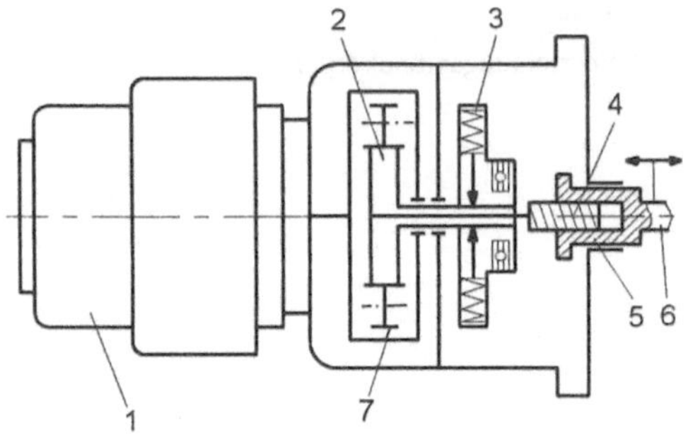

1 Elektromotor
2 Sonnenrad
3 einstellbare Kupplung
4 Spindel
5 Spindelmutter
6 Zugstange
7 Planetenrad

Bild 6-5 Aufbau eines Elektrospanners

6.3 Spannen mit Druckluft und Vakuum

Bei der Gestaltung von Spannvorrichtungen haben sich Druck- und Saugluft als Wirkmedium
bzw. Spannmittelantrieb sehr gut bewährt [6-1]. Solche Spanner können stationär, aber auch mo-
bil sein, wenn sie sich z.B. auf einem Werkstückträger befinden und in Transfersystemen umlau-
fen. Bei mobilen Vorrichtungen wird man mechanisch spannen (Federkraft) und pneumatisch
entspannen. Der Anschluss an eine Druckluftquelle wird dann nur kurzzeitig an einer Belade-
oder Entladestation der Fertigungsanlage gebraucht. Man kann aber auch den einmal einge-
brachten Druck während des Umlaufs aufrechterhalten. Prinzipiell sind die in **Bild 6-6** gezeigten
Varianten möglich, wenn man hier die elektrischen und elektromagnetischen Spanner unbeachtet lässt.

Spannen	Entspannen	Prinzipbeispiel
mechanisch mit Feder	pneumatisch, hydraulisch	
pneumatisch, hydraulisch	pneumatisch, hydraulisch	
pneumatisch, hydraulisch	mechanisch mit Feder	
mechanisch, elektrisch	mechanisch, elektrisch	

Neben den häufig eingesetzten Kolben-
lösungen kann man z.B. auch einen
pneumatischen Schwenkantrieb einsetzen (**Bild 6-7**). Hierbei ist zu beachten, dass der Schwenkflügelmotor nur
geringe axiale Kräfte aufnehmen kann.
Deshalb wurde ein Spindel-Mutter--
Getriebe nachgeschaltet. Der Schwenkantrieb muss auf diese Weise nur das
Drehmoment aufbringen. Der Kraftfluss schließt sich über die Spindelmutter in der Grundplatte der Bohr-
vorrichtung.

Bild 6-6 Das Arbeitsprinzip der Spanner ist variabel.

Der erreichbare Spannweg wird durch die Steigung der Spindel und den Drehwinkel des pneumatischen Schwenkantriebs bestimmt. Die Spannkraft F ergibt sich aus Drehmoment M und
Spindelsteigung h zu $F = M/h$ abzüglich der Reibungskräfte im Spindeltrieb und im Druckteller.
Die Spindel muss selbsthemmend sein. Der Aufbau ist recht einfach, der Spannhub allerdings
klein. Die Spannkraft bleibt während der Bearbeitung erhalten.

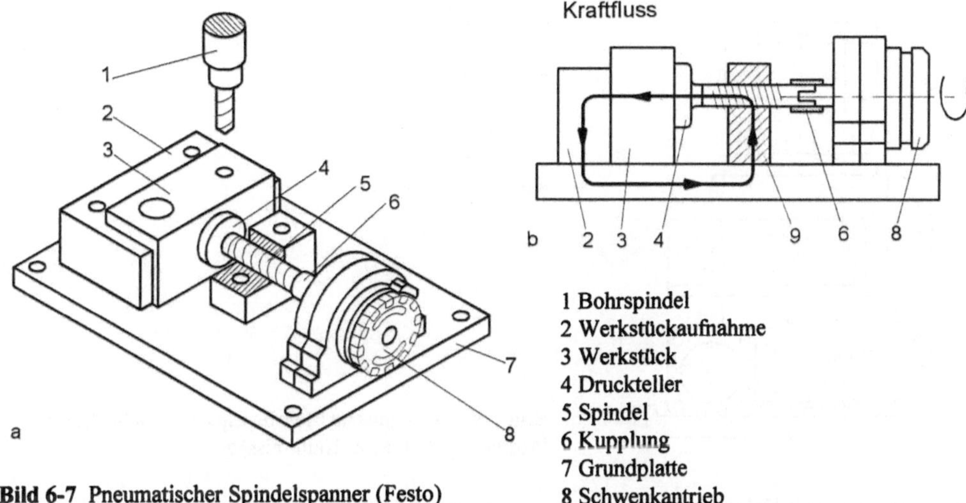

Bild 6-7 Pneumatischer Spindelspanner (Festo)
a) Gesamtansicht der Vorrichtung, b) Kraftfluss

1 Bohrspindel
2 Werkstückaufnahme
3 Werkstück
4 Druckteller
5 Spindel
6 Kupplung
7 Grundplatte
8 Schwenkantrieb
9 feststehende Spindelmutter

Ein anderes Prinzip wird bei der Betätigung von Spannzangen angewendet. Hochkraftspann-
stöcke (**Bild 6-8**) erreichen bei einem Druck von 6 bar Spannkräfte bis 70 kN. Diese enorme
kraftverstärkte Wirkung wird durch die Umsetzung einer Ringkolbenbewegung über ein Keil-
getriebe erreicht. Diese Spannmittel benötigen im Vergleich zur Krafterzeugung wenig Bauraum und sind sehr robust. Den Spanner gibt es auch doppeltwirkend, d.h. auch das Öffnen der
Spannzange wird dann pneumatisch ausgeführt und nicht wie dargestellt durch Federkraft. Die
Spannzange ist der Werkstückform und -größe anzupassen.

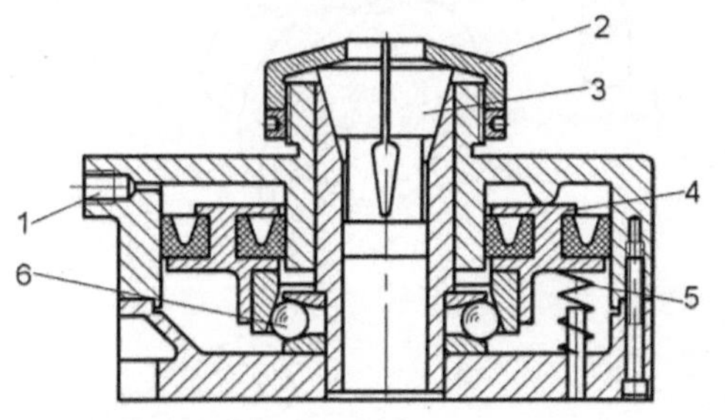

1 Druckluftanschluss
2 Überwurfmutter
3 Spannzange
4 Kolben
5 Rückstellfeder
6 Kugel zur Spannkraftübertragung

Bild 6-8 Pneumatische
Zangenspanneinrichtung (FESTO)

Beim schon erwähnten Mehrfachspannen kommt es darauf an, die zwischen den einzelnen
Werkstücken bestehenden Toleranzen auszugleichen, weil sich sonst unterschiedliche Haltekräfte einstellen. Das parallele Spannen, wie es in **Bild 6-9** gezeigt wird, erfordert Druckele-
mente, die geringe Abmessungsunterschiede kompensieren können. Das ist z.B. mit Tellerfe-
dersätzen erreichbar. Im Beispiel wird eine fluidische Lösung bevorzugt, gewissermaßen eine
"fluidische Feder", also ein passives Hydrauliksystem eingesetzt. Die Ölkammern sind untereinander verbunden. Beim Befüllen dieser Kammern ist zu beachten, dass sich ein Kolben in
der hinteren Endlage befindet, weil sonst kein Hubvolumen vorhanden ist, d.h. die kleinen
Druckkolben könnten sich dann nicht ausgleichend verhalten. Wird das gesamte Ausgleichsteil
als Wechselelement gestaltet, dann lassen sich für verschiedene Profilabmessungen die jeweils
passenden Wechselteile bereithalten. Die Grundkonstruktion der Spannvorrichtung kann dabei
unverändert bleiben. Der Einsatzbereich wird dadurch erweitert.

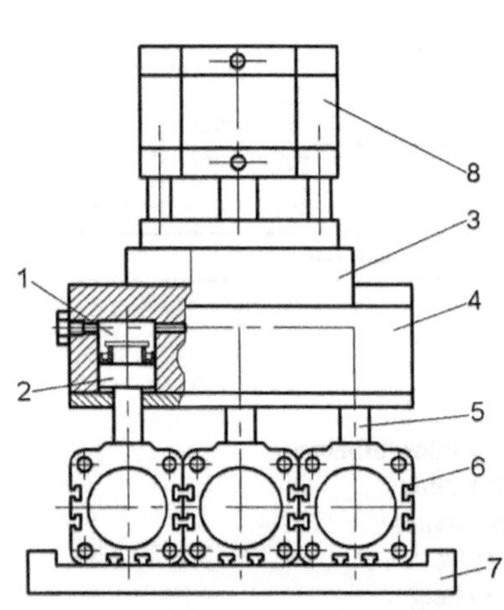

1 Ölkammer
2 Druckkolben
3 Klemmhalterung
4 Ausgleichsgehäuse
5 Druckkolbenstange
6 Werkstück
7 Spannauflage
8 Pneumatikzylinder

Bild 6-9 Pneumatische Mehrfachspannvorrichtung für Profilstangen an einer Kaltkreissäge

Die Bedeutung der Vakuum-Spannsysteme hat in den letzten Jahren zugenommen, weil immer mehr Bauteile aus Kunststoff oder Leichtmetall eingesetzt werden. Vakuumspanner bestehen aus den Komponenten Vakuumerzeuger, Spannvorrichtung, Dichtelemente im Falle von Rasterspannplatten und der Bedienungsarmatur. Der Vakuumspanner benötigt in sich keine kraftübertragenden Bauteile und kann deshalb im Leichtbau (Aluminium) ausgeführt werden. Um die Benutzung beim Auflegen von Teilen zu erleichtern, kann man Positionierkreuze aufsetzen oder flächendeckende Aufnahmeschablonen für die Werkstücke verwenden. Sogar Drehfutter werden als Vakuumspannmittel ausgeführt. Das **Bild 6-10** gibt einen Überblick über die wichtigsten Grundausführungen von Vakuumspannern

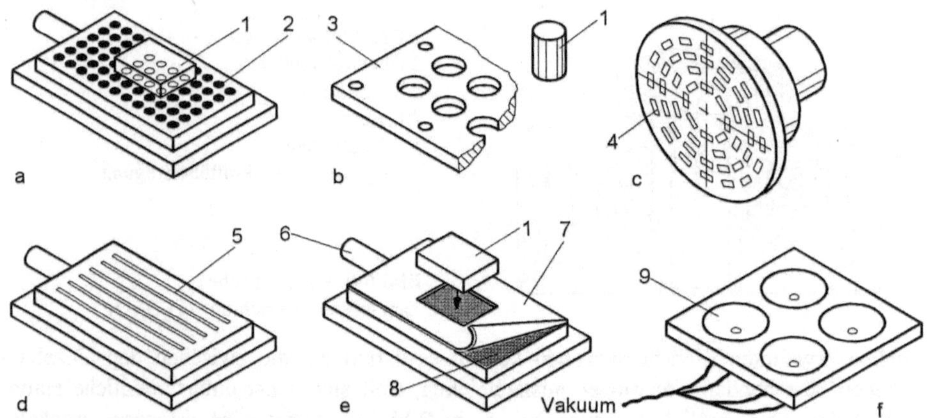

Bild 6-10 Spannplatten für das Halten mit Vakuum

a) Saugplatte, b) Aufnahmeplatte, c) Vakuum-Rundfutter, d) Saugschlitzplatte, e) Sintermetallspannplatte (SAV), f) Vakuum-Spanntisch, 1 Werkstück, 2 Saugluftplatte, 3 Aufnahmeschablone, 4 Saugluftöffnungen bzw. Nutsystem, 5 Saugschlitzfeld, 6 Vakuumanschluss, 7 Abdeckfolie, 8 Sintermetallplatte, 9 Scheibensauger

Bei den Rasternutsystemen muss die genutzte Fläche mit einer Dichtschnur aus Neopren oder Moosgummi gegen die Umgebungsluft abgegrenzt werden. Es gibt auch Spannplatten, bei denen die gerade nicht benötigten Saugluftöffnungen zugestöpselt bleiben. Bei den Sintermetallplatten muss die Oberfläche mit einer Folie abgedichtet werden und nur die Fläche wird ausgeschnitten, über der das Werkstück aufgelegt wird.

Für die erreichbaren Spannkräfte sind die Größe der Werkstückauflagefläche, eventuell die Werkstückform sowie die Ebenheit der Auflageflächen von entscheidender Bedeutung. Das maximal erreichbare Vakuum ist u.a. vom atmosphärischen Luftdruck abhängig, der von etwa 0,930 bar bis 1,013 bar schwanken kann. Deshalb kann man nur von einer Spannkraft von etwa 9,3 N/cm² ausgehen. Je nach Spannbedingungen reduziert sich dieser Wert aber weiter. Nimmt man ein 98-prozentiges Vakuum als erreichbaren Grenzwert an, so erhält man nur noch 9,1 N/cm². Bei Einrechnung eines Sicherheitsfaktors für das Halten von etwa 1,5 bis 2, der Leckverluste durch Unebenheit und Rauheit berücksichtigt, sinkt der Wert weiter ab. Für eine Grobrechnung kann man folgende Gleichung ansetzen:

$$F_S = 0{,}01 \cdot V \cdot p_0 \cdot A \cdot S^{-1} \quad \text{in N}$$

V maximal relatives Vakuum in Prozent
p_0 atmosphärischer Luftdruck in hPa
A wirksame Werkstückauflagefläche in cm²
S Sicherheitsfaktor

Die erforderliche Saugleistung hängt von der Größe der Raster- (oder Schlitz-)Spannplatten ab. Als Richtwert kann gelten:

- Rasterspannplatte mit einer Fläche von 800 cm² etwa 5,7 m³/h
- Rasterspannplatten mit 2400 cm² aktiver Fläche etwa 21 m³/h

6.4 Hydraulische Spanntechnik

Hydraulische Spanner werden bei schweren Werkstücken bzw. bei größeren Zerspanungskräften eingesetzt, insbesondere an NC-Werkzeugmaschinen. Die Spannkraft wird z.B. durch ein vorgespanntes Ölvolumen erzeugt, in das ein Stiftkolben eindringt. Eine andere Lösung ist die in **Bild 6-11** gezeigte Version einer Hydrospindel. Die Zustellspindel ist das spannaktive Element, das einen Spannbackenträger mit dem Weg S bewegt. Eine Kraftübersetzung erfolgt hier nicht. Der hohe Öldruck, mit dem der Hauptkolben beaufschlagt wird, erzeugt die Spannkraft (abzüglich der Rückstellfederkräfte) direkt. Das Grundprinzip der Hydrospindel kann auch mit einem integrierten Kraftverstärker (Keil-, Kniehebelprinzip) kombiniert werden.

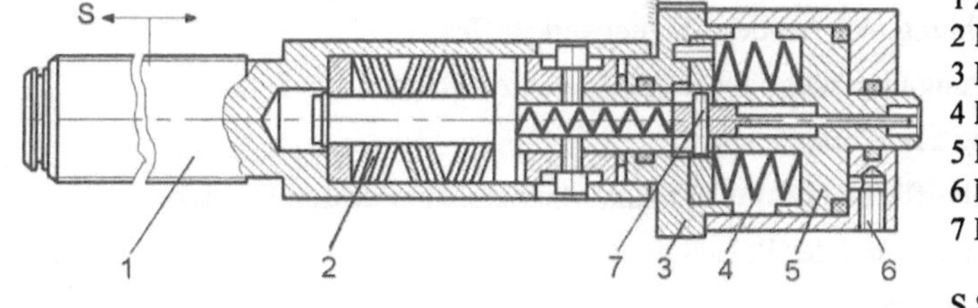

Bild 6-11 Hydrospindel (= hydraulisch betätigte Spindel)

Die Spannkraft ist stufenlos über den Öldruck stellbar. Der Spannweg, den der Spannbackenträger zurücklegt, wird als Spannbereich bezeichnet und ist aus Sicherheitsgründen begrenzt. Über das Gewinde der Zustellspindel kann die Lage des Spannbereichs (des Spannbackenträgers) voreingestellt werden.

Allgemein benötigen hydraulische Spanner wenig Bauraum, weil bei Betriebsdrücken bis 700 bar Kolbenkräfte bis 700 kN erreichbar sind. Die Spanner brauchen keine Schmierung, korrodieren nicht und bringen beim Spannen eine gewisse Elastizität mit. Allerdings altert das Öl und muss nach etwa 1000 Betriebsstunden ersetzt werden.

Ein Hydraulikspanner besteht aus einer Basisvorrichtung mit festen und beweglichen Spannbacken, dem Spannzylinder, einem Hydraulikantriebsaggregat und dem Systemanschluss (Pumpe, Schläuche bzw. Rohre, Manometer, Verschraubungen und einem Druckventil). Viele hydraulische Spanner mit direkt wirkendem Kolben sind ähnlich wie die pneumatischen Spanner aufgebaut und sollen deshalb nicht weiter betrachtet werden.

6.5 Magnetspannsysteme

Eisenwerkstücke lassen sich magnetisch festhalten, wenn mindestens ein Nord- und Südpol eines Magneten damit überbrückt wird. Spannplatten können als Permanent-Magnet-Spanner, als Elektromagnetspanner und als Elektro-Permanentmagnet-Spanner gestaltet sein. Permanentmagnete lassen sich schalten, indem man das innere Magnetsystem verschiebt bzw. dreht (**Bild 6-12**). Das Magnetfeld wird dann je nach Konstruktion umgeleitet oder kurzgeschlossen. Dadurch wird das Werkstück freigegeben.

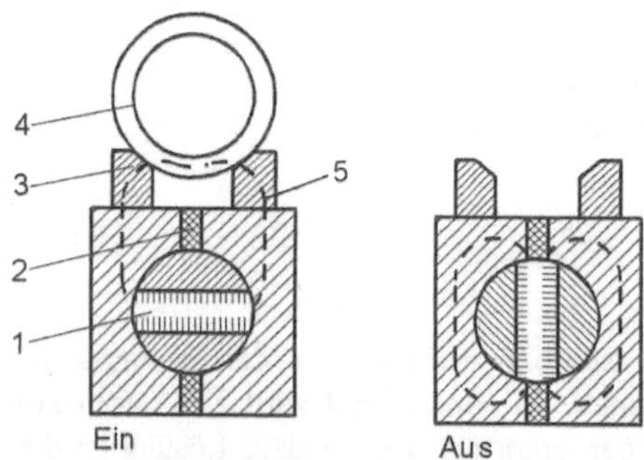

1 Dauermagnet
2 Messingbeilage
3 Polplatte
4 Werkstück
5 Feldlinien

Bild 6-12 Dauermagnetspanner für Rohre

Man unterscheidet zwischen Haftkraft F_H und Verschiebekraft F_V. Die Kraft F_H ist die Abreißkraft eines gespannten Werkstücks senkrecht zur Aufspannfläche. Die Verschiebekraft F_V ist die parallel zur Aufspannfläche aufzubringende Kraft für das Verschieben. Sie erreicht nur 15 bis 30 % der Haftkraft, je nach Oberflächenrauheit und Adhäsion. Die wirkliche Spannkraft kann man nur schwer abschätzen, weil es viele Einflüsse gibt, die die Haftkraft verändern. Das sind:

- Konstruktion der Vorrichtung und Art des Magnetwerkstoffes
- Werkstoffzusammensetzung und Wärmebehandlung des zu spannenden Teils
- Verhältnis von Polteilung zur Werkstückdicke
- Kontakt der Werkstückoberfläche (**Bild 6-13**) zum Magneten und dessen Rauheit
- Einfluss der Magnetbelegung und der Polschuhe
- Einfluss der Anwendungstemperatur

Da Luftspalte (hervorgerufen durch Schmutz, Rost, Flächenverzug, Lackschichten) einen sehr großen magnetischen Widerstand besitzen, können sich weniger Feldlinien aufbauen. Dadurch sinken die Haftkräfte rapide ab. Mit Elektro-Magneten kann man tiefere Magnetfelder erzeugen und damit eine größere Unempfindlichkeit gegenüber Luftspalten erreichen.

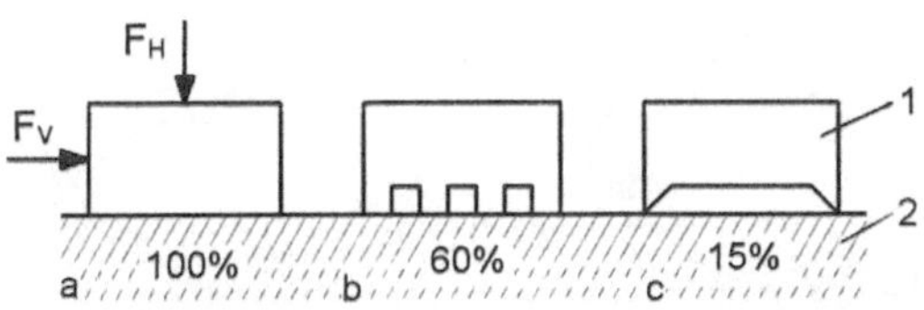

Bild 6-13 Haftkraftminderung durch ungünstige Werkstückform bzw. Werkstückauflage

Wer mit Magnetkraft spannt, muss beachten, dass nach dem Abschalten des Magnetfeldes ein Restmagnetismus beim Spannteil verbleibt. Das kann im weiteren störend sein (Späneanhaftung). Man kann diese Nebenwirkung aber durch elektronische Umpolung (beim Abschalten) oder durch Entmagnetisierungsgeräte beseitigen.

Eine besondere Konstruktion ist bei den Magnetspannern die Quadratpoltechnik. Darunter versteht man die Kombination von Permanent- und Elektromagneten, die in quadratischer Anordnung ausgelegt sind. Mobile Polverlängerungen erlauben das automatische Unterstützen von Werkstücken mit unebener Auflagefläche. Das ist für die Aufnahme von Prozesskräften wichtig. Eine mögliche Ausführung einer solchen Magnetspanneinrichtung wird in **Bild 6-14** gezeigt. Damit ist bei kürzester Rüstzeit verzugsfreies Spannen erreichbar. Das Werkstück behält auch nach dem Entspannen seine Form.

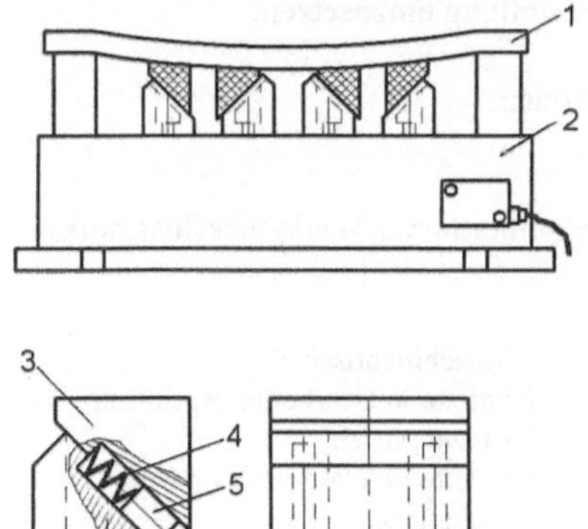

1 Werkstück
2 Vorrichtungskörper
3 mobile Polverlängerung
4 Druckfeder
5 eingelegter Führungsstift

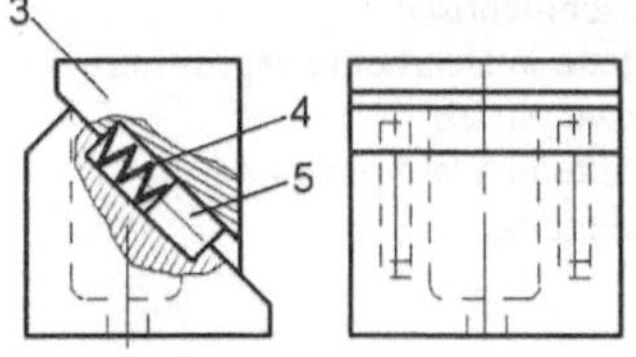

Bild 6-14 Magnetspannvorrichtung in Quadratpoltechnik

6.6 Spannpaletten und Palettenwechsler

An Fertigungsstraßen und Bearbeitungszentren wird der Aufspannvorgang aus dem Arbeitsraum der Werkzeugmaschine bzw. Bearbeitungsstation herausgenommen. Man benutzt Spannpaletten, die gewissermaßen einen transportablen Ersatz-Maschinentisch darstellen. Sie werden an eigens gestalteten Spannplätzen beladen. Die Zeit für das Spannen und Entspannen wird somit zeitlich parallel zur Bearbeitungszeit gelegt. Der Palettenwechsel läuft automatisch ab. Die vorbereiteten Paletten werden in Magazinen bereitgehalten bzw. laufen in einem Palettenpool um. Das **Bild 6-15** zeigt einige typische Varianten für Palettenumlaufsysteme. Längs des Umlaufs sind dann die Bearbeitungsstationen oder -maschinen angeordnet. Natürlich lassen sich die Vorteile auch an einer Einzelmaschine nutzen, wenn man mit einer Wechselpalette arbeitet. Das **Bild 6-16** zeigt einen Palettenwechsler, der die fertige Palette aus dem Arbeitsraum einer NC-Maschine herausholt und dann die neue Palette mit dem Rohteil in die Palettenspannposition einschiebt.

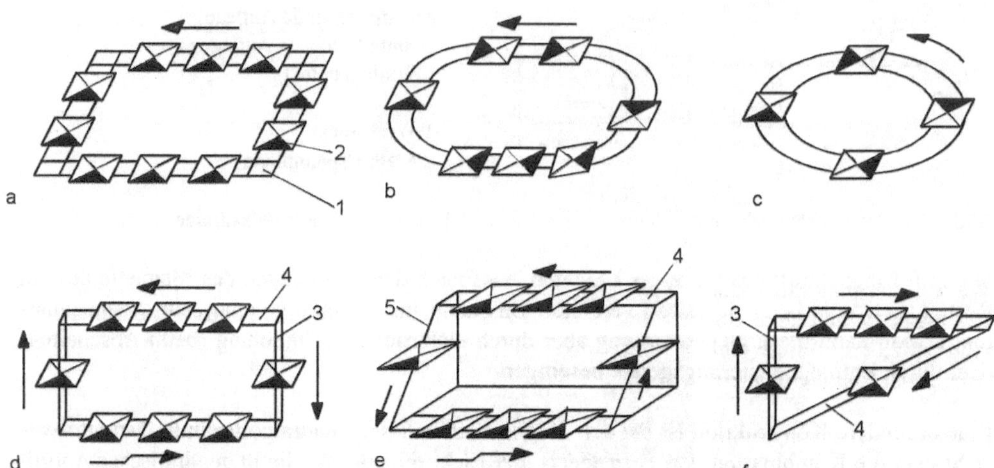

Bild 6-15 Umlaufsysteme für Werkstückträger bzw. Spannpaletten in Fertigungssystemen

a) Rechteckumlauf, b) Ovalumlauf, c) Ringtischprinzip, d) Umlauf mit hochgelegter Rückführbahn,
e) Schrägaufzug an Taktstraßen, f) Untertisch-Rückführung auf Roll- bzw. Gleitbahn

Neben Schiebetischvarianten gibt es auch Drehwechsler. Man begann etwa 1970 NC-Maschinen
mit Palettenwechsler für die automatische Werkstückbereitstellung einzusetzen.

Die Werkstückträger bzw. Spannpaletten erfüllen 3 Funktionen:

- Sicheres und genaues Spannen des Werkstückes
- Transportieren von Arbeitsstation zu Station mit Hilfe einheitlicher Werkstückflussmerk-
  male

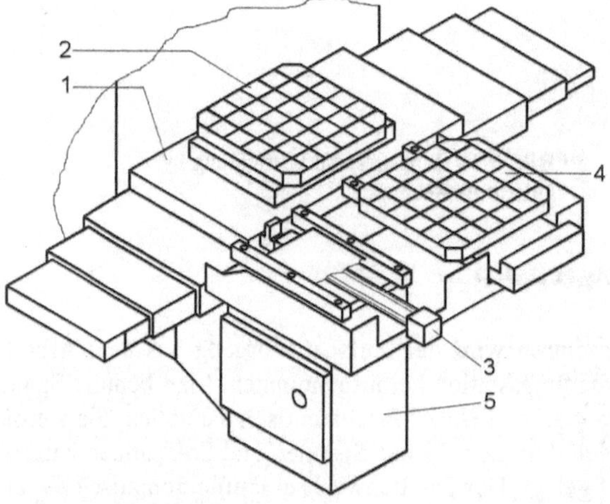

1 Maschinentisch
2 Palette in Bearbeitungsposition
3 Linearantrieb
4 Palette in Warteposition
5 Steuerung

Bild 6-16 Spannpalettenwechsler in
Schiebetischausführung

Für das Aufspannen wird eine bearbeitete Auflagefläche am Werkstück benötigt. Manchmal
sind auch Spannhilfen anzubringen, z.B. angegossene Spann-Nasen, um die Spannelemente
günstig anordnen zu können. Die Spannpaletten verfügen über Führungselemente (Gleitflächen,
Rollen) und Indexelemente (justierbare Indexbolzen) oder festeingebrachte Bohrungen, oft gestuft für Schlicht- und Schruppbearbeitung. Die Palette muss steif und präzise sein, die Späne
und das Kühlmittel müssen gut ablaufen können.

Das Prinzip der mobilen Spannpalette bedingt Spannmittel, die während des Durchlaufs keine Verbindung zu einer Energiequelle haben. Dafür werden z.B. Hochdruckspindeln, die an der Beladestation von externen Antrieben betätigt werden, eingesetzt. Der Aufbau der Spannvorrichtung richtet sich außerdem nach der Form der Werkstücke und der Lage der Bestimmflächen. Einige typische Aufbauten kann man in **Bild 6-17** sehen. Für das Spannen mehrerer gleichartiger Teile gibt es sogar Aufspanntürme mit entsprechend vielen Hochdruckspannern. Damit wird dann nochmals Zeit gespart und zwar ein großer Teil der Palettenwechselzeit (von z.B. 15 Sekunden).

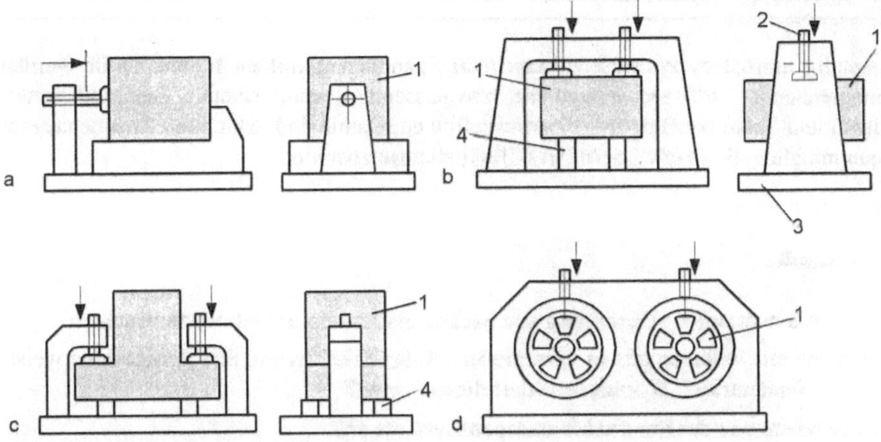

Bild 6-17 Werkstückträger für Bearbeitungszentren und Maschinenstraßen

a) seitliche Spannung, b) Jochspannung, c) Randspannung, d) Doppelwerkstückträger z.B. für die Bearbeitung von Bremstrommeln, 1 Werkstück, 2 Spannspindel, 3 Palette, 4 Auflagestück

Die Ausrüstung der Spannpaletten mit Halte-, Auflage-, Bestimm- und eventuell Sensorkomponenten kann auch aus Baukastenelementen geleistet werden. Eine solche Spannpalette wird in **Bild 6-18** gezeigt. Spannmittel aus dem Baukasten sind ohne konstruktive Vorbereitung rasch aufbaubar. Meistens steht auch Projektierungssoftware zur Verfügung.

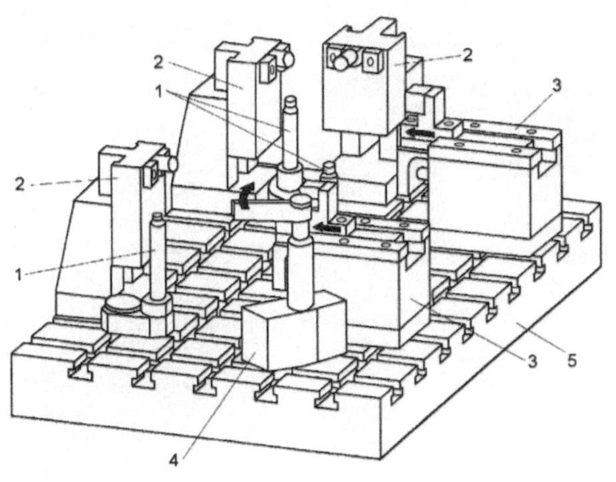

1 Bestimmmodul (Werkstückauflage)
2 Werkstückanlage
3 Spannmodul
4 Positioniermodul
5 Aufbauplatte

Bild 6-18 Beispiel für eine Werkstückspanneinrichtung auf der Basis einer Kreuznut-Spannpalette mit modularen Komponenten

Die Reproduzierbarkeit der Werkstücke in der Aufspannung, z.B. für Messzwecke, ist allerdings nicht immer akzeptabel, weil viele Schraubverbindungen den Aufbau "weich" machen. Das Werkstück wird im Beispiel von oben eingelegt, dann wird der Positioniermodul aktiv und bewirkt eine exakte Anlage an den Bestimmelementen. Die Spannmodule sorgen anschließend für das sichere Festhalten.

> **Spannlagenfamilie:** Gruppe von Werkstücken mit solchen Spannlagen, die in einer Vorrichtung durch Variation der Spannkraft und der Bestimmelemente gespannt werden können.

Um nicht ständig umrüsten zu müssen, kann man Spannlagenfamilien bilden. Dafür werden dann mit entsprechender Software einheitliche bzw. passende Bestimmebenen, Bestimmkontaktpunkte, Stützen und Spannkontaktpunkte herausgefunden. Damit sind dann auch Gruppenspannvorrichtungen möglich, die in gewissem Grad flexibel einsetzbar sind.

Kontrollfragen

1 Was ist bei der konstruktiven Gestaltung von Mehrfachspannern unbedingt zu beachten?

2 Für das Spannen mit Vakuum gibt es verschiedene Möglichkeiten und ihre Anwendung weist eine steigende Tendenz auf. Woraus resultiert dieser Trend?

3 Welche Einsatzbereiche decken die Magnetspannsysteme ab?

4 Was versteht man unter einer Spannlagenfamilie?

7 Verketten von Arbeitsmitteln

Immer weniger Maschinen werden heute als Einzelmaschine betrieben. Entweder werden sie zu einer Fertigungslinie zusammengestellt oder es werden von vornherein Anlagen projektiert, bei denen Arbeitsstationen im kreisrunden oder linearen Durchlauf miteinander verkettet sind (Automatisierungsinseln). Was versteht man unter Verkettung?

> **Verkettung:** Verbindung automatisierter Arbeitsmittel (Maschinen, Stationen, wo noch erforderlich auch Handarbeitsplätze) zu Linien mit Hilfe technischer Einrichtungen zur Erzielung eines automatischen Werkstückflusses und durch Verknüpfung von Steuerungen.

Für die Realisierung gibt es verschiedene Möglichkeiten sowohl struktureller als auch technischer Art. Die Idee zur Verkettung von Arbeitsplätzen wurde zuerst in der Massenfertigung besonders von Automobilen Wirklichkeit. Erste Taktstraßen, die 1923 bei der englischen Gesellschaft "Morris Motors" zur mechanischen Bearbeitung von Zylinderblöcken eingesetzt wurden, waren nicht sehr erfolgreich. Die mechanischen Steuerungen, mit denen man auskommen musste, erwiesen sich als unzureichend zuverlässig. Verkettete Maschinen bezeichnet man übrigens auch als Maschinensystem.

7.1 Verkettungsarten

Nach der Art der Steuerung oder Regelung, der zeitlichen Abhängigkeit (intermittierender oder kontinuierlicher Werkstückfluss, zeitlich synchron oder asynchron) sowie der Einsatzfähigkeit für stets gleiche oder verschiedenartige Werkstücke kann unterschieden werden in:

- **Starre (feste) Verkettung** (*rigid linkage*)
  Die Arbeitsstellen werden voneinander abhängig gesteuert. Erst wenn an allen Maschinen der Arbeitstakt beendet ist, werden die Werkstücke an allen Maschinen bzw. Stationen gleichzeitig (zeitsynchron) weitergegeben. Der Arbeitstakt bestimmt den Rhythmus der gesamten Anlage. Zwischen den Maschinen befinden sich keine Werkstückspeicher, in denen Werkstücke aufschließen können. Bei Ausfall einer Station müssen auch alle intakten Maschinen angehalten werden.

- **Lose Verkettung** (*loose interlink*)
  Es werden Fertigungseinrichtungen in fester Reihenfolge miteinander gekoppelt, die aber voneinander unabhängig gesteuert werden. Typisch ist, dass sich zwischen den Maschinen Werkstückspeicher befinden. Die verketteten Maschinen absolvieren jeweils ihren eigenen Arbeitstakt. Es gibt keine Feinabstimmung der Taktzeiten. Bei Ausfall einer Maschine können die übrigen Maschinen bzw. Stationen solange weiterarbeiten, wie der jeweils vorgelagerte Werkstückspeicher noch Teile abgeben bzw. der nachfolgende Speicher noch welche aufnehmen kann. Bei kurzzeitigen Ausfällen müssen die intakten Maschinen der Linie nicht angehalten werden. Deshalb ergibt sich gegenüber der festen Verkettung eine höhere Ausstoßleistung der Linie. Dafür steigt aber wegen der Speicher der Investitions- und Platzbedarf.

- **Zielcodierte Verkettung**
  Die Maschinen sind nicht in einer festen Folge miteinander verkettet. Bestimmte Stationen können übersprungen werden. Die Werkstückträger oder Spannpaletten sind codiert. Auto-

matische Identifikation dient der Leitung ins Ziel, d.h. zur jeweils nächsten Bearbeitungsstation.

- **Wegflexible Verkettung**
  Das ist eine Form der Verkettung, bei der alle Maschinen in beliebiger Folge von den Werkstücken erreicht werden können, wenn es aus Gründen der Bearbeitungsfolge notwendig und
  vom Leitrechner angewiesen ist. Neben der Verkettungsfolge können auch die Werkstück-
  arten ständig wechseln. Zwischenspeicher sind in der Regel vorgesehen. Der Werkstückdurchlauf wird auf Werkstückträgern absolviert.

In **Bild 7-1** wird eine lose Verkettung von Drehautomaten als Beispiel gezeigt. Es ist ein Fall aus
der Großserienfertigung, bei der sich der Werkstückfluss auf vier gleichartige Maschinen verzweigt. Die Verteilung der Rohteile geschieht über einen Verteilförderer nach Bedarf der Maschinen. Eine gerade gestörte Maschine wird automatisch von der Werkstückzufuhr ausgenommen. Fertigteile werden durch einen Hubförderer wieder nach oben gebracht und gelangen in die
Parallelplätze (dahinterliegend) des Mitnehmerförderers. Die fertigen Teile werden am Ende in
einen Ausgabekanal geleitet und verlassen das System.

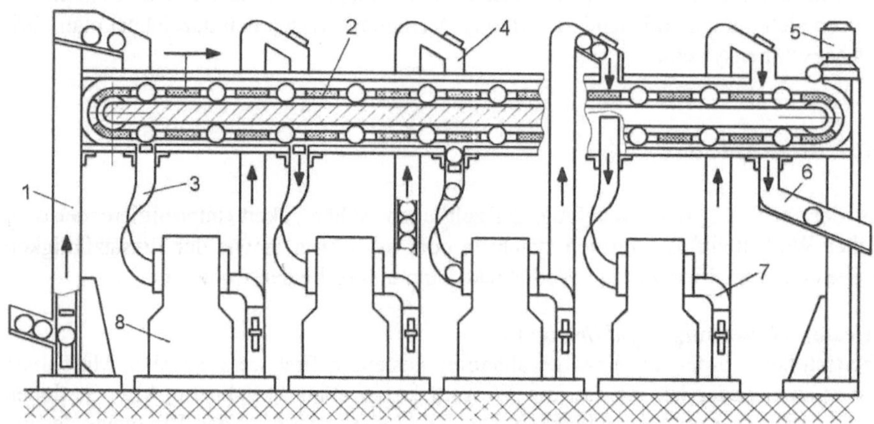

Bild 7-1 Parallel- und lose verkettete Bearbeitungsmaschinen

1 Hochförderer, 2 Verteil- und Ausgabeförderer, 3 Zuführkanal, 4 Hochförderkanal für Fertigteile, 5 Antrieb des Förderers, 6 Ausgaberinne, 7 Ausgabekanal für Fertigteile am Automaten, 8 parallel arbeitender
Automat

> **Maschinenfließreihe:** Hintereinanderschaltung technologisch aufeinander abgestimmter und
> durch kurze Wege miteinander verbundener Maschinenarbeitsplätze, auf denen die Werk-
> stücke durch überwiegend maschinelle Arbeit in Fließfertigung bearbeitet werden.

Nach der räumlichen Anordnung der technischen Mittel für den Werkstückfluss unterscheidet
man in Innen- und Außenverkettung:

- **Innenverkettung** (*inside interlinkage*)
  Die Verbindung der Fertigungseinrichtungen geschieht im Werkstückfluss durch den Ar-
  beitsraum der Maschine hindurch. Ein typisches Beispiel sind in der Umformtechnik zur
  Arbeitslinie verkettete Pressen.

- **Außenverkettung** (*outside interlinkage*)
  Das ist eine Führung des Werkstückflusses neben dem Arbeitsraum der Fertigungseinrichtung. Vorteilhaft ist, dass der Arbeitsraum für den Bediener nicht eingeschränkt ist. Sehr häufig ist das Verbindungsglied vom Linientaktförderer zum Spannmittel der Maschine ein Linienportallader (-roboter). Das wird in **Bild 7-2** gezeigt. Fertigteile werden wieder auf den Förderer zurückgelegt und gelangen dann zur nächsten Maschine. Die Linienportalroboter belegen kaum Produktionsgrundfläche, weil sie sich im arbeitsfreien Raum über den Maschinen bewegen.

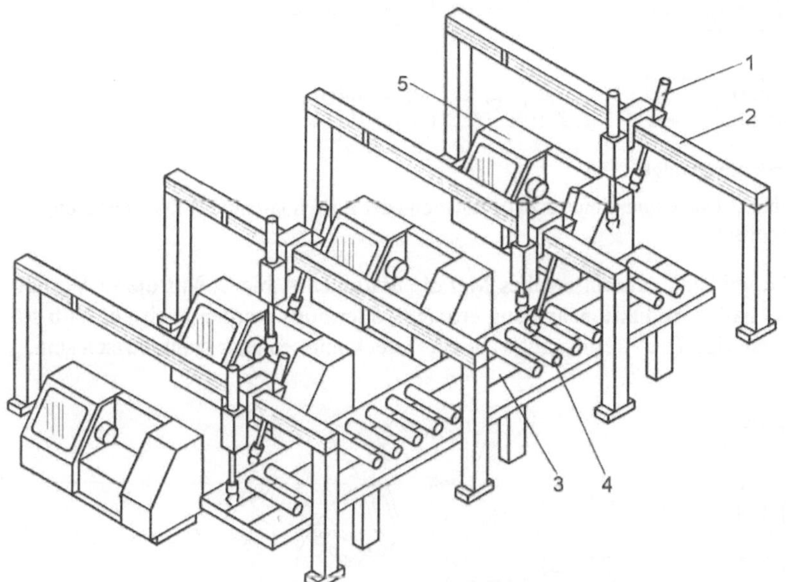

Bild 7-2 Außenverkettung von Drehautomaten

Nach der zeitlichen Folge der durchzuführenden Fertigungsaufgabe wird nach **Bild 7-3** unterschieden in:

- **Reihenverkettung**
  Die verketteten Maschinen oder Stationen sind in Serie angeordnet. Die Bearbeitung oder Montage wird am selben Werkstück bzw. Basisteil zeitlich nacheinander ausgeführt.

- **Parallelverkettung**
  Der Werkstückfluss wird auf mehrere parallel arbeitende Maschinen verzweigt. Gleiche Fertigungsaufgaben werden somit an gleichen Werkstücken gleichzeitig ausgeführt. Das macht man meistens dann, wenn die Leistung einer Maschine nicht ausreicht, um den ankommenden Werkstückstrom zu bearbeiten und wenn größere Wartezeiten indiskutabel sind.

- **Reihen-Parallelverkettung**
  In komplexen Systemen kann sich eine Kombination von Reihen- und Parallelschaltung als günstig und richtig erweisen. Eine Anpassung der Taktzeiten erfolgt durch arbeitsgangbezogene Aufteilung des Werkstückstromes auf mehrere parallele Maschinen.

Eine interessante Art der Verkettung ist die Schleifenstruktur, d.h. die Werkstücke werden zurückgeführt und durchlaufen z.B. die Montageanlage ein zweites Mal. Das Prinzip wird in **Bild 7-4** gezeigt. Bei der Transferlinie nach **Bild 7-4a** erfolgt eine symmetrische Bearbeitung an beiden Enden des Werkstücks gleichzeitig. Das ist bei der Rundtaktmaschine anders. Zunächst wird ein Werkstückende bearbeitet. Dann wird das Teil über die Maschinenmitte hinweg zur Startpo-

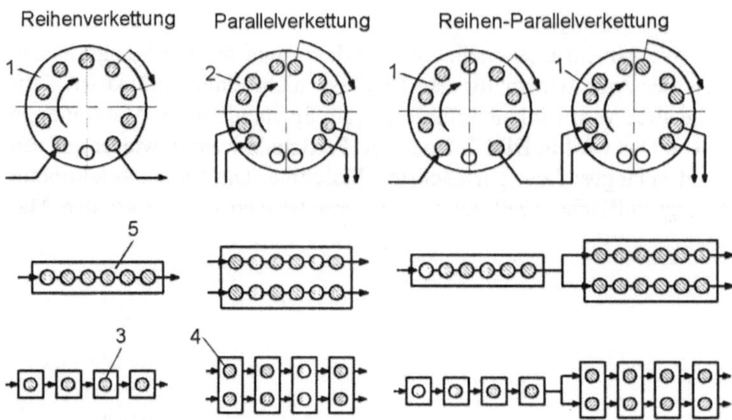

Bild 7-3 Formen der Verkettungsfolge

1 Rundschalttischmaschine, 2 Duplexmaschine, 3 Arbeitsstation oder Einzelmaschine, 4 Doppelstation, 5 gemeinsamer Maschinentisch

sition geschoben und durchläuft nun ein zweites Mal die Stationen A bis C. Mit dieser Verfahrensweise wird nur die halbe Produktionsleistung erbracht, allerdings werden auch nur halb soviel Arbeitseinheiten benötigt. Die Arbeitsgänge am Werkstück müssen aber symmetrisch sein.

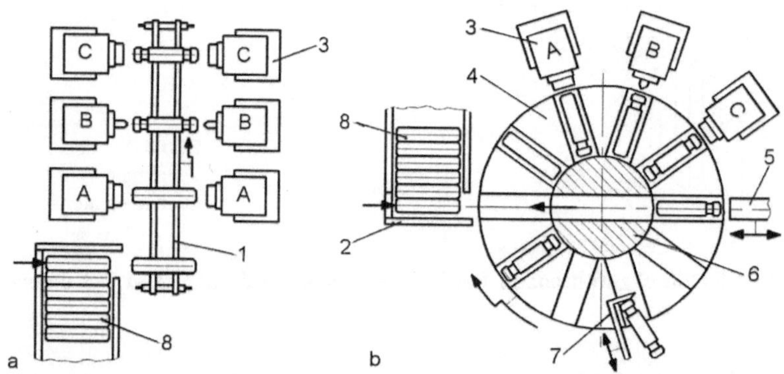

Bild 7-4 Bearbeitungs- und Montageautomat mit verketteten Stationen

a) Reihenverkettung mit beidseitig angeordneten Stationen, b) Schleifenstruktur, 1 Linientakteinrichtung, 2 Magazin, 3 Arbeitseinheit, 4 Rundtisch, 5 Überschieb-Stößel, 6 feststehendes Mittelteil, 7 Ausgeber, A bis C Arbeitsoperation

Dieses Beispiel ist zwar technisch recht interessant, die technologische Symmetriebedingung ist jedoch ziemlich einschneidend. Schleifenstrukturen sind deshalb nur für solche Massenprodukte überlegenswert, die noch eine große Laufzeit vor sich haben.

7.2 Werkstückpuffer

Werkstückpuffer (*component store, workpiece store*) oder -speicher sind technische Einrichtungen, die Arbeitsgut in bestimmter Ordnung und in bestimmten Mengen in der Fertigung zeitweilig aufbewahren und bei Bedarf wieder bereitstellen. Damit sind sie ein Teil der Produktionslogistik.

Nach der Aufgabe der Speicher in der automatisierten Produktion lässt sich unterscheiden in:

- **Beschickungsspeicher** (*loading store*)
  Sie dienen zur Versorgung einer Einzelmaschine oder der ersten Maschine einer Linie. Durch automatisches Beschicken wird eine Bedienperson eingespart.

- **Ausgleichsspeicher** (*buffer store*)
  Diese Speicher dienen innerhalb einer Arbeitslinie zum zeitweiligen Ausgleich von Taktzeitunterschieden, wenn eine Abstimmung der Arbeitsgangzeiten nicht oder nur ungenügend erreichbar ist. Die Leistungsunterschiede sind also voraussehbar. Die Ausgleichsspeicher müssen aber z.B. in einer dritten Schicht wieder aufgefüllt werden. Dazu werden dann nur Teile der Arbeitslinie herangezogen.

- **Störungsspeicher** (*emergency buffer*)
  Ihr Einsatz führt in Arbeitslinien zur losen Verkettung und damit zur Auflösung starrer Determiniertheit. Störungen an einzelnen Maschinen führen nicht zur Abschaltung der gesamten Linie. Wenigstens bei kurzzeitigen Störungen laufen die intakten Maschinen weiter. Das erhöht den Ausstoß.

- **Zwischenspeicher** (*temporary buffer*)
  Das sind jene technologisch bedingten Werkstückansammlungen, in denen z.B. Trocknungsvorgänge ablaufen können, ehe der nächste Arbeitsgang ausgeführt wird. Auch manuelle Arbeitsplätze in Fertigungslinien sind über Zwischenspeicher zu entkoppeln.

Bei Störungsspeichern kann der bereitgehaltene Vorrat im Hauptschluss oder im Nebenschluss, also auf nebenläufigen Magazinplätzen, angelegt werden. Einige Ausführungen sind in **Bild 7-5** zu sehen.

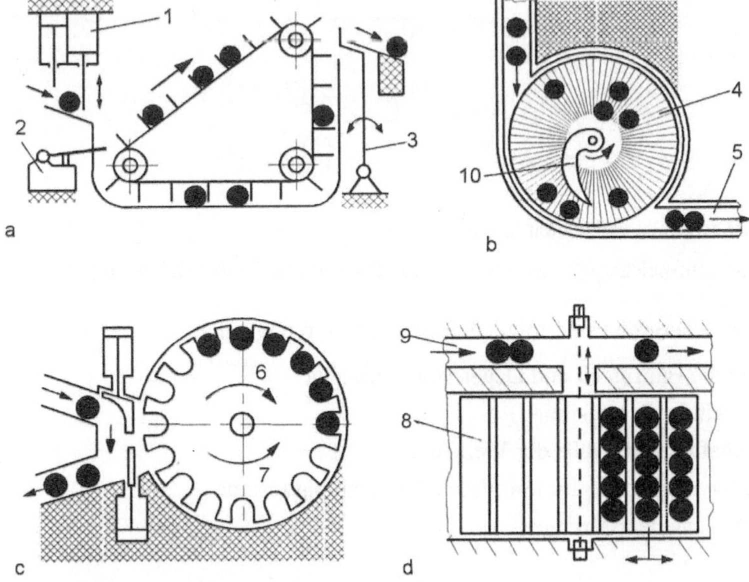

Bild 7-5 Prinziplösungen für Störungsspeicher

a) Durchlaufspeicher mit Vorräten im Leertrum, b) Durchlauf-Scheibenspeicher in der Draufsicht, c) Rücklaufspeicher mit Vorratsbildung im Nebenschluss, d) Rücklaufspeicher in der Draufsicht, 1 Zuteiler, 2 Kontrolltaster, 3 steuerbarer Ausgeber, 4 Speicherscheibe, 5 Abführstrecke, 6 Takten beim Füllen, 7 Takten beim Entleeren, 8 verschiebbares Magazin, 9 Hauptförderrichtung, 10 Einweiser

Beim Durchlauf- oder Hauptschlussspeicher sind alle Werkstücke ständig in Bewegung. Die entstörende Wirkung kommt aber nur zustande, wenn die Werkstücke im Speicher aufschließen können. Eine stur taktende Magazinkette bringt den Effekt nicht, weil sich die leeren Magazinplätze bis zur nächsten Maschine bewegen. Dort tritt dann zeitversetzt ein Werkstückmangel ein. Rücklauf- oder Nebenschlussspeicher werden nur aktiv, wenn ein Werkstückbedarf signalisiert wird. Bis dahin befindet sich das eingespeicherte Arbeitsgut in Ruhe.

Die kleinste mögliche Arbeitslinie besteht aus 2 Maschinen. Die Zusammenschaltung zu einer Linie unter Einbeziehung von Speichern zeigt das **Bild 7-6**. Beim Durchlaufspeicher wird das Prinzip *first-in/first-out* realisiert, d.h. die Werkstückreihenfolge ändert sich nicht (**Bild 7-6a**). Das ist beim Prinzip *first-in/last-out* anders (**Bild 7-6b**). Das zuletzt eingespeicherte Werkstück wird zuerst wieder entnommen. Dieser Unterschied kann aus technologischen Gründen durchaus wichtig sein.

Beim Umlaufspeicher (**Bild 7-6c**) liegt der Werkstückdurchlauf fest, jedoch erfolgt die Werkstückausgabe bedarfsabhängig. Völlig beliebig und direkt erfolgt schließlich die Verkettung mit einer freiprogrammierbaren Handhabungseinrichtung nach **Bild 7-6d**. Jeder Speicherplatz ist hier wahlfrei nutzbar.

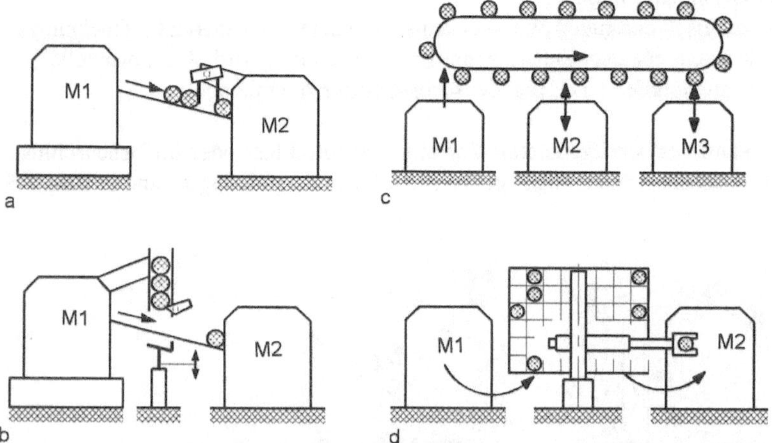

Bild 7-6 Werkstückspeicher zwischen verketteten Maschinen Mi

a) Durchlaufspeicher, b) Rücklaufspeicher, c) zyklischer Zugriff, d) wahlfreier Zugriff (Direktzugriff)

Für die Bemessung der Speichergröße sind folgende Einflussfaktoren wichtig:

- Erfahrungswerte über die Häufigkeit und Dauer von Störungen
- Taktzeit bzw. Zykluszeit der Arbeitslinie
- Handhabungseigenschaften und Größe der Werkstücke
- Wert des Produkts oder Werkstücks im jeweiligen Anarbeitungszustand
- Zeitdauer für die Behebung der Störungen

Für die Werkstückmenge Q, die der Störungsspeicher haben sollte, gilt

$$Q = (2 \cdot t_A)/t_T \qquad \text{in Stück}$$

t_A zu überbrückende maximale Ausfallzeit in Minuten
t_T Taktzeit der nachfolgenden Maschine bzw. des folgenden Abschnitts in min/Stück.

Störungsspeicher sollen in Betrieb nur halb gefüllt sein, damit sie bei einem Maschinenausfall stromabwärts noch Teile aufnehmen können und bei einem Maschinenausfall stromaufwärts ebensolche abgeben können. Ist die Speicherwirkung erschöpft, dann muss die Arbeitslinie komplett abgeschaltet werden, auch wenn noch Maschinen intakt sind.

Der jeweils aktuelle Speicherinhalt ΔQ ist eine variable Größe und kann nur durch Simulation der Arbeitslinie bestimmt werden, z.B. mit Hilfe der Monte-Carlo-Methode (Methode der statistischen Versuche). Das liegt am stochastischen (zufälligen) Charakter der nicht vorhersehbaren Maschinenstörungen.

> **Monte-Carlo-Methode:** Relativ universelle numerische Methode zur Lösung mathematischer Probleme mit Hilfe der Modellierung von Zufallsgrößen. Sie wurde 1949 von J.v. Neumann und S. Ulam begründet.

Das **Bild 7-7** zeigt die zeitweise entstehenden Situationen beim Bilden von Vorratsmengen.

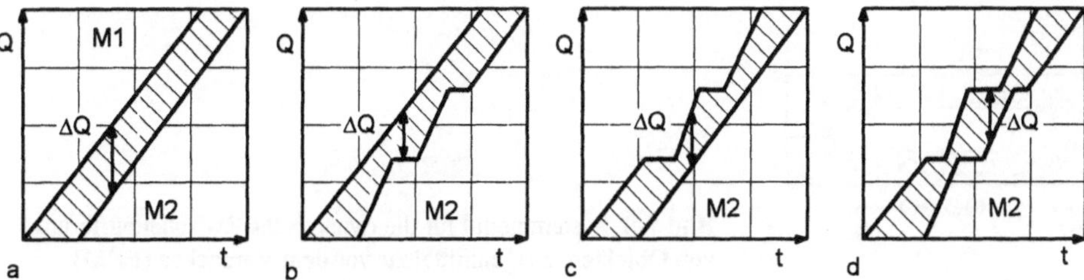

Bild 7-7 Speicherzustandsdiagramme
a) gleichmäßge Be- und Entladung des Speichers, b) gleichmäßige Zufuhr, aber ungleichmäßiger Abruf, c) ungleichmäßige Zufuhr von Maschine M1 und gleichmäßiger Abruf der Maschine M2, d) ungleichmäßige Be- und Entladung des Speichers

Für das Magazinieren, Lagern oder Verpacken muss das Arbeitsgut oft in Gruppen zusammengefasst werden, die den Ablageplätzen des Packmittels entsprechen. Dafür gibt es verschiedene Möglichkeiten, wie z.B. Mehrfachzuteiler oder Schieber, die Reihen und Lagen von Objekten so verschieben, dass nach und nach ein Stapel entsteht. Solche Schiebersysteme sind in der Regel auf nicht veränderbare Fixmaße eingestellt, haben also den Charakter von Sondermaschinen. Bei dem in **Bild 7-8** dargestellten dynamischen Puffersystem ist das anders. Die Sammelmenge ist programmierbar. Bei allen Speichern dieser Art besteht das eigentliche Problem darin, dass Zuführen und Ausgeben unabhängig voneinander ablaufen müssen, also entkoppelt sein müssen. Der Zulauf von Teilen ist meist kontinuierlich, das Abnehmen geschieht dagegen rhythmisch im Zeittakt der Verpackungsmaschine.

Im Beispiel wird diese Aufgabe so gelöst, dass sich neben der Taktung der Magazinkette auch das gesamte Kettensystem waagerecht verschieben kann. Dazu befindet es sich auf einer beweglichen Zwischenplatte. Hieraus folgt, dass auch 2 gesteuerte Antriebsmotoren vorhanden sein müssen. Im Bild wird der Ablauf an einer verkürzt gezeichneten Magazinkette demonstriert. Die Werkstücke (Produkte, Baugruppen) sollen im Beispiel als Vierer-Gruppen den Systemmodul verlassen. Man sieht, wie sich die Speichermenge rhythmisch verändert. Kommt ein Produkt an, dann schaltet der Servomotor die Kette um ein Fach weiter. Wurde auf der anderen Seite eine Vierer-Gruppe mit einem Mehrfachgreifer entnommen, z.B. durch einen Verpackungsroboter von oben, dann schaltet der zweite Servomotor die Kette um einen Vierfach-Abstand weiter.

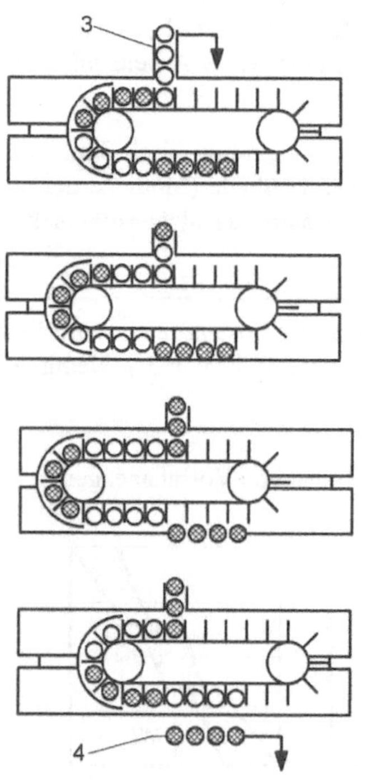

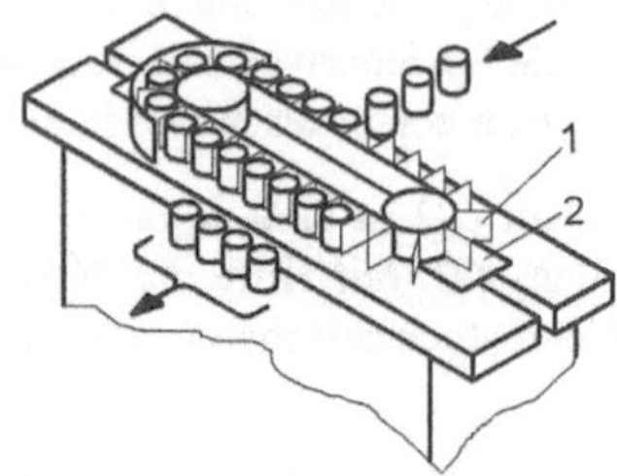

1 Fächerkette, produktangepasste Magazinkette
2 Verschiebesystem
3 serieller Zuführkanal
4 gruppenweise (parallele) Ausgabe

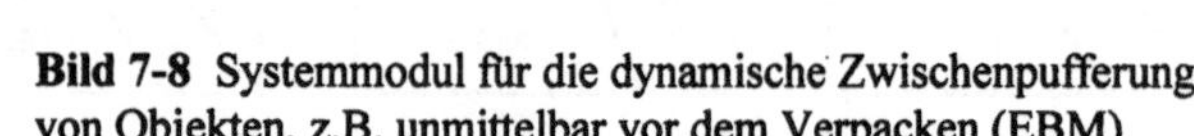

Bild 7-8 Systemmodul für die dynamische Zwischenpufferung von Objekten, z.B. unmittelbar vor dem Verpacken (EBM)

7.3 Kombination zu Arbeitslinien

Durch die Verkettung von Maschinen entsteht ein (Maschinen-)System. Die Zweckmäßigkeit eines solchen Systems muss beurteilt werden. Jedes System wird durch 2 grundlegende Eigenschaften charakterisiert. Das sind die Struktur und das Verhalten.

> **Verhalten:** Menge der z.B. durch äußere Einflüsse hervorgerufenen zeitlich aufeinanderfolgenden Zustände eines dynamischen selbstregulierenden Systems.
>
> **Struktur:** Menge von Elementen eines Systems und von den die einzelnen Elemente miteinander verbindenden Relationen.

Das Verhalten eines Systems ist durch die Struktur gegeben. Die Verhaltensweise eines Systems, also die Übergänge von einem Zustand in einen anderen, können im Prinzip mathematisch erfasst und dargestellt werden. Man kann in erster Näherung sagen, die Struktur determiniert das Verhalten. Das Verhalten einer Produktionslinie, z.B. eine bestimmte Produktionsleistung zu erreichen, legt aber nicht zwingend eine ganz bestimmte Struktur fest. Eine definierte Funktion kann mit unterschiedlichen Strukturen erreicht werden. Hieraus erwächst für den Projektplaner und Konstrukteur die Aufgabe, Strukturvarianten zu entwickeln, diese zu bewerten und nach Zielfunktionen auszusondern. Auf einige Strukturtypen wie Reihenschaltung, Parallelschaltung oder lose Verkettung über Werkstückpuffer wurde bereits hingewiesen. Hieraus kann man u.a. folgende Fragestellung ableiten:

Wieviel gattungsgleiche Maschinen (oder Arbeitsstationen) darf man bei Berücksichtigung der Gesamtleistung *fest* miteinander zu einer Linie verketten?

Für eine einzelne Maschine gilt für den Produktionsaustoß Q:

$$Q = \frac{1}{t_T} \cdot \frac{1}{1+\frac{\lambda}{\mu}}$$

t_T Taktzeit
λ Ausfallrate
μ Reparaturrate

Ausfallrate: Maß für die Wahrscheinlichkeit des Ausfalls eines Bauteils, einer Schaltung, eines Gerätes oder eines Systems. Sie ist eine statistische Größe mit der Dimension h^{-1}.

Nun ist die Taktzeit t_T keinesfalls die Zeit, in der am Werkstück ein Bearbeitungsfortschritt erreicht wird. Es werden z.B. bei einer Rundschalttischmaschine Zeiten für das Schalten (Weitertakten), Indexieren und Lösen von Indexelementen am Rundtisch benötigt. Deshalb gilt für die Taktzeit t_t:

$$t_T = t_0 + t_X$$

t_0 operative Zeit (wertschaffend)
t_X Schaltzeit (unproduktiv, aber notwendig)

Soll nun eine größere Ausstoßleistung erreicht werden, wird man den Arbeitsumfang weiter aufteilen, sodass dann mehr Maschinen arbeitsteilig an der Werkstückbearbeitung beteiligt sind. Je mehr Maschinen n eingesetzt werden, umso kleiner wird der je Takt erforderliche Anteil t_{0i}. Deshalb gilt:

$$t_{oi} = \frac{t_o}{n}$$

Nun kann aber aus technischen Gründen der Anteil der Schaltzeit t_X nicht beliebig oder proportional gesenkt werden. Oft kann dieser Anteil überhaupt nicht verändert werden, weil der Schaltrhythmus von Getrieben festliegt. Das Verhältnis der nutzbaren Zeit zur Schaltzeit wird deshalb immer ungünstiger. In allgemeiner Form ergibt sich deshalb für Q nun

$$Q = \frac{1}{t_x+\frac{t_o}{n}} \cdot \frac{1}{1+\frac{n\cdot\lambda}{\mu}}$$

Wird dieser Ausdruck ausmultipliziert, umgeformt und nach n umgestellt, ergibt sich für die optimale Anzahl n_{opt} von zu verkettenden gattungsgleichen Maschinen folgende Formel:

$$n_{opt} = \sqrt{\frac{t_o}{t_x\cdot\frac{\lambda}{\mu}}}$$

Wird die Anzahl n_{opt} bei der Zusammenschaltung überschritten, dann sinkt überraschenderweise die erreichbare Leistung Q trotz weiterer Aufteilung der Arbeit (= Verlängerung der Maschinenfließreihe) wieder ab. Die feste Verkettung einer großen Zahl gattungsgleicher Maschinen hat somit keine technischen, sondern wirtschaftliche Grenzen.

Demonstrationsbeispiel

Es sollen 3 Maschinen fest miteinander verkettet werden, wie man es in **Bild 7-9** in der Draufsicht sieht. Die erste Maschine der Linie wird von einem Industrieroboter aus einem Bereitstellmagazin versorgt. Zielgröße ist der wirkliche Ausstoß Q. Welcher Produktionsausstoß kann erwartet werden?

a) Maschinenanordnung
b) Strukturbeschreibung

m theoretische Produktivität in Stück/min
λ Ausfallrate in h^{-1}
μ Reparaturrate in h^{-1}

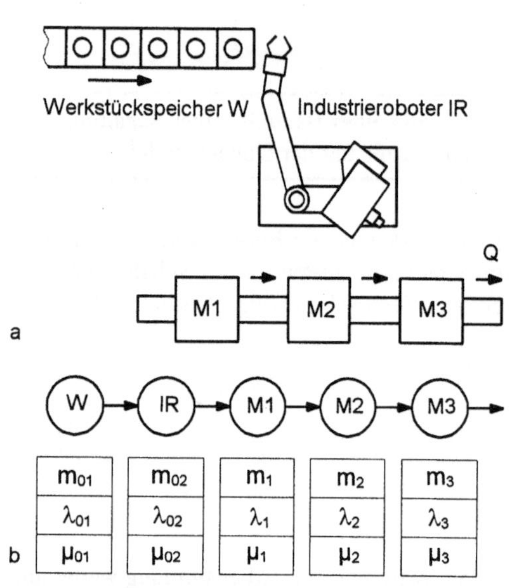

Bild 7-9 Feste Verkettung von 3 Bearbeitungsmaschinen

Bekannt sind ferner:

• Zykluszeit des Roboters	15 s
• Zeitverluste durch organisatorische Mängel	3%
• theoretische Produktivität	$m_1 = 2$ Stück/min
	$m_2 = 3$ Stück/min
	$m_3 = 1$ Stück/min
• technisch bedingter Ausschuss bezogen auf Fertigprodukte	1,5 %
• durchschnittliche Reparaturdauer Roboter	$t_{R02} = 300$ min
• Ausfallrate des Speichers	$\lambda_{01} = 0,001$ h^{-1}
• durchschnittliche Speicher-Reparaturrate	$t_{R01} = 90$ min
• durchschnittlicher Maschinenausfall	M1 = alle 100 h
	M2 = alle 10 h
• Ausfallrate M3	$\lambda_3 = 0,00052$ h^{-1}
• durchschnittliche Reparaturdauer der Maschinen	M1 = 180 min
	M2 = 15 min
	M3 = 60 min

Der Ausstoß Q der *fest* verketteten Linie ergibt sich aus der Gleichung

$$Q = \frac{1}{1+\sum \frac{\lambda_i}{\mu}} \cdot m$$

wobei für die Reparaturrate μ folgendes gilt: $\mu = 1/t_R$.

Für *m* kann bei fester Verkettung nur mit der Leistung des schwächsten Gliedes der Fertigungskette gerechnet werden, also mit 60 Stück/h. Nun können die Werte in die Gleichung eingesetzt werden. Man erhält:

$$Q = \frac{60}{1+0,01 \cdot 1,5+0,01 \cdot 5+0,01 \cdot 3+0,1 \cdot 0,25+0,00052 \cdot 1}$$

$Q = \underline{53,5 \text{ Stück/h}}$

Nun müssen noch Ausschussanteile Q_A und andere Verluste Q_V berücksichtigt werden. Die reale Produktivität Q_R wird nunmehr

$$Q_R = Q - Q_A - Q_V$$

Man erhält entsprechend der Vorgaben

$$Q_A = (Q - Q_V) \cdot 0,015 = (53,5 - 1,6) \cdot 0,015 = 0,78 \text{ Stück/h}$$
$$Q_V = 0,03 \cdot Q = 53,5 \cdot 0,03 = 1,6 \text{ Stück/h}$$
$$Q_R = 53,5 - 0,78 - 1,6 = \underline{51,1 \text{ Stück/h}}$$

Kommentar:

Das Ergebnis ist bezogen auf die eingesetzten technischen Mittel schlecht. Eine bessere Verkettungsstruktur wäre eine Reihen-Parallelschaltung, mit der man den Flaschenhals der Maschine M3 entschärfen könnte, z.B. durch 2 Maschinen M3 in Parallelschaltung. Weiterhin wäre eine lose Verkettung zu empfehlen, bei der sich Stillstände einzelner Maschinen nicht sofort auf die gesamte Linie auswirken. Würde man bei der Struktur nach Bild 7-9 zwischen M1/M2 und M2/M3 einen Werkstückpuffer setzen, dann errechnen sich für Q_R 57,2 Stück/h.

Eine genaue (ideale) Abstimmung der Linie als Reihen-Parallelschaltung ergäbe folgende Arbeitslinie: 3 x Maschine M1 parallel ⇒ Speicher ⇒ 2 x Maschine M2 parallel ⇒ 6 x Maschine M3. Das erhöht natürlich den Investaufwand erheblich. Dafür steigt die Produktionsleistung stark an. Zu überlegen ist, ob sich auf dem Markt Maschinen und Komponenten mit besserer Zuverlässigkeits- und Reparaturcharakteristik beschaffen lassen.

Die Ausfallrate λ, die hier vorgegeben wurde, lässt sich angenähert bestimmen, wenn man Einzelausfallraten für wichtige Baugruppen, Bauteile, Antriebe und Werkzeuge aus Zuverlässigkeitstabellen entnimmt und unter Beachtung der zeitlichen Beanspruchung (ständig oder periodisch) hochrechnet.

Kontrollfragen

1 Wie realisiert man Störungsspeicher und was bewirken sie?

2 Für welche Vorgänge wird die dynamische Zwischenspeicherung vorgesehen?

3 Welche Argumente spielen eine wichtige Rolle, wenn man sich zwischen fester oder loser Maschinenverkettung entscheiden muss?

8 Fördern und Speichern von Arbeitsgut

Die Funktionsbereiche Speichern und Fördern gehören zur Logistik eines Unternehmens und sind an die Einflussgrößen Zeit und Ort gebunden. Fertigen ohne jede Ortsveränderung des Arbeitsgutes wäre zwar theoretisch sehr vorteilhaft, ist aber praktisch nicht realisierbar. Fördern und Speichern sind Grundfunktionen im betrieblichen Materialfluss und werden durch typische Funktionsträger verwirklicht [8-1 bis 8-3].

> **Logistik:** Disziplin, die sich mit der wirtschaftlichen Gestaltung des Materialflusses und seiner Optimierung einschließlich des dazugehörigen Informationsflusses im gesamten Verlauf und unter einer ganzheitlichen Betrachtung befasst.

Auf einige wichtige Komponenten soll eingegangen werden.

8.1 Transfersysteme

Darunter versteht man zeitsynchron oder zeitasynchron arbeitende Fördereinrichtungen für Arbeitsgut, z.B. auch Werkstückträger in der Montage, die zu einem System zusammengefasst sind. Man passt sie dem Einsatzzweck an, z.B. für die Weitergabe von Blechteilen in einer Pressenstraße oder von Werkstücken auf Systempaletten in Taktstraßen zur spanenden Bearbeitung. Dem Zweck angepasst, gibt es verschiedene Ausführungen.

8.1.1 Einschienenbahn

Das sind Transfersysteme, bei denen berollte Werkstückträger auf einer einzelnen Schiene laufen, entweder mit Eigenantrieb oder von einem Zugmittel bewegt. Die Plattformen (Werkstückträger, selbstfahrende Shuttles) bewegen sich entlang eines einfachen oder verzweigten Schienenstrangs von Station zu Station.

In **Bild 8-1** wird ein System gezeigt, bei dem die Shuttles die zur Fortbewegung erforderliche Energie über Stromaufnehmerrollen übernehmen. Die Tragkraft liegt bei 12 kg. Das Shuttle verfügt über eine bordeigene Steuerung, die Steuerbefehle zu den Fahraufträgen auswertet und Bremsvorgänge sensorgeführt veranlasst, Datenträger liest sowie einen 24 V-DC-Motor ansteuert. Mit den Elementen des Baukastens lassen sich Schienenwege gestalten, die Kreuzungen, Abzweigungen und Bypass-Strecken enthalten. Die Shuttles können nur vorwärts fahren, was bei der Fahrweggestaltung zu beachten ist. An den Stationen kann mit einer ortsfesten Positioniereinheit eine genaue Position sichergestellt werden. In den Schienenweg lassen sich Magazine einordnen, die die Arbeitsplatte abheben und speichern. Für manuelle Arbeitsplätze gibt es eine Kippvorrichtung, die ein Schienensegment samt Shuttle schräg stellt, sodass die Arbeitskraft eine gute Sicht auf die Arbeitsplatte (den Werkstückträger) hat. Die Shuttles kann man übrigens an beliebiger Stelle von oben auf die Fahrschiene aufsetzen. Ein besonderer Schutz der Stromschienen ist wegen der niedrigen Spannung nicht erforderlich. Ein in Fahrtrichtung blickender Sensor hält bei einem unvorhergesehenen Hindernis auf der Strecke oder einem vorauslaufenden Shuttle das Fahrzeug selbsttätig und sanft stoppend an.

Es gibt auch andere Einschienenbahnen, bei denen z.B. die Laufwagen auf einem Rechteck-Hohlprofil rollen und durch eine ständig laufende Kette angetrieben werden. An Arbeitsstationen werden die Laufwagen automatisch von der Kette abgekoppelt.

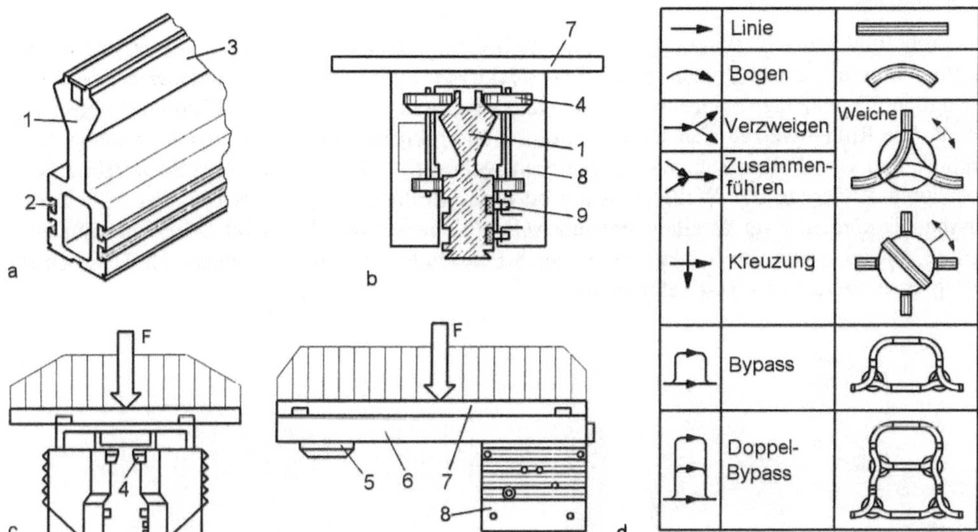

Bild 8-1 Einschienenbahn (Montech)

a) Fahrschiene, b) Werkstückträger auf Fahrschiene, c) Fahrzeug, Shuttle, d) typische Fahrwegführungen,
1 Aluminiumprofil, 2 T-Nut für einclipsbare Stromschiene, 3 Laufschiene für Fahrwerkrollen, 4 Treibrolle,
5 Laufrolle, 6 Plattenträger, 7 Arbeitsplatte, abnehmbar, 8 Antrieb und Elektronik, 9 Stromaufnehmerrolle

Räumliches Bewegen ist auch mit anderen technischen Mitteln möglich, z.B. auf der Drahtschienenbahn des in **Bild 8-2** gezeigten Systems. Es ist für Leichtgewicht-Transporte bis 5 kg Masse konzipiert. Dieses Transfersystem ist weniger für die Verkettung von einzelnen Arbeitsplätzen geeignet, sondern eher für das Fördern und Verteilen von Objekten. Es lässt sich gut den räumlichen Bedingungen anpassen.

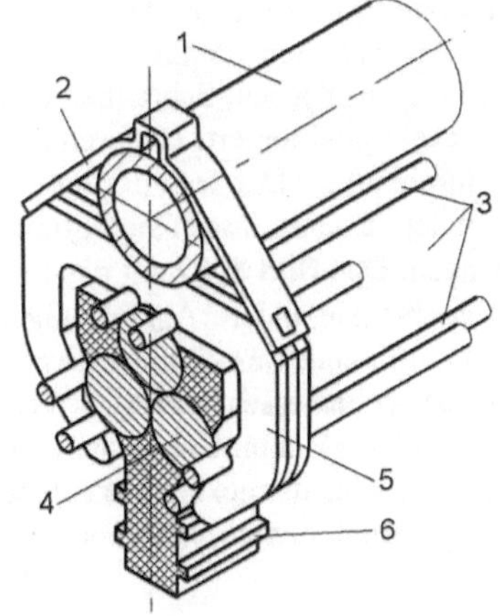

Bild 8-2 ROK-Transfersystem (IPT)

1 Tragrohr, 2 Befestigungselement, 3 Laufschiene, 4 Kugel, 5 Halteelement, 6 Laufwagen

Zur Funktion:

In profilgenau gehaltenen Laufschienen aus Draht bewegt sich ein Wagen, der z.B. mit Greiforganen, Haken oder Auflagegabeln ausgerüstet ist. Dieser Wagen enthält im Innern eingebettete Kugeln, die sich gegeneinander abstützen und aufeinander abrollen. Durch 2 Kugeltripel läuft der Wagen äußerst leicht und rollt schon bei geringer Neigung infolge der Schwerkraft über längere Strecken ohne Antrieb. Der Wagen ist relativ kurz. Das begünstigt eine räumlich enge Führung des Transferkanals, besonders wenn räumliche Bögen und in sich verwundene Linearstrecken ausgebildet werden müssen. Bei Strecken mit elektromotorischem Antrieb läuft neben dem Kanal ein Rundriemen, der sich an die Wagen anschmiegt und diese durch Friktion mitnimmt. Der Schienenlauf wird an einer Tragrohrkonstruktion befestigt. Der modulare Aufbau erlaubt eine gute Anpassung an örtliche Gegebenheiten.

8.1.2 Schrägrollentransfersystem

Für große und schwere Baugruppen eignet sich das in **Bild 8-3** gezeigte Transfersystem. Der sanfte und geräuschlose Vorschub des Werkstückträgers wird durch eine glatte drehende Welle erzeugt, auf der Schrägrollenpaare laufen. Diese sind an der Unterseite des Werkstückträgers befestigt. Die Rollen wälzen sich schraubenförmig ab und bringen so den Vortrieb zustande. Kettenläufe und Überlastkupplungen werden nicht gebraucht. Die Vorschubgeschwindigkeit lässt sich durch Änderung der Wellendrehzahl oder des Rollenanstellwinkels (15° bis 60°) beeinflussen. Es können zwei parallele Antriebswellen eingesetzt werden (**Bild 8-3a**) oder nur eine mittige Antriebswelle. Im System gibt es auch Eck-Drehstationen, Kreuzungsdrehtische, Querverschiebeeinheiten und Vertikaleinheiten.

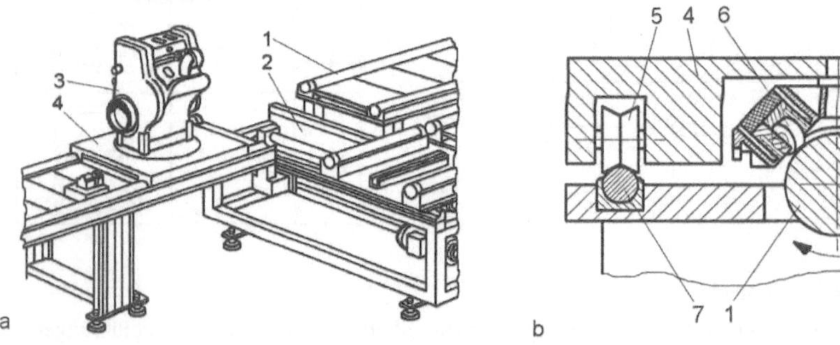

Bild 8-3 Schrägrollentransfersystem (Cooper Power Tools)

a) Streckenansicht, b) Antriebssystem, 1 Antriebswelle, 2 Querverschiebemodul, 3 Montagebaugruppe, 4 Werkstückträger, 5 Laufrolle, 6 Schrägrollenpaar, 7 Führungsprofil

8.1.3 Doppelgurt-Transfersystem

Doppelgurtförderer sind die klassische und am meisten eingesetzte Bauform eines Transfersystems, besonders im Bereich der automatisierten Montage. Die Bänder laufen ständig. In der Arbeitsstation, meistens sind es Fügestationen (Zusammenlegen, Pressen, Kleben, Schrauben u.a.). Die Werkstückträger werden vom Band abgehoben und dabei exakt positioniert. Dadurch kann der Fördergurt auch bei gestoppten Werkstückträgern leicht durchlaufen. Der freie Raum zwischen den Bändern ist für Einheiten nutzbar, die von unten arbeiten. Ebenso lassen sich Stopper (pneumatische Stopperzylinder oder Magnetstopper) gut anbringen. Das **Bild 8-4** zeigt das Prinzip des Fördersystems. Der Werkstückträger ist hier (es gibt noch viele andere Ausführungen) an den äußeren Schmalflächen mit einer V-Nut ausgestattet und mit Indexierbohrungen versehen. Der Abstand H zwischen Stopper und Positionierelement ist so bemessen, dass der Werkstückträger beim Indexieren etwas zurückgeholt wird, sodass keine Verklemm-Situationen zwischen Stopper und Positionierelement auftreten können. Neben den Linearstrecken gibt es noch Bogenstücke, Weichen (Ausschleusstationen) und Schnelleinzug-Komponenten, mit denen man auch verzweigte Umlaufsysteme gestalten kann.

Die Werkstückträger sind mit Werkstückaufnahmen z.B. für ein Montagebasisteil, ausgestattet. Die Unterseiten sind glatt und eben, jedoch oft mit auswechselbaren Verschleißleisten ausgestattet, besonders bei größeren Traglasten. Am Boden können elektronische Code-Träger zur automatischen Identifikation eingelassen sein.

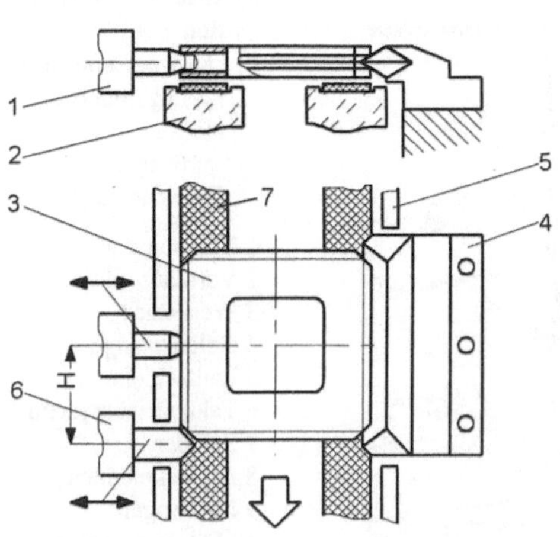

1 Positionier- und Klemmzylinder
2 Ständer mit Auflage für die Fördergurte
3 Werkstückträger
4 Positionierschiene
5 Seitenführung
6 Stopperzylinder
7 Fördergurt

Bild 8-4 Doppelgurttransfersystem

8.1.4 Laufschienensystem

Bei dem in **Bild 8-5** gezeigten Transfersystem laufen die Werkstückträger auf Schienen. Die Arbeitsplattform ist hier für den Transport von Faserfilamenten vorbereitet, die eine Masse von 2 kg haben. Sie werden beim Auflegen zentriert und können später automatisch sicher entnommen werden.

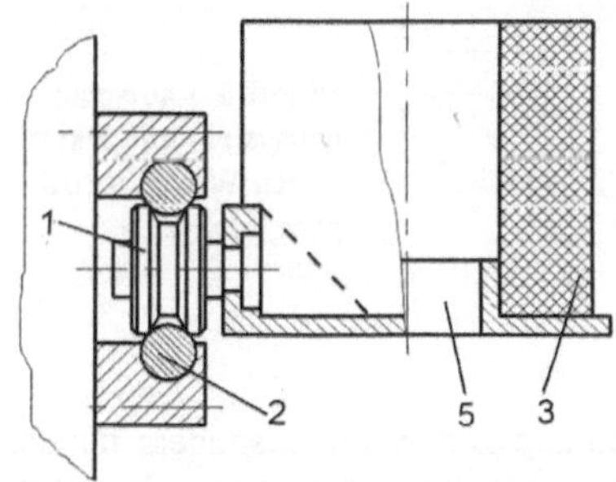
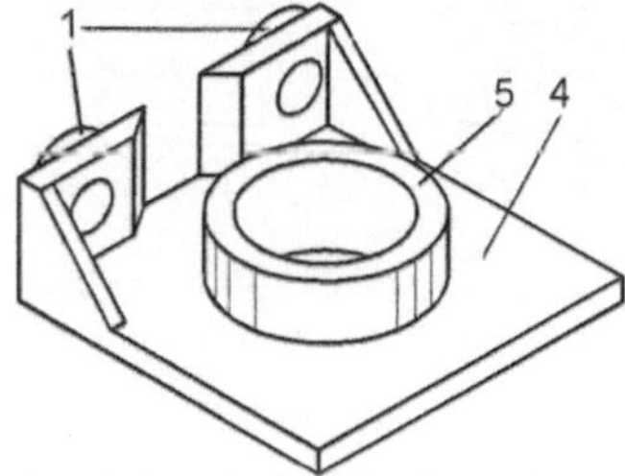

1 Führungsrolle

2 Führungsschiene

3 Spinnkuchen
 (Handhabeobjekt)

4 Einzelpalette

5 Zentrierring

Bild 8-5 Werkstückträger mit Laufrollen

Laufschienensysteme mit größerer Genauigkeit und anderen Bewegungsmöglichkeiten sowohl in der Geraden wie auch in Kurven sollen als nächstes gezeigt werden. Die Schienenstücke sind genau gefertigt und lassen sich zu einem Parcour zusammensetzen. Der Antrieb kann z.B. über parallel zum Schienenstrang verlaufende Ketten erfolgen.

In **Bild 8-6** wird noch ein anderer Weg gezeigt. Alle Werkstückträger sind hier mit Gelenkstangen aneinandergekoppelt. Für das Weitergeben ist ein pneumatischer oder auch hydraulischer Schrittmechanismus angebaut. Auch Elektrozylinder wären einsetzbar. Ein Taktvorschub bewegt sämtliche Werkstückträger reihum um einen Taktabstand weiter. Laufen die Werkstückträger auf gebogenen Schienen, dann müssen sie eine Drehschemellagerung haben, um kurvengängig zu sein. Die Laufrollen einer Seite sind übrigens jeweils mit Exzenterbolzen befestigt. Damit lässt sich das Spiel zwischen Rolle und Schiene einstellen bzw. bei Abnutzung der Laufflächen nachstellen. Die Komponenten sind baukastenartig aufeinander abgestimmt. Wie bei einer Modelleisenbahn kann man ein zur Aufgabe passendes Schienensystem errichten.

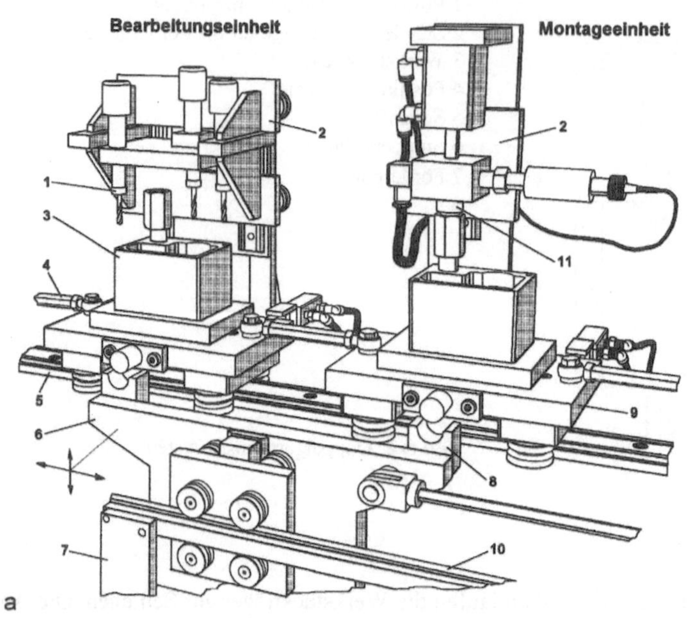

a) Ansicht Arbeitsstation
b) Laufwagen mit fester Lageranordnung,
c) Laufwagen mit Drehschemel

1 Bohrspindel
2 Vertikalschlitten
3 Werkstück
4 Gelenkstange
5 Laufschiene
6 Taktantriebssystem
7 Ständer
8 Andockelement
9 Laufwagen
10 Führungsschiene
11 Montageeinheit
12 Arbeitsplatte
13 Laufrolle
14 Drehpunkt, Drehschemelbefestigung

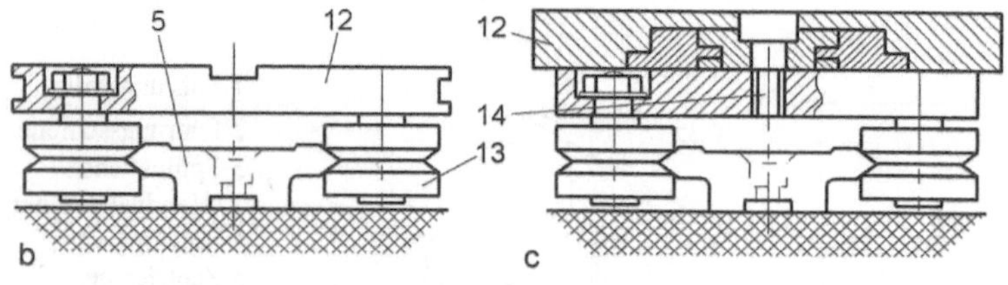

Bild 8-6 Laufschienensystem mit gekoppelten Werkstückträgern (HEPCO)

8.1.5 Kettensystem

Es gibt verschiedene Systeme mit kurvengängigen Mehrrichtungsketten, die besonders für die Verkettung von Arbeitsstellen gut einsetzbar sind. Der Kettenlauf kann in der Ebene, aber auch mehretagig und wendlig geführt werden. Auch die Verzweigungen sind mit Hilfe von Weichen möglich. Dazu zeigt das **Bild 8-7** ein Beispiel. Zum System gehören auch Ständer, Führungsprofile, Umlenkeinheiten, Antriebskomponenten und sonstige Aufbau- und Montageelemente.

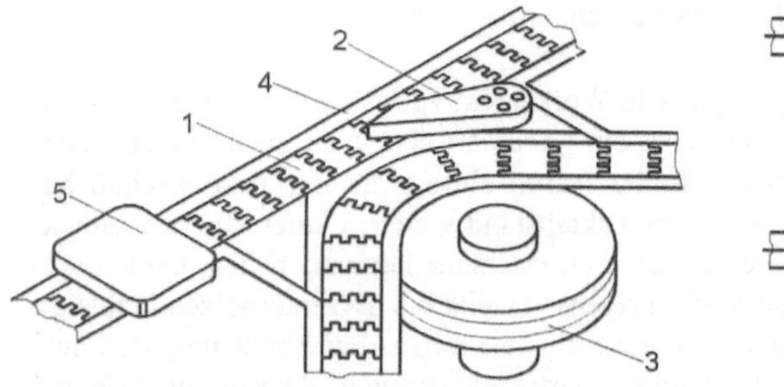

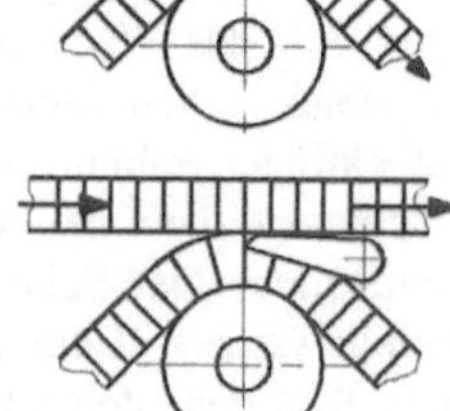

1 Mehrrichtungskette
2 steuerbarer Abweiser
3 Umlenkrad
4 Seitenführung
5 Werkstückträger

Bild 8-7 Kettentransfersystem (FlexLink)

Die Werkstückträger lassen sich stoppen, genau positionieren und zu parallelen Systemen übergeben. Die Kette kann glatt sein, Mitnehmer aufweisen oder mit Haftelementen und auch verschleißfesten Stahloberflächen ausgestattet sein. Bei der Auswahl des Antriebs sind die Reibungsverhältnisse zu beachten. Die in der Förderkette entstehende Zugkraft resultiert aus mehreren Komponenten. Das sind:

- Reibung zwischen der unbeladenen Kette und den Gleitschienen, z.B. an der Unterseite des Führungsprofils
- Reibung zwischen beladenem Kettenstrang und Gleitschiene
- Reibung zwischen gestauten Werkstückträgern und Kettenoberfläche
- die auf Fördergut und Kette in Steigungen und Vertikalen wirkende Schwerkraft
- zusätzliche Reibung durch Einsatz von Gleitbogen statt Umlenkrädern
- Ketten- und Fördergutmasse

Es kann günstig sein, ein System in mehrere Kettenläufe mit jeweils eigenem Antrieb zu teilen.

Nr.	Auswahlgesichtspunkte	ja	nein
1	Eignet sich das Transfersystem für die vorgegebenen baulichen Gegebenheiten der vorhandenen Produktionsflächen (Flächenbedarf)?		
2	Weist das Transfersystem kapazitive und arbeitsplatzmäßige Reserven auf, bzw. sind entsprechende Erweiterungen nachträglich problemlos möglich?		
3	Ist eine informationstechnische Einbindung in den Gesamtablauf einer Produktionseinheit möglich?		
4	Harmonieren die durchschnittlichen Zykluszeiten (Durchlaufzeit) mit den im Projekt vorgegebenen Ausbringungsleistungen?		
5	Sind Technikaufwand, Geräuschemission und Energieeinsatz akzeptabel?		
6	Wurde die Menge der Werkstückträger optimiert (Werkstückträgerkosten) bzw. sind diese einfach und billig?		
7	Ist die Anlage übersichtlich und lassen sich Störungen leicht erkennen (Störanzeigen, -signale) und beheben?		
8	Sind manuelle Montageplätze vom Takt vorauslaufender Montagestationen zeitlich entkoppelt (asynchrones System)?		
9	Lässt sich die Transferanlage kostengünstig warten, umrüsten (Umrüstverluste) und instandsetzen?		
10	Entspricht das Preis-Leistungs-Verhältnis den Vorstellungen und ist die Anlage für den Do-it-jourself-Aufbau geeignet?		
11	Entspricht die technische Verfügbarkeit des mechanischen und elektrischen Teils dem fortgeschrittenen internationalen Stand?		
12	Bleiben die Montageplätze und Bereitstellflächen für Bedien- und Wartungspersonal gut zugänglich?		
13	Hält das Transfersystem den Prozesskräften und den zu transportierenden Massen und Bauteilgrößen stand bzw. sind stationsbezogene Vorkehrungen getroffen (Abstützungen)?		
14	Ist bei großen Montageanlagen das Transfersystem in mehrere eigenständig betreibbare Teilsysteme unterteilbar (Verringerung der Komplexität)?		
15	Wie ist das Verschleißverhalten? Lassen sich Verschleißteile, wie z.B. Fördergurte, rasch und ohne Spezialwerkzeuge auswechseln?		
16	Kann man das Transfersystem samt Montageplätzen vorab dreidimensional auf dem Bildschirm simulieren (Simulationssoftware) und optimieren?		
17	Lässt sich mit dem Transfersystem ein wirtschaftlicher Automatisierungsgrad erreichen, wenigstens in mehreren Schritten?		

Für die Auswahl eines für den jeweiligen Einsatzfall günstigen Transfersystems sind viele Kriterien zu prüfen und zu wichten. Dazu kann die vorstehende Checkliste verwendet werden.

8.2 Fahrerlose Transportsysteme

Der Flexibilitätsanspruch an moderne Materialflusssysteme hat zur Entwicklung modular aufgebauter Materialflussstrukturen geführt. Komplexe Systeme lassen sich aus kompatiblen Elementen in der Reihung Geräte, Anlagen und Systeme zusammensetzen. Hierbei werden fahrerlose Transportsysteme (FTS) dann eingesetzt, wenn größere Strecken im Werksbereich zu überwinden sind und wenn man weitläufige Bereiche flexibel verbinden will.

Im Jahre 1997 waren in Europa etwas mehr als 20 000 FTS-Fahrzeuge im Einsatz. Die erste rechnergesteuerte FTS-Anlage der Welt wurde 1974 bei VOLVO im Werk Kalmar (Schweden) in Betrieb genommen.

> **Fahrerloses Transportsystem:** Automatische Fahrzeuganlage für den innerbetrieblichen Transport, wobei selbstfahrende Fahrzeuge mit Hilfe verschiedener Führungssysteme vorprogrammiert oder ferngelenkt die Zielstellen anlaufen.

Die FTS eignen sich darüber hinaus zum direkten Andocken an Werkzeugmaschinen zwischen einzelnen Bearbeitungsschritten.

Das **Bild 8-8** zeigt schematisch ein System mit fahrerlosem Transportfahrzeug (*automated guided vehicle*). Die Kommunikation erfolgt drahtlos über eine Datenübertragungseinheit. Das Fahrzeug bekommt seine Fahraufträge vom Leitrechner. Dadurch werden die auf dem Fahrzeug abgelegten Bewegungsprogramme aktiviert. Außerdem müssen noch weitere für das Laden und Fahren erforderliche Komponenten gesteuert werden.

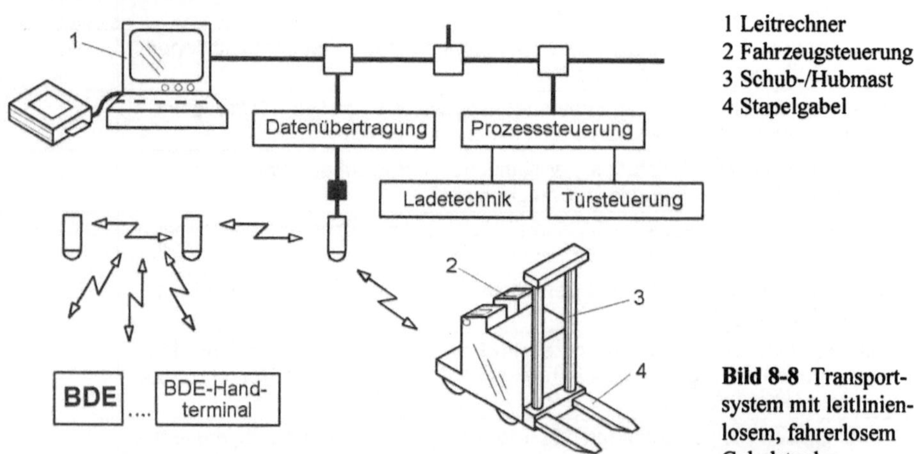

1 Leitrechner
2 Fahrzeugsteuerung
3 Schub-/Hubmast
4 Stapelgabel

Bild 8-8 Transportsystem mit leitlinienlosem, fahrerlosem Gabelstapler

Zur leitlinienlosen Führung des Fahrzeuges wird eine Kombination aus Lagekopplung und Lagestützung benutzt. Die Lagekopplung (Integration fahrzeuginterner Bewegungsgrößen) erfolgt hier beispielhaft mit Messrädern und einem faseroptischen Kreisel. Zur Lagestützung wird ein optischer Positionssensor eingesetzt, mit dessen Hilfe die Lage des Fahrzeugs relativ zu bekannten, vermessenen, passiven Marken (Landmarken) erfassbar ist.

Es gibt nun verschiedene ausgereifte Führungstechniken. Sie sollen kurz aufgeführt werden:

- **Leitliniengebundene Navigation**

  Die Führung erfolgt entlang einer Spur, die vom Fahrzeug abgetastet wird. Bei Kursabweichungen folgen Richtungskorrekturen. Physikalisch kann die Leitlinie vorgegeben werden durch

      - Leitdraht im Fußboden, der ein elektromagnetisches Wechselfeld abstrahlt
      - Klebe- oder Farbstreifen auf dem Fußboden, die optisch abgetastet werden

- **Leitlinienlose Navigation**

  Die Führung erfolgt entweder durch bordeigene Mittel zur Registrierung zurückgelegter Wege oder durch Beobachtung von natürlichen bzw. künstlichen Orientierungspunkten. Ein ständiger Kontakt zum Leitrechner ist dabei nicht erforderlich. Es werden folgende Geräte verwendet:

      - Rad- und Lenkwinkelsensoren zur Erfassung zurückgelegter Wege und eingeschlagener Richtungen (Odometrie)
      - bordgebundene inertielle Messsysteme in Form von Beschleunigungssensoren auf kreiselstabilisierter Plattform (Trägheitsnavigation)
      - Navigation durch Funkortung, z.B. durch Anpeilung von Sendern (Funkbaken)
      - Lasernavigation, d.h. Rundumabtastung nach Reflexmarken oder anderen Gegenständen zur Standortberechnung aus den Peilwinkeln
      - Magnetnavigation; Das ist eine Kombination von odometrischer Wegbestimmung mit Messrädern und Faserkreiselkompass sowie Messen von Abständen zu Referenzmagneten mit anschließender Kurskorrektur.

Die leitlinienlose Navigation von fahrerlosen Flurförderzeugen hat verständlicherweise etliche Vorteile. Das sind:

- Wegfall bzw. Minimierung der aufwendigen Bodenanlagen, wie z.B. Leitdrähte und Trägerfrequenzgeneratoren
- Wiedereinsatz der Anlage bzw. des rollenden Materials in anderen Anwendungen
- flexible Reaktion auf Ablaufstörungen, z.B. durch Anweisung einer Umgehungsroute
- Erschließung neuer Anwendungsfelder, weil die Fußbodenbeschaffenheit nicht mehr so wichtig ist
- Vereinfachung von Fahrkursänderungen bzw. -erweiterungen ohne Produktionsunterbrechung
- Minimierung der Inbetriebnahmezeit und des -aufwandes

Ein Fahrprogramm für ein fahrerloses Transportgerät besteht üblicherweise aus mehreren Bewegungssätzen, die bei der Ausführung durch die Fahrzeugsteuerung sequentiell abgearbeitet werden. Ein Bewegungssatz kann aus mehreren Einzelkommandos bestehen. Beispiele für diese Kommandos sind:

- Fahre x Meter geradeaus
- Fahre eine Linkskurve mit $\alpha°$
- Achte auf Hindernisse, die im Abstand von 1 Meter vor dem Fahrzeug auftauchen
- Übergebe die Last nach links
- Referiere die Fahrzeugposition nach links auf einen Abstand von 1,5 Meter
- Docke an Übergabestation links an

Die Steuerung (der Leitrechner) muss beim Betrieb mehrerer Fahrzeuge Orts- und Zeitprioritäten festlegen, u.a. auch, um Zusammenstöße zu verhindern. Ebenso können Wegeoptimierungen (kürzeste, schnellste Route) und die Senkung von Leerfahrten nützlich sein.

Das Einsatzfeld von FTS-Fahrzeugen hat sich inzwischen deutlich auch auf den Bereich der Montage großer Objekte erweitert. Man kann in diesem Bereich folgende Einsatzvarianten unterscheiden:

- **Taxi-System (Robocarrier)**
  Die Fahrzeuge haben ausschließlich Ver- und Entsorgungsaufgaben zu übernehmen.

- **Mobiler Montageplatz**
  Die Fahrzeuge verbleiben während der Bearbeitung, z.B. beim Punktschweißen oder bei der Montage, auf einer festen Position am Arbeitsplatz und haben dort eine Werkbankfunktion.

- **Mitfahrsystem**
  Der Werker fährt während der Montage auf dem FTS-Fahrzeug mit und führt dort seine Tätigkeiten aus.

Ein besonderer Fall ist die Anwendung für die Boxenmontage im Maschinen- und Fahrzeugbau. Das hat bei großer Typenvielfalt viele Vorteile gegenüber der Fließbandmontage. FTS-Fahrzeuge können dazu mit einer horizontalen Dreheinheit für den Aufbau von Haltevorrichtungen für die Montagebasisteile ausgestattet sein. Es gibt auch vertikale Hubeinheiten. Solche Fahrzeuge (**Bild 8-9**) werden in der schienenfreien Fließmontage eingesetzt, wenn große Baugruppen in vielen Varianten und im ständigen Auftragsmix an unterschiedlichen Montageplätzen montiert werden müssen.

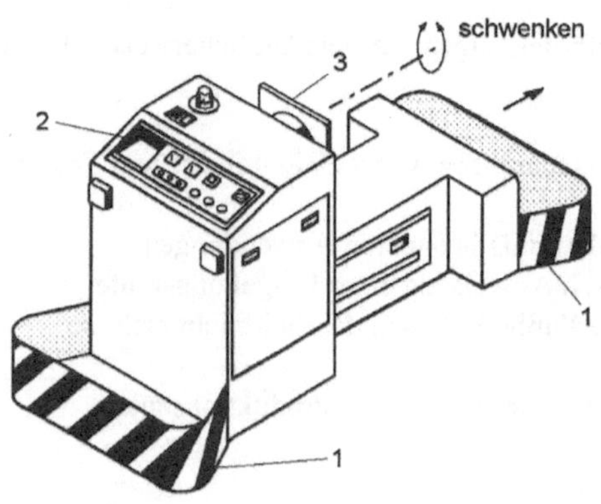

Bild 8-9 Fahrerloses Flurförderzeug für den Einsatz in der Montage (Bleichert)

1 Bumper, 2 Bedienfeld, 3 schwenkbare Aufnahme für die Montagevorrichtung

Das **Bild 8-10** zeigt schematisch einen solchen Durchlauf. Die Montagearbeitsplätze haben eine Boxenform, in die die Fahrzeuge einfahren und andocken. Dort laufen dann die oft automatisierten Montageoperationen mit spezialisierten Werkzeugen ab. Gibt das Fahrzeug eine Zustandsmeldung ab, dann wird drahtlos der Befehl erteilt, welcher Montageplatz anschließend anzufahren ist.

FTS-Fahrzeuge können gefährlich werden, sobald man in ihren Aktionsbereich gerät. Weil das meistens zufällig geschieht, müssen diese Gefahrenstellen mit speziellen Sensoren, z.B. Ultraschallsysteme, überwacht werden (mobile und stationäre Absicherung). Im Unterschied zu herkömmlichen Ultraschallsensoren erfolgt immer eine Plausibilitätskontrolle, bevor ein Schaltsignal zum Anhalten erzeugt wird. Dabei vergleicht das System immer die aktuelle Echo-Laufzeitmessung mit den 2 vorhergehenden Messungen. Erst wenn sich eine Verminderung der Echolaufzeit bei 3 Messergebnissen einstellt, wird ein Schaltsignal ausgegeben. Kurzzeitige einmalige Störgeräusche oder die Auswirkungen von Staub und Spänen können so nicht zu einer Auslösung des Systems führen.

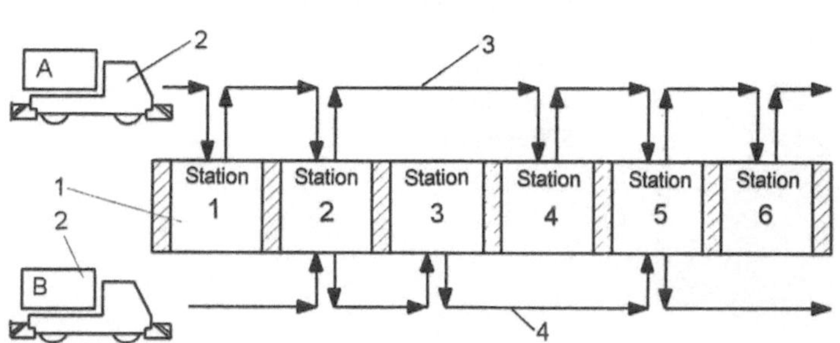

Bild 8-10 Montageablauf bei Auftragsmix

8.3 Magazinierung und Palettierung

Magazine für Werkstücke dienen dem geordneten Aufbewahren von Arbeitsgut zum Zweck der materiell-stofflichen Ver- und Entsorgung von Fertigungseinrichtungen. Aktive (dynamische) Magazine verfügen über Antriebe, die einzelne Werkstücke oder eine Gruppe von Teilen in eine stets gleiche Abnahmepositionen bringen. Die dynamische Wirkung kann auch durch die Schwerkraft hervorgerufen werden. Passive (statische) Magazine erfordern in der Regel periphere Einrichtungen (Schiebetische, Kreuzschiebetische, Drehtische, Vertakteinrichtungen) oder die erforderliche Beweglichkeit wird von einer mehrachsigen Handhabungseinrichtung aufgebracht. Eine Gliederung der Magazine nach räumlichen Aspekten wird in **Bild 8-11** vorgenommen.

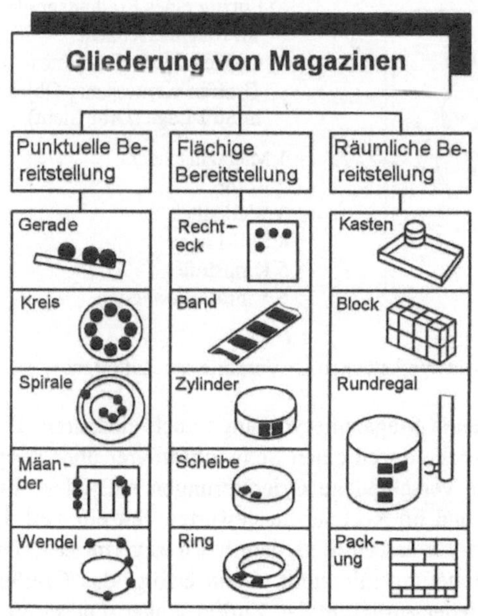

Bild 8-11 Gliederung häufig verwendeter Werkstückmagazine nach den räumlichen Aspekten der Magazinier- und Bereitstellposition in Punkt-, Flächen- und Raumordnung

Für den Automatisierungsplaner und Projektierer ist wichtig, dass er fertige und in sich funktionsfähige sowie industrieerprobte Magazinmodule einsetzen kann. Das **Bild 8-12** zeigt ein solches Modul. Damit kann man z.B. eine Elektroerosivmaschine mit Werkstücken versorgen. Je Speicheretage sind im Beispiel 10 Werkstücke abgelegt. Die integrierte dreiachsige Handhabungseinrichtung mit 2 Linearachsen und einer Handdrehachse bringt die Teile bis zur Spannstelle und legt sie später auch wieder in das Magazin zurück. Im Unterbau sind Antrieb und Steuerung untergebracht.

Mit solche Lösungen lassen sich vor allem bei langzyklischen Bearbeitungsvorgängen größere bedienerfreie Zeiten erreichen, mit denen man die wertvollen Werkzeugmaschinen, wie z.B. Fräsbearbeitungszentren sogar rund um die Uhr und auch über das Wochenende auslasten kann

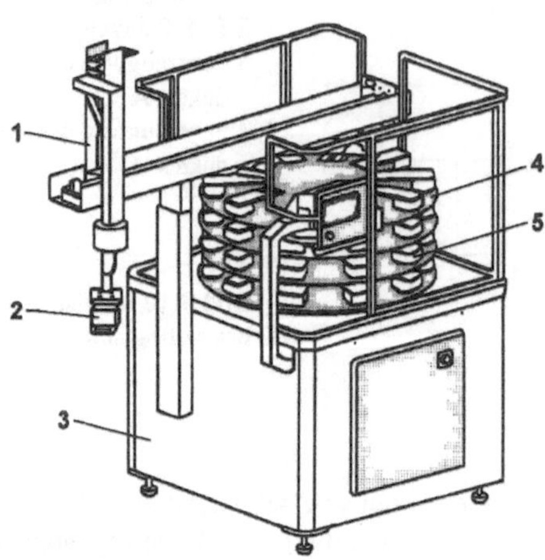

1 Handhabungseinrichtung
2 Greifer
3 Basiseinheit
4 Speicherscheibe
5 Werkstück

Bild 8-12 Magazinmodul mit integrierter Handhabungseinrichtung (mecatool)

Es kann auch Magazine geben, bei denen die Werkstücke nur teilgeordnet gespeichert sind und
erst im Durchlauf durch das Magazin die endgültige Orientierung erhalten. Dazu zeigt das **Bild
8-13a** ein Beispiel. Die Teile befinden sich in einem Schachtmagazin. Beim Durchlauf passieren
die Teile einen Rotor, der dem Werkstück kleine Drehimpulse vermittelt. Dadurch richten sich
die elektronischen Bauteile nach den Anschlussdrähten aus und können im Magazin nachrücken.

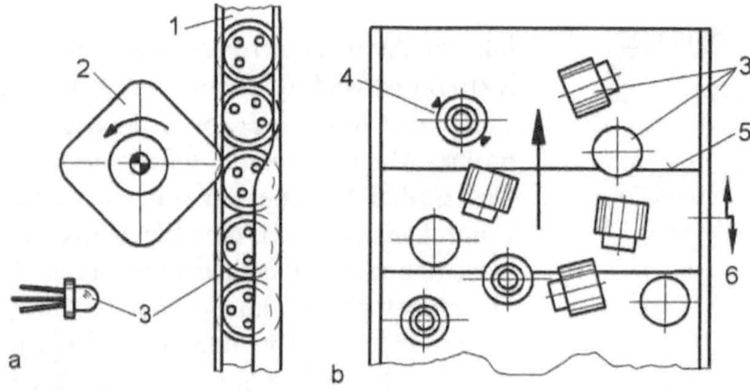

a) Entzug eines Freiheitsgrades
   im Magazinschacht
b) Ordnen durch definiertes
   Greifen vermessener Objekte
   in Soll-Lage (Draufsicht)

1 Magazinschacht
2 Rotor
3 Werkstück
4 Soll-Lage
5 Kippstufe
6 Vibratorbewegung

Bild 8-13 Erreichen einer vollständigen Orientierung von Werkstücken im Verlaufe des Zuführens

Mit Hilfe moderner Visionssysteme kann man heute Magaziniervorgänge auch einsparen. Das
Prinzip wird in **Bild 8-13b** gezeigt. Die Teile werden durch einen Schwingförderer über Kipp-
stufen geführt. Dadurch nehmen die Werkstücke verschiedene Orientierungen ein. Diese Zu-
fallslagen werden von einer Kamera beobachtet und im Rechner ausgewertet. Hat ein Teil die
richtige Orientierung und auch genügend Freiraum für das Greifen, dann wird es vermessen. Die
momentanen Koordinaten werden der Robotersteuerung mitgeteilt. Dann erfolgt das Greifen.
Teile in Falschlage laufen durch und gelangen wieder zurück in den Zuführbunker. Dieses Verfahren entspricht dem "Griff auf das laufende Band". Dazu sind ständig Koordinatentransforma-
tionen vorzunehmen und zwar von den Kamera- bzw. Objektkoordinaten in Greiferkoordinaten
unter Beachtung der Roboterkoordinaten.

Modulare Bereitstelleinheiten für Arbeitsgut enthalten oft auch die Handhabung der Werkstück-
Trägermagazine (Paletten). Ein solcher Aufbau wird in **Bild 8-14** vorgestellt. Die Palettenstapel
können manuell oder automatisch angeliefert werden und sie werden dann mit einer Lifteinheit

in die Abgreifposition gebracht. Die Station ist sowohl für das Magazinieren als auch für das Depalettieren geeignet. Sie ist z.B. in Doppelgurt-Transfersysteme einbindbar. In sich autarke und erprobte Module senken das Funktionsrisiko einer komplexen Anlage ganz erheblich.

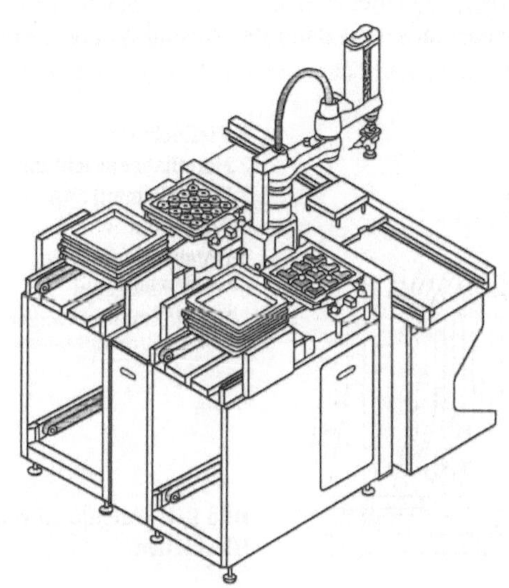

Beim teilgeordneten Speichern (Stapeln) sind geometrisch bestimmte Körper nur in einem Teil ihrer Freiheitsgrade exakt definiert. Orientierung und Position weichen mehr oder weniger von einem Idealzustand ab. Für das reibungslose Abstapeln gibt es viele, auf die speziellen Belange abgestimmte Einrichtungen. So werden sie mitunter zur Doppeleinheit ausgebildet, damit man den Taktzeitanforderungen besser genügen kann. Ein Beispiel wird dazu in **Bild 8-15** vorgestellt.

Bild 8-14 Modulare Bereitstelleinheit für Montagearbeitsplätze (Hirata)

Man sieht, wie eine Arbeitsmaschine mit plattenförmigem Arbeitsgut beschickt wird. Die Sauger sind an einem Doppelarm befestigt, sodass Aufnehmen und Ablegen zeitlich parallel ablaufen können. Das ist taktzeitsenkend. Der Arbeitsgutstapel wird dann schrittweise angehoben, sodass sich eine ziemlich konstante Abnahmehöhe ergibt. Die Sauger sollten gefedert sein. Ein Nachteil dieser Lösung besteht darin, dass während der Beladung der Hubplattform die Arbeitsmaschine keine Werkstücke erhält. Die Stillstandszeit ergibt sich aus der Rücklaufzeit der leeren Plattform und der Beladezeit. Wenn das nicht akzeptiert werden kann, dann muss die Stapel-Hubeinheit doppelt ausgeführt werden, womit dann ein Wechselbetrieb eingerichtet werden kann.

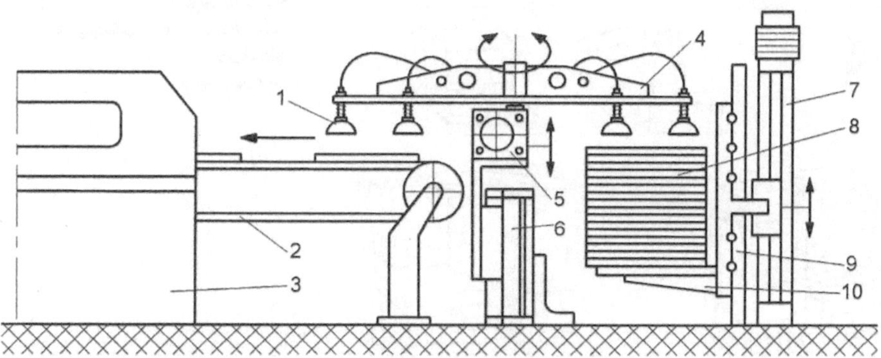

Bild 8-15 Drehzubringer für Platten

1 Sauger, 2 Förderstrecke, 3 Arbeitsmaschine, 4 Schwenkarm, 5 Drehantrieb, 6 Hubantrieb, 7 elektromechanische Spindelhubeinheit, 8 Plattenstapel, 9 Linearführung, 10 Hubplattform

Das Palettieren von Blechformteilen kann Probleme bereiten, weil sie groß sind und in kurzen Taktzeiten anfallen. In **Bild 8-16** wird dazu eine Lösung gezeigt. Es ist die Kombination von mehreren Geräten. Zunächst übernimmt ein Schwingarm-Entlader das Blechteil mit Hilfe von Saugern. Das Teil wird auf einem Stapelarm aufgereiht, der Teil eines deckengeführten Balancers ist. Sind genügend Teile aufgereiht, dann werden sie bedienergeführt in einer Spezialpalette stehend abgesetzt. Über Flurförderer der verschiedensten Art ist dann der Anschluss an das betriebliche Materialflusssystem möglich.

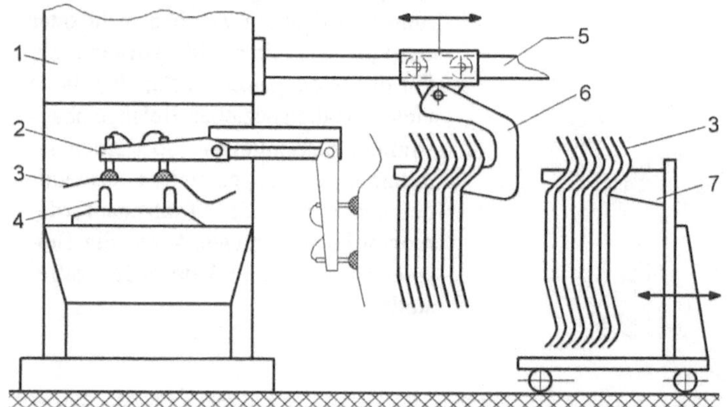

1 Tiefziehpresse
2 Handhabeeinrichtung
3 Blechformteil
4 Auswerfer
5 Balancerlaufschiene
6 Aufnahmegabel
7 Spezialtransportwagen

Bild 8-16 Palettieren von Blechteilen

Die hohe Schule des Stapelns ist automatisches chaotisches Stapeln, wie es in **Bild 8-17** angedeutet wird. Das ist nicht ohne weiteres zu machen. Die Positionen der Setz- und Entnahmeplätze müssen innerhalb eines dreidimensionalen Palettiermusters flexibel sein, weil die Packstücke unterschiedliche Größe haben dürfen. Solche Lösungen sind dort interessant, wo laufend wechselnde Paketgrößen vorkommen, wie z.B. bei Post, Pharmazie und Versandhandel.

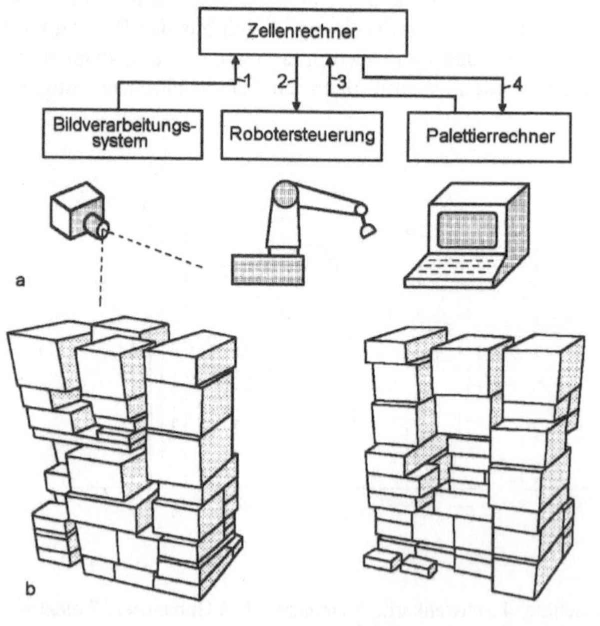

a) Steuerung
b) Stapel in Vorder- und Rückansicht (Beispiel)

1 Packstückabmessungen
2 Greif-, Setzplanangaben, Verfahrdaten
3 Setzplatz, Orientierung, Verfahrdaten
4 Pufferinhalt

Bild 8-17 Chaotisches Stapeln mit dem Industrieroboter

Dem Roboter liegt immer eine kleine Auswahl von Packstücken vor. Sie werden vor ihrer Ankunft vermessen. Daraus entnimmt der Roboter nach Anweisung vom Rechner ein Packstück und platziert es auf einem angewiesenen Platz. Das läuft alles nach bestimmten Regeln ab, damit ein verträglicher Füllungsgrad erzielt wird. Beim manuellen Palettieren wird unter den genannten Bedingungen ein Füllungsgrad von 70 % erreicht. Ein Palettierautomat erreicht beim nichtchaotischen Stapeln Leistungen bis etwa 5000 Packstücke je Stunde. Ein Palettieroboter kommt bei gleichen Verhältnissen auf 1000 Packungen je Stunde.

Das chaotische Stapeln verlangt das Abarbeiten eines Palettieralgorithmus. Um die Rechenzeit zu senken, hat man die nachfolgende Grob- und eine Feinstrategie entwickelt. Um zu zeigen, welche Überlegungen dazu notwendig sind, sollen beide Strategien in verbaler Form aufgeführt werden (nach Jordan).

	Grobpositionierungsstrategien
1	Erstes Packstück auf einer neuen Setzebene in eine Ecke plazieren
2	Packstücke mit annähernd gleicher Höhe aneinander setzen
3	Höhere Packstücke von niedrigeren Packstücken wegsetzen und Ladungsträgeraußenkanten bzw. Ecken bevorzugen
4	Niedrigere Packstücke an höhere Packstücke ansetzen
5	Lücken zwischen Packstücken mit niedrigen Packstücken ausfüllen
6	Lücken mit einem hohem Packstück auffüllen
7	Lücken an Außenkante mit einem sehr hohen Packstück auffüllen
8	Packstücke stabil auf andere großflächige Packstücke plazieren
9	Schmale Lücken zwischen Packstücken überbauen
10	Packstücke überkragend auf andere Packstückoberflächen setzen
11	Packstücke stabil über mehrere andere Packstücke setzen
12	Packstücke bündig mit Ladungsträgeraußenkanten plazieren

	Feinpositionierstrategien
13	Beim freien Setzen von Packstücken Schwerpunkte überdecken und Außenkanten bevorzugen
14	Packstücke bei einseitiger Begrenzung nebeneinander setzen
15	Packstücke bei gegenüberliegender zweiseitiger Begrenzung mittig setzen und Außenkanten bevorzugen
16	Packstücke bei benachbarter zweiseitiger Begrenzung in die Ecke oder die Ladungsträgerecke setzen
17	Packstücke bei dreiseitiger Begrenzung mittig setzen und Außenkanten bevorzugen
18	Packstücke bei vierseitiger Begrenzung mittig setzen
19	Flächenschwerpunktüberdeckung beim Überbauen mehrerer Packstücke

Ebenso ist die Handhabung von Langgut schwierig und erfordert meistens Spezialeinrichtungen, die in der Regel kaum flexibel sind. Das Entpalettieren von Langgut wie z.B. Bretter oder Kanthölzer gehört dazu. Eine solche Einrichtung soll abschließend zum Problemkreis Palettieren/Entpalettieren in **Bild 8-18** vorgestellt werden.

Der Ablauf ist wie folgt:

Ein Hubtisch übernimmt vom Transportsystem mehrere Stapelpakete. Die obersten Lagen werden abgeschoben, wobei die Stapelhölzer abkippen und gesammelt werden. Eine Kantholzreihe wird nach dem Öffnen des Zuführkanals freigegeben und gelangt in den Bereich des Fördersystems. Das jeweils unterste Kantholz wird von Reibrollen erfasst und einer Produktionsanlage zugeführt. Wurde der Stapelvorrat aufgebraucht, dann senkt sich die Hubplattform und nimmt den nächsten Stapel auf und bringt ihn in den Abräumbereich. Dabei entsteht keine Unterbrechung im Arbeitsgutfluss, weil eine genügend große Zwischenspeicherung im Magazinschacht gegeben ist.

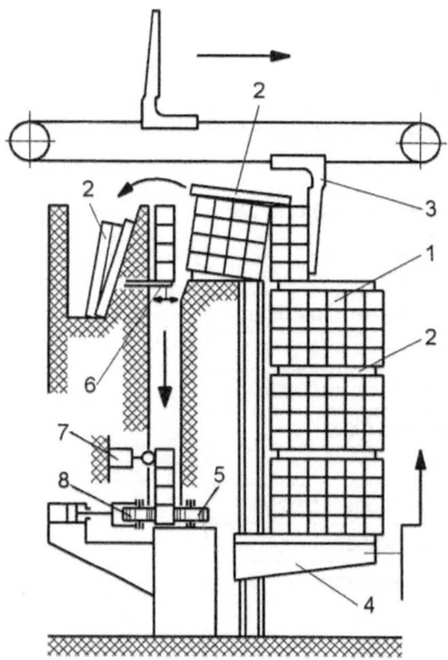

Bild 8-18 Abstapeleinrichtung für Schnittholzpakete

1 Kantholzstapel, 2 Stapelleiste, 3 Schieberarm, 4 Hubtisch, 5 Antriebsrolle, 6 Schieber, 7 Endschalter, 8 Andruckrolle, 9 Antrieb für Reibrollen

Eine wichtige Komponente sind in der automatisierten flexiblen Fertigung die Werkstück-Trägermagazine. Darunter versteht man Ladungsträger für Stückgut (Rohteile sowie Fertigteile, aber auch Werkzeuge, Spann-, Mess- sowie Prüfmittel). Sie sind meist aus Metall (auch kombiniert mit Kunststoffeinsätzen) oder völlig aus Kunststoff gefertigt und haben oft die Bauart einer Flachpalette. Magazinpaletten aus Metall für Nenngrößen ab 400 mm x 600 mm sind in der DIN 24602 genormt. In dieser Norm werden die für eine möglichst breite Verwendbarkeit und Austauschbarkeit notwendigen funktionalen Elemente (Rahmen, Stapelstifte, Werkstückaufnahmen, Kufenbausätze, Basisplatten, Kennzeichnungsfelder und die Codierelemente, Greiföffnungen) sowie deren Anschlussmaße und Schnittstellen festgelegt. Weil die automatische Be- und Entladung mit Handhabungsgeräten bzw. Industrierobotern durchgeführt wird, müssen die Werkstückaufnahmen gut zugänglich sein und dürfen die Greifffreiheit nicht einschränken. Weiterhin sollen die Magazinpaletten mit den eingesetzten Transportsystemen, Reinigungsmaschinen, Umstapel-, Hebe- und den Vertakteinrichtungen kompatibel sein.

Werkstückaufnahmeelement: Werkstück- oder werkstückgruppenspezifisches Halteelement mit einer einheitlichen Schnittstelle zum Magazinrahmen zur Positionierung und Fixierung der Werkstücke relativ zu den Indexelementen.

Folgende Hauptfunktionen müssen von den Werkstück-Trägermagazinen erfüllt werden:

- Zeitweiliges geschütztes Aufbewahren von gleichen oder ungleichen Werkstücken in meist geordnetem Zustand. Dieser Zustand muss auch während des Transports gesichert sein.

- Bereitstellen von Arbeitsgut für den automatische Zugriff durch eine Handhabungseinrichtung. Dabei ist Greiffreiheit zu gewährleisten.

- Aufnehmen von Gewichtskräften bei geringer Durchbiegung der Aufnahmefläche (am Rand geringer als in der Mitte)

- Transportierbarkeit durch Ausbildung von definierten Schnittstellen zum Fördermittel oder Hebezeug (Kufen, Greifmulden u.ä.)

- Bildung von Ladeeinheiten auf Transportpaletten oder als in sich stabile Stapel

- Identifizierbarkeit durch Mitgabe von manuell oder maschinell lesbaren Informationen (codierte Angaben oder solche in Klarschrift)

- Sicherung einer exakten Position am Standplatz bei möglichst kleinem Positionierfehler

- Wechselbare oder einstellbare Werkstückaufnahmen zur Vereinfachung von Umrüstungen

Die Werkstück-Trägermagazine sind in der Regel wahlfrei übereinander stapelbar, wobei eine einheitliche und genaue Orientierung der Magazinpalette beibehalten wird. Die dafür angebrachten Stapelstifte können verschiedene Formen haben. In **Bild 8-19** wird ein Ausführungsbeispiel gezeigt.

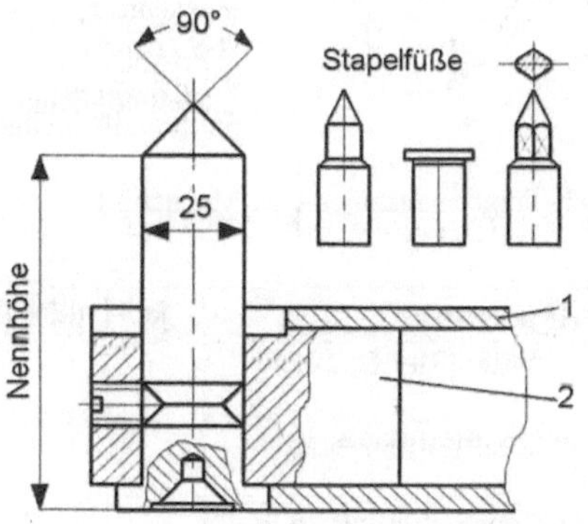

Bild 8-19 Detail einer Stapelstiftanordnung (LK Mechanik)

1 Magazinplatte, 2 Rahmenkonstruktion

Die Kunst besteht nun in der werkstückangepassten Ausrüstung der Palette mit Werkstückaufnahmen. Die Werkstücke sollen ohne jede Oberflächenbeschädigung magaziniert werden können, ein kleines Spiel in den Werkstückaufnahmen haben (damit keine Zwangssituationen beim Abgreifen mit dem Roboter entstehen) und genügend Freiraum für den Robotergreifer gewähren. Außerdem sollen sie verschleißarm sein und sich leicht und problemlos gegen andere Aufnahmen austauschen lassen. In **Bild 8-20** werden einige Ausrüstungsbeispiele vorgestellt.

Es gibt auch Versuche, relativ universelle Werkstückaufnahmen zu entwickeln. Sie haben sich bisher jedoch nicht durchsetzen können, wohl auch aus Unkenntnis über deren Leistungsfähigkeit.

Die Werkstückaufnahmen halten die Teile überwiegend durch Formpaarung. Es sind aber auch Kraft- und Stoffpaarungen möglich. Bei formpaarigen Aufnahmen werden auf der Speicherfläche Gegenprofile zur Werkstückaußen- oder -innenkontur nachgebildet. Dazu können vollumrandende Schablonen, Stapelstifte, Prismen, Stangen und auch geschäumte oder vom Werkstück abgeformte Kunststoffteile verwendet werden. Beim kraftpaarigen Lagesichern werden die Teile mit Federkraft gehalten, z.B. mit Federklappen oder zentrierend wirkenden Federklemmern. Auch mit Permanentmagneten bzw. -folien, die in die Speicherfläche eingelassen sind, lassen sich Werkstücke festhalten. Nachteilig ist aber die größere Senkrecht-Abreißkraft gegenüber dem seitlichen Abschieben der Teile. Handhabegeräte müssen zusätzlich zur Werkstück- und Greifergewichtskraft noch die Abreißkraft aufbringen. Das Lagesichern von Teilen mit Vakuum ist zwar möglich, wurde bisher aber nur bei wenigen Sonderanwendungen realisiert. Lagesicherungen mit Stoffschluss sind ebenfalls selten. Man verwendet dann Speicherflächen mit Haftschichtbelag. Fettige oder verschmutzte Teile scheiden hier ohnehin aus, weil sich dann eine Haftkraft nur unbefriedigend ausbildet.

Für die Auswahl von Werkstück-Trägermagazinen wird schließlich nachfolgend noch eine Checkliste vorgestellt

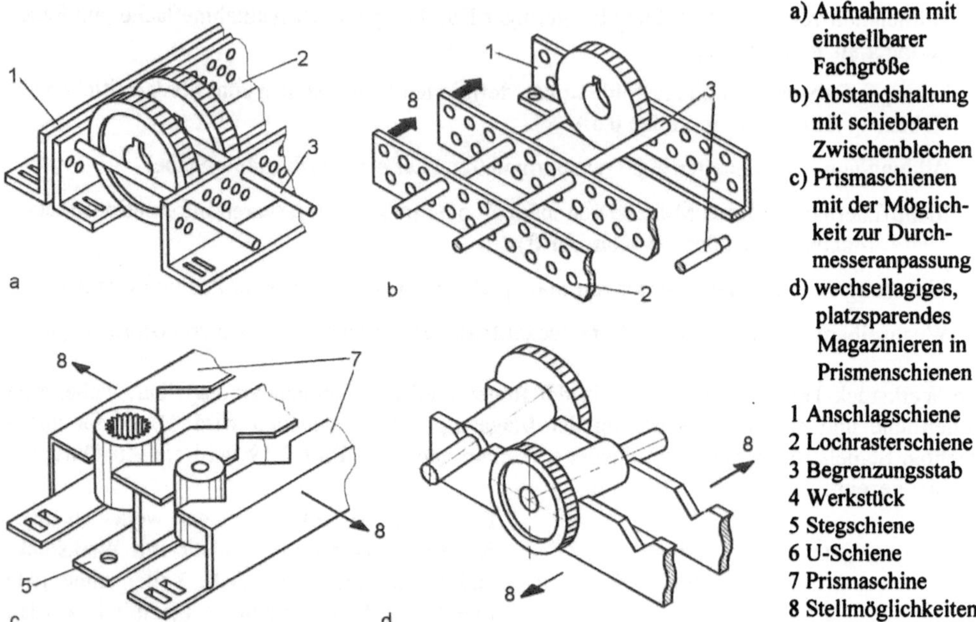

Bild 8-20 Einige Beispiele für die Ausrüstung von Werkstück-Trägermagazinen (LK Mechanik)

Nr.	Auswahl von Werkstückträgermagazinen	ja	nein
1	Führt das Ablagemuster der Teile zu einer guten Auslastung der Speicher-fläche und zu hohen Speichermengen?		
2	Haben die Speicherplätze zueinander und zu den Indexelementen eine angemessene, d.h. prozessgerechte Genauigkeit?		
3	Stimmt die Orientierung der Teile im Magazin mit der Bearbeitungslage in der zu beschickenden Anlage überein?		
4	Ist die Verwendbarkeit der Werkstückaufnahmen für Roh- und Fertigteile gleichermaßen gegeben?		
5	Ist das Werkstück-Trägermagazin zu schon vorhandenen Transport-, La-ger- und Zuführsystemen kompatibel?		
6	Verfügt das Trägermagazin über Elemente, die das Handhaben in auto-matisierten Prozessen unterstützen?		
7	Ist genügend Freiraum für das gespeicherte Werkstück vorhanden, sodass ein gefahrloser manueller und automatischer Zugriff möglich ist?		
8	Lassen sich die Werkstückaufnahmen auf andere Werkstückabmessungen oder -sortimente umbauen (Verträglichkeitsmatrix) bzw. umstellen?		
9	Sind Stapelfähigkeit und platzsparendes Stapeln der Magazine möglich?		
10	Lässt sich das Trägermagazin gut reinigen (keine toten Ecken)?		
11	Besteht eine Möglichkeit, Informationen mitzuführen bzw. das Magazin entsprechend nachzurüsten?		
12	Sind Festigkeit und Formbeständigkeit auch bei Größtbelastung gegeben?		
13	Weist das Trägermagazin ein günstiges Preis-Leistungs-Verhältnis, kurze Lieferzeiten und gute Reparaturfähigkeit auf?		
14	Entspricht die je Trägermagazin erreichbare bedienerfreie Zeit den Anfor-derungen im Fertigungsprozess-Ablauf?		
15	Eignet sich das Trägermagazin auch für Vertakteinrichtungen?		

8.4 Kommissionierung

Kommissionieren (VDI 3590) ist das Zusammenstellen von bestimmten Teilmengen (Bauteilen, Werkstücken, Artikeln) aus einer bereitgestellten Gesamtmenge (Sortiment) auf Grund von Bedarfsinformationen (Aufträgen). Das kann manuell, teilautomatisiert und automatisch erfolgen und zwar nach folgenden Prinzipen:

- Kommissionierer kommt zur Ware (statische Bereitstellung)

- Ware kommt zum Kommissionierer (dynamische Bereitstellung)

Eingebettet in den betrieblichen Materialfluss stellt die Kommissionierung meist den Übergang von einer sortenreinen Lagerung zu einem sortenunreinen Verbrauch, z.B. in der Montage, dar.

Die zur Kommissionierung eingesetzten technischen Mittel können sehr verschieden sein. Genutzt werden in vielen Ausführungsvarianten:

- Wanderregalmagazine und Paternosterspeicher

- Rohrpostanlagen

- Förderbandsysteme und Rollenförderer

- fahrerlose Flurfördersysteme

- mobile Roboter

- Kommissionierautomaten, bei z.B. einheitlichen bzw. ähnlichen Kartonagen

- Hochregallager und Hängekreisförderer

- Sortertechnik

In **Bild 8-21** wird ein Beispiel für eine Kommissionierzelle mit einem Industrieroboter gezeigt. Die Sensortechnik hat hierbei eine entscheidende Funktion, auch wenn man die Objekte lageorientiert bereitgestellt.

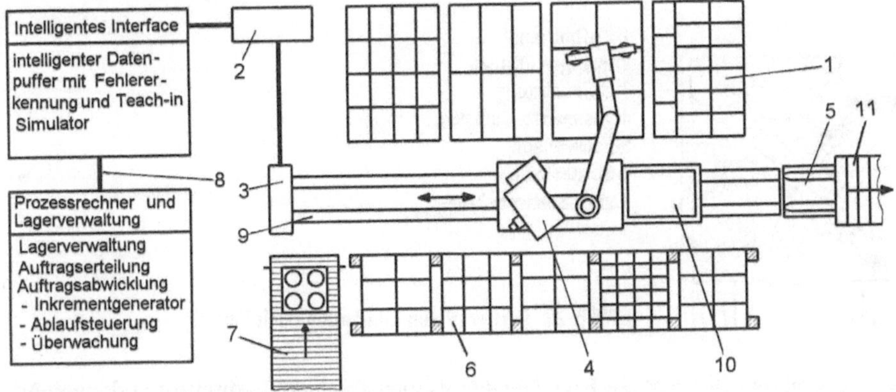

Bild 8-21 Robotergestützte Kommissionierzelle

1 Palettenplätze mit palettierten Packstücken, 2 Robotersteuerung, 3 Interface für Energie und Daten, 4 mobiler Roboter mit Palettenträger, 5 Palettenübergabeeinrichtung, 6 Palettenregal mit Paletten in mehreren Ebenen, 7 Stetigförderer, 8 multidirektionale Datenübertragung, 9 Fahrschiene, 10 Kommissionierbehälter, 11 Flurförderer

Der Roboter holt die ihm angewiesenen Produkte (Objekte, Packstücke) von den Bereitstellpaletten und deponiert sie in der mitfahrenden Sammelpalette. Ist die Kommission zusammengestellt, wird die Sammelpalette zum Abtransport übergeben.

Handelsübliche Universalroboter sind in der Regel für das automatische Kommissionieren wenig geeignet. Man hat deshalb spezielle Roboter dafür entwickelt.Wichtig ist allerdings auch die Anwendung robotergerechter Verpackungen.

8.5 Beseitigung von Produktionsresten

Obwohl für die Abfallpolitik die Prioritäten in der Folge Vermeiden - Verringern - Verwerten - Beseitigen gesetzt sind, ergeben sich je nach Produktion mehr oder weniger großer Mengen von Produktionsabfällen. Sie können in einigen Fällen wieder in die selbe Produktion zurückgeführt werden, z.B. Thermoplastabfälle, andere Abfälle müssen aber zerkleinert und gesammelt werden. Dazu dienen z.B. Abfalltrennscheren und Sortiereinheiten für das sortenweise Sammeln.

Die Entsorgung von Maschinen ist oft schwierig. So müssen an Transferstraßen Späneförderer in die Maschinenstruktur eingeordnet werden, besonders wenn der Innenraum der Maschinen oder auch geschlossene Bearbeitungszentren unzugänglich sind. Das erfolgt u.a. mit Förderschnecken, Kratzförderern, Ketten-, Scharnierband- und Magnetbandförderern. Die Späne gelangen mit dem Flüssigkeitsstrom über Leitbleche in den Austragsbehälter mit angeschlossenem Späneförderer. Dazu gehört dann auch das Separieren und Sammeln von Schneidölen und Kühlschmiermitteln. In umfangreichen Kreisläufen dieser Art kann es sogar im Ausnahmefall zum Bakterienbefall kommen, der dann den Ablauf stört. Es gibt noch weitere Hilfsstoffe von nicht fester Konsistenz, die auch entsorgt werden müssen. Dazu gehören u.a. verbrauchte Lösemittel, Entfettungsbäder und auch Farbniederschläge.

Inzwischen gibt es auch Demontagebetriebe, bei denen das Trennen und sortengerechte Sammeln zum Schwerpunkt geworden ist. In **Bild 8-22** wird ein System zum Trennen verschiedenartiger Objekte im Durchlaufverfahren gezeigt. Das kann z.B. Weiß-, Braun- und Grünglasbruch sein.

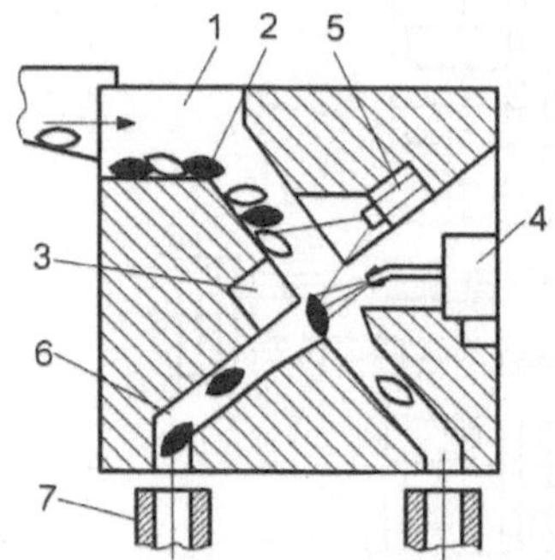

1 Zuführkanal
2 farbiges Objekt
3 Beleuchtung
4 gesteuerte Luftdüse
5 Farbsensor
6 Sortierkanal
7 zum Sortierbehälter

Bild 8-22 Sortieren von Glasbruch nach Farbe

Die einlagig zugeführten Bruchstücke bzw. Objekte werden an einem Farbsensor vorbeigeführt. Dieser steuert dann eine Luftdüse an, sodass die Teile in den jeweils zutreffenden Sortierkanal geblasen werden. Die Stücke müssen beim Fallen so auseinandergezogen werden, dass sie sich beim Erkennungsvorgang nicht überdecken. Bei einer Durchsatzbreite von 1 Meter wird eine Sortierleistung von 5 Tonnen je Stunde erreicht. Ähnliche Lösungen gibt es auch für die Sortierung verschiedene Kunststoffabfälle. Allerdings ist die Werkstoffart das höhere Sortierziel.

> **Recycling:** Wiederverwendung von Abfällen, Nebenprodukten oder verbrauchten Endprodukten als Rohstoffe oder Komponenten für die Herstellung neuer Produkte.

Oft steht die Aufgabe, ferromagnetische Stücke aus einem Abproduktestrom zu separieren. Dafür können Magnet-Abscheidesysteme eingesetzt werden. Günstig sind Kombinationen von Förderband und Magnetsystem (**Bild 8-23**). Diese Systeme spielen auch in Recycling-Betrieben eine wichtige Rolle. Bei wiederverwendbaren Teilen können sich dann noch Sortier- und Reinigungsarbeiten anschließen.

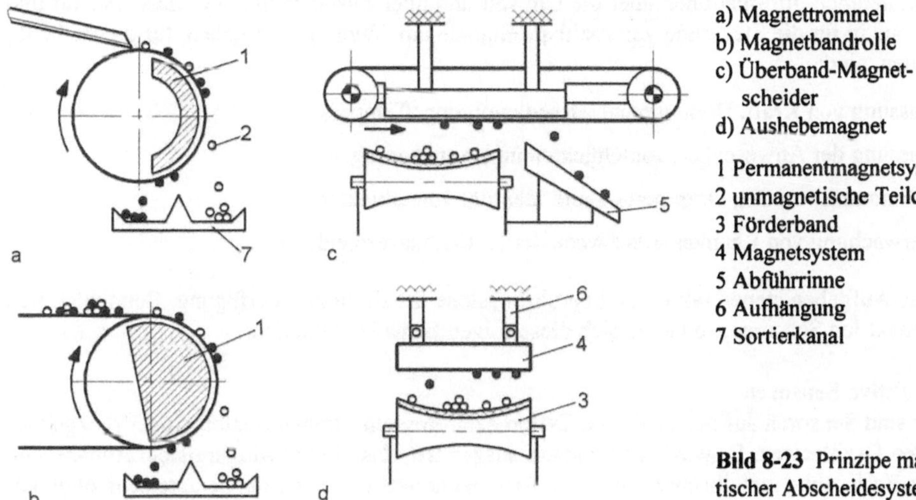

a) Magnettrommel
b) Magnetbandrolle
c) Überband-Magnet-
   scheider
d) Aushebemagnet

1 Permanentmagnetsystem
2 unmagnetische Teilchen
3 Förderband
4 Magnetsystem
5 Abführrinne
6 Aufhängung
7 Sortierkanal

Bild 8-23 Prinzipe magnetischer Abscheidesysteme

Kontrollfragen

1 Welche Transfersysteme haben sich in der Fertigungstechnik bewährt und welcher technische Kerngedanke liegt der Fortbewegung der Werkstückträger jeweils zu Grunde?

2 Was spielt bei der Auswahl von Transfersystemen eine Rolle?

3 Welche Einsatzfelder werden mit fahrerlosen Transportsystemen abgedeckt?

4 Welche Komponenten braucht man zur Gestaltung einer robotergestützten Kommissionierzelle?

5 Nach welchen Gesichtspunkten kann man Werkstückmagazine einteilen?

6 Welche Techniken lassen sich für das Sortieren von Abfällen einsetzen?

9 Prüfen, Überwachen und Sichern

In Teilefertigung, Montage, Prüfung und Verpackung spielen Sensoren eine wichtige Rolle. Der Sensoreinsatz reicht vom einfachen induktiven Sensor bis hin zur Integration komplexer Bildverarbeitungssysteme für die Qualitätsbeurteilung.

9.1 Einteilung und Aufgaben von Sensoren

Sensoren nehmen Informationen über die Umwelt und über Zustände in einer Maschine auf und wandeln sie in für die Steuerung verarbeitbare Signale um. Wichtige Aufgaben, für die sie benötigt werden, sind:

- Erfassung von Kraft, Drehmoment, Beschleunigung, Temperatur

- Erfassung der Anwesenheit von Objekten und Annäherung an diese

- Bestimmung von Ort, Orientierung und Identität von Objekten

- Überwachung von Räumen zum Zweck der Kollisionsvermeidung

Für diese Aufgaben stehen taktile und berührungslose Sensoren zur Verfügung. Betrachtet man die nichttaktilen Sensoren, so lassen sich diese folgendermaßen einteilen:

- **Induktive Sensoren**
  Das sind Sensoren auf der Basis von Differenzialdrosseln, -transformatoren oder rückgekoppelten Oszillatoren. Es wird der Umstand ausgenutzt, das ein Schwingkreis bei Annäherung oder Entfernung metallischer (nicht nur ferromagnetischer) Gegenstände unterschiedlich bedämpft wird.

- **Kapazitive Sensoren**
  Diese Sensoren sprechen auf ein elektrisches Feld an, das sich zwischen 2 Oberflächen aufbaut. Diese weisen ein unterschiedliches elektrisches Potenzial auf. Als Effekt nutzt man den Plattenabstand eines Kondensators, die Oberfläche der Kondensatorplatten und die Art des Dielektrikum aus.

- **Optoelektronische Sensoren**
  Das sind Sensoren, die je nach Spezifizierung auf elektromagnetische Strahlung von ultraviolett bis infrarot reagieren. Dabei werden der innere und äußere Fotoeffekt und der Sperrschicht-Fotoeffekt ausgenutzt.

- **Bildgebende Sensoren**
  Bildsensoren wandeln Bilder eines Gegenstandes bzw. einer bewegten oder stationären Szene in elektrische Signalmuster um. Die fotoelektrischen Wandlerelemente können zeilen- oder flächenartig angeordnet sein. Sie werden nach einem Bildabtastalgorithmus abgefragt. Zu unterscheiden ist die Aufnahme von Binär-, Grauwert-, Farb-, Lichtschnitt- und Stereobildern.

- **Strahlungssensoren**
  Diese Art von Sensoren fängt die von einer radioaktiven Quelle ausgehenden Strahlen auf und leitet aus der Schwächung der Strahlung, z.B. durch ein dazwischen befindliches Objekt, eine Aussage ab. Die Sensoren sind für α-, β-, γ-, Röntgen- und Neutronenstrahlung spezialisiert.

Das Gegenstück zu den messenden Elementen sind die ausführenden Elemente, die man als Aktoren bezeichnet.

Sensor: Messfühler, der physikalische oder auch elektrochemische Größen erfasst und in ein elektrisches Signal umsetzt.

Aktor: Krafterzeugendes Element im Sinne eines Energieumformers, der Ausgangsinformationen eines Informationsverarbeitungssystems in mechanische Funktionsabläufe umsetzt.

Dem Elementarsensor, das ist das eigentliche Wandlerelement, kann eine Signal- bzw. Signalvorverarbeitung nachgeschaltet sein. Man kann nun nach informationstechnischen Aspekten folgende Typen unterscheiden:

- *Konventioneller* Sensor mit analogem oder digitalem Ausgangssignal in der Ablauffolge:
  Messgröße $\Rightarrow$ Wandlerelement $\Rightarrow$ analoges (digitales) Signal

- *Intelligenter* Sensor mit busfähigem Ausgangssignal und bidirektionaler Kommunikation:
  Messgröße $\Rightarrow$ Wandlerelement $\Rightarrow$ Analogsignal $\Rightarrow$ Signalaufbereitung $\Rightarrow$ digitales Signal
  $\Rightarrow$ Businterface $\Rightarrow$ busfähiges Signal

- *Intelligentes autonomes* Mikrorechnersystem mit Aktorinterface und bidirektionaler Buskommunikation in der Ablauffolge:
  Messgröße $\Rightarrow$ Wandlerelement $\Rightarrow$ Analogsignal $\Rightarrow$ Signalaufbereitung/Mikrocontroller $\Rightarrow$
  digitales Signal $\Rightarrow$ Aktorinterface $\Rightarrow$ Steuersignal
  $\Downarrow\Rightarrow$ Businterface $\Rightarrow$ busfähiges Signal

Stellvertretend für viele Anwendungen wird in **Bild 9-1** gezeigt, wie ein Schweißbrenner der vorbereiteten V-Naht mit Sensorhilfe nachgeführt werden kann. Es wurde eine CCD-Kamera integriert, die den Abknickungsverlauf eines Streifenmusters erkennt und auswertet. Das Sichtfeld hat einen gewissen Vorlauf zum Schweißbrenner. Diese Aufgabe ist auch mit mehreren magnetischen Sensoren in Reihenanordnung lösbar. Zusätzlich sind dann noch Sensoren eingesetzt, die dazu dienen, den Abstand zwischen Blech und Schweißkopf konstant zu halten.

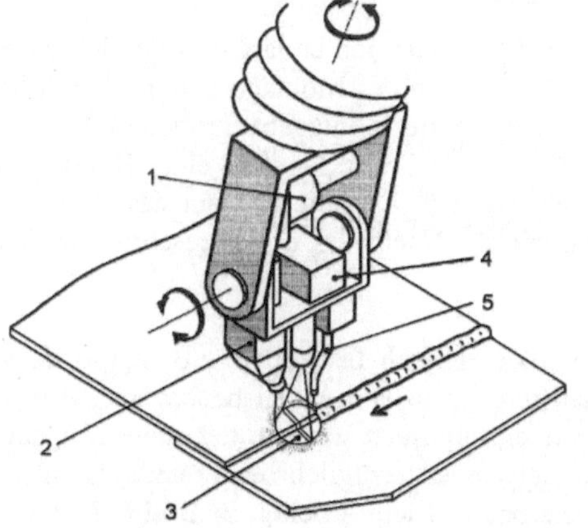

1 Motor für die Handdrehachse
2 Kamera
3 Kamerasichtfeld
4 Lichtquelle
5 Brennermundstück

Bild 9-1 Anwendung eines optischen Nahtfolgesensors beim Schweißen

Die Auswahl des jeweils richtigen Sensors erfordert umfassende Kenntnis der Eigenschaften und Kenndaten [4-13, 9-1, 9-2]. Als kleine Hilfe soll bereits an dieser Stelle eine Checkliste folgen.

Nr.	Anwendung und Auswahl von Sensoren	ja	nein
1	Werden alle Stellen im Bearbeitungs-, Montage- und Zuführprozess erfasst, an denen Rückmeldungen über ausgeführte Aktionen abgefragt werden müssen?		
2	Lässt sich die Abfrage auf binäre Zustände (Näherungsschalter) reduzieren?		
3	Ist die Langlebigkeit des Sensors unter Produktionsbedingungen (Staub, Schwingungen, Feuchtigkeit u.a.) gegeben?		
4	Wurden alle Möglichkeiten ausgeschöpft, um mit berührungslosen Sensoren (unbegrenzte Anzahl von Schaltspielen) auszukommen?		
5	Aus welcher Entfernung müssen Informationen aufgenommen werden, z.B. beim Barcode lesen, und bewältigt das der Sensor?		
6	Bleibt der Aufwand für die Signalaufbereitung im erträglichen Rahmen?		
7	Lässt sich der Sensor in die produktionstechnische Hardware (Greifer, Werkstückträger, Arbeitsmaschine, Antrieb, Fügestation u.a.) gut integrieren?		
8	Passt der Sensor zur Aufgabe (triviale binäre Entscheidungsaufgabe, Bestimmung eines physikalischen Zustandes, Mustererkennung)?		
9	Weist der Sensor die für die Prozessumgebung notwendige Schutzklasse auf?		
10	Ist die Empfindlichkeit des Sensors der Aufgabe angemessen bzw. kann diese nachträglich angepasst werden?		
11	Lässt sich der Sensor leicht auswechseln und vermeidet er umfangreiche Einmess-Arbeiten (Kalibrieren)?		
12	Handelt es sich beim Sensor um einen allseits erprobten Markensensor?		
13	Wird die Funktionsfähigkeit des Sensors überwacht, sodass bei einem Ausfall keine Havariesituationen ausgelöst werden?		
14	Zeichnet sich der Sensor durch Wartungsfreiheit über große Zeiträume aus?		
15	Ist der Sensor gegenüber Störfeldern elektrischer, magnetischer und optischer Art resistent?		

9.2 Sensoren für die Anwesenheitskontrolle

Das Vorhandensein von Objekten sowie bestimmter Merkmale und erwarteter räumlicher Relationen muss bei der Werkstückhandhabung und vor allem in der Montage laufend kontrolliert werden. Sind Bauteile nicht vorhanden, entstehen fehlerhafte Montagebaugruppen oder Handhabungsoperationen enden in unbemerkten nutzlosen Leerfahrten. Fehlt in einer Bohrung das Gewinde, dann kann die Schraube nicht eingedreht werden. Es geht also um das Prüfen von Montageteilen und ihren Eigenschaften, aber auch um den Nachweis, ob vorgeschriebene Bearbeitungsvorgänge auch wirklich ausgeführt wurden.

Die Anwesenheit z.B. von Bohrungen lässt sich fotoelektrisch feststellen, z.B. mit Hilfe von Lichttastern, induktiv, aber auch taktil mit Taststiften, deren Hub dabei beobachtet wird. Für berührungslose Kontrollen kann u.a. ein Laserscanner eingesetzt werden, der seine Umgebung mit dem Laserstrahl punktweise abtastet. Dieser Sensor ist bezüglich der Fremdlichteinflüsse wenig störanfällig, weil er mit eindeutig identifizierbarem Licht arbeitet. In **Bild 9-2** wird die Strahlführung eines solchen programmierbaren Laserkopfes gezeigt. Der Strahl kann mit 2 Ablenkspiegeln in 2 Richtungen dorthin dirigiert werden, wo etwas geprüft werden soll, z.B. innerhalb einer Montagestation oder deren Peripherie.

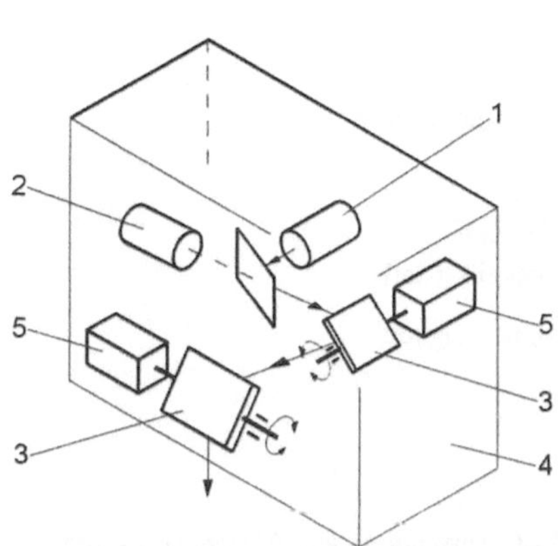

1 Laser
2 Diode für die Erfassung reflektierten Lichtes
3 programmierbarer Spiegel für die räumliche Auslenkung des Laserstrahls
4 Gehäuse
5 Spiegelstellantrieb, Galvanometer
6 abtastender Laserstrahl

Bild 9-2 Laserabtasteinheit

Das **Bild 9-3** zeigt das Umfeld einer Montagestation, bei dem die Anwesenheitskontrolle mit einem programmierbaren Lasersensor ausgeführt wird. Dadurch kann ein großer Teil konventioneller Sensorik ersetzt werden. Der Laserstrahl tastet nacheinander das Vorhandensein von Bauteilen an den Zuführungseinrichtungen, in der Montageposition und schließlich auch am fertigen Produkt ab. Letzteres ist dann eine Prüfung der Montagebaugruppe auf Vollständigkeit. Aus der Helligkeit des zurücklaufenden reflektierten Strahls, der von einem Fotoelement erfasst wird, kann auf die Anwesenheit eines Teils geschlossen werden. Vorher ist das System mit Gutteilen anzulernen. Weil das alles mit großer Geschwindigkeit abläuft, kann der Lasersensor als universeller Kontrolleur verwendet werden.

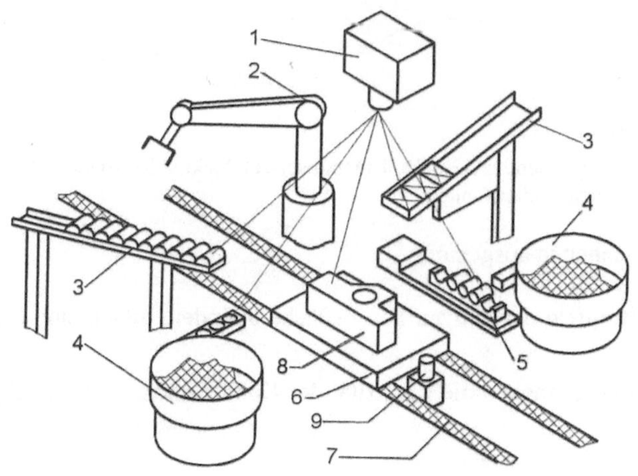

1 Lasersensor
2 Montageroboter
3 Zuführmagazin
4 Vibrationswendelförderer
5 Magazinschlitten
6 Werkstückträger
7 Doppelgurtförderer
8 Montagebaugruppe
9 Stopperzylinder

Bild 9-3 Programmierbarer Lasersensor in einer Montagestation

9.3 Abstandssensoren

Die Abstands- und Distanzsensoren liefern ein Ausgangssignal, das eine Information über die Präsenz und die Entfernung des Sensors zu einem ausgewählten Objekt enthält. Sie dienen z.B. zur Steuerung der definierten Annäherung eines Robotergreifers an ein Objekt. In sicherheitsrelevanten Bereichen kann das auch die Annäherung einer Person an eine Gefahrenstelle sein. Für diese Aufgaben sind induktive, kapazitive, akustische, fluidische und optische Messprinzipe einsetzbar. In **Bild 9-4** werden einige Anwendungen aus der Fertigungstechnik gezeigt, bei denen technologische Operationen überwacht werden.

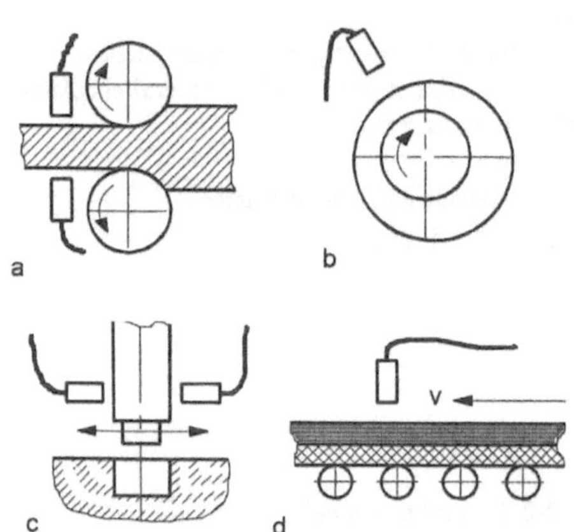

a) Dickenmessung
b) Rundlaufmessung
c) Positionieren
d) Schichtdickenmessung

1 Sensor
2 Prüfobjekt
3 Montagebasisteil

v Geschwindigkeit

Bild 9-4 Anwendung von Abstandssensoren

Kapazitive Abstandssensoren lassen sich sowohl bei elektrisch leitenden Objekten verwenden, als auch bei elektrisch nichtleitenden Objekten. In **Bild 9-5** wird das Prinzip gezeigt. Ein RC-Oszillator spricht an, wenn die empfindliche Kapazität C_S des Sensorelements durch äußere Einflüsse vergrößert wird.

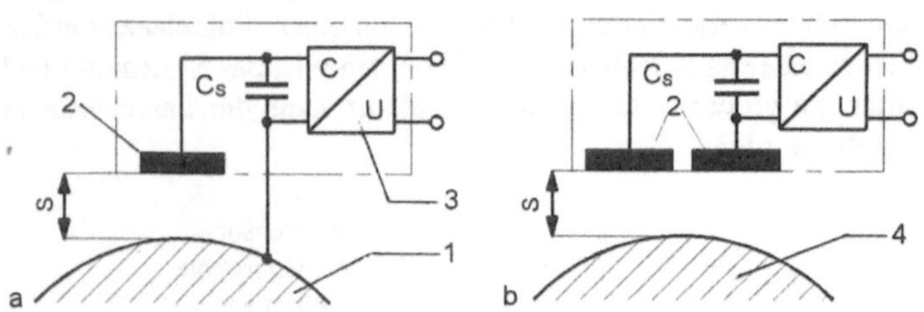

Bild 9-5 Prinzip des kapazitiven Abstandssensors

a) bei elektrisch leitendem Objekt, b) bei nichtleitendem Objekt, 1 metallisches Objekt, 2 Messelektrode, 3 Kapazitäts-Spannungs-Wandler, 4 nichtmetallisches Objekt

Es werden 2 unterschiedliche Gegebenheiten ausgenutzt:

* Leitfähige Stoffe, die sich im Streufeld der aktiven Sensorfläche befinden, bilden eine Gegenelektrode

* Nichtleitende Stoffe, also Isolatoren, erhöhen die Kapazität des Kondensators in Abhängigkeit von der Werkstoffart

Mit leitenden Objekten lassen sich größere Schaltabstände erzielen als mit nichtleitenden Gegenständen.

Für ein breites Anwendungsfeld sind die opto-elektronischen Sensoren geeignet. Stellvertretend soll hier der Dreistrahlsensor erwähnt werden. Es lassen sich damit auch kleine Objekte zuverlässig erfassen, wobei die Funktion durch Farbe, Formgebung und Materialart des Objekts meist nur wenig beeinflusst wird (**Bild 9-6**).

Zur Funktion:

Der Sender, eine Leuchtemitterdiode, sendet einen Lichtstrahl aus, der auf ein Objekt trifft. Das reflektierte Licht wird durch die beiden Empfänger aufgefangen. Die Fotodioden erzeugen dann einen Ausgangsstrom entsprechend der auftreffenden Lichtmenge. Aus dem Verhältnis der beiden Stromwerte kann dann auf den Abstand zum Objekt geschlossen werden.

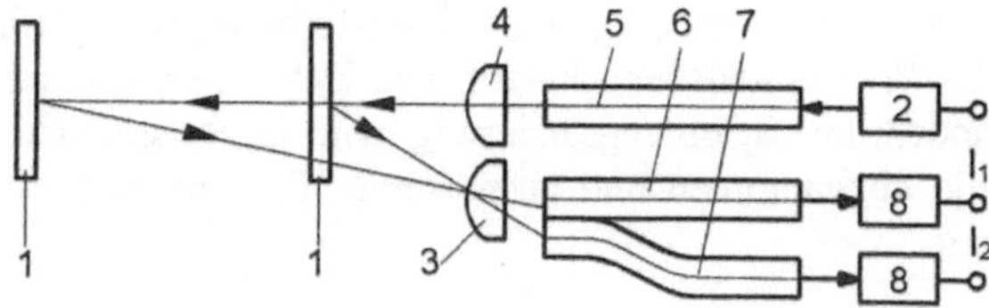

Bild 9-6 Prinzip eines Dreistrahlsensors

1 Objekte in unterschiedlicher Entfernung, 2 Leuchtemitterdiode, 3 Empfängerlinse, 4 Senderlinse, 5 Sendelichtleiter, 6 Empfängerlichtleiter a, 7 Empfängerlichtleiter b, 8 Fotodiode, I_i Fotostrom

Abstandssensoren können auch in der automatischen Montage eine wichtige Aufgabe übernehmen. Das ist häufig die Feststellung des Achsenversatzes von zu montierenden Bauteilen. Einer der Fügepartner ist dann um das ermittelte Achsen-Abstandsmaß nachzuführen, um die Teile z.B. zusammenstecken zu können. Sensorgeführtes Fügen wird im **Bild 9-7** (rechts außen) als Variante aufgeführt. Hier ist ein optisches System integriert. Da jedem Sensor eine Signalverarbeitung nachgeschaltet ist, versucht man diesen Aufwand durch passiv wirkende, nicht sensorisierte Mechanismen einzusparen. Ersatzweise sind dann gefederte Auflagen, spiraligsuchende Fügemechanismen und zwangsweise ausrichtende Vorrichtungen verwendbar. Um Suchbewegungen realisieren zu können, werden allerdings zusätzliche Schwingmechanismen gebraucht.

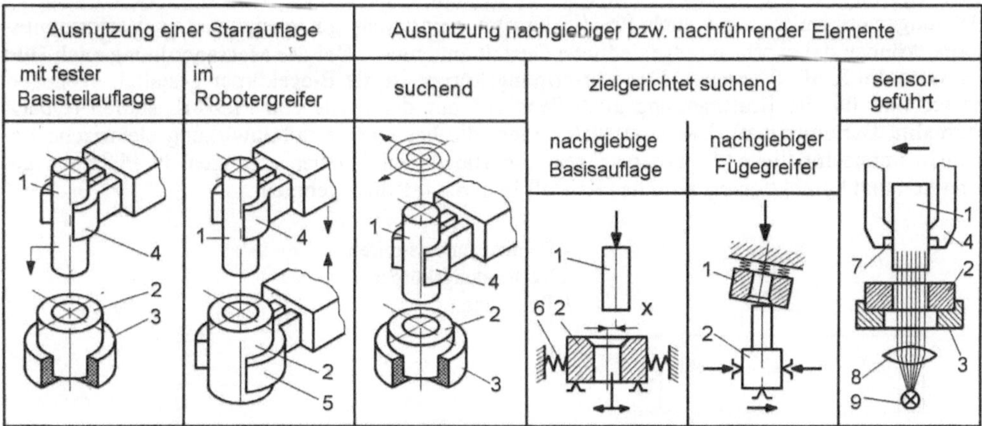

Bild 9-7 Möglichkeiten zur Kompensation von Positionierfehlern beim Fügen

1 Fügeteil, 2 Montagebasisteil, 3 Basisteilauflage, 4 Greiferfinger, 5 Basishalter bzw. Greifer, 6 Druckfeder, 7 Sensor, 8 optisches System, 9 Lichtquelle, x Achsversatz

9.4 Sensoren für Kraft und Drehmoment

Kräfte sind Naturerscheinungen und können nicht direkt gemessen werden. Man kann sie aber an ihren Wirkungen erkennen. Ordnet man Verformungskörper in den Kraftfluss ein, dann kann man aus deren Verformung auf die Größe einer Kraft bzw. eines Drehmoments schließen. Das

Drehmoment ist die wichtigste Größe in der industriellen Antriebstechnik. So kann man aus den aufgenommenen Strom des Antriebsmotors auf das Drehmoment an der Wirkstelle schließen. Genauer wird es mit einer Drehmoment-Messwelle (**Bild 9-8**). Das Wellenstück trägt schräg angeordnete Dehnungsmessstreifen (*resistance strain gauge*), die bei Verformung der Welle infolge eines Drehmoments (Torsion) ihren Widerstandswert ändern. Die Dehnungsmessstreifen sind in eine Brückenschaltung eingebunden. Die Spannungsänderung wird im Beispiel über Schleifringe von der sich drehenden Welle abgenommen und ausgewertet. Es sind auch berührungslose Übertragungsvarianten bekannt.

Dehnungsmessstreifen: Ohmscher Sensor aus feinem metallischen Widerstandsmaterial, das auf einer dünnen dehnbaren Unterlage aufgebracht ist. Reckt man den Leiter, wird er geringfügig dünner und ändert dabei seinen elektrischen Widerstand. Beim Dünnfilm-Dehnungsmessstreifen wird das Messgitter als dünne Schicht von einigen 1000 Angström aufgedampft.

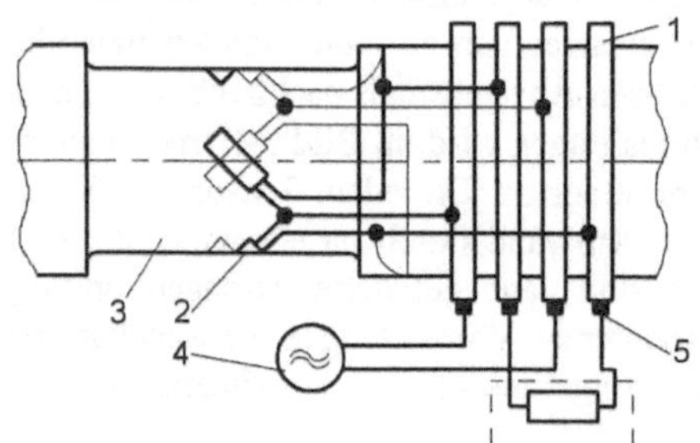

1 Schleifring
2 Dehnungsmessstreifen
3 Wellenstück
4 Spannungsquelle
5 Bürste

Bild 9-8 Drehmoment-Messwelle

Dehnungsmessstreifen sind auch für die Kraftmessung sehr gut geeignet. Die Verformungskörper können dabei sehr unterschiedliche Gestalt annehmen. Bei der Messanordnung nach **Bild 9-9** wird die Kraft F sensiert. Der Verformungskörper ist als Biegekörper gestaltet. Weit verbreitet sind für die Kraftmessung auch Sensoren auf der Basis von Piezo-Kristallen (Quarz, Turmalin, Bariumtitanat). Das sind Materialien, die bei einer Krafteinwirkung elektrische Ladungen unterschiedlicher Polarität an gegenüberliegenden Flächen erzeugen. In Plättchen geschnitten und konfektioniert wird das Kristall in den Kraftfluss gebracht.

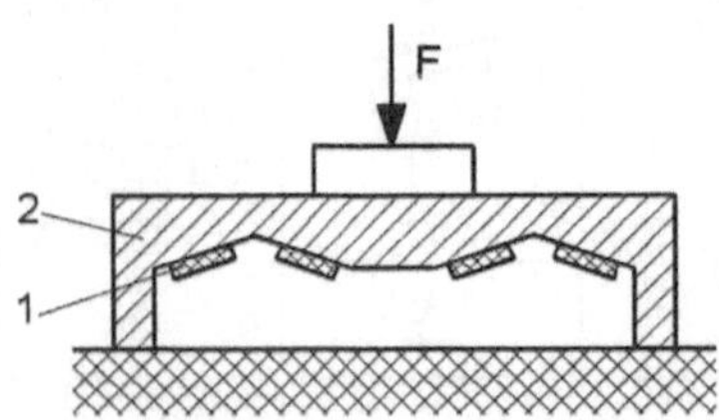

1 Dehnungsmessstreifen
2 Verformungskörper
F Belastung

Bild 9-9 Kraftsensor

Die bisher benannten Sensoren sind eindimensional, d.h. es wird nur in einer Kraftrichtung gemessen. Wesentlich anspruchsvoller sind 6-Komponenten-Sensoren. Sie messen Kräfte und Momente in jeweils 3 Dimensionen (Kräfte in Richtung der Achsen X, Y und Z; Momente um diese Achsen). Der in **Bild 9-10** gezeigte Sensor ist in der Lage, 3 orthogonale Kraftvektoren und 3 orthogonale Momentvektoren zu erfassen. Bei Beanspruchung durch Prozess-, Gravitations- und trägheitsbedingte Kräfte und Momente, z.B. bei einer Anordnung zwischen Roboterarm und -greifer, treten Dehnungen oder Scherkräfte in den messtechnisch aktiven Stegen auf. Diese werden von Sensoren erfasst. Beim Einsatz von n Sensorelementen werden die Kräfte F_X, F_Y, F_Z und die Momente M_X, M_Y und M_Z über sogenannte Kalibriermatrizen - n x n - Matrizen den Sensorwerten ε_1, ε_2.... ε_n zugeordnet und zwar wie folgt:

$$\begin{pmatrix} F_X \\ F_Y \\ F_Z \\ M_X \\ M_Y \\ M_Z \end{pmatrix} = \begin{pmatrix} C_{11} & C_{12} & \ldots & \ldots & \ldots & C_{1n} \\ C_{21} & C_{22} & \ldots & \ldots & \ldots & C_{2n} \\ \ldots & & & & & \ldots \\ \ldots & & & & & \ldots \\ \ldots & & & & & \ldots \\ C_{61} & \ldots & \ldots & \ldots & \ldots & C_{61} \end{pmatrix} \cdot \begin{pmatrix} \varepsilon_1 \\ \varepsilon_2 \\ \ldots \\ \ldots \\ \ldots \\ \varepsilon_n \end{pmatrix}$$

Solche Sensoren werden z.B. bei der robotergestützten Montage, beim Schleifen und Entgraten oder bei der automatischen Handhabung zerbrechlicher Werkstücke eingesetzt.

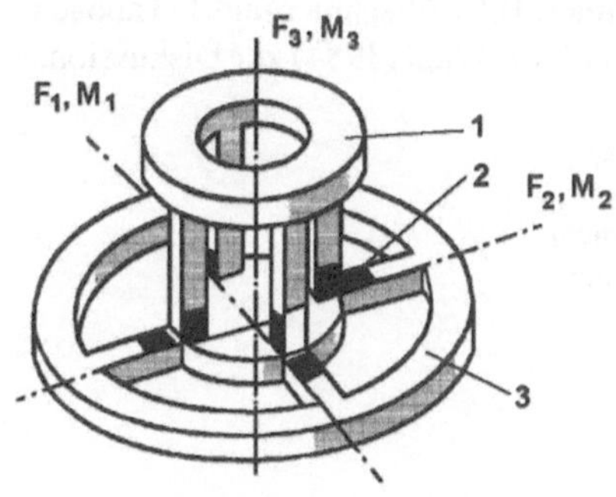

1 Verformungskörper
2 Dehnungsmessstreifen
3 Basisring

F_i Kraft
M_i Moment

Bild 9-10 Kraft-Momenten-Sensor in Speichenradbauweise (DLR)

9.5 Einsatz optisch-visueller Systeme

In der optischen Erkennungstechnik gibt es viele Verfahren, um Objektmerkmale, Werkstückkonturen oder die Lage eines Teils zu erkennen. Die größten Leistungen erbringen Kamera gestützte Bildverarbeitungssysteme. Oft kommt man aber schon mit einfacheren Lösungen aus. Einige Verfahren sollen vorgestellt werden.

Beim Lichtschnittverfahren (**Bild 9-11**) wird eine "Lichtebene", z.B. ein Streifenmuster, auf das Objekt projiziert. Diese Lichtebene schneidet das Objekt entlang einer Profillinie, die dann von einer Kamera seitlich betrachtet wird. Bewegt man das Werkstück während dieser Prozedur, so entsteht "scheibchenweise" ein Profilbild vom gesamten Werkstück. Für die Objekterkennung wertet man die "Abknickpunkte" des Streifenmusters aus.

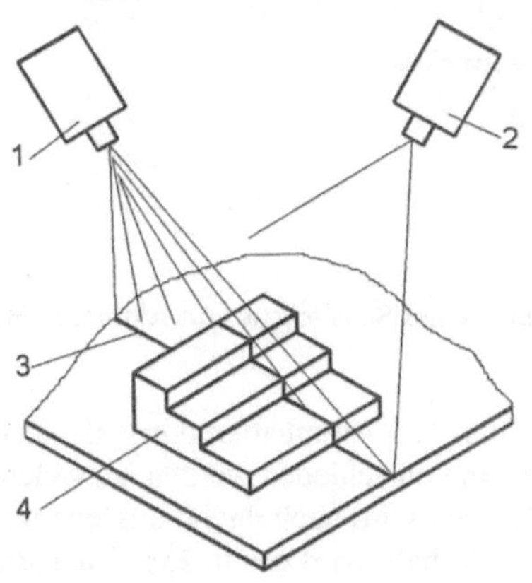

1 Lichtquelle mit Spaltblende
2 CCD-Kamera
3 Lichtstreifen
4 Werkstück

Bild 9-11 Lichtschnittverfahren zur Konturerkennung räumlicher Gegenstände

Da Kamerastandort, Blickrichtung und Ort der Lichtquelle bekannt sind, kann man durch Triangulation die Punktpositionen ermitteln. Die Aneinanderreihung dieser Punkte ergibt ein grobes Abbild des Objekts. So kann man z.B. den Verlauf einer vorbereiteten Schweißnaht feststellen und z.B. einen Schweißroboter nach diesen Informationen steuern (siehe dazu auch Bild 9-1).

Raffinierter ist da schon das Verfahren des codierten Lichtansatzes (**Bild 9-12**) mit Hilfe einer Kamera, wobei die dreidimensionale Szene mit einem Projektor beleuchtet wird. Dieser sendet zeitlich aufeinanderfolgend Strukturmuster mit einer Gray-Codierung aus. Aus den verschiedenen Lichtebenen lässt sich ebenfalls durch Triangulation das Tiefenprofil bestimmen. Kamera, Objekt und Projektor sind deshalb im Dreieck zueinander angeordnet. Die Informationen lassen sich im Rechner zu einem Bild zusammensetzen, das dann mit Referenzbildern verglichen werden kann. Der Kern dieses Verfahrens geht auf M.D. Altschuler, B.R. Altschuler und J. Taboada (1979) zurück. Praxisnahe Vorstellungen kamen erstmals von F.M. Wahl (1984) zur Diskussion.

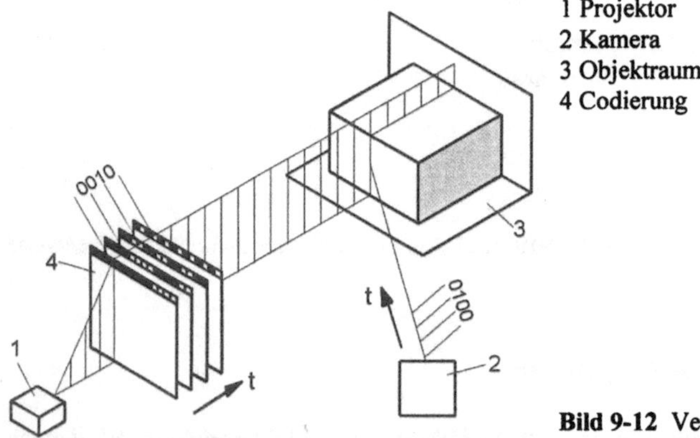

Bild 9-12 Verfahren des codierten Lichtansatzes

Wie kann ein erfasstes Muster wiedererkannt werden? Dazu kann man nach dem in **Bild 9-13** dargestellten Ablauf vorgehen. Das System ist für den industriellen Anwender nutzerfreundlich gestaltet, d.h. es ist im Teach-in-Verfahren mit Musterwerkstücken anlernbar.

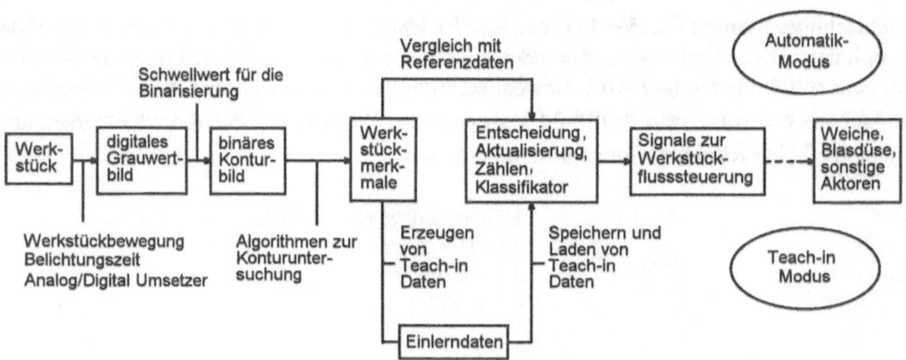

Bild 9-13 Ablaufschema von der Bildgewinnung bis zur Entstehung eines Schaltsignals für Aktoren, z.B. für Sortieroperationen

Die eingelernten Objektdaten werden gespeichert und dann im Automatikmodus als Referenzdaten benutzt. Durch Vergleich mit diesen Daten kann dann entschieden werden, zu welcher Objektklasse das momentan untersuchte Teil gehört. Im Beispiel wird auch davon ausgegangen, dass die Auswertung am Binärbild (Schwarz/Weiß) genügt. Deshalb wird das in 256 Graustufen aufgenommene Bild in ein Konturbild umgewandelt. Für diesen Vorgang wird ein Schwellwert (Binärpegel) gebraucht. Die Funktion erläutert das **Bild 9-14**. Bei einer Veränderung ergibt sich ein anderes Mengenverhältnis der Pixel mit Weiß- und Schwarzdeklaration. Erhöht man den Binärpegel, so steigt im Beispiel die Anzahl der als Schwarz erkannten Pixel.

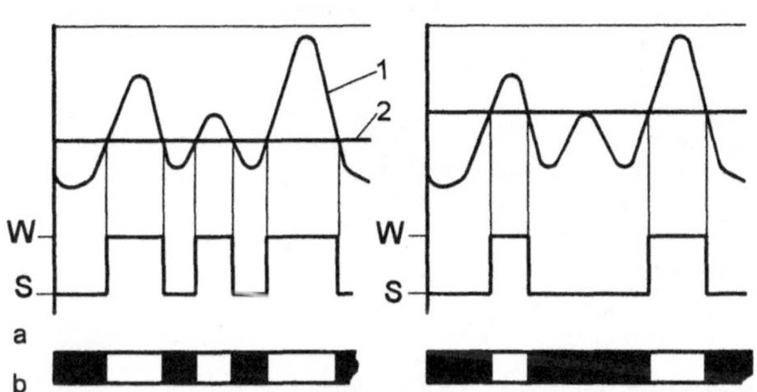

Bild 9-14 Binarisierung von Analogsignalen

Die Festsetzung des Binärpegels hängt von den visuellen Eigenschaften von Tastgut und Hintergrund und somit auch von der Beleuchtung (Auflicht, Durchlicht) ab. Der Vorteil der Binarisierung liegt in der schnelleren Signalverarbeitung, weil der Datenumfang im Vergleich zum Grauwert- oder gar Farbbild erheblich reduziert ist. Farbkameras lösen ja ein Farbbild in die drei Farbbereiche Rot-Grün-Blau auf, was einen entsprechenden Datenumfang nach sich zieht.

Um ein Abbild nach verschiedenen Merkmalen auch bei hohen Fördergeschwindigkeiten der Objekte untersuchen zu können, werden schnelle Bildverarbeitungsrechner gebraucht, die z.B. mit digitalen Signalprozessoren ausgestattet sind.

Was kann man nun am Konturbild auswerten?

Typische Merkmale, die einer Analyse zugänglich sind, werden in **Bild 9-15** an einem fiktiven Teil erklärt. Man sieht jeweils das Konturbild, als Abbildung eines realen, vor der Linienkamera vorbeigelaufenen Teiles, das aus vielen schmalen Momentaufnahmen zusammengesetzt ist. So kann man die Höhe H und die Länge L messen. Bei rechteckigen Objekten gibt das eine gute Aussage. Besser ist jedoch, die Bildpunkte der umgrenzten Fläche auszuzählen und diesen Wert für Vergleiche heranzuziehen. Ebenso kann man die Abstände S und K sowie die polaren Radien R1 und R2 verwenden, wenn ausgehend vom Schwerpunkt S per Algorithmus Kreise gezogen werden und dann die Schnittpunkte mit der Konturlinie gefunden sind. Man kann auch die Trägheitsmomente einer Fläche um die Achsen x-x und y-y feststellen. Es gibt Werkstücke, bei denen es genügt, nur ein ausgewähltes (programmierbares) Fenster (einen Konturabschnitt, einen Binärbildstreifen) zu bearbeiten. Dieser Fall ist vor allem bei der Qualitätsprüfung aktuell. Das interessierende Fenster, die *Region of Interest* (ROI), kann z.B. ein Gewindeabschnitt am Teil oder eine charakteristische Aussparung sein.

Zeilenkameras sind übrigens bei der Inspektion vorbeilaufender Bahnmatrialien oder Momente günstig einsetzbar. Flächenkameras liefern dagegen ohne Mehraufwand sofort ein flächenhaftes, am Kontrollmonitor betrachtbares Bild und sie sind meist sogar billiger als Linienkameras, weil sie in größeren Stückzahlen hergestellt werden.

Was beim Konturbild optisch nicht sichtbar ist, kann natürlich auch keiner Auswertung zugeführt werden. Dann kommt man mit der Grauwertbildverarbeitung weiter, bei der die Bilder im Auflicht gewonnen werden und die auch die Merkmale auf der Fläche sichtbar macht. Die Auswertung von Grauwertbildern ist z.B. erforderlich, wenn Oberflächen nach Textur und Oberflächenfehlern zu bewerten sind.

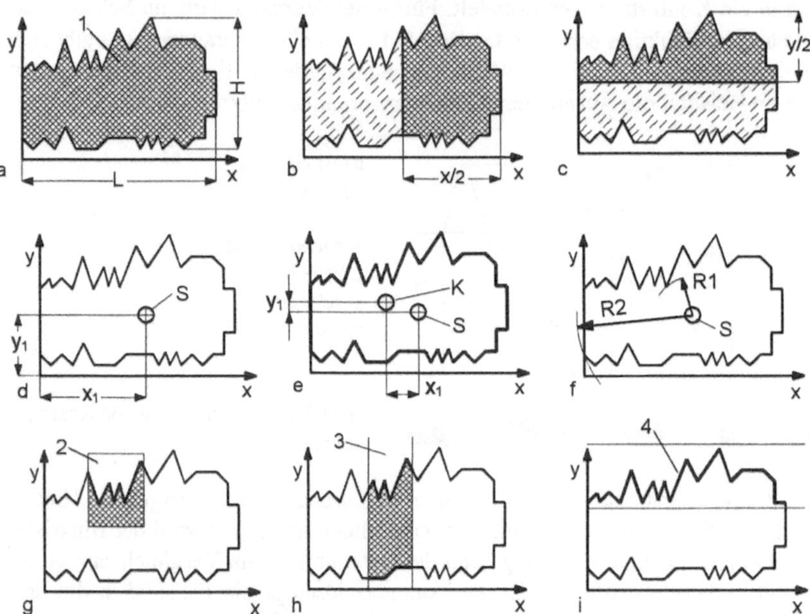

Bild 9-15 Ausgewählte Merkmale für die Untersuchung binärer Konturbilder

a) Abmessungen feststellen oder Flächenpunkte auszählen, b) Fläche X/2, c) Fläche Y/2, d) Flächen-schwerpunkt S, e) Konturschwerpunkt K, f) Radius eingeschriebener Größt- (R2) und Kleinstkreise (R2), g) Fensteruntersuchung, h) Untersuchung vertikaler Streifen, i) Untersuchung ausgewählter Randab-schnitte, 1 Konturbild, 2 Fenster, 3 Streifen (V-Strip), 4 obere Außenkontur

9.6 Schützen und Überwachen

Schützen und Überwachen ist ein weites Feld. Ziel ist, mit technischen Vorkehrungen Menschen vor Schaden zu bewahren, den richtigen Ablauf von automatischen Aktionen zu kontrollieren und Maschinen vor Überlastung sowie Havarien zu schützen, die z.B. durch Kollision mit ande-ren Geräten auftreten können. Wichtige sicherheitstechnische Anforderungen für automatisierte Maschinen sind:

- Schutz des Bearbeitungsbereiches vor unbefugtem Betreten während der Bearbeitung und vor unkontrolliertem Bewegen verfahrbarer Komponenten

- Verriegelung gegen einen Bearbeitungsstart, wenn Werkstücke ungenügend oder falsch ge-spannt sind

- Verriegelung der Werkstückspannvorrichtung bei NC-Maschinen mit Handbeschickung

- Schutz gegen Herunterfallen von Werkstücken, Transportgut und Abprodukten sowie gegen Verspritzen von Fertigungshilfsstoffen

- Gewährleistung sicherer Personenübergangs- und -durchgangsstellen an Maschinensystemen mit Flur- und Überflurtransporteinrichtungen

- Vermeidung von Engstellen zwischen Maschinen bzw. bewegten Maschinenteilen, die Quetschgefahren ergeben können oder Absperrung der Gefahrzonen

- Verkleidung von Räumen zwischen den Stationen oder Maschinen eines Maschinensystems

Bei der Erfüllung dieser Anforderungen hat der Maschinenbetreiber und -entwickler eine Vielzahl von Bestimmungen und Richtlinien zu beachten [9-3, 9-4]. Besonders wichtig sind:

- Europäische Maschinenrichtlinie 89/392 EWG, 93/44 EWG

- Rahmenrichtlinie Arbeits- und Gesundheitsschutz 89/391 EWG

- Niederspannungsrichtlinie 73/23 EWG

In welchem Umfang Maßnahmen getroffen werden müssen, hängt wesentlich vom Risiko ab, das beim Versagen von Sicherheitseinrichtungen verbleibt. Nach prEN 954-1 lässt sich das Risiko mit Hilfe des Schemas in **Bild 9-16** abschätzen. Es wird zwischen hohem und niedrigem Risiko unterschieden.

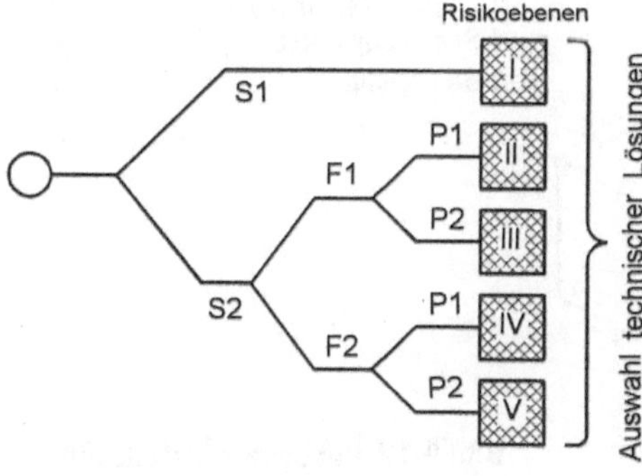

Bild 9-16 Risikoabschätzung

Im Bild bedeuten:

S Schwere der Verletzung: **S1** leicht, heilt wieder aus
S2 schwere irreversible Verletzung einer oder mehrerer Personen, auch mit tödlichen Folgen

F Häufigkeit und Aufenthaltsdauer: **F1** selten bis öfter, z.B. 1 Werkzeugwechsel je Woche
F2 häufig bis dauernd, z.B. zyklusbedingtes Beschicken

P Möglichkeit zur Vermeidung von Gefährdungen: **P1** möglich unter bestimmten Bedingungen, z.B. Flucht noch möglich,
P2 keine Möglichkeit, sich der Gefahr zu entziehen.

Im nächsten Schritt wird man die Kategorie für sicherheitsbezogene Teile von Steuerungen bestimmen. Sie sind in pr EN 954-1 wie folgt gestuft:

Kategorie	Kurzfassung der Anforderungen	Systemverhalten (Kurzfassung)
B	Basisanforderungen	Fehler kann zum Verlust der Sicherheitsfunktion führen
1	sicherheitstechnisch bewährte Bauteile und Prinzipien	höhere Zuverlässigkeit, aber bei Fehler wie unter „B"
2	Testung der Sicherheitsfunktion in angemessenen Abständen	Fehler kann zum Verlust der Sicherheitsfunktion zwischen den Prüfungen führen
3	Einfehlersicherheit mit partieller Fehlererkennung	mehrere Fehler können zu einem Verlust der Sicherheitsfunktion führen
4	Selbstüberwachung	Bei Fehlern bleibt die Sicherheitsfunktion immer erhalten.

Überwachungssensoren dienen zur Beobachtung von Systemzuständen und sie lösen bei Abweichungen vom Normzustand entsprechende Aktionen aus, z.B. Notabschaltung einer Anlage. Auch der Überwachungssensor selbst muss überwacht werden oder er stellt im Selbsttest immer wieder seine volle Funktionsfähigkeit fest. Ein besonders wichtiges Gebiet ist z.B. die Kollisionsüberwachung bei Robotern. In **Bild 9-17** wird vereinfacht die Gefahrbereichssicherung einer Roboterarbeitszelle mit einem horizontal angebrachten Sicherheits-Lichtvorhang gezeigt. Die Abstände zur Gefahrstelle müssen so bemessen sein, dass eine Person diese bei einer Annäherungsgeschwindigkeit von 2 m/s nicht erreichen kann. Bei anderen Anordnungen muss darauf geachtet werden, dass der Hintertretschutz gewahrt bleibt.

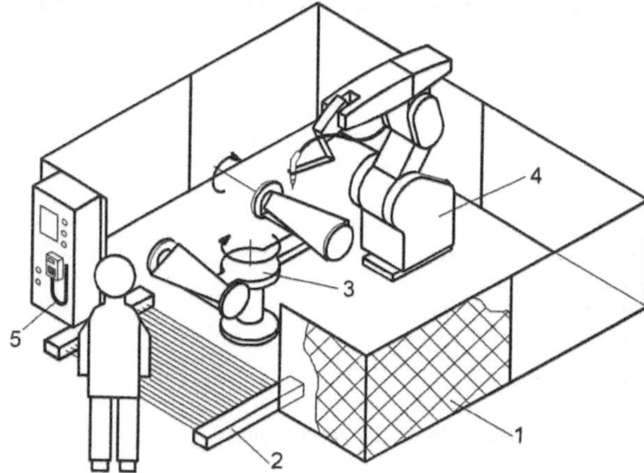

1 Schutzzaun
2 Sicherheitslichtvorhang
3 Doppeldrehtisch
4 Schweißroboter
5 Steuerung

Bild 9-17 Roboterarbeitszelle mit optischer Gefahrbereichsabsicherung

Im gezeigten Beispiel wird ein Doppeldrehtisch als Schweißteilmanipulator eingesetzt. Das würde auch die Möglichkeit eröffnen, den Schutzzaun bis Mitte Drehtisch zurückzusetzen, sodass während der Bearbeitung auf dem Spannplatz I bereits das Teil auf dem Spannplatz II gewechselt werden kann. In diesem Fall kann auf den Sicherheitsvorhang verzichtet werden. Dafür muss aber an folgendes gedacht werden:

- Anbringen einer Schutzwand gegen Funkenflug und Blendung auf Drehtisch-Mitte

- Beim Drehtischschwenken dürfen keine Quetschgefahrenstellen entstehen.

- Vor dem Drehtischschwenken muss ein Warnsignal ausgegeben werden.

- Das Tauschen der Arbeitspositionen erfordert ein "Fertig-Signal" von beiden Spannplätzen.

> **Fail-safe-Schaltung:** Fehlersichere Schaltung, die nicht unerkannt ausfallen kann. Auch bei einem Geräteausfall wird die Schutzfunktion trotzdem ausgelöst.

Es gibt Fälle, bei denen aber zu bearbeitendes Material in einen mit Lichtgittern abgeschirmten Bereich gebracht werden muss. Dann werden zusätzliche Sensoren gebraucht, die zwischen Mensch und fahrerlosem Transportgerät unterscheiden können. Das Lichtgitter muss also kurzzeitig für den Materialtransport durchlässig sein, ohne dass ein Bediener im "Schatten" des Fördermittels mit hindurchschlüpfen kann. Diese Eigenschaft eines Schutzsystems bezeichnet man als Muting-Funktion und die dafür eingesetzten Sensoren als Muting-Sensoren.

Schutzbereiche lassen sich auch mit optischen Halbkreis-Distanzsensoren gestalten. In **Bild 9-18** wird ein Beispiel gezeigt. Die Reichweite des Laserstrahls, der über rotierende Spiegel ständig die Fläche abtastet, liegt bei einem 15 Meter-Radius. Für die Personenschutzfunktion sind 6 Meter Distanz zugelassen. Moderne Geräte gestatten eine Programmierung der Schutzfeldkontur entsprechend den örtlichen (baulichen) Gegebenheiten in Bezug zur Gefahrstelle. Mit der Zulassung solcher Geräte ist verbunden, dass sie zweikanalig in ihrer Prozessorstruktur sein müssen und über Routinen zur Eigenüberwachung verfügen.

> **Zweikanaligkeit:** Eigenschaft eines Sicherheitssystems, auch bei Ausfall eines wichtigen Bauteils, z.B. eines Leistungsschützes, die Schutzfunktion trotzdem durch redundante Bauteile sicherzustellen (Redundanz = Mehrfachauslegung).

Der Laserstrahl wird z.B. 10-mal je Sekunde über die zu beobachtende Fläche geführt. Aus Abstrahlwinkel und Laufzeit eines Lichtimpulses werden die Koordinaten des erfassten Objekts ermittelt und mit der Kontur des Schutzfeldes verglichen. Die Programmierbarkeit des Schutzfeldes erlaubt, z.B. auch ständig in diesem Areal befindliche unbewegliche (abgestellte) Gegenstände zu berücksichtigen. Man kann hier durchaus schon von einem intelligenten Schutzsystem sprechen.

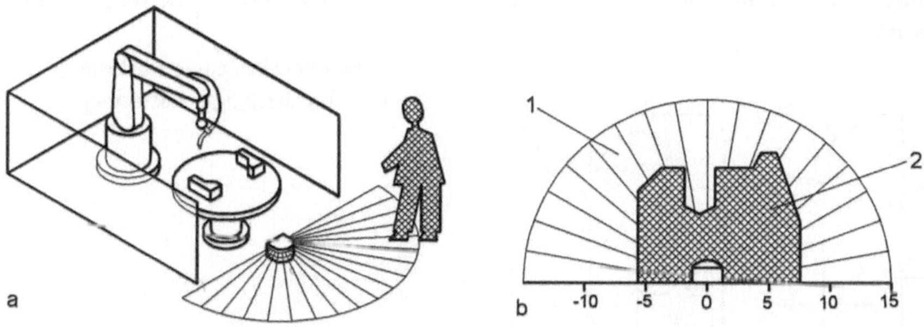

Bild 9-18 Roboterarbeitsplatz mit flächendeckendem Distanzsensor

a) Arbeitszelle, b) Beispiel für eine Schutzfeldkontur, 1 Erkennungsbereich, 2 Schutzfeld

Außer den optischen Sensoren werden auch Ultraschall-Sensoren, Infrarotlichttaster und Mikrowellensensoren eingesetzt, z.B. an fahrerlosen Flurförderzeugen. Dort steht an erster Stelle der Kollisionsschutz durch vorausschauende Umfeldbeobachtung. Außerdem werden Auffahrschutzsysteme ("Stoßstangen") gebraucht. Man kann 4 Ausführungen unterscheiden:

- Metallbügel mit zwangsöffnendem Schalter

- Kunststoffbügel mit Schalterzwangsöffnung

- Kunststoffbügel mit Reflexionslichtschranke

- Schaumstoffbumper mit integrierter Kontaktleiste

Bei Betätigung kommt es zum ruckartigen Notstopp des Fahrzeuges, wobei trotzdem eine gewisse Bremsstrecke nicht zu vermeiden ist.

Ein Schwerpunkt ist natürlich die generelle und vorausschauende Vermeidung von Kollisionen bzw. die automatische Erkennung von Gefahrensituationen. An Werkzeugmaschinen führt eine Kollision, z.B. mit Beschickungseinrichtungen, in der Regel zu erheblichen Schäden. Es gibt aber im Bereich der Werkzeugmaschine noch weitere Fehlerquellen.

Das sind im wesentlichen:

- Programmfehler, z.B. wenn die Größe benachbarter Werkzeuge im Magazin unbeachtet bleibt (Schneidenflugkreis)
- Steuerungsfehler, z.B. durch Mängel im Sicherheits-Selbsttestablauf
- Maschinenfehler, z.B. Ausfall mechanischer Komponenten (selten)
- Werkstückfehler, z.B. unbemerktes zu großes Aufmaß
- Bedienfehler, z.B. Eingabe falscher Korrekturwerte

Die Erkennung solcher Fehler erfordert ein Kollisionsschutzsystem. Prinzipiell bieten sich hierfür sensorische und sensorlose Verfahren an, z.B. Kameras zur Beobachtung von Räumen und Kraftsensoren zur Kontrolle von Schnittkräften. Damit lassen sich allerdings immer nur Teilprobleme lösen. Sensorlose Verfahren berechnen Kollisionsgefahren aus der geometrischen Betrachtung der festen und bewegten Maschinenteile unter Berücksichtigung ihrer aktuellen Position und Geschwindigkeit. Steuerungs- und Programmfehler lassen sich damit vollständig herausfinden.

Bei der Überwachung von Aktionen ist wichtig, ob man die Ausführung von Funktionen oder den Erfolg einer Aktion kontrolliert. Das wird am Beispiel des Greifens eines Werkstücks in **Bild 9-19** gezeigt.

a) funktionsbestätigte Auslösung
b) erfolgsbestätigte Auslösung

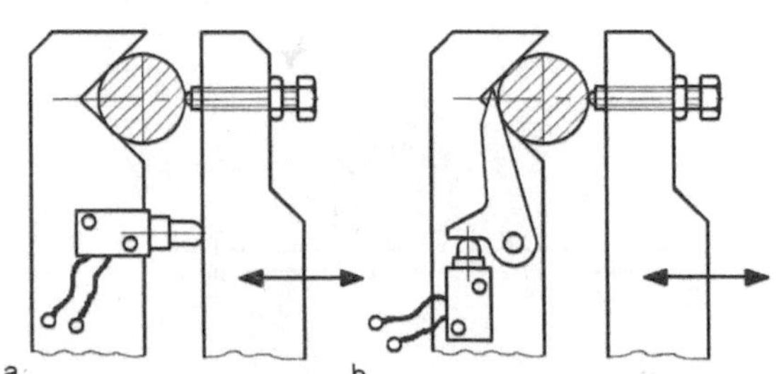

Bild 9-19 Kontrolle des Greif-Erfolgs

Bei der funktionsbestätigenden Kontrolle wird lediglich das Schließen der Greifbacken überwacht, also die Funktionsfähigkeit des *Greifers*. Das Quittungssignal reicht aus, um den nächsten gesteuerten Vorgang auszulösen. Bei der erfolgsbestätigenden Auslösung muss tatsächlich ein Werkstück gespannt sein, um den Folgeablauf in Gang zu halten. Es wird die Funktion des *Greifens* überwacht.

In modernen Anlagen erfolgen solche Abtastvorgänge aus Verschleißgründen berührungslos. Bleiben wir beim pneumatisch angetriebenen Greifer, dann kann der Kolbenhub auch mit einem Hallsensor erfasst werden. Das wird in **Bild 9-20** gezeigt. Es wird nicht nur das Erreichen einer Endposition signalisiert, sondern es können aus der generierten Hallspannung auch Zwischenpositionen abgelesen werden.

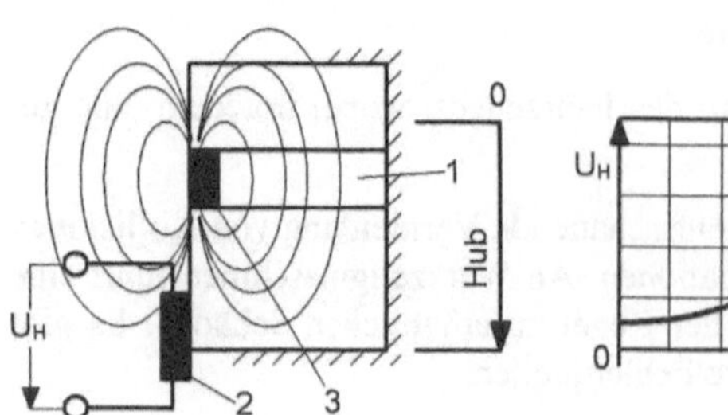

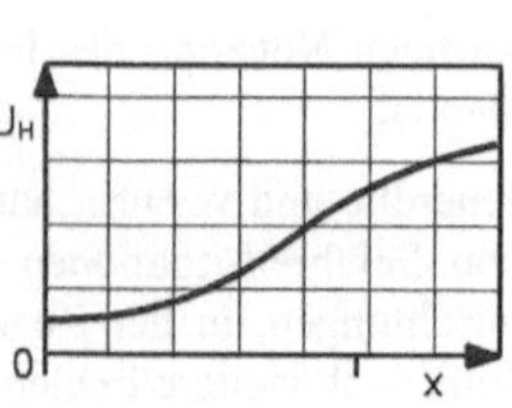

1 Pneumatikkolben
2 Hallsensor
3 Dauermagnet

U_H Hallspannung
x Kolbenhub

Bild 9-20 Prinzip der Greifpositionsüberwachung mit dem Hallsensor

Das sind z.B. Signale für 3 Positionen: Teil 1 gegriffen, Teil 2 gegriffen (wenn es sich im Durchmesser zu Teil 1 unterscheidet) und Greifer offen bzw. geschlossen. Der Sensor wird durch einen Dauermagneten proportional zum Greifhub bedämpft. Die Auswerteelektronik ist in einer Box, der "Trimmbox", untergebracht. Hier wird das generierte Analogsignal aufbereitet. Die Positioniergenauigkeit liegt bei ± 0,2 mm.

9.7 Diagnostizieren

Steuerungen, insbesondere CNC-Steuerungen, bieten alle erforderlichen Voraussetzungen, um eine Diagnose durchzuführen. Die Fehlerdiagnostizierung besteht aus 3 Schritten:

- Fehlererkennung

- Fehlerlokalisierung

- Fehlerreaktion

Bezüglich der zu diagnostizierenden Bereiche unterscheidet man in Steuerungsdiagnose, auch als Eigen- oder innere Diagnose bezeichnet, sowie in die Maschinen- und Prozessdiagnose, auch als Fremd- oder externe Diagnose bezeichnet. Letztere läuft unter entscheidender Beteiligung der CNC-Steuerung ab. Wird die Diagnose während des eigentlichen Steuerregimes durchgeführt, spricht man von einer Online-Diagnose. Im anderen Fall ist es eine Offline-Diagnose.

> **Diagnose:** Funktionsumfang von Rechnern und Steuerungen, um durch Testen Fehler zu lokalisieren, die in Bauelementen, Anlagenteilen und in softwaregestützten Abläufen vorkommen können und deren bestimmungsgemäße Funktion verhindern oder beeinträchtigen.

Bei der Einschaltdiagnose (Anlaufdiagnose), die beim Einschalten einer Steuerung ohne Zutun des Bedieners von selbst abläuft, wird zuerst die Fehlerfreiheit kontrolliert. Erst dann können Bedienhandlungen ausgeführt werden. Im anderen Fall erscheint auf dem Monitor oder an anderer Stelle eine Fehleranzeige mit Angabe der Fehlernummer. Über ein Fehlercode-Verzeichnis lassen sich Fehlerart und -ort herausfinden. Einschaltdiagnosen können durchaus umfangreich sein, weil in dieser Anlaufphase noch keine Echtzeitforderungen bestehen. Die Diagnosearten können nach **Bild 9-21** gegliedert werden.

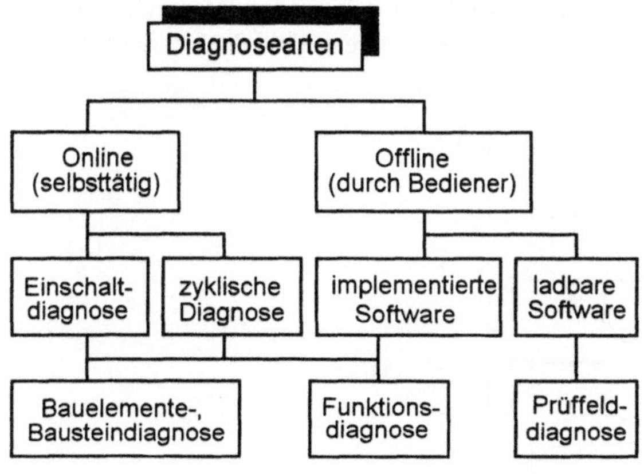

Bild 9-21 Einteilung der Diagnoseverfahren

Zyklische Diagnosen werden während des Laufs durchgeführt und müssen schnell ablaufen, weil die zu überprüfenden Bauteile kurzzeitig ihre Funktion nicht ausführen können. Sie kommen deshalb nur für ausgewählte Tests in Frage. Die interne Diagnose betrifft Speichertest, Datenerhalttest, Input/Output-Test, einen Test von Bausteinfunktionen u.a.

Die Fehlererkennung im Online-Betrieb wird übrigens auch als Überwachung bezeichnet.

Die zu diagnostizierenden Systemkomponenten werden üblicherweise in hierarchisch gestufte Überwachungsbereiche wie die Schalen einer Zwiebel aufgeteilt. Damit erreicht man eine hohe Fehlererkennungsrate, ohne eine komplexe Zusatzlogik einsetzen zu müssen. Die Überwachungsbereiche sind mit steigender Priorität [2-17] eingeordnet:

- Maschinen-, Prozessbereich
- Peripheriebereich
- Prozessorbereich
- Systembereich
- Watch-dog

Die höchste Priorität hat die Systemüberwachung in Verbindung mit dem "Watch-dog-Zähler". In der "Prozessorschale" werden die Komponenten des Mikrorechners überwacht, z.B. die Speicher und der interne Datentransfer. Mit Peripheriebereich sind die unmittelbar angeschlossenen Geräte gemeint, wie z.B. Ein- und Ausgabegeräte und externe Dateninterfaces.

Watch dog: Ein Wächter (Überwacher), der die Funktion und die zulässige Arbeitszeit des Mikroprozessors ständig in einem festen Takt kontrolliert.

Im Bereich der Achsensteuerung werden vor allem die Signale der Wegmesssysteme überwacht, weil z.B. eingestreute Störimpulse zu fatalen Fehlinterpretationen führen können. Funktionen sind:

- Überwachung der Anzahl der Impulse zwischen 2 Nullimpulsen des inkrementalen Wegmesssystems
- Überwachung des maximalen Schleppfehlers sowie der Größtwerte für Beschleunigung und Verzögerung
- Bahnüberwachung auf Einhaltung eines definierten Toleranzbandes
- Erkennen des Überschreitens des Arbeitsbereiches durch Softwareendschalter

Bei der Offline-Diagnose befindet sich die Steuerung im "Diagnosemode". Dafür sind dann Diagnoseroutinen vorhanden, die an der Steuerung oder mit Hilfe von Zusatzgeräten aktiviert werden können. Das befähigt den Anwender im Bedarfsfall einen Eigenservice durchzuführen. Eine besondere Form der Offline-Diagnose ist die Ferndiagnose, wie in **Bild 9-22** dargestellt.

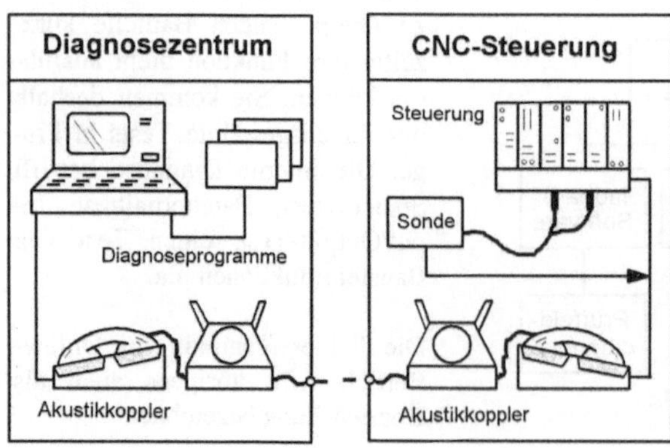

Bild 9-22 Diagnose über die Telefonleitung

In diesem Fall kommuniziert eine Steuerung mit Diagnosezusatz über öffentliche Fernsprechnetze mit einem zentralen Diagnosezentrum. Mit Modem-Anschluss ist es somit möglich, alle Daten einer Werkzeugmaschine zur Serviceabteilung des Herstellers zu übertragen, dort auszuwerten und gegebenenfalls Änderungen der Parametrierung an der Maschine vorzunehmen bzw. Reparaturhilfen zurückzusenden. Bei diesem Verfahren können auch umfangreiche Diagnoseprogramme ausgenutzt werden. Man kann sogar an zentraler Stelle Maschinenprotokolle führen und Ausfallursachen mit früheren Störungen vergleichen.

Für die technische Diagnose (*technical diagnosis*) werden inzwischen auch Expertensysteme eingesetzt.

Expertensystem: Programm, das in einem eng abgegrenzten Anwendungsbereich den spezifischen Problemlösungsfähigkeiten eines menschlichen Experten nahekommt, sie erreicht oder gar übertrifft.

An Hand vorliegender Symptome, die mitunter aus großen Datenmengen bestehen können, und physikalischer Gesetzmäßigkeiten werden Schlussfolgerungen über den inneren Zustand des technischen Systems gefunden, die Abweichungen vom Normalzustand anzeigen. Das ist besonders dann eine enorme Unterstützung, wenn eine Datenflut auszuwerten ist und in sehr kurzer Zeit Handlungen (Not-Betrieb, Anlagenstopp) ausgelöst werden müssen.

Inzwischen wird die Ferndiagnosetechnik in neue Internet-Technologien eingebunden, so dass Prozesszustände weltweit und unabhängig von Zeitzonen erkennbar und überwachbar sind. Allgemeiner gefasst spricht man vom Teleservice, zu den auch die Telediagnose gehört. Teleservice ist die telekommunikative Unterstützung der Inbetriebnahme, Störfallbehandlung, Wartung und Reparatur von Maschinen und Anlagen. Das Kerngedanke besteht darin, nicht die Diagnosespezialisten zum Aufstellort einer Maschine zu delegieren, sondern die Diagnosedaten zum Spezialisten zu leiten.

Kontrollfragen

1 Sensoren sind technische Sinnesorgane. Welche physikalischen Effekte werden für welche Aufgaben genutzt?

2 Kapazitive Sensoren sind relativ einfach aufgebaut. Lassen sich damit nur metallische Objekte sensieren?

3 Wo setzt man Mehrkomponentensensoren für Kraft und Moment ein?

4 Auf welche Weise kann man beim Verfahren des codierten Lichtansatzes das Tiefenprofil einer Szene oder eines Objekts erfassen?

5 Was versteht man unter einer Fail-safe-Schaltung?

6 Ein Vorgang kann erfolgs- oder funktionsbestätigt kontrolliert werden. Wo liegen die Unterschiede und welche Folgen können sich ergeben?

10 Identifikationstechnik

Die Automatisierung hat die Verschmelzung von Informations- und Material-(Produkt-)Fluss zur Folge. Damit wird die Notwendigkeit auf die Tagesordnung gesetzt, ständig aktuelle Daten vom Stofffluss verfügbar zu haben. Nur dann gibt es eine Chance, die inzwischen sehr beschleunigten Teile-Durchläufe in der Fertigung richtig zu steuern. Deshalb hat sich die Identifikationstechnik in den letzten Jahren stürmisch entwickelt. Sie ist heute integraler Bestandteil automatisierter Fertigungen [8-1, 10-1 bis 10-3].

Anwenderschwerpunkt sind im großindustriellen Bereich der automatisierte Produktionsfluss sowie Lager und Versand. In kleineren Betrieben steht eher die Erfassung von Fertigungs- und Qualitätsdaten im Vordergrund, das teilautomatisierte Kleinteilelager und die papierarme Kommissionierung. Dafür werden dann zum Lesen mitgegebener Informationen auch gern Handlesegeräte eingesetzt, weil sie preiswerter als feste vollautomatische Lesestationen sind, gegebenenfalls mit integriertem Eingabeterminal und Display. Sie können über Datenfunk, Infrarotstrecke oder über eine Docking-Station mit der Datenverarbeitungslage verbunden sein. Jedenfalls wird die zwischenbetriebliche Logistik in Zukunft eine tragende Rolle spielen.

10.1 Automatische Identifikation

Das Identifizieren (DIN 6763) von Produkten, Baugruppen, Teilen und Materialien (sofern Stückgut vorliegt) soll in Echtzeit erfolgen, automatisch und berührungslos.

> **Identität prüfen:** Feststellen der völligen Gleichheit von Objekten, verbunden mit dem Lesen der mitgeführten sonstigen Informationen, wie z.B. Zählnummern oder Qualitätsdaten.

Für diese Aufgabe haben sich die optisch lesbaren Strichcodes hervorragend bewährt. Es gibt inzwischen viele unterschiedliche Strichcodes. Je nach Code ist die Information nur in der Breite der schwarzen Striche enthalten (z.B. Code 2-aus-5) oder es werden auch die weißen Zwischenräume mit ausgewertet (z.B. Code 2-aus-5 interleaved, Code 39 und Code Codabar). In **Bild 10-1** sind einige Codebeispiele zu diesen Balkencodes wiedergegeben.

Bild 10-1 Verschiedene Balkencodes

Es gibt auch Klarschriftcodes, wie den magnetisch und visuell lesbaren Code E 13 B.

Zum Prinzip des einzeiligen Barcodes:

Nach einer Codiervorschrift wird eine Sequenz von parallelen dunklen Strichen auf hellem Hintergrund abgebildet. Je nach codierten Zeichen weisen die Striche und die Strichabstände unterschiedliche Breiten auf. In **Bild 10-2** wird der Aufbau eines solchen Codes gezeigt. Start- und Stoppzeichen dienen zur Definition der Leserichtung. Die Etikettenlänge beinhaltet auch die Ruhe- bzw. Stillzonen. Das Lesen des Codes ist nicht möglich, wenn sich die Ruhezonen außerhalb des Lesebereiches befinden. Der Strichcode soll mindestens so lange am Leseort verbleiben, wie der Abtastvorgang dauert. Er kann jedoch während des Abtastens mit einem Laserstrahl auch weiterbewegt werden. Die höchstmögliche Fördergeschwindigkeit ist daher der zurückgelegte Weg, dividiert durch die Lesezeit.

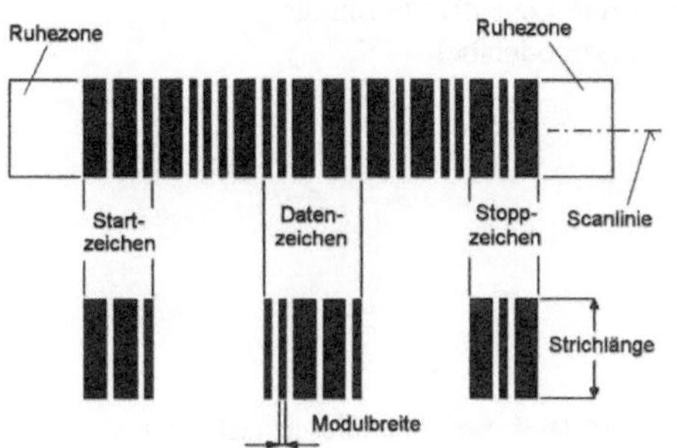

Bild 10-2 Aufbau eines Strichcodes

Strichcodes können mit dem Laserstrahl abgetastet und gelesen werden, aber auch mit einem CCD-Bildsensor. Für beides gibt es stationäre Leser und mobile Handlesegeräte. Das Prinzip des Laserscanners wird in **Bild 10-3** gezeigt. Der von der Laserdiode ausgestrahlte Laserstrahl wird von dem sich drehenden Polygonspiegel zum Abtasten des Strichcodes reflektiert. Das diffuse reflektierte Licht erreicht über ein optisches System eine Fotodiode. Es entsteht ein analoges Signal. Dieses wird über einen Analog/Digital-Wandler in ein digitales Signal umgeformt, damit sich Striche und Zwischenräume deutlicher darstellen. Zum Schluss werden die schmalen und breiten Striche sowie Zwischenräume nach den geltenden Regeln decodiert und die Daten über eine Schnittstelle ausgegeben. Man unterscheidet bei diesem Leseprinzip zwischen Einzel- und Rasterabtastung. Bei der Einzelabtastung wird in einer einzigen Linie abgetastet. Bei der Rasterabtastung wird dagegen in mehreren Abtastzeilen und in mehreren Strichcodebereichen abgetastet. Dieses Mehrfachlesen hat den Vorteil, dass auch bei schlechter Druckqualität des Strichcodes Lesefehler ausgeschlossen werden können.

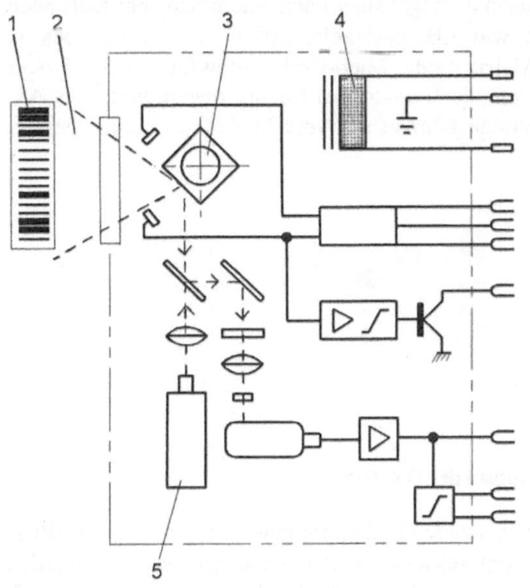

1 Codeträger
2 Abtastbereich
3 Drehspiegel
4 Netzteil
5 Laser

Bild 10-3 Strichcodeleser nach dem Laserprinzip

Bei der Erfassung eines Strichcodes mit einem CCD-Sensor wird der gesamte Strichcodebereich als ein Bild aufgenommen (**Bild 10-4**). Der Barcode wird dazu mit einer Leuchtemitterdiode beleuchtet und der CCD-Sensor empfängt das diffuse reflektierte Licht. Dem folgt eine Auswertung der Bilddaten und anschließend die Decodierung der Zeichen. Der Strichcode wird somit über die Bilddaten gelesen.

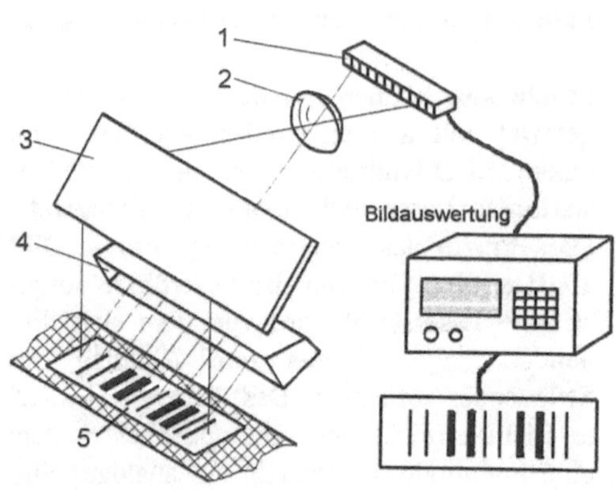

1 CCD-Bildsensor
2 optisches System
3 Reflexionsspiegel
4 rote Leuchtemitterdiode
5 Barcodelabel

Bild 10-4 Strichcodeleser nach dem CCD-Prinzip (Keyence)

Vor- und Nachteile beider Verfahren sind:

Eigenschaften	Laserscanner	CCD-Bildsensor
Vorteile	- großer Erfassungsbereich, - breiter Lesebereich - geeignet für bewegliche Objekte	- kompakt und preisgünstig, - große Lebensdauer, weil bewegliche Elemente fehlen
Nachteile	- teuer	- begrenzter Lesebereich - ungeeignet für bewegliche Objekte

Um den Forderungen nach Erhöhung des Informationsgehaltes nachzukommen, hat man auch zweidimensionale Codestrukturen entwickelt, wie z.B. gestapelte Strichcodes (Codablock F, PDF 417) oder Matrix-Codes, wie den Data-Matrix Code, Maxi-Code, Snowflake, USD-5 oder den Dotcode. Die Informationen sind beim Dotcode (Punktcode) flächig angeordnet. Das Anordnungsraster liegt fest und die Kreuzungspunkte können mit verschiedenen Zeichen besetzt werden. Das **Bild 10-5** zeigt das Prinzip.

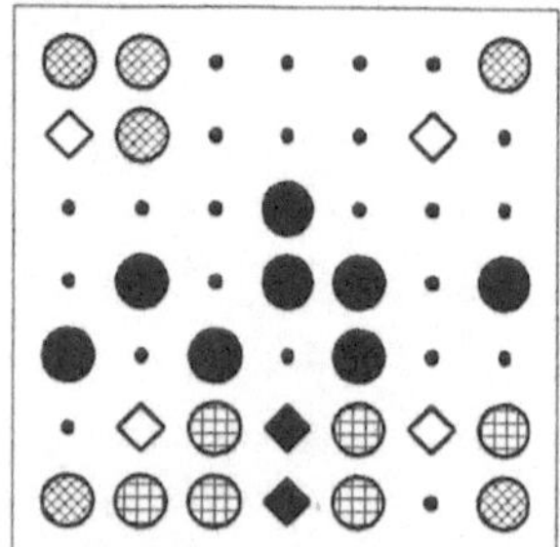

Punkte für	gesetzt	nicht gesetzt
Information	●	•
Prüfzahl	⊕	◆
Lageerkennung	▨	◇

Bild 10-5 Aufbau des Dotcodes

Als Lesegeräte eignen sich zweidimensional abtastende Geräte, die gegebenenfalls durch Blitzlichtquellen (Momentaufnahme) von der Fördergeschwindigkeit unabhängig werden. Werden Zeilenkameras eingesetzt, dann muss allerdings eine konstante Fördergeschwindigkeit gesichert sein.

Die bisher höchsten Identifizierungsleistungen werden mit Bildverarbeitungssystemen erreicht. Damit lassen sich dann auch nichtcodierte Objekte erkennen. Es ist natürlich ein Wiedererkennen im Vergleich mit vorher eingelernten Mustern, wie z.B. Gesichter. Systeme für den *Face check* dienen der Personenerkennung und befinden sich noch in der Startphase. Die Auswertung solcher Daten geschieht mit Hilfe neuronaler Netze und schneller digitaler Signalprozessoren.

Magnetische Identifikationssysteme nutzen das magnetische Feld eines oder mehrerer Permanentmagneten oder die magnetisierbaren Schichten von Magnetkarten, -streifen oder -bändern zur Speicherung der Informationen. Die Ablesung erfolgt berührungslos, wobei die Abtastentfernungen gering sind. Deshalb werden sie in Fertigung und Logistik wenig eingesetzt.

10.2 Identifikation mit elektronischen Datenträgern

Mobile Objekte, wie z.B. Werkstückträger in Montagetransfermaschinen, können mit elektronischen Datenträgern ausgerüstet werden. Zur Speicherung der objektbegleitenden Daten, wie z.B. fortlaufende Zählnummern, Zielinformationen und Bearbeitungsdaten, können folgende Wege beschritten werden:

- **Festcodierte Datenträger**

  Als Speichermedium kommen die Schaltkreise PROM und EEPROM in Frage. Der Informationsgehalt ist abrufbar, kann aber nicht verändert werden. Die Speicherkapazität kann z.B. 32 oder 64 bit betragen. Ein 64-bit-Datenträger kann eine 16-stellige Hexadezimalzahl darstellen. Da zur Datensicherung oft bis zu 50 % des Speicherplatzes benötigt werden, verbleiben etwas mehr als 4 Milliarden darstellbare Dezimalzahlen.

- **Programmierbare Datenträger**

  Als Speichermedium kommen Halbleiterspeicher vom Typ RAM oder EEPROM zum Einsatz. Die Daten können gelesen, geändert, ergänzt oder ausgetauscht werden. Marktgängig sind Datenträger mit einer Speicherkapazität von 256 byte sowie 1 bis 128 kbyte. Bei Raumtemperatur werden Datenerhalt-Zeiten von mindestens 10 Jahren angegeben.

Für die Nutzung solcher Datenträger werden neben den Datenträgern selbst noch Antennen, Batterien und Elektronik gebraucht. Benötigt werden auch Arbeitsfrequenzen (von Langwelle bis Infrarot, 70 kHz bis 100 Thz), Modulationsarten (überwiegend Amplituden-, Frequenz-, Phasen- oder verschiedene Arten von Pulsmodulation), Übertragungsverfahren und Festlegungen zur Sendeleistung. Bei der Auswahl eines Systems sind u.a. folgende Punkte zu betrachten:

- Übertragungsabstand (wenige Millimeter bis mehrere Meter)

- Datenumfang (Nutz-, Prüfdaten; abhängig von Abstand und Fördergeschwindigkeit)

- Unempfindlichkeit gegenüber Umwelteinflüssen, z.B. verdrehte Objektlage

- Art der Datenorganisation (byte-, block- oder fileweise Organisation)

- Notwendigkeit des selektiven Ansprechens der Datenträger

Selektives Ansprechen erlaubt z.B. die schnelle Erfassung aller Paletten, die ein LKW geladen hat.

Von etwas anderer Art sind die Transponder. Sie werden auch als RF/ID-Systeme bezeichnet *(RF radio frequency*, Hochfrequenz). Der Begriff "Transponder" ist aus *transmitter* (Sender) und *responder* (Antwortgeber) zusammengesetzt. Sie dienen der berührungslosen Datenübertragung. Passive Transponder benötigen keine Batterie, weil sie durch die Sendeenergie des Lesegerätes aktiviert werden. Man kann sie aus bis zu 15 Zentimeter Entfernung lesen und beschreiben. Sie können heute superflach hergestellt werden und finden dann als Transponder-Etiketten Verwendung. Das wäre dann z.B. in der Größe 13,6 x 13,9 x 0,7 Millimeter, ein klebefähiges Etikett mit Balkencode und dem unsichtbar einlaminierten Leiterzug des Transponders. Man hat auch "Knopfdatenträger" von nur **8** mm Durchmesser. RF-Systeme arbeiten auch unter rauen Umgebungsbedingungen (Feuchtigkeit, Hitze, Kälte, Schmutz, Vibration) äußerst zuverlässig. Die Datenträger widerstehen sogar Temperaturen bis 240° C.

Es gibt auch Chips, die man z.B. dem Schüttgut in einer Palette beimengen kann und deren Daten trotzdem drahtlos abgefragt werden können. Ein Sichtkontakt wie bei einer optischen Ablesung ist damit nicht mehr erforderlich. Tag-it Transponder (*tag* = Aufkleber), die einen Chip und eine Antenne auf einer dünnen Plastikfolie beherbergen, sind als Lese/Schreib-Variante erhältlich. Die Informationen können praktisch "im Vorrüberfahren" ausgetauscht werden.

Transponder können auch an umlaufenden Werkstück-Trägersystemen angebracht werden. Die Abfrage kann seitlich oder von unten erfolgen. Eine bestimmte Leserichtung wie bei den Barcodes muss nicht eingehalten werden. In **Bild 10-6** wird der Kommunikationsbereich schematisch dargestellt.

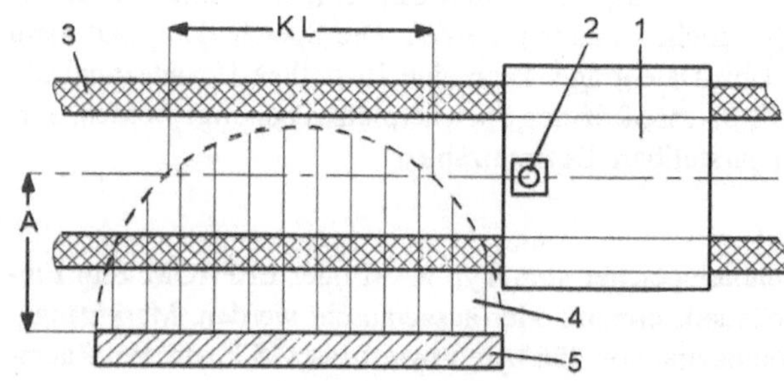

1 Werkstück-Trägermagazin
2 Transponder
3 Doppelgurt-Transfersystem
4 Kommunikationsbereich
5 Antenne

A Leseabstand
KL Kommunikationsbereichslänge

Bild 10-6 Kommunikationsbereich beim Lesen von Daten in der Bewegung

Kontrollfragen

1 Was ist ein Transponder? Wofür wird er gebraucht?

2 Wie sind prinzipiell Strichcodes und Strichcodeleser aufgebaut?

3 In welchen Vor- und Nachteilen unterscheiden sich Laserscanner und CCD-Bildsensoren?

4 Was ist ein gestapelter Strichcode?

Literatur und Quellen

[1-1] Hesse, S.: Montage-Atlas; Montage- und automatisierungsgerecht konstruieren, Hoppenstedt Verlag, Darmstadt / Vieweg Verlag, Braunschweig/Wiesbaden 1994

[1-2] Andreasen, M.M.; Kähler, S.; Lund, T.: Montagegerechtes Konstruieren, Springer Verlag, Berlin/Heidelberg 1985

[1-3] Redford, A.; Chal, J.: Design for Assembly, McGraw-Hill, London 1994

[1-4] Konold, P.; Reger, H.: Angewandte Montagetechnik, Vieweg Verlag, Braunschweig/Wiesbaden 1997

[1-5] Tempelmeier, H.; Kuhn, H.: Flexible Fertigungssysteme - Entscheidungsunterstützung für Konfiguration und Betrieb, Springer Verlag, Berlin/Heidelberg 1993

[1-6] Kief, H. B.: FFS-Handbuch '97/98, Hanser Verlag, München 1997

[1-7] Schraft, R.D.; Kaun, R.: Automatisierung der Produktion - Erfolgsfaktoren und Vorgehen in der Praxis, Springer Verlag, Berlin/Heidelberg 1998

[1-8] Keller, H.B.: Maschinelle Intelligenz, Vieweg Verlag, Braunschweig/Wiesbaden 2000

[1-9] Hesse, S.: Lexikon Künstliche Intelligenz, expert Verlag/Linde Verlag, Renningen/Wien 1999

[2-1] Böge, W. (Hrsg.): Handbuch Elektrotechnik, Vieweg Verlag, Braunschweig/Wiesbaden 1998

[2-2] Nist, G. u.a.: Steuern und Regeln im Maschinenbau, Verlag Europa-Lehrmittel, Haan-Gruiten 1989

[2-3] Hesse, S.; Seitz, G.: Robotik - Grundwissen für die berufliche Bildung, Vieweg Verlag, Braunschweig/Wiesbaden 1996

[2-4] Deppert, W.; Stoll, K.: Pneumatische Steuerungen, Vogel Buchverlag, Würzburg 1994

[2-5] Deppert, W.; Stoll, K.: Pneumatikanwendungen - Kosten senken mit Pneumatik, Vogel Buchverlag, Würzburg 1990

[2-6] Hesse, S.: Modulare Einlegeeinrichtungen, Festo, Esslingen 2000

[2-7] Schrüfer, E. (Hrsg.): Lexikon der Mess- und Automatisierungstechnik, VDI Verlag, Düsseldorf 1992

[2-8] Will, D.; Ströhl, H.; Gebhardt, N.: Hydraulik - Grundlagen, Komponenten, Schaltungen, Springer Verlag, Berlin/Heidelberg 1999

[2-9] Merkle, D.; Schrader, B.; Thomes, B.: Hydraulik Grundstufe, Springer Verlag, Berlin/Heidelberg 1997

[2-10] Hesse, S.: Montagemaschinen, Vogel Buchverlag, Würzburg 1993

[2-11] Sauter, R.: Numerische Steuerungen für Werkzeugmaschinen, Vogel Buchverlag, Würzburg 1987

[2-12] Weck, M.: Werkzeugmaschinen - Fertigungssysteme, Band 3.1 und Band 3.2, VDI Verlag/Springer Verlag, Düsseldorf/Berlin/Heidelberg 1995

[2-13] Böge, A. (Hrsg.): Das Techniker Handbuch, Vieweg Verlag, Braunschweig/Wiesbaden 1999

[2-14] Leopold, H.-D.: Praktische Übungen auf der CNC-Drehmaschine, Vogel Buchverlag, Würzburg 1990

[2-15] Güsmann, B.: Einführung in die Roboterprogrammierung, Vieweg Verlag, Braunschweig/Wiesbaden 1992

[2-16] Busch, P.: Elementare Regelungstechnik, Vogel Buchverlag, Würzburg 1991

[2-17] Wollenberg, G.: CNC-Steuerungen für Werkzeugmaschinen, Verlag Technik, Berlin 1990

[2-18] Abel, D.: Petri-Netze für Ingenieure, Springer Verlag, Berlin/Heidelberg 1990

[2-19] Schneider-Obermann, H.: Kanalcodierung, Vieweg Verlag, Braunschweig/Wiesbaden 1998

[2-20] Wellenreuther, G.; Zastrow, D.: Steuerungstechnik mit SPS, Vieweg Verlag, Braunschweig/Wiesbaden 1998

[2-21] Leonhard, W.: Einführung in die Regelungstechnik, Vieweg Verlag, Braunschweig/Wiesbaden 1992

[2-22] Kahlert, J.: Fuzzy Control für Ingenieure, Vieweg Verlag, Braunschweig/Wiesbaden 1995

[2-23] Schnell, G. (Hrsg.): Bussysteme in der Automatisierungstechnik, Vieweg Verlag, Braunschweig/Wiesbaden 1999

[2-24] Kramer, U.; Neculau, M.: Simulationstechnik, Hanser Verlag, München/Wien 1998

[2-25] Phoenix Contact (Hrsg.): Grundkurs Sensor/Aktor-Feldbustechnik, Vogel Buchverlag, Würzburg 1998

[2-26] Härle, P. u.a.: Technik und Programmierung von NC-Maschinen, Verlag Handwerk und Technik, Hamburg 1991

[2-27] Pfeiffer, W.: Digitale Messtechnik, Springer Verlag, Berlin/Heidelberg 1998

[3-1] Hesse, S.: Lexikon Automatisierung der Arbeitssysteme, expert Verlag, Renningen 1994

[3-2] Rummich, E.: Elektrische Schrittmotoren und -antriebe, expert Verlag, Renningen 1995

[4-1] Hesse, S.: Praxisweissen Handhabungstechnik in 36 Lektionen, expert Verlag, Renningen 1996

[4-2] Kreuzer, E.J.; Lugtenburg, J.-B.; Meißner, H.-G.; Truckenbrodt, A.: Industrieroboter-Technik, Berechnung und anwendungsorientierte Auslegung, Springer Verlag, Berlin/Heidelberg 1994

[4-3] Hesse, S.: Industrieroboterpraxis - Automatisierte Handhabung in der Fertigung, Vieweg Verlag, Wiesbaden 1998

[4-4] Bartenschlager, J.; Hebel, H.; Schmidt, G.: Handhabungstechnik mit Robotertechnik - Funktion, Arbeitsweise, Programmierung, Vieweg Verlag, Braunschweig/Wiesbaden 1998

[4-5] Hesse, S.: Lexikon Handhabungseinrichtungen und Industrierobotik, expert Verlag, Renningen 1995

[4-6] Schwarz, W.; Zecha, M.; Meyer, G.: Industrierobotersteuerungen, Verlag Technik, Berlin 1985

[4-7] Riese, K.: Klipsmontage mit Industrierobotern, Springer Verlag, Berlin/Heidelberg 1988

[4-8] Hesse, S.: Greiferanwendungen, Festo, Esslingen 1997

[4-9] Hesse, S.: Greifer-Praxis, Vogel Buchverlag, Würzburg 1991

[4-10] Randow, G.v.: Roboter, unsere nächsten Verwandten, Rowohlt Verlag, Reinbek bei Hamburg 1997

[4-11] Hesse, S.: Atlas der modernen Handhabungstechnik, Hoppenstedt Verlag, Darmstadt / Vieweg Verlag, Braunschweig/Wiesbaden 1992

[4-12] Großbernd, H.; Scharf, P.: Die automatische Montage mit Schrauben, expert Verlag, Renningen 1994

[4-13] Hesse, S.: Lexikon Sensoren in Fertigung und Betrieb, expert Verlag, Renningen 1996

[4-14] Hesse, S.; Krahn, H.; Nörthemann, K.-H.; Eh, D.: Konstruktionselemente - Beispielsammlung für die Montage- und Zuführtechnik, Vogel Buchverlag, Würzburg 1999

[4-15] Husty, M.; Karger, A.; Sachs, H.; Steinhilper, W.: Kinematik und Robotik, Springer Verlag, Berlin/Heidelberg 1997

[5-1] Tönshoff, H.K.: Werkzeuge für die moderne Fertigung, expert Verlag, Renningen 1993

[5-2] Kief, H.B.: FSS-Handbuch `92/93, Hanser Verlag, München/Wien 1992

[6-1] Hesse, S.: Spannen mit Druckluft und Vakuum, Festo, Esslingen 1999

[6-2] Leiseder, L.M.: Prismatische Spanntechnik, Verlag Moderne Industrie, Landsberg/Lech 1989

[7-1] Fritzsch, W.: Dynamische Modelle fertigungstechnischer Prozesse, Verlag Technik, Berlin 1975

[7-2] Beichelt, F.: Zuverlässigkeit strukturierter Systeme, Verlag Technik, Berlin 1988

[8-1] Arnold, D.: Materialflusslehre, Vieweg Verlag, Braunschweig/Wiesbaden 1995

[8-2] Martin, H.: Transport- und Lagerlogistik, Vieweg Verlag, Braunschweig/Wiesbaden 1995

[8-3] Gudehus, T.: Logistik - Grundlagen, Strategien, Anwendungen, Springer Verlag, Berlin/ Heidelberg 1999

[9-1] Tränkler, H.-R.; Obermeier, E. (Hrsg.): Sensortechnik - Handbuch für Praxis und Wissenschaft, Springer Verlag, Berlin/Heidelberg 1998

[9-2] Schnell, G.: Sensoren in der Automatisierungstechnik, Vieweg Verlag, Braunschweig/ Wiesbaden 1993

[9-3] Austermann, R.: Maschinenrichtlinie,Vogel Buchverlag, Würzburg 1997

[9-4] Peters, O.; Meyna, A.: Handbuch der Sicherheitstechnik, Band 1: Sicherheit technischer Anlagen, Komponenten und Systeme, Hanser Verlag, München/Wien 1985

[10-1] Hansen, H.-G.; Lenk, B.: Codier-Technik: Der Schlüssel zum Strichcode, Ident-Verlag, Neuss 1989

[10-2] Wiesner, W.: Der Strichcode und seine Anwendungen, Verlag Moderne Industrie, Landsberg/Lech 1990

[10-3] Weisshaupt, B.; Gubler, G.: Identifikations- und Kommunikationssysteme, Verlag Moderne Industrie, Landsberg/Lech 1992

Ausgewählte Internet-Links

http://...

Antriebstechnik/Getriebe
www.buehlermotor.de
www.dematic.com/drivers
www.eaat.de
www.harmonicdrive.de
www.IAIAmerica.com
www.lat-suhl.de
www.lenze.com
www.moxonmotor.com
www.mulco.de
www.sig-positec.de
www.stoeber.de
www.uhing.com

Arbeitsschutz/Sicherheit
www.asp-protection.com
www.ensis.dlr.de/
www.item-international.com

Greifer/Wechselsysteme
www.gmg-system.com
www.ipr-worldwide.de
www.madergmbh.com
www.mhk-gmbh.de
www.sommer-automatic.com
www.schunk.de
www.tuenkers.de

Handhabe- /Pick-and-Place Technik
www.afag.com
www.ferguson.be
www.fibro.de
www.gemotec.com
www.halbach.w/wonline.de
www.miksch.de
www.pueschel-automation.de
www.rna.de
www.pneumotec-online.de/index-p.htm
www.schindler-handhabe.de
www.schmidt-handling.de
www.sortimat.de
www.winkhaus.de
www.zollern.de

Identsysteme
www.baumerident.com
www.cosys.de
www.datalogic.it
www.Datascan-Int.de
www.euchner.de

www.godbm.de
www.hagemann-co.de
www.hermos.com
www.tec.de

Lagertechnik/Fahrerlose Transportsysteme
www.bloksma.de
www.bleichert.de
www.dematic.de
www.gebhardt-foerdertechnik.de
www.indumat.de
www.Lazerway.com
www.ro-ber.de
www.schultheis.ch
www.trapo.de
www.vanderlande.com

Lineartechnik
www.bahr-modultechnik.de
www.g-a-s.de
www.gemotec.com
www.gudel.com
www.igus.de
www.ina.com
www.isel.com
www.linearsysteme.skf.de
www.nadella.de
www.neffaa.de
www.rexroth.com
www.rexroth-star.com
www.roboworker.de
www.rodriguez.de
www.rollon.com
www.thk.de
www.warnernet.com
www.winkel.de

Montagetechnik
www.bihler.de
www.bodine-assembly.com
www.cosberg.com
www.deprag.com
www.grimm-automatisierung.de
www.hls-lenningen.de
www.hoppmann.com
www.ismeca.com
www.montagesysteme-hms.de
www.montech.ch
www.oku.de
www.paro.ch
www.prodel-tech.com

www.pueschel-automation.de
www.rohwedder.de
www.sim-kg.de
www.simptelsys.de
www.teamtechnik.com

Pneumatik/Hydraulik

www.atlascopco.de
www.bosch.de/at
www.festo.de
www.hoerbiger-origa.com
www.pronal.com
www.rexrozh.com
www.roemheld.de
www.smc-pneumatik.de

Robotik

www.abb.com/flexibleautomation/
www.abb.se/flexible
www.adept.de
www.aumotec.de
www.cloos.de
www.cybertron.de
www.durr.com
http://lamiwww.epfl.ch/robots/
www.epson.de/robots
www.fanucrobotics.com
www.frc.ri.cmu.edu:80/robotics-faq
www.hirata.de
www.ibg-automation.de
www.igm.at
http://ag-vp-www.informatik.uni-kl.de
www.kawasakirobot.de
www.kuka-roboter.de
www.lanco.ch
www.manz-acs.com
www.mitsubishi-automation.com
www.motoman.de
www.mta.ch
www.OTC-Daihen.de
www.powercube.de
www-ra.informatik.uni-tuebingen.de/links/robotik/
www.reisrobotics.de
www.roboter.industrienet.de
www.robotsystems.de
www.robotunits.com
www.sankyo.com
www.sls.it
www.staeubli.com
www.strothmann.com
www.suhling.de
www.sysmelec.ch

Schraubtechnik

www.ultrafastnews.com

www.weber-online.com

Sensorik/Messtechnik

www.ama-sensorik.de
www.balluff.de
www.contrinex.ch
www.danfoss.com
www.fraba.com
www.hbm.de
www.heidenhain.de
www.isra.de
www.ksw.de/schatz
www.lenze.de
www.messtechnik-mekka.de
www.omron.de
www.sensopart.de
www.sick.de
www.turck.com
www.vester.de
www.wenglor.de

Spanntechnik

www.amf.de
www.Kippwerk.de

Steuerungstechnik/Programmierung

www.ad.siemens.de/simatic
www.bosch.de
www.interbusclub.com
www.keba.com
www.promot.at
www.rexroth.de
www.yaskawa.de

Transfersysteme

www.bleichert.de
www.flexlink.com
www.IEF-Werner.de
www.lanco.ch
www.LVT.Liebherr.com
www.sigma.ch
www.stein-automation.de

Vakuumtechnik

www.fezer.de
www.piab.de
www.schmalz.de

Werkzeuge/Werkzeugbrucherkennung

www.coromant.sandvik.com
www.komet.de
www.mapal.de
www.phorn.de
www.renishaw.com
www.rexim.de